第二届中国食文化研究

2nd China Food Culture
Research Transactions

论文集

◎主编　万建中

中国轻工业出版社

图书在版编目（CIP）数据

第二届中国食文化研究论文集 / 万建中主编. —北京：中国轻工业出版社，2017.8

ISBN 978-7-5184-1450-5

Ⅰ.①第… Ⅱ.①万… Ⅲ.①饮食—文化—中国—学术会议—文集 Ⅳ.①TS971.202-53

中国版本图书馆CIP数据核字（2017）第139232号

策划编辑：史祖福

责任编辑：史祖福 曾 娅　责任终审：劳国强　封面设计：锋尚设计

版式设计：锋尚设计　　　　责任校对：晋 洁　责任监印：张 可

出版发行：中国轻工业出版社（北京东长安街6号，邮编：100740）

印　　刷：三河市万龙印装有限公司

经　　销：各地新华书店

版　　次：2017年8月第1版第1次印刷

开　　本：889×1194　1/16　印张：21.5

字　　数：509千字

书　　号：ISBN 978-7-5184-1450-5　定价：198.00元

邮购电话：010-65241695　传真：65128352

发行电话：010-85119835　85119793　传真：85113293

网　　址：http://www.chlip.com.cn

Email：club@chlip.com.cn

如发现图书残缺请直接与我社邮购联系调换

161487K1X101HBW

《第二届中国食文化研究论文集》编审会

顾　问：李士靖　王仁兴　林永匡　洪光住

主　任：常大林　过常宝

副主任：杨铭铎　万建中　洪　嵘　张立方

本书编委会

主　编：万建中

副主编：李留柱　白　雪

编　委：曾国军　刘志林　赵　军

前　言

　　传统食文化是历史留给我们的巨大财富，在市场经济条件下，他的商品属性和经济价值越来越引起人们的关注和重视，继承和弘扬优秀传统食文化，加强对优秀传统食文化价值的挖掘、阐发和传承是发展食文化生产力、强化食文化竞争力的先决条件和基础，也是发展食文化产业的迫切需要。

　　弘扬和培育中国优秀传统食文化不光要"品赏"更要"取用"，要在保持原有文化内涵的同时，根据时代和人们的需求和习惯，进行有取舍的创造性转换和开发，让传统食文化融入现代人的生活，适应现代人审美和口味。积极利用食文化资源发展食文化产业创造自己的文化品牌，是实现中华文化繁荣复兴、提升国家文化软实力、竞争力和影响力的重要举措。

　　经过中外学者数十年的不懈努力，中国食文化研究业已成为国际汉学界的一门显学，食文化的开发、利用取得了丰富的实践成果，需要我们从理论上进一步地总结和研讨。为此2016年8月12—13日，中国食文化研究会、北京师范大学文学院在北京联合举办了第二届食文化发展大会，会议主题"食文化产业"，著名学者石毛直道、万建中、洪光住、王仁兴、贾蕙萱、王仁湘、侯玉瑞、肖向东、赵建军、冯玉珠、张炳文、刘伟、张箭等来自日本和我国10多个省、市、自治区的103位食文化、民俗及相关领域的专家学者出席了大会。

　　本届大会的会期2天，设一个主论坛、三个分论坛，有30多位学者发表演讲。本论文集是大会论文合集，论述深刻、选题多样、涵盖面广，涉及文化学、教育学、社会学、民俗学、营养学、食品工程学、史学、哲学、美学、农学等多领域和学科，是近年来食文化研究的重要成果体现。

　　由于编者水平有限，不足之处请指正！

　　感谢北京日本文化中心对大会的成功举办给予的支持！

编委会

2017年4月

目　　录

食文化与教育

民族食文化

食文化思想及历史

食文化产业

对食品产业文化基本问题的思考

杨铭铎　程全义

（哈尔滨商业大学快餐研究中心博士后科研基地，黑龙江　哈尔滨　150076）

摘　要：现代食品产业以食品为桥梁将食品企业和食品消费者及相关人员紧密地联系在一起，形成了较为完整的食品产业文化。本文阐述了食品、食品的种类、产业、文化及产业文化，在此基础上对食品产业的构成和食品产业文化进行了界定。

关键词：食品；产业文化；食品产业文化

文化，凝聚一个国家、民族的价值观念、思想方式、生活样式以及信仰习俗，起着指导这个国家、民族发展方向的作用。正如德国著名社会学家马克斯·韦伯所说："如果说我们能从经济发展史中学到什么，那就是文化会使局面几乎完全不一样。我们应从更广泛的经济繁荣的决定因素来理解文化的作用。"面对国际市场的激烈竞争和国内经济发展新常态，实施创新驱动战略，在诸多刺激经济发展的政策措施之外，迫切需要进一步提升行业企业的文化软实力，传承和创新产业文化。而对于传承和创新文化的正确开启方式，习近平同志近期多次讲话中给出了最佳答案——"要讲清楚中华优秀传统文化的历史渊源、发展脉络、基本走向，讲清楚中华文化的独特创造、价值理念、鲜明特色，增强文化自信和价值观自信"，这样才能在实现中华民族伟大复兴"中国梦"的征程上凝聚起强大的精神力量。

所谓"民以食为天"，中国食品承载的文化源远流长、博大精深。现代食品产业以食品为桥梁将食品企业和食品消费者和从业人员紧密地联系在一起，形成了较为完整的食品产业文化。教育肩负着文化传承创新和文化育人的重要使命。作为食品行业以及相关职业教育工作者更应该主动承担挖掘、传承、传播食品产业文化的责任，从而加强对技术技能人才的产业文化教育，提升全体国民和企业员工的食品产业文化素养，促进食品产业升级、提升食品产业的核心竞争力。当然，对于食品产业文化的研究不是一蹴而就，其首要任务是对于领域内几个基本概念的界定，有了清晰的认识，才可能有科学的判断、系统的对策。

作者简介：

杨铭铎（1956— ），男，黑龙江哈尔滨人，教授，博士，博士生导师，从事食品产业化与科学技术管理、饮食文化与餐饮教育研究。

程全义（1984— ），男，黑龙江伊春人，讲师，哈尔滨商业大学旅游烹饪学院2014级硕士研究生，从事烹饪与营养教育研究。

注：本文为中国职业技术教育学会重点课题"中国产业文化史教育研究"（项目编号201401Z09）子课题"中国食品产业文化史教育研究"。

一、食品产业的构成

（一）食品的概念

食品的概念一般有两种理解，一种是狭义的，即特指由食品工业生产出来的工业食品，如饼干、香肠、罐头、白酒、啤酒、果酒、饮料、酱油、醋、调味品等。另一种是广义的，即科学的法律的界定，来源于《食品卫生法》，现为《食品安全法》，即"指各种供人食用或者饮用的成品和原料以及按照传统既是食品又是药品的物品，但是不包括以治疗为目的的物品。"这可理解为既包括原料，又包括成品；既包括"吃"的，又包括"喝"的[1]。

食品是人类生存和发展的物质基础，除满足果腹的基本条件外，现在的人已经不再仅仅满足于饱腹了。食品承载的文化源远流长、博大精深，在人类进化的漫长生活体验中，食品除具有满足人们生理的需求功能外，还有许多其他功能：社会功能、娱乐功能等，如图1所示。

（二）食品的种类

初始的食品加工手段就是烹饪。以烹饪为起点，食品加工手段随着生产力的发展，发生了本质变化，如图2所示。

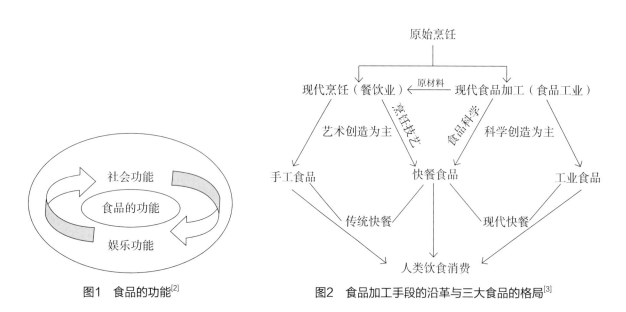

图1　食品的功能[2]　　　　图2　食品加工手段的沿革与三大食品的格局[3]

1. 手工食品

手工食品是相对工业食品而言的，即由餐饮业或家庭烹饪以手工操作为主的食品。

2. 工业食品

以机械化（半机械化）、自动化（半自动化）生产为主的食品，我们称之为工业食品。

3. 快餐食品

快餐是指预先做好的能够迅速提供顾客食用的饭食[4]，如汉堡包、比萨、盒饭等。《中国快餐业发展纲要》对快餐做出以下定义："快餐"是为消费者提供日常基本生活需求服务的大众化餐饮（public feeding），具有以下特点："制售快捷，食用便利，质量标准，营养均衡，服务简便，价格低廉"[5]。快餐经营方式主要采取店堂加工销售和集中生产加工，现场出售或送餐服务形式。快餐企业既包括以手工操作，现场加工和单店经营的传统快餐企业（traditional service industry），也包括以标准化（standardization），工厂化和连锁经营（Run in chain）为主要特征的现代快餐企业（modern fast food service industry）。

（三）产业的概念

具有某种同类属性的经济活动的集合或系统[6]。产业是指由利益相互联系的、具有不同分工的、由各个相关行业所组成的业态总称，尽管它们的经营方式、经营形态、企业模式和流通环节有所不同，但是，它们的经营对象和经营范围是围绕着共同产品而展开的，并且可以在构成业态的各个行业内部完成各自的循环。

（四）食品产业的概念与构成

1. 食品与相关产业的关系——食业概念的引入

根据食品的法律定义，人类的饮食与农业、食品工业、餐饮业即三个产业均有极为密切的关系，而且不同产业为人们提供不同加工程度和不同性状的食品。不仅如此，三个产业之间也相互联系。首先，农业的一部分产品直接作为食品；同时，农业为食品工业、餐饮业提供原料。其次，食品工业为餐饮业也提供原料。另外，食品工业与餐饮业相互结合与渗透，派生出快餐业。例如，"小麦育种——小麦种植——面粉加工——面包焙烤——面包销售——面包店铺食用"的链条中，是从农业、食品工业、餐饮业的渐进过程。综上，我们可以按照食品的法律定义和食品链的关系，将三个产业界定为"食业"[4]。因此这里的食品的概念是以法律为基础的大食品的概念，即包括了农业所提供的原料，食品工业提供的工业食品，餐饮业提供的手工食品（菜肴、面点），快餐业提供的快餐食品。这样，食品产业链及人类饮食活动之间的关系如图3所示。

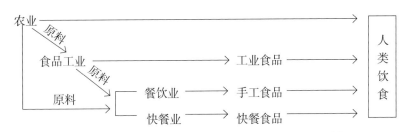

图3　食品工业、餐饮业及快餐业与人类饮食的关系[3]

2. 食品产业的构成[7]

食品产业是由餐饮业、食品工业和快餐业构成。

（1）餐饮业是通过即时加工制作、商业销售和服务性劳动于一体，向消费者专门提供各种酒水、食品、消费场所和设施的食品生产经营行业。

（2）食品工业指主要以农业、渔业、畜牧业、林业或化学工业的产品或半成品为原料，制造、提取、加工成食品或半成品，具有连续而有组织的经济活动工业体系。

（3）快餐业是指从事快餐生产或经营的经营单位或者个体的组织结构体系，是快餐企业的集合。

二、食品产业文化

（一）文化

文化包括广义文化和狭义文化。广义文化是指人类在社会历史实践中所创造的物质财富和精神财富的总和，狭义文化是专指社会意识形态。文化是"自然的人化"，即由"自然人"化为"社会人"。由于人的实践活动同时就是文化活动，因此，文化可以归纳为人的存在方式和生活方式[8]。

（二）产业文化

产业文化是指人类在长期生产劳动实践过程中形成的，并且被普遍认可和遵循的行业习俗、规范、制度、准则和价值观，以及蕴含于该行业产品和服务中的有形的历史、艺术、品牌、质量等物质文化和由此反映出来的精神文化的总和[7]。

现代产业文化主要包括先进企业文化、先进行业文化、劳动者正确的工作价值观和行为规范，以及符合现代产业发展的制度和舆论环境。

（三）食品产业文化

一个地区的食品产业文化，是该地区的食品产业发展到一定阶段而形成的包括物质层、行为层、制度层及精神层在内的，影响产业中人们各种共同的价值选择、行为模式以及生活方式等的总和。它既综合反映了此区域社会经济发展的历史特色与时代人文特征，又集中反映了该地区在此产业的发展过程中，从业人员代代相传并奉行恪守的独特的取材、加工处理的方法，生产制作和品质管理方式、产品设计与创新理念，销售方式，甚至消费食用的方法。具有创新精神和凝聚力的产业文化，不仅是产业系统管理的核心和灵魂，也是产业持续发展的基本驱动力[7]。

北京大学教授楼宇烈曾在演讲中呼吁："中国要崛起，没有文化上的准备，很难实现。或者说，一个没有文化自觉的国家，一定不可能成为大国，更不能有什么所谓的崛起。"以历史为鉴，借文化之力，起步于食品产业文化基本问题的界定，努力发展具有中国民族特色的食品产业文化，以赞赏的眼光看待中国食品产业历史，认识中国食品产业史上每一次伟大的变革，汲取民族产业发展中不懈探索、不屈奋斗、不断创新的精神，中国食品产业终将建立起适应当代行业发展需求的政治互信、经济融合、文化包容的利益共同体、命运共同体和责任共同体，屹立于世界食品文化之林。

参考文献

[1] 中华人民共和国食品安全法. 北京: 中国法制出版社, 2009.

[2] 徐兴海. 食品文化概论[M]. 南京: 东南大学出版社, 2008.

[3] 杨铭铎. 烹饪加工手段的发展脉络及相关概念的内涵解析[J]. 美食研究, 2016(2):3.

[4] 杨铭铎主编. 中国现代快餐. 北京: 高等教育出版社, 2005.

[5] 国内贸易部. 中国快餐业发展纲要[Z].1997,(9).

[6] 苏东水主编. 产业经济学[M]. 北京: 高等教育出版社, 2005.

[7] 余祖光. 产业文化读本[M]. 北京: 高等教育出版社, 2012.

[8] 杨铭铎. 关于我国饮食文化传承与发展的思考[J]. 商业时代, 2012(9):143~145.

中国烹饪需要申遗吗

万建中

（北京师范大学文学院，北京　100875）

最近一段时间，一些中国饮食文化研究的学者正在做中国烹饪申报联合国"人类非物质文化遗产代表作名录"的工作，并为此发表了多篇文章，论述申遗的必要性。中国烹饪作为优秀的非物质文化遗产当然可以申遗，问题是需不需要申遗。

我国有众多的世界独一无二的非物质文化遗产，但并非所有的非物质文化遗产都需要申遗。仅就衣食住行而言，中国服饰艺术、中国建筑艺术和中国交通等同样是珍贵的非物质文化遗产，如果都向联合国教科文组织进行申报，可以肯定会引起全社会和学界的一片哗然、一片嘘声。人们会强烈质疑：难道我们对自己的传统文化就如此不自信吗？难道我们的文化传统一定要得到联合国教科文组织的认可方才有地位和价值吗？将中国优秀的文化传统挤进联合国教科文组织非物质文化遗产名录的行为是文化不自信的表现。文化自信首先表现在对自己本土文化的坚定信念和自豪感上。

申遗的目的无外乎两方面：一是提升此类非物质文化遗产在国际上的地位，扩大其国际影响；二是可以使此类非物质文化遗产得到更好的保护。相对于其他的文化遗产，中国烹饪在国际上的影响更为深远。毛泽东同志也说过："我看中国有两样东西对世界是有贡献的，一个是中医中药，一个是中国饭菜。饮食也是文化。"随着华人足迹遍布世界，中华饮食凭其高超的技艺与不凡的文化品位已传遍了全球每一个角落。台湾知名作家柏杨赞云："世界只有中国饮食不是靠国力而是靠艺术造诣，侵入各国社会的，美国也好……巴西也好，处处都有中国的餐馆。"日本学者石毛直道也说："中国餐馆遍布于世界只是各国人民赞誉中国饮食是真正的美味佳肴，而同国家权力毫无关系。"在法国的移民族群中，流传这样的俗语："黑人扫马路，华人开餐馆，印度人开水果店，犹太人开交易所。"尤其是改革开放以后，世界各个角落都有中国人开的餐馆，中国饮食被更多的外国人所喜爱。中国烹饪早已成为中国文化中最有影响的符号之一。中国饮食以其自身的独特魅力向世人炫耀，并得到全世界的公认和赞誉。可见，中国烹饪无须通过申遗来增加其在国际上的知名度。

中国烹饪进入国际餐饮文化体系当中，与饮食特有的交流属性有关。在衣食住行这些最为基本的物质文化当中，衣、住和行的传统都不能用以交换，故而难以进入世界舞台，为其他族群所共享。而中国烹饪尽管也具有鲜明的地域性和民族性，但却可以为其他族群所享用。在中国传统的交换礼仪中，食品是主要的礼品。烹饪文化极易为"他者"所认可，在迎来送往的国际活动中扮演重要角色。烹饪的这种流动特性使之无须申遗，便可获得世界声誉。

作者简介：万建中（1961—　　），男，江西南昌人，北京师范大学文学院教授、博士生导师，民间文学研究所所长，兼任中国民俗学会副会长、中国民间文艺家协会副主席。长期从事民俗学和民间文学学科研究。

那么，中国烹饪需要通过申遗加以保护吗？答案肯定也是否定的。需要保护的非物质文化遗产是濒临灭绝的，即都是仅存的，同时都具有一次性和独特性。从文化可持续发展和多样性的角度而言，都具有无可替代的价值。中国烹饪是中国人民的伟大创造，已经有了灿烂的过去，谁都相信，不管是否进入非物质文化遗产名录，都必然会有更辉煌的未来！当然，有的具体的烹饪技艺可能面临失传，但这些个别的烹饪方式并不足以动摇中国烹饪的整体传承，也不能构成中国烹饪申遗的充分理由。

非物质文化遗产的价值在于其与人类的生存具有密切的关联性，即在人类生存境遇中发挥了不可替代的作用和生活功能，并非取决于非物质文化遗产本身。人类生存离不开非物质文化遗产，所以需要加以保护。原日本民俗学会主席、日本神奈川大学教授福田亚细男认为，非物质文化是通过人的行为和语言来体现价值，它只有和人联系在一起才有意义。但是，与人们生活仍在发生关联的中国烹饪其实并不需要刻意保护，因为它们的生存环境足以使其延续下去。烹饪为所有人生活所必需，极大限度地保证和促使其持续生存发展。同时，中国各民族、各地区人们自古以来形成了口味需求，口之于味，有嗜同焉，这也保证了烹饪传统的自身维系。非物质文化遗产本身在继续发展，没有发展或不具备发展前途和条件的，当然也就无须保护，而那些仍在继续生成的，同样无须保护。

季鸿崑先生在谈到申遗对保护中国传统饮食文化的必要性时说："笔者后来查阅徐海荣主编的《中国饮食史》第3卷时，发现唐代的野宴图和敦煌石窟壁画宴饮图上，筷子就横着摆放，而日本人使用筷子就是从唐朝传入的，或许他们同时将这种感恩教育也吸纳进来了，而我们自己在后来的历史变迁中反而丢掉了这一传统。因此那种认为只要有人吃，饮食文化是不会流失的观点是站不住脚的，反对饮食申遗也是毫无道理的。"难道申遗成功，我们餐桌上的筷子就会横着摆放吗？中国烹饪在不断发展的过程当中，一些具体的因素遗失或消亡是正常的，因为符合时代需求的新的因素正层出不穷。更何况申遗不是为了复古，而是为了面向未来。随着现代科技越来越迅猛地进入我们的饮食生活，饮食方式的改变将更加明显，这是不以人的意志为转移的。

无疑，在中国烹饪界和饮食文化学家大都赞成中国烹饪申遗，因为申遗过程和申遗成功都会给业内带来巨大的经济效益。从近些年保护的实际情况看，保护最直接的效果之一是非物质文化遗产被有意识地纳入经济发展模式之中，成为发展经济的催化剂而被加以利用。显然，这些可供经济利用的非物质文化遗产仍旧有着比较旺盛的生命力，以之作为发展地方经济的出发点，背离了保护的初衷。

如果申遗对中国烹饪没有负面影响，倒也无妨。问题并非如此。中国烹饪申遗必然会对其发展产生消极作用。"中国烹饪"所指涵盖全中国，而烹饪文化实际应是是具体的、地方的、民族的和风味的。那么，书写申报材料不可能真正落实到中国烹饪的层面，只能选择一些所谓的"代表"和"典型"。这样，大量的地方风味和民族风味就可能被排斥于申报材料之外。既然如此，"保护"就可能陷入某些特权的争夺和特权的炫耀。对于当下关于中国烹饪申遗的理解委实是一种政治现象。

另外，当前大张旗鼓申报非物质文化遗产名录，可能直接导致一个不幸的结果，就是中国烹饪有了"优劣"之分。国际级、国家级、省级、市级等名录的建构，将烹饪文化分为三六九等，和强调文化多元性的宗旨背道而驰。那些没有进入各级名录的更为众多的烹调技艺理所当然可以被忽视，反而可能陷入了危机的境地。比如端午节进入了国家级非物质文化遗产名录，其下面注明了四个代表性区域，其他区域的端午节似乎就够不上"遗产"资格，被排斥于遗产之外。这一做法显然违背了保护的原则。中国烹饪是一个生态链，每一个"链"都有同等重要的价值和地位，人为地将之割断和区隔显然不利于其传承。

也有学者持中国烹饪无须申遗的立场，遭到了申遗派的"围剿"。有学者将中国烹饪和京剧相提并论，认为既然中国京剧可以申遗，中国烹饪也未尝不可。京剧流派再多，也只是一个剧种。若以中国戏曲申报显然是行不通的。更何况，京剧作为一种表演艺术，与作为生活方式的烹饪艺术是不可比拟的。季鸿崑先生指出："中国烹饪"作为申遗名称，实际内涵就是指烧菜做饭的手工技术，即"厨艺"。这显然是在自欺欺人，谁都知道，中国烹饪并非中国厨艺的同义语。否则，为什么不以"中国厨艺"为名申遗呢？更有甚者，有的学者竟然将法国大餐、墨西哥传统烹饪、地中海餐与中国烹饪并置，认为它们可以为联合国教科文组织保护非物质文化遗产政府间委员会所接纳，中国烹饪同样可以跻身于名录当中。法国大餐、墨西哥传统烹饪、地中海餐的内涵和外延都相对单一，中国烹饪历史之厚重、意蕴之广博、形态之多样、发展之强劲，同西餐相比，完全不能同日而语。

参考文献

[1] 刘锡诚. 非物质文化遗产: 理论与实践. 北京: 学苑出版社, 2009.

[2] 王文章. 非物质文化遗产保护研究. 北京: 文化艺术出版社, 2013.

[3] 乌丙安. 非物质文化遗产保护理论与方法. 北京: 文化艺术出版社, 2016.

[4] 宋俊华. 中国非物质文化遗产保护发展报告(2016). 北京: 社会科学文献出版社, 2016.

[5] 季鸿崑. 论中国烹饪的申遗问题. 扬州大学烹饪学报, 2012(2).

日本的食文化研究与我

石毛直道

（日本国立民族学博物馆，日本　大阪）

1　新的研究领域

检视日本饮食研究的历史，从文化人类学的角度，综合性地研究关于饮食文化，在全球也是一个崭新的研究领域，即使是在欧美国家，这项研究也是20世纪80年代以后才开始的。

我从20世纪70年代初开始，一直从事食文化的研究，因此，请允许我结合本人的研究经历，讲述日本的饮食文化研究。

有关20世纪后半叶的日本食文化研究动态，请详见列出的参考文献。

2　史前

待到日本江户时代（1603—1867年），倒是出现很多关于食物的出版物，但是这些书籍大部分是关于烹饪方法和基于本草学的理论对饮食与健康之关系进行的探讨，均是一些实用性的书籍。另外，在一些随笔等文章中，散见食物、烹饪方法、饮食礼仪的历史等，也有与食文化相关的论述，都不能说具有系统性的研究。

进入明治时代（1868—1912年），开始出现基于近代的科学方法进行的饮食研究，但是这种研究集中在有关粮食生产的农学方面的研究、水产学方面的研究，以及关于食品加工的食品加工学、论述人体与食物关系的营养学、生理学等，多是基于自然科学的方法进行的研究。

在20世纪前半叶的日本，对饮食进行社会方面及文化方面调查的是以柳田国男为首的民俗学（Folklore）研究者。他们每到一个村落就进行田野调查，而且会记录当地的传统饮食习惯。1941—1942年这些研究者制作了关于饮食生活100个方面的问题调查表，并基于这个调查表对全日本的农村、山村、渔村进行了深访调查。在这些调查中，记录下来的当时农村大众饮食文化，是从江户时代传承下来的传统饮食文化。第二次世界大战后，日本人的饮食生活发生了巨大的变化，这些记录成为研究日本人饮食生活的历史及地域性的宝贵资料。但是在进行这些调查时，主要反映的是当时日本民俗学风情，因此这些调查研究基本没有涉及城市居民的饮食生活。

从日本史角度进行的研究方面，1934年出版了关于日本饮食通史的第一本著作。

此后在战争年代，关于日本文化和饮食的史学研究一度中断，但是20世纪60年代之后，日本出版了

作者简介：石毛直道（1937—　），男，日本大阪国立民族学博物馆前馆长、现为名誉教授、国际闻名遐迩的食文化研究泰斗。石毛直道先生深谙中国文化，系较早研究中国食文化的日本学者之一。

注：本文由邓德花翻译。

各式各样的日本食物史方面的书籍。这是因为二战结束后，日本创立了很多女子大学。而女子大学的家政系设置的与食物相关的讲座需要这些方面的书籍作为教材。这些书籍很多都是日本史研究者们作为"副业"撰写的，由专门的饮食文化研究者书写的真正意义上的日本饮食文化则是在20世纪80年代之后才出现的。

3 东南亚的食文化研究

在第二次世界大战结束之前，日本文化研究大部分局限于对本国文化现象的考察，将日本人的文化置于全球的视野进行的比较性的研究不多，在食文化的领域也是如此。

日本的食文化是东亚文明的一个部分，研究日本食文化历史的一个基础性的工作，就是要研究中国及朝鲜半岛食文化的历史，并厘清中国及朝鲜半岛食文化对日本的影响。（但是在中国和韩国，真正意义上发表食文化研究的成果，是在1970年以后）。

由于这种情况，日本首先着手中国食文化史的研究。其中的核心人物是篠田统，他出版过世界上第一本真正意义的中国食物史的著作，并进行了有关寿司和稻米的食文化研究，与其研究伙伴田中静一共同努力，出版了中国食文化史研究的基础资料——复刻版的《中国食经丛书》。

田中静一撰写了关于中国食文化第一本事典，而研究中国文化的学者并对食文化抱有浓厚兴趣的中山时子，她监修了一本大部头的事典《中国食文化事典》。

在民族学、文化人类学领域，1980年以来，在日本的华人研究者周达生发表了很多基于对中国的田野调查得出的研究成果，其中包括对中国少数民族进行的田野调查。此后，日中两国的食文化研究者们开始进行交流，在日本涌现了很多在中国进行田野调查的食文化研究人员。日本成为了除了中国本土外，对中国的食文化研究进行得最好的国家。

较之对研究中国相比，日本的朝鲜半岛食文化研究较为薄弱，但是现在日本也有朝仓敏夫等学者通过对韩国食文化进行田野调查，发表了各种各样的研究成果，同时韩国研究者的相关著作也大量在日本被翻译出版。

基于农耕文化论的研究路径：到20世纪60年代的后半期，中尾佐助超越东亚地区这一界限，从农耕文化论的立场对人类的食文化进行考察。中尾一直对民族植物学进行积极的田野调查，用"综合性农耕文化"的概念，将农作物从栽培直到烹饪观察一个循环过程，基于此对世界上主要的农作物、家畜、奶制品的加工，进行了泛文化的研究。他关注到从印度东北部的阿萨姆经由东南亚、云南至朝鲜半岛南部和日本的一系列的森林植被地带，发现包括农作物在内，东亚地区存在着共通的文化要素，中尾将其命名为"照叶树林文化"。于是他与佐佐木高明等文化人类学的学者们开始共同研究。正因为有了这项研究，他们认为，有了粳稻（japonica rice）、糯型谷物，才有把年糕作为礼仪性食物的习惯，而且茶、黄豆发酵食品、魔芋、紫苏、用酒曲酿酒等均起源于"照叶树林文化"而传入日本。

4 我的食文化研究出发点

我是从1969年开始进行食文化研究的。当时即使在欧美学界，其研究的主流只是食物文化的一个侧面，抑或是相关的食物史。还没有人从文化人类学的角度对人类的食物进行综合性研究。

如若开拓食文化研究这样一个崭新的研究领域，首先要意识到人的饮食是一种文化性行为，而且必须从此点开始。

人以外的动物和拥有文化的人之行为不同，可以说表现在人会使用语言和工具，当考虑人与动物都有关于饮食这一相同侧面时，而动物认识不到人独自的饮食行动，这可称为"食文化"。虽说如此，人类的饮食行动变异幅度极大，当我们考虑从中找到全人类共通的，可以追溯到人类历史初期的事项，那究竟是何时？

"人是烹饪食物的动物""人是共享食物的动物"这是两个基本原则。

"饮食"所代表的人类有意识的活动，赋予了自然产物的食材以文化，换言之，就是食品的加工，这表现出有关饮食文化物质性的一个侧面。

从日本研究灵长类动物的学者报告得知，野生的黑猩猩可以用石头敲开坚果食用，这便是使用工具进行食品加工。但是，还没有发现过动物使用烹饪的核心技术"火"来加工食品。

"共享食物"这样的行动也没有在人类以外的动物界发现。母鸟会为小鸟带回食物，在野生的黑猩猩和矮黑猩猩群里，当个别有要求时，黑猩猩和矮黑猩猩也会把食物分给对方。然而在动物界，原则上一旦长大就要自己去觅食，自行进食。动物的饮食行动是以个体为单位完成的，它们不会共享食物。但是，人类的饮食活动，除了独身生活者之外，一般情况下，是共享食物并一起进食的。不管是什么样的民族，共享食物的基本集体都是家庭。

所谓家庭是基于两大原则形成，第一是由延续性的性关系连接的夫妻，以及夫妻生育的子女。第二是包含这些关系里的集体内部，有食物的获得和分配关系的。

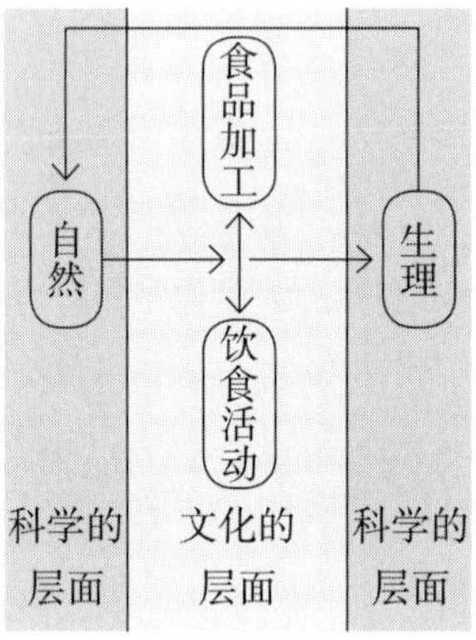

整理一下人类将食物吃进去这一活动的顺序，如图1所示。

![图1 食品加工和饮食活动]

图1　食品加工和饮食活动

人类是从自然环境中获取食物，如狩猎、采摘、打渔、畜牧、农耕等手段。食物的获得及与生产关联的领域，主要是自然科学中，和农学相关的研究对象。而食物进入人类口腔之后的消化及营养，一直以来是生理学和营养学为主，属于自然科学的研究对象。而在自然和生理之间，以烹饪为代表的食品加工和以共享食物为核心发展起来的饮食活动，其中存在着极具明显的文化现象。没有烹饪的环节，以个体为单位进行的动物饮食，可以说是从自然直接到生理的过程。而图1显示的拓宽了自然和生理这一领域，它是人类的食文化历史。欲知以这个领域为核心的人类饮食，就是食文化的研究。由于食文化的差异，从自然界得到的食材会不同，同时由于烹饪方法的差异，消化吸收也会不同，图1还显示出了文化的水平和科学的水平是如何互相影响的。

5 从杂学向跨学科研究发展

若以厨房和餐桌上的文化为切入点，考虑食文化研究，既成的学科领域则视为异端。而作为独立研究领域而获得话语权的学问，拥有自己的理论体系，但是在其体系内尚未包括的现象，却存在强烈被忽视的倾向。

举例而言，把人体的生理与食品的科学构成直接联系起来的理论，是有根有据的营养学，在考察生理性食物的特性时，会讨论倾向于不同民族的对食物的不同嗜好和价值观，往往容易产生超出营养学的研究范畴。当研究食物史或饮食史时，勉强被认为是食文化研究的一个领域，即便如此，食物史或和饮食史的研究也仅仅停留在将历史学的研究方法应用于食物和饮食领域，并没有成功开拓出食物史独有的方法论。营养学则背负着化学和生理学的研究方法，其地位设定在化学和生理学的应用范畴。

食文化作为一门崭新的研究领域，难以归纳到既有的学问体系和研究方法中，也就是图2中涂黑的部分。

从既有学问的角度审视，食文化的研究不适用既有的研究方法，因此被涂黑的部分称为杂学。在食文化得到广泛社会认可之前，食文化研究就被认为是杂学。

饮食是生活的根本，仅此一点，它就横跨着各种学科。在此之前，我曾谈及农学、营养学、生理学、历史学、民俗学。此外，在进行世界食文化比较研究时，也会涉及民族学和文明论；而谈到饮食的空间时，又涉及建筑学；而研究烹饪工具和餐具时，则涉及工具论；食物的装盘则涉及美学；而描写饮食的场景就会涉及文学；而食品的价格和外出就餐又会涉及经济学和社会学等，综上所述食文化囊括了很多研究领域。

20世纪70年代的日本，拥有如此广泛研究领域的食文化研究，如图3所示，标黑的部分依然是未开拓的处女地，而各个研究领域也相互孤立。

而图3所示为期望的食文化研究的结构变化。我当时考虑，至少要跳出只关心相邻领域的既有学科的窠臼，将一个个问题拿到一个共通的平台上，通过学科间的讨论使综合性的食文化研究成为可能。

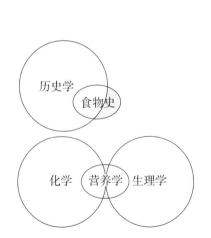

图2　食文化研究对既有学问之间的关系

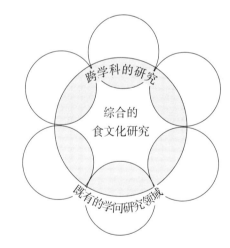

图3　理想的跨学科研究

6 将全球纳入研究视野

1973年出版的《世界的饮食文化》应该是日本第一部尝试综合性的研究食文化的书籍。这本书中收录了拙作《饮食文化研究的视野》，文中谈到了上述对饮食文化研究的提议。

在这本书中刊载有《传统的饮食文化的在世界分布》的论文、有分布图的《全球主要农作物及食用方法》《全球的食用、奶用家畜》《挤奶、奶制品加工》《挤奶的分布和狩猎采集民》《全球的主要调料及药料》《全球的主要饮食圈》。这些成果是吉田集而、赤坂贤、佐佐木高明、中尾佐助和石毛共同完成的。在新旧两个大陆还没有开始交流时，我们的研究成果还原了15世纪全球传统食文化的分布情况。这本书是用广阔视野去考察全球的传统饮食文化，可以说是不可或缺的概览。

另外在这本书中，我们对食生活的实际情况不甚了解的非洲、东亚、太平洋、中南美地区进行了文化人类学田野调查，并向其中85名学者进行了问卷调查，请这些学者撰写各自调查的饮食生活短文，汇总为《世界的日常饮食》予以登载。这部书是石毛直道食文化研究的出发点著作。

7 日本国立民族学博物馆的食文化研究

此后，本人还发表过为数不少的关于食文化的学术论文和研究专著及面向一般读者的食文化类的书籍，但是在下述文章中，请允许我省略、不发表个人的研究成果。

在我曾经工作过的日本国立民族学博物馆，饮食作为世界各地各民族生活的根本，对它的展示是不可或缺的，同时博物馆的研究当中通过名族志的研究对饮食产生了兴趣的人也为数不少。日本食文化研究初期的研究成果中很多都是这些研究人员的业绩。而我在前面提到的人名大部分也是隶属于这个博物馆或者是和这个博物馆有关的研究者。

1980年出版了我在国立民族学博物馆担任讲师，以普通市民为对象的研究讲座纪录。

这个博物馆还进行馆内外研究者参加的共同研究，下面我讲几个在职期间进行的共同研究的主题。

我主导的研究包括，1980—1984年进行的《东亚食文化比较研究》，1992—1995年间进行的《酒和饮酒的文化》。此外还有1978—1980年守屋毅主导的《茶文化综合研究》。这些研究成果都被汇总成了大部头的报告。而参与过这些共同研究的研究人员中，引领日本食文化研究的可谓人才辈出。比如在被认为是日本史学者副业的日本食物史领域提出了新视角的熊仓功夫、原田信男也曾经参加过这些共同研究。

日本国立民族博物馆还作为综合研究大学院大学之一员，培养博士生，其中就有取得食文化研究博士学位的学生。这个博物馆一直以来还发挥了日本食文化研究中心的作用。

8 食文化中心

1980—1982年日本味之素公司举办了食文化研讨会。1980年举办的研讨会主题是"人、食物、文化"，生态学、灵长类学、思想史和未来学的8名专家，从食文化的原点到食文化的未来进行了广泛的讨论。1981年的主题为"东亚的食文化"，1982年为"全球时代的食文化"，研讨会上来自海外的著名专家做了演讲。公开的系列研讨会引起社会很大的反响，在日本，食文化研究终于得到社会的认可。

1983年日本开始举办"食文化论坛"，对食文化研究抱有兴趣的各个领域的研究者都会参加这一盛会。论坛每年都会变化不同的主题，来自各个领域的数十名研究者们每年会有3次聚集一堂，进行研究成果的发布和讨论。每年都会将研究报告集结成册面向社会发行。以"食文化论坛"为契机而进入食文化研究领域的研究者也为数不少。

这个论坛的主办方是公益财团法人味之素食文化中心。该中心拥有面向普通市民开放的食文化图书馆，馆藏4万多册藏书，同时还拥有食文化展示馆，也举办公开讲座和饮食方面的研讨会。此外该中心还发行食文化季刊VESTA，味之素食文化中心为振兴日本的食文化研究发挥着巨大的作用。

在此之后，日本又成立了龟甲万国际食文化研究中心等，食品行业的企业开始着力进行食文化研究。

9 关于饮食的博物馆

在日本从人们切实感觉到生活变得富足的1970年开始，就出版了大量的有关饮食的漫画和书籍，也播出了很多与饮食有关的电视节目。进入20世纪80年代，日本更是掀起了美食热潮。以这样的社会变化为背景，日本成为了世界上食文化研究兴盛的国家。除了本国的食文化之外，研究国外饮食文化的研究者也变多了。

但是，直到食文化的研究被社会认可的20世纪80年代中期，此前从国家申请使用于研究和调查的科研费用等还是很困难的。可是我本人进行的面文化、鱼的发酵食品、奶制品等的海外调查项目等的资金是食品企业及其财团赞助的。

日本食文化研究的振兴民间团体比政府发挥了更大的作用。即便是在现在，日本还有几个相关的企业财团为年轻的研究者提供研究补助金，对一些优秀的研究业绩给予奖励。

日本的另外一个特色是很多食品企业或造酒厂设立与饮食有关的展览馆和博物馆，据悉这样的设施在全日本大概有300个之多。其中很多设施不仅仅限于展示本公司的产品，而是更广泛进行食文化方面的展示。此外，在日本的各地方的乡土博物馆中，也有很多展示本地的具有特色的饮食。

10 得到了社会认可的食文化研究

在现在的日本，食文化研究作为一个专门领域得到了社会的认可，还出现了开设食文化系和学科的大学，取得饮食文化研究方面博士学位的年轻研究者也在增加。

而日本的食文化研究能够兴盛，其原因在于伴随日本经济的发展，人们的饮食生活变得更为丰富，就在这样的社会背景下支撑了日本食文化研究的发展。

参考文献

[1]石毛直道. 日本民族学的现在——从20世纪80年代到90年代//Josef Kreiner编. 饮食文化. 新曜社, 1996.

[2] 柳田国. 明治大正史·世相篇//定本柳田国男集: 第24卷. 筑摩书房.

[3]成城大学民俗学研究所. 日本的饮食文化——昭和初期全国饮食习俗记录. 岩崎美术社, 1990.

[4] 樱井秀, 足立勇. 日本食物史. 雄山阁, 1934.

[5] 篠田统. 寿司之书. 柴田书店, 1966.

[6]篠田统, 田中静一. 中国食经丛书——中国古今食物料理资料集成. 柴田书店, 1972.

[7]篠田统. 中国食物史. 柴田书店, 1974.

[8]篠田统. 增补的文化史. 社会思想社, 1977.

[9]篠田统. 中国食物史研究. 八坂书房, 1978.

[10] 田中静一. 中国食物事典. 书籍文物流通会, 1970.

[11]中山时子监修. 中国食文化事典. 角川书店, 1988.

[12] 周达生. 中国的食文化. 创元社, 1989 .

[13] 朝仓敏夫. 世界的食文化: 韩国. 农产渔村文化协会出版社, 2005.

[14] 中尾佐助. 料理的起源. 日本放送协会出版社, 1972.

[15] 石毛直道. 世界的饮食文化.domesu, 1973.

[16] 石毛直道. 饮食文化论文集. 清水弘文堂书房, 2009.

[17] 梅棹忠夫, 石毛直道, 中尾佐助, 杉本尚次, 小山修三, 福井胜义, 辻静雄. 饮食的文化. 朝日新闻社, 1989.

[18] 石毛直道编. 东亚的饮食文化论文集. 平凡社, 1985.

[19] 石毛直道. 酒与饮酒的文化论文集. 平凡社, 1998.

[20] 守屋毅. 茶文化——综合研究上下. 淡交社, 1981.

[21] 石毛直道编. 食文化研讨会: 人、食物与文化. 平凡社, 1980.

[22] 石毛直道. 食文化研讨会: 东亚的食文化. 平凡社, 1981.

[23] 石毛直道. 食文化研讨会: 全球时代的食文化. 平凡社, 1982.

日本的食文化的展示与研究
——以日本国立民族学博物馆为例

韩 敏

（日本国立民族学博物馆，日本 大阪）

一、序言 民以食为天、永恒的普世价值

民以食为天的中国名言道出了食在中国人生活中的重要位置，也明示了饮食文化在人类文化中的普世价值。饮食是人类和自然的接点，也是人和人，人和神，不同民族、不同文明的最好接点。人类为了寻求更多更好的食物不断地移动。这种对食物的追求导致了大航海，也把非洲原产的西瓜、咖啡、亚洲原产的茶叶和美洲原产的辣椒、番茄、马铃薯、番薯、玉米等栽培植物传到了地球其他地方，形成了现在的种植生产和饮食格局。随着19世纪的工业革命，20世出现了食品的产业化和快餐化。尤其是在近30年的都市化及经济全球化的影响下，传统的食文化受到冲击，有些甚至在消失。美国的麦当劳、意大利比萨饼、日本的寿司、印度咖喱饭、中国的饺子、韩国的泡菜、越南的米粉等跨越国境被越来越多的国家和地区的人们所享有，饮食文化有趋向同一的趋势。

食文化的日趋同一和快餐化的普遍现象同时也促使人们重新审视、挖掘并保护各地的传统饮食。2010年11月16日，联合国教科文组织保护非物质文化遗产委员会第五次会议上，"法国美食大餐"被批准列入世界文化遗产名录，这是《保护非物质文化遗产公约》生效以来，首次将餐饮类非遗项目列入世界名录。随后，地中海美食、墨西哥传统饮食、土耳其小麦粥、日本料理"和食"以及韩国"腌制越冬泡菜文化"也都登上了世界非遗的殿堂。联合国教科文组织通过对这6项食文化遗产的认定，向世界展示了这些传统的食文化的加工和制作技巧的同时，也认可了食文化所体现的家庭邻里的互助和人类的分享精神。

饮食体现了人和自然环境的连带，也不断促进人的归属感和身份感。仪式中有了饮食的象征，每个人的生命才顺利地从无走向有，又从有走到无；饮食还起到了凝聚我们的家庭、社区、阶层、民族和社会的重要作用。可以说，民以食为天是人类永恒的普世价值。因此，记录、保护、整理和研究传统饮食及其变化，健康地发展食文化的产业已成为各国的当务之急，也是人类的共同课题。

在这方面，日本民族学博物馆在40年前就已经开始了对世界五大洲食文化的收集、研究和展示。石毛直道先生就是民博饮食文化的研究和展示的开拓者之一。他作为民博乃至日本和亚洲的食文化研究第一人，不仅重视文献研究，还在世界80多个国家对饮食文化进行了参与和观察的田野调查，并出版了20

作者简介：韩敏，女，汉族，沈阳人，日本国立民族学博物馆超域田野科学研究部部长，教授，博士生导师，美国哈佛大学费正清研究中心访问学者，主要研究方向：东亚社会的历史记忆、饮食、文化遗产与旅游人类学研究。

部饮食文化专著（18部日文、1部英文、1部法文）、35部编著。作为民博的创始人之一和第三代馆长，石毛教授的研究风格和学术视野对食文化的展览和研究无疑产生了重大影响。接下来我将通过介绍民博的食文化展示和研究，探索日本食文化研究的特点。

二、人类文明史视野下世界五大洲食文化的展示

日本国立民族学博物馆（以下简称民博）是文化人类学、民族学以及相关学科的世界级的研究机构。该馆于1974年创建，1977年11月开馆。它是一个拥有60万件世界文化标本资料以及影像资料的博物馆。其中世界各地的食文化标本资料有4440件；记录世界各地食文化的影像资料共有192个。它的创立宗旨是通过收集实物、影像记录、田野调查和研究向人们提供有关世界各民族社会和文化的最新信息与知识，加深对不同文化的理解，并揭示人类文化的多元性和共同性。

1. 连接着天地人的食文化风景线

食文化是人类维持生存和精神生活的基本活动之一。日本国立民族学博物馆从它建立的开始就十分注重对各地饮食文化的标本以及照片录像收集和展示。民博的展厅从进到出，有11个展厅：大洋洲、美洲、欧洲、非洲、西亚、南亚、东南亚、朝鲜半岛、中国、中北亚及日本。据说要想看完这些展厅需要走4.8千米（池谷 2015）。11个展厅从空间来看包括了五大洲，从赤道到北极，从沙漠到海洋，从平地到高原；从生产方式来看，它包括了采集、狩猎、游牧、农耕、渔捞及食品的产业化；从时间跨度来看，它包括了新石器的食物种植，到现在的食品加工。可以说这11个展厅构成了一条多姿多彩的人类食文化风景线。

2. 海洋民族的食文化

大洋洲展厅介绍了海洋岛屿民族的饮食特点。这里的主食有面包果、芋头和薯。海螺做的贝锅最能体现岛屿民族的饮食智慧。此外，人们用椰子壳做的酒碗喝卡瓦酒（Cava）。卡瓦酒在南太平洋群岛斐济、萨摩亚、汤加等国家有着悠久的历史。卡瓦酒仪式是一种高规格的礼节，因此，饮用卡瓦酒要有一定仪式和严格的顺序。这种仪式在斐济部落中是最高礼节的象征，外交使节、迎接贵宾、重大庆典、欢庆节日、婚礼等重大场合都少不了它。

此外，在没有铁制品的岛国，人们还发明地下蒸烧法。有了这种烹调法，婚礼上即使来了一两百人，都不必发愁。人们便把整头的猪、香蕉、芋头以及芋头叶包好的鱼一起放进地下坑内，然后压上滚热的石头，盖上蕉叶蒸烧。2~3小时之后，新人就可以同婚礼来宾分享美味了。

3. 原产于美洲大陆的栽培植物及烹饪——美洲大陆对人类食文化的贡献

在美洲展厅里，人们可以看到1万年前从亚洲移居到美洲大陆的人，开始是以采集狩猎为生。后来他们开始栽培植物，并有了农耕。展厅的马铃薯、玉米、菜豆（芸豆）、番茄、草莓、红薯、木薯、可可豆①都是中南美地区原产的栽培植物。这些山岳文明产生的安第斯农作物16世纪以后经过欧洲传到世界其他地方。它们不仅缓解了人类的饥饿，还丰富了人类的饮食生活。例如，安第斯山脉的野生辣椒在

---

① 可可豆现在是巧克力和可可的原料。早在远古，人们就认识到了可可豆的营养价值及其药物效力。由于可可豆的产地有限及果壳坚硬，可可豆也曾被作为货币在中南美流通。

500年里经欧洲传到各地，融入到了印度的咖喱、四川的豆瓣酱和朝鲜半岛的越冬泡菜。近年，被认定为世界非物质文化遗产的墨西哥饮食就是以玉米、豆类和辣椒为主要食材，其古老的烹饪方法和与饮食相关的传统习俗同样独具特色。

4. 农牧结合的欧洲饮食文化

欧洲展厅入口处是来自德国、保加利亚、法国、芬兰、意大利、匈牙利的13种面包模型。尤其引人注目的是保加利亚的婚礼面包。它是在结婚仪式上由婆婆赠给新娘的象征性食品。和面盆及面包的图章、加工奶酪（芬兰、丹麦、罗马尼亚），奶油和葡萄酒的工具，烤箱、肉肠制作工具（匈牙利）、罗马尼亚的切肉机、爱沙尼亚腌制过冬大头菜的刮刀等工具和图片向人们展示了欧洲农牧结合的饮食文化的基本结构。

随着亚洲等地移民在欧洲逐渐定居下来，也给欧洲带来了各种文字和口味的方便面。展厅里，有移民族群的20种方便面（越南、阿拉伯酋长国、印度、中国（大陆、香港、台湾）、韩国、波兰、泰国、乌克兰、印度尼西亚、菲律宾）。

5. 农业文明的非洲——西瓜和咖啡树的原产地

非洲展厅以古老的岩画中的农耕、考古出土的土陶、岩盐向人们展示了非洲不仅是人类的诞生地，它也是世界最早开始农耕和土陶制作的大陆。撒哈拉沙漠4000年前曾是湿润气候，后来的干燥引起了河湖干涸，形成了盐山。用骆驼搬运的岩盐从古至今都是撒哈拉交易的贵重商品。

此外，在非洲地图上的西瓜种子、杨葵和咖啡树向人们展示了这些在欧洲、亚洲、美洲、大洋洲日常使用的水果、蔬菜和世界三大饮料之一的咖啡原产于古老的非洲大地。煮熬西瓜的锅，告诉我们在西瓜原产地的非洲，西瓜不仅可以煮来取水，还可以蒸熟或整个烤熟用来做菜。

6. 中东沙漠地区的咖啡、红茶和骆驼

与非洲同属干燥地带的西亚（中东）展厅展示了沙漠里的游牧民族贝都因人的帐篷生活（约旦和以色列）。帐篷的主人用精致的金属餐具接待客人，红茶和咖啡是必不可少的饮料。作为主人用茶招待客人时一定要让客人喝饱喝好。用咖啡招待客人时，主人当场在锅里煎炒咖啡豆，然后捣碎煮好，再倒进小杯子里。看样子，比中国的工夫茶还要费工夫。这种咖啡①很苦，润喉利腹并具有镇静作用。旁边的骆驼模型向人们展示了在沙漠地带的阿拉伯社会的饮食文化里，人们对骆驼的肉和奶有多种利用方法。

7. 南亚印度和尼泊尔的宴会和茶酒

南亚展厅主要展示了喜马拉雅山脉南部和印度次大陆的印度和尼泊尔的物质生活和精神文化。巨大的铜制和面盆和水缸告诉人们，面食不仅在日常生活，在婚礼等仪式的宴席上也扮演着重要角色。同时，尼泊尔的传统铜制茶壶、酒壶和木制奶油容器以及印度电饭锅让我们看到了餐具的进化。

8. 东南亚的稻作与嗜好品

东南亚接受了印度、中国、伊斯兰等各种文明的影响，族群和文化的多元性也自然反映在食文化上。越南西北地区傣族的火塘、厨房和蒸米，印尼精致的高脚米仓、印尼和泰国的稻女神让我们感到了

---

① 咖啡虽然原产于非洲，但是咖啡的语源确实来自阿拉伯语的卡夫哇，阿拉伯语的意思是烈性酒。

稻作文化在东南亚人的物质生活和精神生活中的重要作用。

精致的烟具和槟榔容器（印尼、泰国、缅甸、菲律宾）也让我们体会到了男人的嗜好品烟草和女人的嗜好品槟榔的文化特征。槟榔原产于马来西亚，人们在胡椒科的植物叶子上抹上石灰汁然后放上捣碎了的椰子科槟榔在口中咀嚼，使其产生化学反应，产生一种清凉的感觉。此外，随着食品的产业化和伊斯兰的全球化，马来西亚还出现了清真食品产业：快餐面、巧克力、矿泉水、可口可乐、饼干等。

9. 朝鲜半岛的辣椒革命与多元的宗教祭品

朝鲜半岛展厅展示了以萨满教为基础，外来儒教、佛教、基督教以及日本近代的影响所形成的多元文化及饮食结构。原产于中南美的辣椒250年前经日本传到了朝鲜半岛，并引起了"辣椒革命"（山本2016）。展厅里的主食米饭和副食及各种大小不同的泡菜坛子、泡菜专用冰箱等展示了辣椒和泡菜在韩国家庭饮食中的地位和传承。因此，在入选世界非遗的"食文化"中，越冬泡菜是将共享性和全民性体现得最为彻底的一项。泡菜是韩国家庭餐桌和饭店里一年四季必备的菜肴。

此外，民博还请来韩国工匠在室外展区再现了20世纪20年代的酒馆。炕桌上的酒器、下酒佳肴、墙壁上晾晒的大蒜、辣椒和砖型酱曲让游人仿佛闻到了百年前的酒香，听到了主人与客人欢笑。

朝鲜半岛展区还展示了食品的越境。近代从日本传到朝鲜半岛的味之素、乌冬面和经日本传去的西餐煎蛋饭已经成为韩国的大众食品。食物不仅是满足人的食欲的物质，也是表达人类的宗教情绪，沟通人与神灵的重要媒介。儒教祭祖食品器皿和猪蹄、月饼、大枣等萨满教祭神食品都表达了人对祖先和神灵的爱戴和敬畏。同时也起到了维持人类社会的道德和秩序的作用。

10. 南米北面、进化中的冥器食品和中国菜的全球化

在多民族中国的展厅里，首先展示了南米北面的基本主食结构。西高东低的地势、北部与西北的半干燥的气候产生了以小麦杂粮为主的旱作；而东部与南部的季节风地区则产生了水田稻作农耕。这种稻作文化还传到了日本，并奠定了日本文化的基础。展厅里石毛教授1994年在陕西拍摄的面条加工机的照片展示了北方人的面食智慧。而南部湖南侗族糯米腌鱼桶和广西壮族农家高脚建筑中的厨房、米仓以及沼气锅灶展示了20世纪末到21世纪初水稻地区的饮食生活。

同时，精致的彝族携带式漆器酒壶、鹰爪酒杯以及汉族的筷子、新疆俄罗斯族的汤勺、西藏门巴族的木碗及青海藏族的糌粑木漆碗也展示了多民族中国的饮食情趣和智慧。景德镇茶具、刻有唐朝陆羽茶经的茶垫、阿拉伯文字回族茶具、美国华人的携带式茶具以及作为祭奠故人的微型茶具向人们展示了在茶叶原产地的中国，无论是在家还是外出，无论是阳间还是阴间，茶都是生活的必需品。

此外，电冰箱、茶具（安徽）、北京烤鸭、可口可乐、快餐面、电饭锅（马来西亚和美国华人）等各种饮食冥器让游人联想到汉墓、埃及金字塔里的随葬食品，同时也感受到冥器的进化以及人类对故人的关怀。照片上的20个中华街（横滨、曼谷、仁川、古晋Kuching、塞尔维亚的贝尔格莱德、旧金山、加拿大的蒙特利尔、澳大利亚的墨尔本、南非，以及中日英文、希伯来文、阿拉伯文及葡萄牙文菜谱和食品图片告诉我们中国菜正在世界各地本土化。

11. 中北亚传统食文化的传承与进化

这个展区包括位于乌拉尔山脉加斯比东岸连接的蒙古、哈萨克、乌兹别克、吉尔吉斯、塔吉克、土

库曼斯坦和俄国。乌兹别克的烧饼锅炉、用羊肉和果脯作的拌米饭、蒙古等国的奶茶、奶酪制作工具、装有太阳能的蒙古包、包内的茶和雀巢速溶咖啡、俄国西伯利亚地区家庭的鲸鱼肉的食用和由鲸鱼须子制成的工艺品展示了中北亚传统食文化的传承与进化。

12. 稻作、旱作、狩猎、养蜂、渔捞的复合型日本食文化与移民族群

最后的展厅是日本，这个位于欧亚大陆东端的岛国接受了中国和朝鲜半岛文化影响，同时也形成了自己独特文化。南北3500千米长的多样地形形成了稻作、旱作、狩猎、养蜂、渔业等复合型食文化结构。山菜、荞麦、蘑菇、养蜂代表着山间文化。海带的种植、打捞、加工和食用的各种工具向人们详细地揭示了海带在日本和食中的地位。

对北海道阿伊努族来说，鹿肉、虾和鲑鱼是祭祀食品。

正月和盂兰盆节是日本最大的节日。在本岛各地，人们用正月敬神食品（年糕、柿子饼、乌鱼干、栗子、橙子、海带、芜菁甘蓝）等来祭祀神灵和祖先。盂兰盆节是日本在飞鸟时代随佛教从隋唐时期的中国传入的，后来与当地的民俗结合起来，形成了独特的庆祝方式。日本人对盂兰盆节很重视，现已成为仅次于元旦的重要节日，企业、公司一般都会放假一周左右，称为"盆休"[①]，很多出门在外工作的日本人都在选择利用这个假期返乡团聚祭祖，此时像大都市（如东京、大阪等）街道多显冷清，有点类似中国的清明节。一般是十三日前扫墓，十三日接先人鬼魂，十六日送。此时一定要为故人和孤魂送去祭祀食品，如西瓜、苹果、葡萄、茶、番茄、茄子等。在日本的韩国侨民也准备糕点、水果和肉食祭祖。

随着跨境移民的增多，日本各大城市出现了移民族群的食品杂货店（南亚的伊斯兰清真食品；巴西和缅甸移民的小食品）。它们不仅满足了移民族群的饮食需求，也丰富了日本的食文化。

民博常设展厅的食文化分布图

展厅	主食	食品	餐具	加工及保存	食用方法及场所	仪式/象征
大洋洲	面包果（太平洋群岛原产）、芋头、薯、香蕉	猪	椰子壳酒碗	混合蒸烧法（猪、芋头叶包鱼、香蕉、芋头）、椰子的加工、贝锅（密克罗尼西亚）		礼仪中的卡瓦酒（Cava）（萨摩亚、汤加、フィジ）面包果和芋头粉碎磨制的食品
美洲	玉米饼、马铃薯	木薯、南瓜、辣椒、西红柿、可可、草莓（原产）		晒干的马铃薯、玉米酒（玻利维亚）甘蔗压榨与制糖工具（危地马拉）		

---

① 明治维新前，日本人在农历七月十三日至十六日举行盂兰盆会。明治维新后，部分地区改为公历7月13日至16日，也有些地区改为8月13日至16日。

续表

展厅	主食	食品	餐具	加工及保存	食用方法及场所	仪式/象征
欧洲	13种传统面包、20种移民族群的方便面		玻璃酒瓶（罗马尼亚）	和面盆及面包的图章、加工奶酪（芬兰、丹麦、罗马尼亚）、奶油和葡萄酒的工具、烤箱、肉肠制作工具（匈牙利）、罗马尼亚的切肉机；爱沙尼亚腌制过冬大头菜的刮刀	厨房（爱沙尼亚）	婚礼面包（保加利亚）、祭祀女神的面包（罗马尼亚）
非洲	玉米面拌加骆驼奶、手工舂米、杂粮	种植的西瓜子（16种）、岩盐		西瓜锅、骆驼奶的多种利用（肯尼亚）	食品小贩推车（加纳）、小镇酒吧（科特迪瓦）	
西亚				山羊奶油制作	约旦贝都因人的帐篷和以色列贝都因人在帐篷家里用红茶和咖啡款待客人	
南亚	北部咖喱囊或面饼、南部咖喱米		尼泊尔铜制茶壶	木制奶油容器；印度举行婚礼或仪式时使用的巨大铜制和面盆和水缸。印度电饭锅	槟榔杂货店	尼泊尔在仪式中使用的金属酒壶
东南亚	蒸米（越南）	嗜好品、烟和槟榔 马来西亚清真食品产业：快餐面、巧克力、矿泉水、可口可乐、饼干		印尼的高脚米仓	越南西北地区傣族的火塘、厨房	印尼和泰国的稻女神
朝鲜半岛	米饭、乌冬面和西餐煎蛋饭	家庭饭菜、年糕	金属餐具	大酱团、泡菜桶及泡菜专用冰箱；日本味之素	20世纪20年代的酒馆	儒教祭祖食品餐具、萨满教祭神食品（猪蹄、月饼）

续表

展厅	主食	食品	餐具	加工及保存	食用方法及场所	仪式/象征
中国	北方的面食与南方的米食	清真饮食品	木制漆器餐具（俄罗斯族、门巴族、）回族茶具	面条加工器；湖南侗族糯米腌鱼桶	彝族携带式酒壶；汉族携带式茶具、壮族农家厨房及沼气锅灶；各地中华街及中餐馆的多种文字的菜谱	婚礼的花生；冥器（冰箱、电饭锅、海外华人祭祀用的北京烤鸭、快餐面；）侗族婚礼和祭祀中使用的糯米腌鱼
中北亚	烤饼、羊肉抓饭	各种乳制品、干果、茶叶、鲸鱼肉	木制、陶瓷餐具	太阳能蒙古包	乌兹别克的厨房、蒙古包里的茶和咖啡	婚礼中新娘和新郎互赠的果子、茶酒
日本	大米、荞麦	山菜、蘑菇、养蜂；移民族群的食品杂货店（南亚的伊斯兰清真食品；巴西和缅甸移民的小食品）	阿伊努族木制饮食漆器	海带的种植、打捞、加工的各种工具。一年四季山珍的养殖采集晾干保存及使用；琉球群岛的传统米制蒸馏酒、泡盛	阿伊努族火塘	阿伊努族的祭祀食品（鹿肉、鲑鱼）、正月敬神食品（年糕、柿子饼、乌鱼干、栗子、橙子、海带、芜菁甘蓝）、家庭的盂兰盆节的祭品（西瓜、苹果、葡萄、茶、西红柿、茄子）；韩国侨民祭祖食品

总之，民博的食文化的展示归纳起来，主要有以下三个特点。

第一个特点是自然、生业和食物的复合性。无论是大洋洲岛屿的主食面包果芋头，中国的南米北面，还是非洲的西瓜、东南亚的稻米和槟榔都体现了人类在海洋、沙漠和季节风雨林地区等自然环境的适应过程中对植物的认知和利用的智慧。

第二点是食物的加工及其社会性。从韩国的酒家、壮族农家的厨房、欧洲移民、非洲和印度的杂货小吃、牧民帐篷里的饮食展览反映了世界各地普通人的日常食品"常食"（石毛1973）。此外，保加利亚婚礼中婆婆赠送给媳妇的巨大面包、印度婚礼等礼仪时使用的巨大和面盆、湖南侗族的糯米腌鱼桶以及各种食物祭品都证明了人类的食品加工具有重要的象征性和社会性。正如石毛先生所说，人类是共食的动物。人类不仅同家人、邻里、朋友共食，还和死者和神灵共食（石毛1973）。食品的加工、传承和共食凝聚并增强了人们的情感、道德感和归属感。

第三点是展示人类饮食文明的传播与进化的历时性和共时性。从非洲的咖啡豆到西亚约旦贝都因人帐篷里烤制的咖啡及北亚蒙古包里的速溶咖啡，我们可以看到三大世界饮料之一的咖啡的传播路径及其变化。同时，马来西亚、欧洲、中国、日本的清真食品以及各地的移民族群的快餐食品店也说明了食品的产业化和移民对食文化的影响。

三、民博的食文化研究方法及成果

梅棹忠夫、佐佐木高明、石毛直道等民博第一代奠基人早在20世纪60年代，就已经开始了食文化的研究。他们的共同点是读万卷书、行千里路，把自然环境、食物的获得加工与人类的饮食融为一体；既有针对某个地区或民族的微观的实证考察，又有对人类的文明史的宏观整体把握。走访过五大洲的80多个国家的石毛馆长在他退休纪念演讲会上曾经这样说过，他每到一处都要先看看当地人家的厨房，请教炊具、调味料及食品材料的用法和做法。他在中国，去过西安、北京、上海、镇江、扬州、南京、重庆、济南、广州等城市，从百姓的餐桌、厨房、市场、大排档及高级餐厅里来观察和研究中国菜系及其变化（石毛1996）。石毛教授等先辈学者这种知行合一、综合性的研究风格奠定民博知识生产的学术基因，对后续学者产生了深远的影响。因此，从整体来看，民博学者研究饮食文化的对象及范围十分广泛，研究的方法与视点也多种多样。这里我将把部分学者的成果进行初步的整理，希望以此勾画出作为知识生产机构的民博在饮食文化方面研究的基本轮廓，以便为大家提供一个思考食文化的基本框架。

1. 农耕的起源与进化——植物的采集栽培、加工及商品化

人类在非洲大陆和美洲新大陆采集野生植物的过程中逐渐发明了栽培技术及食物加工技术。非洲的西瓜（池谷1996）、玉米、辣椒、马铃薯等中南美栽培植物的源流（山本2006，2016）、马铃薯与印加帝国（山本2004）揭示了食物的加工不仅解决了人类的温饱，还增添了饮食的快感，并促进了民族和地区间的食文化的融合。西瓜原产地非洲沙漠社会里发展出煮、烧、晒干等多种西瓜料理方式（池谷1997，2011）。池谷在非洲对西瓜的研究成果2003年还上了NHK "人类都吃了什么？" 的电视节目。此外，民博也记录了近代化以前日本及东亚山菜的利用及保护（池谷 2000a，2000b，2000c，2002，2003a）、从江户到明治时代日本山村蕨菜的采集与生产以及大正时期山村蕨菜的商品化（池谷 1988，1989a，1989b）。

2. 游牧、家畜饲养的起源与肉食文化

无论是在沙漠地区还是高山、草原和海岛，肉食以及对动物脂肪的利用是人类的普遍现象。世界家畜饲养的起源、野鸡的家禽化及孟加拉猪的游牧（池谷2014f）、沙漠地区的骆驼奶及鸵鸟蛋利用（池谷2003c，2010d）的研究以及不丹的乳制品（栗田1991c）、蒙古的乳制品（小长谷1984，1997）、西伯利亚拉普兰驯鹿的乳制品（1992）的研究记录了人类驯化动物的过程。

同时从动物的脂肪与人类的关系（池谷2010）、非洲的狮子肉的食用（池谷 2009c）、马来西亚的吃猴行为（信田2003）、台湾原住民的野猪狩猎（2008，2014）、中国和东南亚地区猪的研究中（野林2007a，2007b）可以看到人类肉食行为的共性。近年，民博还开展了肉食行为的研究（代表：野林厚志2012.10—2015.3），在整理了人类传统的肉食行为和文化内涵之后，还从兽医学、伦理学、生态学等角度探索了全球化经济影响下欧美、日本等先进国家的肉食的大量生产、市场流通和消费对环境产生的负

食文化产业

荷、欧美的动物解放论、动物的权利以及肉食与屠宰的伦理性。

3. 人类面食的共时性和历时性的研究

中国皖北地区的面食（韩2006）、韩国的面食（朝仓2008a）、不丹的荞麦面（栗田1991a）、麦粥与阿拉伯社会基督教徒的文化认同（菅濑2004a，2007，2008），意大利面条（宇田川1992，1994）、意大利面包、面包的多样性与共性（宇田川2009a，2012）以及石毛教授对世界面食的俯瞰——荞麦面、乌冬面、拉面、冷面、意大利面条、快餐面，探索了面食的起源与传播路径，并证明了面文化已经覆盖世界的每个角落（石毛1991）。这本基于田野调查和庞大的文献调查的面文化研究堪称是世界上第一本"文化面食学"。

4. 饮食的规则与社会性

人类区别于其他动物的饮食行为是有序的共食。

韩国的饮酒礼仪（朝仓1999b，2003），就餐时男女老少的空间分离（朝仓2000a）、非洲诸民族饮酒方式（池谷2007a）、意大利与希腊的饮酒（野村1995）、加拿大魁北克省因纽特人社会的食物分配（岸上2003a，2006b），狩猎采集民族社会的食物分配类型（岸上2003a，2003b）、北极的食文化（岸上2005）、美国阿拉斯加渔村的捕鲸节、共餐与鲸鱼肉的分配都说明了人类的饮食行为具有年龄、男女社会性别等身份等级的约束。饮食具有极强的规范性及社会性。

5. 嗜好品的综合比较研究

嗜好品是饮食时让人的味觉和嗅觉产生愉悦感的食品、饮料和烟草。如，酒是大多数民族喜爱的嗜好品。从研究对象来看，民博的酒文化研究既有儒教传入朝鲜半岛后对朝鲜社会的饮酒嗜好产生的影响（朝仓2004c）、韩国的浊酒（太田 2012）、槟榔与卡瓦酒（小林2005）、墨西哥的酒文化（八杉1999abc）等个别社会的研究，也有世界酿酒的民族志（山本，吉田 1995）和酒文化的比较研究（石毛1998）。

同时，无酒精的世界三大饮料——可可、咖啡和茶也是关注的对象。日本茶文化研究的第一人熊仓功夫教授的日本茶史（熊仓1990）和在茶叶原产国中国的茶与瓜子文化（韩2004）都从历史和庶民的角度揭示了茶叶的传播路径和百姓的喜爱程度。此外，可可（八杉1987，1992）、巧克力（加藤、八杉1996）、从喝到吃的巧克力（八杉2004）、可可与咖啡（八杉1995）、泰国与老挝的咖啡（平井2004）以及咖啡与炸面圈（小山1981）揭示了可可和咖啡的进化历程和传播的文化志。

蒙古国的嗜好品（小长谷2004b）以及近代化及民主化过程中鼻烟文化的复兴（小林2008）、俄国的西伯利亚与黑河流域先住民的嗜好品比较（佐佐木2004）则揭示了北半球干燥地区嗜好品文化及其变化。

6. 饮食、象征与文学

食物是物质的，也是精神的。食物具有象征功能。各国婚礼的食品（朝仓2008bc）、登上祭坛的动物（池谷2015b）成了人类情感表达的媒介。此外，具有大众性和反复性的食品或饮食行为也常常纳入口头传承和社会记忆的文脉中，使各地产生了许多与食物有关的名言和谚语（韩2006，2015，朝仓2003b）。在美食大国的日本、中国和法国更可以看到许多与饮食有关的文学（中山，石毛1992）。

结束语

民博的食文化展示和研究是以人类学、民族学为主，兼有历史学、民俗学、地理学、营养学、烹调学等跨学科的方法。我们从个别食文化现象归纳并演绎人类的饮食文明的规则，探求人类行为、作为家族象征的饮食、饮食的民主化、医食同源、饮食的快乐化等价值和价值取向（石毛1982b）。同时，学者们从马铃薯、玉米的栽培看到了古代安第斯文明的生态资源的利用及王权产生的关系（関2007），从筷子文化圈里发现了发达的刀法技术和餐桌上的锅，从面包食文化圈里发现了发达的烤炉料理（石毛2004）。从这个意义上来说，民博的食文化展览和研究勾画了一个共时和历时的人类饮食生活史。

食品的产业化及经济的全球化使人类的饮食内容、行为和观念都发生了巨大变化。食物的越境及本土化的现象也越发普遍。韩国料理的越境（朝仓2005c，2009d）、泡菜与民族主义（朝仓2009c）、韩国的咖喱饭（朝仓2007b）、在日本被日本化了的中国菜与韩国菜（朝仓2001）、日本的外来食文化（熊仓、石毛1988）揭示了食文化的再生力和人类的亲和性。我们不断面临新的挑战。阿拉斯加等北方民族的旅游、鲑鱼与原住民（斎藤1999）、东日本大地震后渔村鲍鱼的采集（池谷2016）以及在以麦当劳为代表的快餐全球化的影响下产生的是世界慢食运动[①]（野林2002）、（宇田川2009b，2011）都记录了人类的饮食智慧在近100年的变化以及人类的理性回归。

当然，人类也在不断面临着各种自然和人为的危机。例如，即使现在全球粮食总生产量足以喂饱一百二十亿人，此时此刻却仍然有八亿人口正为饥饿及营养不良所苦。正像2015年在意大利召开的世博所提倡的主题"滋养地球"所提示的那样，没有比确保人类及地球的滋养更艰难的挑战：我们需要用永续发展的方式喂养人类、保障粮食生产者的合理福利、保障人类健康的同时，确保符合人人皆能取得优质、洁净、公平原则的食物。

2016年8月5日在巴西里约奥运的有创意的开幕式上，每个运动员播下一颗种子，这些种子将被移种至德奥多罗地区的公园，未来将长成真正的森林。它也向我们传达的重要的信息之一是：人类和植物一样是多元的，又都是一样地生长在同一个地球上，享受着同一个太阳。21世纪的今天，人类面临着各种有待解决的课题。食物可以有灵魂，有故事并代表着人与人，人与天地神灵和祖先的深深连接。人类走过的食文化史告诉我们，人类可以从先人留给我们的多元的食文化元素里找到克服危机的智慧，同时还可以创造出滋养地球、连接天地人的和谐的食物链。

---

① 慢食运动（Slow Food）是由意大利人卡尔洛·佩特里尼提出，目的是对抗日益盛行的快餐。运动提倡维持单个生态区的饮食文化，使用与之相关的蔬果、促进当地饲养业及农业。该会前身是Arcigola，于1986年为了抗议麦当劳于罗马市中心西班牙台阶附近开设分店而正式成立。由此抗议活动而发展起来的慢食协会现已超过122个国家，下设800个分会，共有超过83,000名会员。该组织架构相对松散，每个分会有独自的领导，负责当地的文化及农业，并通过举行如美食会、试酒等区域性活动推广本地的美味佳肴。组织总部位于意大利北部，靠近都灵的小城普拉，并先后于瑞士（1995年）、德国（1998年）、纽约市（2000年）、法国（2003年）、日本（2005年）及最近于英国设立办事处。

参考文献

[1] 韩敏. 人类学田野调查中的"衣食"民俗//周星主编. 民俗学的历史、理论与方法: 上册. 北京: 商务印书馆, 2006.

[2] 朝仓敏夫. 日本の焼肉韩国の刺身—食文化が"ナイズ"されるとき. 农山渔村文化协会, 1995.

[3] 石毛直道. 食生活を探検する. 讲谈社, 1969.

[4] 石毛直道. 世界の食事文化. ドメス出版, 1973.

[5] 石毛直道. 食いしん坊の民族学. 平凡社, 1979.

[6] 石毛直道. 食卓の文化志. 中公新书, 1982.

[7] 石毛直道. 食事の文明论. 中公新书, 1982.

[8] 石毛直道. ハオチー! 鉄の胃袋中国漫游. 平凡社, 1984.

[9] 石毛直道. 食の文化地理 舌のフィールドワーク. 朝日选书, 1995.

[10] 石毛直道. 食前・食后. 平凡社, 1997.

[11] 石毛直道. 食卓文明论-チャブ台はどこへ消えた? -. 中公丛书, 2005.

[12] 石毛直道. ニッポンの食卓-东饮西食-. 平凡社, 2006.

[13] 石毛直道. 石毛直道 食の文化を语る. ドメス出版, 2009.

[14] 石毛直道. 饮食文化论文集. 清水弘文堂书房, 2009.

[15] 石毛直道. 日本の食文化史-旧石器时代から现代まで-. 岩波书店, 2015.

[16] 石毛直道, 小山修三, 山口昌伴, 栄久庵祥二. ロスアンジェルスの日本料理店—その文化人类学的研究. ドメス出版, 1985.

[17] 石毛直道, 田辺圣子. ヒトみな神の主食—食の文化志讲义. 朝日出版社, 1981.

[18] 石毛直道,ケネス・ラドル. 鱼酱とナレズシの研究—モンスーン・アジアの食事文化. 岩波书店, 1990.

[19] 石毛直道, 森枝卓士. 考える胃袋—食文化探検纪行. 集英社新书・集英社, 2004.

[20] 梅棹忠夫. 近代日本の文明学. 中央公论社, 1984.

[21] 田村真八郎. 日本の风土と食. ドメス出版, 1984.

[22] 杉田浩一. 调理の文化. ドメス出版, 1985.

[23] 小崎道雄. 醗酵と食の文化. ドメス出版, 1986.

[24] 豊川裕之. 食とからだ. ドメス出版, 1987.

[25] 松元文子. 2001年の调理学. 光生馆, 1988.

[26] 山口昌伴. 家庭の食事空间. ドメス出版, 1989.

[27] 小松左京、豊川裕幸. 食の文化シンポジウム'89昭和の食. ドメス出版, 1989.

[28] 井上忠司. 食事作法の思想. ドメス出版, 1990.

[29] 熊仓功夫. 食の美学. ドメス出版, 1991.

[30] 熊仓功夫. 食の思想. ドメス出版, 1992.

[31] 田村真八郎. 外食の文化. ドメス出版, 1993.

[32] 田村真八郎. 国际化时代の食. ドメス出版, 1994.

[33] 高田公理. 都市化と食. ドメス出版, 1995.

[34] 郑大声. 食文化入门. 讲谈社, 1995.

[35] 熊仓功夫. 日本の食・100年<のむ>. ドメス出版, 1992.

[36] 熊仓功夫. 茶の汤の历史－千利休まで一. 朝日新闻社, 1990.

[37] 熊仓功夫. 日本料理文化史. 人文书院, 2002.

[38] 熊仓功夫, 石毛直道. 外来の食の文化. ドメス出版, 1988.

[39] 黄慧性, 石毛直道. 韩国の食. 平凡社, 1984.

[40] 山本纪夫, 吉田集而. 酒づくりの民族志. 八坂书房, 1995.

[41] 八杉佳穗. 高贵な饮み物、カカオ//松山利夫・山本纪夫编. 木の实の文化志. 朝日新闻社, 1992.

[42] 吉田集而・堀田满・印东道子编. イモとヒト: 人类の生存を支えた根栽农耕. 平凡社, 2003.

基于食品科学的视角研究与评价中华传统食品

张炳文

（济南大学商学院，山东 济南 250002）

摘 要：近年来国人的饮食生活出现了与传统饮食生活相疏离的倾向，当前国内消费者对中国传统食品存在众多消费误区，本文以科学、全面的视角评价和解读中国传统食品，并介绍了豆豉、陈醋和馒头等具有典型代表性的中国传统食品，引导消费者科学对待、充分认识中国传统食品的科学性；引起政府的关注，做好中国传统食品的传承、保护与推广；引起媒体的关注，扩大中国传统食品在国内外消费者中的认知与认同。从根本上确立起科学、全面的食品和食文化资源评价体系与营销宣传方向，对于该产业的可持续发展具有良好的带动作用。

关键词：中国传统食品；科学视角；评价

中国传统食品主要是指中国人创造发明、在国人的饮食发展史中扮演过重要角色、富有中国传统食文化特征且当今仍在消费的食材。中国饮食文化一枝独秀，乃中国传统文化中最具特色的部分之一，曾博得"食在中国"的美誉[1]。

孙中山在《建国方略·以饮食为证》中曾将中国传统饮食做了概括：单就饮食一道论之，中国之习尚，当超乎各国之上。此人生最重之事，而中国人已无待于利诱势迫，而能习之成自然，实为一大幸事。吾人当保守之而勿失，以为世界人类之师。饮食一道之进步，至今尚为文明各国所不及。中国所发明之食物，固大盛于欧美；而中国烹调法之精良，又非欧美所可并驾。至于中国人饮食之习尚，则比之今日欧美最高明之医学卫生家所发明最新之学理，亦不过如是而已[2]。

几千年中华文明的史实证明，中华传统食品不仅符合中国以农耕为主的食物生产结构特点和自然环境条件，而且经过数千年经验总结，形成了非常合理、科学和多彩的食学内容。黄酒、酿造醋、酿造酱油、泡菜、腐乳、豆豉、豆酱、茶、中式火腿、粉丝、粽子、馒头、包子、水饺、面条、汤圆、凉茶等均是由中国人创造发明，在国人饮食发展史中扮演过重要角色，具有鲜明的中国传统文化背景和深厚的文化底蕴以及适应东方人体质的健康养生价值。中华传统食品具有丰富独特的文化内涵，是长期经验的积累和智慧的集成，具有良好的风味性、营养性、健康性和安全性。

1 对中华传统食品进行科学评价的意义

1.1 契合习近平总书记提出的对宣传阐释中国特色要"四个讲清楚"的理念

习近平总书记是中华传统文化的积极倡导者，2013年8月19日在全国宣传思想工作会议上就宣传阐

作者简介：张炳文（1970— ），男，济南大学商学院副院长，教授。主要从事中国传统食品资源的科学评价与文化解读等内容方面的研究。

释中国特色，提出了"四个讲清楚"的明确要求，"要讲清楚每个国家和民族的历史传统、文化积淀、基本国情不同，其发展道路必然有着自己的特色；讲清楚中华文化积淀着中华民族最深沉的精神追求，是中华民族生生不息、发展壮大的丰厚滋养；讲清楚中华优秀传统文化是中华民族的突出优势，是我们最深厚的文化软实力；讲清楚中国特色社会主义植根于中华文化沃土、反映中国人民意愿、适应中国和时代发展进步要求，有着深厚历史渊源和广泛现实基础"。

中华民族创造了源远流长的中华文化，中华民族也一定能够创造出中华文化新的辉煌。独特的文化传统，独特的历史命运，独特的基本国情，注定了我们必然要走适合自己特点的发展道路。对我国传统文化，对国外的东西，要坚持古为今用、洋为中用，去粗取精、去伪存真，经过科学的扬弃后使之为我所用。

1.2 有助于加快中国传统食品与现代科技紧密结合的步伐

对中华传统食品进行科学研究和评价，已开始受到该领域众多学者专家的重视。早在1999年10月在北京举办的东方食品国际会议，探讨了如何将以中国为源头的亚洲国家传统食品与现代科技紧密结合，在东西方文化交融碰撞的新世纪里把握新的发展契机。2014年11月中国食品科学技术学会第十一届年会同期举办了第二届东方食品国际会议。十多年过去，中国食品科技界再一次重拾东方食品的议题。与会代表对此进行分析，一是中国传统食品工业化的研究已形成初步积累，目前急需集成，通过研讨交流和融合，上升到一个新的层级；二是中国食品工业转型和市场需求的变化，强烈呼唤富有特色的食品的出现，呼唤传统产品和有文化认同感的食品的回归。另外东方食品天生具有的健康、养生的内涵也十分符合大众的诉求。这使得如何发掘东方食品的特色，开发现代食品成为行业热点。

中国工程院孙宝国院士在会议上说："中华传统食品具有丰富独特的文化内涵，是长期经验的积累和智慧的集成，具有良好的风味性、营养性、健康性和安全性。中华传统食品现代化需要科技先行，依靠现代科技，破解中华传统食品的科学奥秘。"

1.3 指导中国传统食品走向国际

构建中国传统食品系统、科学、全面的评价体系，将引领国际市场食品资源的时尚和走向，指导国内传统食品产业发展趋势和模式，特别是随着孔子学院的对外交流，扩大了中国传统食品在国内外消费者中的认知与认同，借孔子学院对外交流东风，扩大输出传统产品与文化。

1.4 引导消费者全面、正确认识中国传统食品的科学性

近年来国人的饮食生活出现了与传统饮食生活相疏离的倾向，当前国内消费者对中国传统食品存在众多消费误区，如与日本纳豆近似的中国豆豉、与韩国泡菜近似的中国泡菜长期作为传统的调味品，食用范围窄，产品没有系统开发，自身营养和活性成分没有得到充分地挖掘，限制了被消费者认同范围的扩大和市场的发展，类似原因导致酿造醋、酱油、黄酒、粉丝等许多中国独特的传统健康食品被忽略。认知、认识、认可是中国传统食品引领消费三部曲。

1.5 指导中国传统食品产业的健康发展

改变当前中国传统食品保护体系不成熟、产业链条不完整、文化内涵挖掘不深、市场占有份额严重不足、引领性差等缺陷，提高该产业在国人心中的地位，进而建立起消费者对其认知度和美誉度。对于产业的营销宣传、可持续发展具有良好的带动作用，可明显提高中国传统食品原产地的知名度、产品形

象及旅游文化的交流。

2 常见中国传统食品

2.1 日本纳豆VS中国豆豉

豆豉始创于中国，原名"幽菽"，古时称大豆为"菽"，据《中国化学史》解释，"幽菽"是大豆煮熟后，经过幽闭发酵而成的意思，后更名为豆豉。日本纳豆与中国豆豉其实基本算是一种物质，我国的豆豉从其制作工艺上可分为霉菌型豆豉和细菌型豆豉两大类，而细菌型豆豉和日本纳豆的发酵菌又同为一种叫枯草杆菌的菌种，所以严格来说我国的细菌型豆豉与日本纳豆为孪生姐妹更为贴切。

早在江户时代，日本纳豆就是一种有名的保健食品，可用来治疗风邪、醒酒，同时也用来预防和治疗心脑血管疾病。据18世纪日本《本朝食鉴》所载纳豆可调整肠胃、促进食欲、解毒。日本全国纳豆协同组合联合会编《纳豆沿革史》所载更是把纳豆的作用延伸到了药效上。而中国的大豆制品——豆豉在中医药学上是一味中药，同时也是一种传统的发酵大豆食品，被我国卫生主管部门定为第一批药食兼用品种。如中成药银翘解毒片、羚翘解毒片中均含有豆豉。豆豉曾以其特殊的风味、独特的营养保健作用在国际市场上获得很高的荣誉。中国第一部药典《本草纲目》中，李时珍就指出：豆豉有开胃增食，消食化滞、发汗解表、除烦平喘、祛风散寒、治水土不服、解山岚瘴气等疗效[2]。但随着科学的进步以及人们对食品消费观念的改变，又由于豆豉这种食品存在高盐且口味、档次较低等原因，多数被做成了调味品使用，因而造成国际市场竞争力弱，销售形势日趋下滑的结果。加之在长期的实践中我国人民虽然发现了豆豉类产品具有良好的保健作用，但疏于文字总结，缺乏理论依据，以至于对中国豆豉保健与医疗的研究迟迟不能上升到现代生命科学技术的理论宝库中[3]。

2.2 陈醋

历代文献中有许多关于陈醋的养生保健功效的介绍，目前，查阅到的古籍文献共计38种。包括明朝李时珍《本草纲目》、唐代孙思邈《千金方》等。

食醋应用于人们的生活中已有近五千年的历史，我国是世界上最早将谷物作为原料酿造食醋的国家，同时也是将食醋最早应用于生活中的国家。

食醋作为一种常用的酸味调味品，除含有基本的调味成分外，还含有多种功效成分，具有调节血糖、降血脂、降血压、抗氧化、抗衰老、抗癌、杀菌、缓解疲劳，促进食欲等保健功能。王瑞等对食醋的研究表示，食醋中含有川芎嗪，它是在酿造食醋的过程中产生的，且会随着食醋陈放时间的延长，其含量也会有所增加。因此，陈酿期越长的食醋，其保健价值越高，消费者可将陈酿期作为判断食醋质量的一项标准；另一方面，由于劣质假醋直接由冰醋酸和食品添加剂调配而成，其内不含川芎嗪成分，食品监管部门也可将川芎嗪的含量作为判断食醋质量的一项指标[4]。

川芎嗪主要药理作用：可提高红细胞的变形能力，改善脑组织缺血缺氧和减轻脑水肿；可阻止血栓形成，有效减轻脑缺血再灌注损伤；一种钙离子拮抗剂，减缓缺血性脑血管损伤中的细胞死亡；减轻自由基损伤；阻止神经细胞的凋亡，发挥神经保护作用；对中枢神经系统具有一定的镇静抑制作用等。

2.3 馒头

馒头是中国人的传统主食，属于中国传统发酵蒸制谷物类食品，不但松软适口，而且易于消化，深受中国人民的喜爱。馒头的消费量在北方主食结构中约占2/3，在全国面制品比例近50%，现代人把它同西方的面包相媲美。以馒头为代表的传统发酵面食对中国的传统饮食文化有着很大的贡献[5]。说到中国传统主食的加工工艺，最大妙处在于蒸煮。蒸煮有利于营养保持和调和。例如，汽蒸馒头和烘烤面包相比，汽蒸火候易控。现代物理知识也说明，汽蒸很容易把加热温度控制在100℃左右，使馒头、包子等熟化时外不焦内不生，营养破坏降到最少；而烘烤面包，火焰温度可达800℃以上，即使现代技术，自动控制，底火、面火也在200℃左右，就难免使面团发生外焦内生现象[6]。

另外，酱油、粉丝、黄酒等都是非常典型的中国传统食品，代表了中国从古至今的饮食习惯和饮食文化。

3 中国传统食品产业发展存在问题

在食品满足人类最基本的温饱需求后，人们在饮食的经营和食品的选择方面，均会重视食品所蕴含的意义，即色香味之外，突出食品的文化内涵[7]。传统食品代表着一个国家、一个民族、一个地区的文化底蕴，每种传统食品对生活在各地的中华儿女都具有特别的怀乡情感[8]。传统食品所承载的意义非凡，并且拥有独特的市场价值。然而，时至今日，成功走向市场的传统食品仍属少数，其中面临的主要问题：①品牌是一种文化产品，文化是食品的灵魂，传统食品缺乏品牌意识，文化内涵挖掘不深使得其本身逐渐失去优势；②近年来，国人特别是当代的年轻人，饮食习惯和传统饮食习惯有了较大差异，国外食品大量涌入，占据了国内大量市场，而国内对传统食品文化宣扬的比较少，很多人不了解并逐渐忘却哺育了我们几千年的传统食品；③中国传统食品和饮食文化没有较好地和各个相关产业进行融合，所以显得孤军奋战，无法融入现代市场经济，缺乏市场竞争力。

4 对中国传统食品产业发展的建议

4.1 打造中国传统食品品牌

当今的市场早已进入了一个日新月异的发展时期，人们需求特征趋向多样化，社会环境在变，经营环境也在变化，只有不断设计出符合时代需求的品牌，传统食品才会有新的生命力。所以应借鉴现代软饮料、乳制品等宣传的成熟经验，全面传播信息，立体塑造中华传统食品的品牌形象。打造品牌的主要方式有：①创造品牌事件，进行事件营销，从而制造新闻点；②以品牌已有活动为传播点，进行新闻宣传；③利用社会重大热点事件进行新闻宣传；④日常新闻稿件塑造并维护品牌形象。

选择新闻营销的策略因素主要是：①新闻向来是受众心理最易接受的媒体形式之一，新闻营销有利于受众在潜移默化中接受品牌和产品等相关信息；②新闻营销具有最佳的性价比优势，由于其投放媒体和投放形式比较灵活多变，可以对媒体进行自由组合，以极低的媒体价格达到非常好的媒体效果；③传统硬广形式价格高，且受众认同度极低。在调查数据中显示，由于广告环境愈加复杂，要达到十年前同样的广告效果，广告投放必须加强到之前的6倍；④新闻因其可读性和隐藏的商业性，比较容易引起其他媒体的无限转载，无形中加强了品牌的传播效果，而这个效果恰是预算之外的效果追加。

4.2 科学评价、解读与宣教中国传统食品

富有中国传统特色的食文化资源属于文化产业的一大重要组成部分，中国传统食品的科学解读、文

化内涵的弘扬不应被忽视，从某种意义讲它是更重要的文化遗产，也是人类食物营养科学进步的基础。

科学、全面的评价和解读中国传统食品，可以引导消费者科学对待、充分认识中国传统食品食养理论的科学性；引起政府的关注，做好中国传统食品的传承、保护与推广；引起媒体的关注，扩大中国传统食品在国内外消费者中的认知与认同。从根本上确立起科学、全面的食品和食文化资源评价体系与营销宣传方向，对于该产业的可持续发展具有良好的带动作用。

4.3 与中国传统食品相关的学科、产业的融合发展

饮食文化以饮食产业为载体，而饮食文化的发展与繁荣也必然促进饮食产业的繁荣与发展。世界中餐业联合会、中国烹饪协会等最近均在开展与食品企业的合作探讨，餐饮企业由于成本问题、劳动力问题、食品安全控制问题等，与食品企业合作的需求越来越迫切；而食品企业也可以建立起一个固定的销售伙伴。

食品科学与烹饪科学的融合，食品科学与营养科学的融合，食品工业与中餐业的融合等正在被逐步推进，只有完成与各相关学科的无缝对接，才能打造更加完整的产品营销平台。

5 中华传统食品发展展望

随着科技的不断进步和经济的高速发展，人们的饮食观念也在随之转变，进而对自己的饮食生活提出新的更高的时代要求。饮食文化呈现出前所未有的丰富、活跃和发展。人们不仅希望吃到美味可口、营养丰富、快捷方便、风味多样、科学安全、功能有效的食品，而且对食生活开始更新观念的审视[9]。这必将大力推动中国传统饮食文化研究领域的不断拓宽犁深，中国饮食文化民族史、民俗学、文化学、社会学、心理学等诸多领域的研究将会受到越来越多的关注。"一方水土养一方人"，世界各国都在努力发掘、弘扬自己的传统食品。比如近年来比较受到关注的有保加利亚酸奶、日本纳豆、韩国泡菜等[10]。中国传统食品的价值，可以说在营养性、合理性、丰富性、科学性方面都值得向世界推广。

传统食品是中华民族智慧的结晶，是中华民族的珍贵遗产，是中华五千年璀璨饮食文化的物质载体，有着悠久的辉煌历史，塑造了久负盛名、经久不衰的光辉形象。博大精深的食文化、深入骨髓的感受是最有竞争力的，发掘整理中国传统食品资源的核心竞争力是建设文化强国的一部分。中国传统食品产业受到越来越多行业专家和企业家的关注，现在是我国食品工业发展的战略机遇期，既面临持续较快发展的重大机遇，也面临转变增长方式、调整产业结构、保证食品安全的重大挑战和压力。但传统食品，归根结底，就在于由长久的历史积淀所造就的深厚的群众基础和独到的地方特色。一种食品能够让人们千百年来不断食用，这本身就是其旺盛生命力的体现[11]。民以食为天，食品产业是永远的朝阳产业，对于传统食品文化的汲取、融合、创新，将商业元素与文化元素进行有机融合，通过规模化的运作提升行业竞争力，实现文化传承下的产业复兴[12]。传统食品一旦与现代市场完成对接，其发展前景将是十分广阔的。

参考文献

[1] 蒋凌楠. "改良膳食乃复兴民族之一策"——近代中国生物化学家吴宪的营养科学救国论[J]. 福建师范大学学报(哲学社会科学版), 2012(1).

[2] 何顺斌. 中国烹饪刀工文化——下篇[J]. 人力资源管理, 2010(7).

[3] 宋永生, 张炳文. 中国豆豉与日本纳豆功能成分的比较[J]. 中国食物与营养, 2004(4).

[4] 王瑞, 彭晓光, 黄登宇. 食醋中川芎嗪成分研究进展[J]. 中国调味品, 2015(6).

[5] 翟文奕, 张桂香, 武强等. 中国传统主食馒头的科学解读[J]. 中国食物与营养, 2015(12):6.

[6] 李里特. 中华馒头的营养及工业化开发价值[C]. 第二届中国发酵面食产业发展大会论文集, 2007(8).

[7] 陈永清, 吴小倩. 中国传统美食品牌建设探析[J]. 江苏商论, 2013(1):15, 16.

[8] 倪嘉能. 传统食品工业化和现代化发展探讨[J]. 施工技术, 2009(40):476-478.

[9] 吴先辉, 叶丽珠. 中国饮食文化研究现状及其研究方法初探[J]. 南宁职业技术学院学报, 2009(5).

[10] 李里特. 中国传统食品的营养问题[J]. 中国食物与营养, 2007(6).

[11] 徐畅. 综合布线绿色环保防护措施[J]. 城市建设与商业网点, 2009(29).

[12] 樊娟. 拿什么拯救非物质文化遗产[J]. 新经济导刊, 2007,(7).

试论饮食文化产业体系的构建

李明晨

（武汉商学院烹饪与食品工程学院，湖北　武汉　430056）

自法兰克福学派以批评的眼光审视文化工业以来，文化产业以无可抵挡的势头在国外迅速发展。自21世纪以来，国内的文化产业研究也方兴未艾。就国内文化产业研究范畴而言，饮食没有被明确纳入文化产业的领域，或者隐含在文化产业的各个门类中，如广告传媒、图书出版、文化旅游、工艺品等。其个中原因是饮食文化十分宽泛，与多种文化类型有交集。其实，从民族文化发展的历史积累而言，我国饮食文化应该是文化产业的重要组成部分。国内有些学者正在呼吁重视饮食文化产业的发展。那么，如何进行饮食文化产业化呢？这在业界和学界都是一个复杂的问题。本文试图从饮食文化体系构建的角度进行浅层次的探索，与各位同仁交流。

1 我国饮食文化资源分类与评价

文化产业发展首先面临的问题是文化资源产业化问题。每个国家和地区都有自己的优秀文化和丰富的文化资源，但是在特色和优势上各有千秋。我国虽然在文化产业发展方面落后于美国、日本、韩国等国家，可是在文化资源上却比上述国家更为丰厚，其中有两项为世界所瞩目，一个是中医；一个是中餐。中国是饮食文化资源大国，也是强国，每个省市区都有历史悠久，地域特色突出的饮食文化资源。在进行文化产业开发之前需要对文化资源进行分类和评价。文化资源评价多运用于文化旅游的开发，其中也包括美食文化资源的开发。饮食文化产业的内容支撑是饮食文化资源。讨论饮食文化的产业化首先要解决的是饮食文化资源的分类和评价。

1.1 文化资源的内涵

国内文化学者按照传统的学术范式尝试着对文化资源的概念进行了界定。文化资源是以文化为中心词的一个概念，因为对文化和资源的理解不同，关于文化资源的界定也"仁者见仁，智者见智"。

王东林把文化资源分为物态化的和智能化的两个部分，"文化资源指物态化的文化遗产（含人化的自然景观）、文化设施及智能化的人力资源"[1]。陈创生从文化生成与发展条件的角度把文化资源分为四个部分，"文化资源包括货币资源、技术资源、专利资源和智能资源四类，分为符号化的文化知识、经验性的文化技能和创新型的文化能力三种形态"[2]。汤晖、黎永泰从文化人类学的视角将人类取得的所有成果视为文化资源，"从文化人类学的角度看，人类活动及其产生的一切结果都可视为文化资源"[3]。刘婷更为重视文化资源的属性，认为文化资源只包括文化成果中的精华和杰出的部分，"文化

作者简介：李明晨（1976—　　），男，汉族，山东省阳谷县人。武汉商学院讲师，硕士研究生学历。主要从事饮食文化教学研究工作。研究方向为饮食文化。

资源具有精神和物质的双重属性，是指凝聚了人类无差别劳动成果的精华和丰富思维活动的物质和精神产品或者活动"[4]。

国内学者从不同的学科角度对文化资源的范畴进行了界定，因而呈现出较大的差异性。其实文化资源的范畴随着文化和资源两个概念的范畴拓展而拓展，很难用学术化的文字把它界定完整，鉴于问题研究的需要，可以在研究的范畴内对文化资源进行概述和阐释。从区域文化的视角而言，可以这样描述文化资源："文化资源就是人类在生产、生活等社会活动中创造、继承和发展的物质与精神成果。"文化资源具有丰厚的内涵，在其生命周期中，为人们的生产、生活提供必要的条件，为人类的更好发展提供智能支撑。不能以某个时期的主流价值观来判断文化资源的价值，而是应该站在人类发展历程的高度来审视其价值，从人与人之间和人与其他客观存在之间的和谐关系出发来研究文化资源的价值与意义。从这个时空跨度和世界存在的跨度来看，文化资源的内涵是非常之丰富而深刻。从宏观视角而言，文化资源的内涵，从其产生和发展的社会土壤而言都具有合理性，从整个人类发展的过程而言，都具有其传承的必要性。

1.2 饮食文化资源及其内涵

资源是经济学术语，是指一国或一定地区内拥有的物力、财力、人力等各种物质要素的总称。一般把资源分为自然资源、社会经济资源和技术资源三大类，饮食原料生产依赖的是自然资源，饮食生产经营属于社会经济资源，饮食制作与工业化生产属于技术资源。饮食文化资源涉及三大类资源，是以饮食需求为连接的三大资源的交叉。从这个意义上来讲，饮食文化资源是指饮食在满足人类需求与发展过程中，利用各类资源而发展形成的各类资源的综合。饮食文化资源范畴广泛，随着饮食文化的发展与资源的发展，其范畴也会随之变化。从目前而言，饮食文化资源包括饮食原料来源的自然界自生资源和人类生产的资源，主要是动植物资源和借助生物技术的人工合成资源；烹饪制作工艺和食品生产技术；家庭烹饪与餐饮、食品行业形成的人力资源；饮食生产、饮食消费、饮食交换等环节借助的物质资源；饮食过程中形成的社会文化资源。

这些资源依赖两个环境，一个是自然环境；一个是社会环境。饮食文化资源的发生、发展都是在两种环境下进行的，而且对于人类的发展质量紧密相关。从生存的满足，发展的需求到理想的生命样态，人们出于饮食的不同层次，对饮食文化资源的内涵认识也不同，其最高旨归是和谐共生关系。只有在和谐的饮食文化资源关系中，人类才能实现理想家园的愿景。

科学技术是推动饮食文化资源发展的强大动力，也是其内涵不断丰富的助推剂。科学技术需要在科技伦理的框架内发挥作用，否则"双刃剑"的负面作用就在所难免。在科学技术引领下的农业工业化带来一系列值得人们反思的问题，如生态污染、物种灭绝、瘟疫、转基因技术的客观科学性、人类饮食的数量、粮食转化能源等问题。这些问题的产生有多方面的原因，其中饮食文化内涵认识就是其中之一，应该从满足人类营养、能量等体能和智能发展的范围内进行认识，而不是无限索取，更不能利用资源推行政治、经济霸权，因为这些行为已经超越或歪曲了饮食文化资源的内涵。

1.3 饮食文化资源的分类

饮食文化资源是一个十分宽泛的概念，在社会生产中涉及包括农、林、牧、副、渔的农业；制作生产烹饪器具、饮食器具的轻工业；饮食制作和生产的餐饮业；食品生产的轻工业；提供饮食服务的服务业；家庭饮食制作；烹饪与食品教育；以饮食为主题内容的影视、图书、网络、广告等的传媒业。在饮食精神文化层面涉及心理、历史、人类学、美学、哲学、音乐、绘画、建筑、书法、雕塑、文学等文化艺术领域；在环境方面，涉及动物伦理、自然生态、文化生态等。因此，饮食文化资源产业化开发首先要将饮食文化资源按照一定的标准进行分类。

1.3.1 基于文化样态的分类

传统意义上，一般按照文化的存在形态把文化资源分为有形的物质资源和无形的精神资源。按照文化资源的存在样态分类方法，饮食文化资源可以分为物质性饮食文化资源和精神性饮食文化资源。

（1）物质文化资源　饮食文化中的物质资源指的是以具体物质形态存在的资源。这类资源包括饮食原料；烹饪、饮食器具；菜品、食品、饮品；饮食书籍；饮食制作者；饮食生产和消费的场所等。

（2）精神文化资源　饮食文化资源中的精神文化资源指的是以精神观念传承传统文化资源和现时代形成的精神文化层面的文化资源。饮食文化资源中的精神文化资源包括饮食原料生产技艺、饮食原料认识、饮食制作技艺、饮食消费观念、饮食礼俗、饮食思想、饮食创新理念、饮食生产经营管理、饮食服务等。

1.3.2 基于统计评价的分类

从统计评价的角度审视文化资源，可以通过度量方法进行评价的文化资源称为可度量文化资源，反之就是不可度量文化资源。同一资源的评价指标不同，所属类别也不同。如湖北饮食文化资源中的"武昌鱼"，其生理特征、营养价值、养殖技术、制作生产技术、市场竞争力是可以度量的，其食用审美、传说故事、口味特色又是不可度量的。同样，饮食制作技艺中的菜谱（包括主料、辅料、调料的类别和数量；制作步骤）是可以度量的。菜肴成品的评价一般是"造型美观、色泽鲜丽或朴素、口味鲜美"等表述，菜肴制作过程中的火候、时间、投料顺序、调味经验、肢体配合力度等经验性的文化资源是不可度量的。所以很难明确地把饮食文化资源中的资源明确分为可度量和不可度量两个类别，而是依据统计评价指标和口径进行分类。一般来说，饮食文化资源中可以数量化的指标属于可度量的类别如饮食原料的生理特征、营养素、制作技术规程、饮食场所要素、饮食礼俗中的心理测验、饮食观念的传承时间及其样态要素数量等。一般来说以抽象的经验、观念、口述或难以用语言表达的，需要长时间心领神会的指标是不可度量的。

1.3.3 基于文化资源历时性分类

文化资源是人类在长时段的物质、文化生产过程中形成的，根据资源的历时性可以把饮食文化资源分为文化历史资源、文化现实资源和文化创新资源三个类别。

（1）文化历史资源　文化历史资源是指历史上形成饮食文化资源，一般是指古代、近代时期形成的饮食文化资源。中国历史文化悠久，新石器时代就培育了稻米和粟，创造了精美的饮食器具。夏商周三代尤其是春秋战国时期，发展出系统的饮食礼仪。虽然是历史上形成的，经历了长时期的传承发展，具有意蕴深厚，知名度高等特征。

（2）文化现实资源　每个时代都有自己的特色和文化成果。新时期，人们在饮食生产、生活中发展和创新了具有时代特色的饮食文化，形成了文化现实资源。利用现代生物技术改良和培育的饮食原料新品种，革新的饮食原料生产技术、饮食制作工艺和技术、饮食新理念和习俗、饮食生产经营管理理念、融合时代元素形成的新的饮食文化符号等。

（3）文化创新资源 文化创新是在传承文化历史资源、继承文化现实资源的基础上，根据人们的饮食生活需求，发挥创意能量而形成的具有创造性意义的饮食文化资源，这类资源具有创意性、引领性、前卫性、颠覆性等特色，预示着未来的饮食文化发展趋势。利用太空育种培育的新饮食原料、发挥创意的新饮食制作技艺、富有未来气息的色、香、味、形、器等要素的菜品、食品、利用饮食文化制作的动漫和科幻性游戏、把饮食与未来探索的行业相联系而产生的饮食生活新理念等。

1.3.4 资源的禀性

文化资源的禀性是指资源内在的特质，文化资源的外在风貌是多样性的，而禀性相对稳定，是文化资源在长时期的形成过程中稳定要素综合作用形成的一种稳定的内在力量。文化资源的评价要挖掘文化资源的内涵和禀性。

（1）区域特色资源 俗话说，"一方水土养一方人"，区域的自然环境和社会环境深刻影响着区域饮食文化资源，形成富有区域特色的饮食文化资源，这个禀性是其他区域所不具备的，也是识别区域的饮食文化符号。区域特色饮食文化资源包括省级行政区域范围内而非感觉文化区域内才出产或品质优良的饮食原料，区域饮食产品和区域饮食礼俗等。

（2）民族特色资源 我们所说的民族有两个层面的含义，一是中国的民族共同体——中华民族，二是区域范围内生活的汉族和少数民族。中华民族饮食文化具有"天人合一""药食同源""五味调和""主副搭配"等特色。这些特色在区域民族饮食文化中有着不同的表现。每个少数民族都有自己的民族传统，民族饮食文化资源深受民族传统的影响，是民族自我表达的结果，也是民族识别的符码。如土家族的送猪脚、茅古斯；回族的拉面；侗族的酸鱼、酸肉等。每个民族都有自己的祖先崇拜和图腾崇拜，土家族的廪君和白虎；回族的先知——穆罕默德；苗族的蚩尤等。寄托在祖先祭祀饮食中的民族意识更具有深刻的意义。

1.4 饮食文化资源的评价方法

文化资源评价是指运用定量、定性相结合的研究方法将文化资源的禀性、特质通过一套评估体系表达出来。国内研究者把文化资源评估指标划分为文化资源品相指标、资源价值指标、资源效用指标、发展预期指标以及资源传承能力等五大指标。饮食文化资源是文化资源的一个类别，同样具备这五个要素，同时又有着其独特性。饮食文化资源可以说"大俗而大雅"，以最基本的饮食活动为物质载体，又衍生出形而上的哲学观念如"民以食为天"的王政思想和"治大国者若烹小鲜"的治国思想以及"君子远庖厨"的仁政思想。饮食与天文、艺术、文学、建筑、哲学等相结合形成了缘生性文化事象。因此除了上述五个要素外，还有缘生力因素。

饮食文化资源评价指标可有如下诸项。

（1）资源品相 区域文化特色，保存状态，知名度，独特性，稀缺性，分布范围。

（2）资源价值 文化价值；时间价值；消费价值；遗产保护等级；资源关联价值；营养价值；生态价值。

（3）资源效用 社会效用；经济效用；民俗传承；公众道德。

（4）资源产业化条件 资源市场规模；技术条件、资金条件、资源供应、政策条件、产业关联度。

结合文化资源评价维度，可将饮食文化资源评估体系（表1）分为两个部分，一是资源评估层次，一是资源评估维度。二者相结合从两个视角进行评估，主观与客观相结合。根据饮食文化资源评估的性质和操作要求，赋值1000分。

表1 饮食文化资源评估体系表

饮食文化资源名称	一级指标		二级指标和加权赋值	分值所占比重
	资源评估层次	资源品相	1. 区域文化特色（ ）2. 保存状态（ ）3. 知名度（ ）4. 独特性（ ）5. 稀缺性（ ）6. 分布范围（ ）	120分；12%
		资源价值	1. 文化价值（ ）2. 时间价值（ ）3. 消费价值（ ）4. 遗产保护等级（ ）5. 资源关联价值（ ）6. 营养价值（ ）7. 生态价值（ ）	100分；10%
		资源效用	1.社会效用（ ）2. 经济效用（ ）3. 民间风俗礼仪（ ）4. 公众道德	100分；10%
		资源产业化条件	1. 资源属地的经济发展水平（ ）2. 交通运输便利度（ ）3. 生活服务能力（ ）4. 商务服务能力（ ）5. 技术条件（ ）6. 资源供应（ ）	160分；16%
		传承能力	1. 资源规模（ ）2. 资源综合竞争力（ ）3. 资源成熟度（ ）4. 资源环境（ ）	80分；8%
	资源评估维度	情感维度	1. 祭祀（ ）2. 族群凝聚（ ）3. 寄托感（ ）4. 趋同性（ ）5. 传承度（ ）	120分；12%
		社会文化维度	1. 历史价值（ ）2. 工艺价值（ ）3. 审美价值（ ）4. 思想价值（ ）5. 科学价值（ ）6. 传播价值（ ）	200分；20%
		经济维度	1. 使用价值（ ）2. 品牌价值（ ）3. 产权价值（ ）4. 循环经济价值（ ）5. 经济贡献度（ ）	120分；12%

根据申维辰主编的《评价文化——文化资源评估与文化产业评价研究》中的《山西文化资源价值评估体系》而编制。

说明：评估指标中的层次和维度中，有相似的二级指标，它们不存在重合和从属关系是从不同视角对资源属性的评估。评估层次是就资源本身而言的，强调客观性。评估维度侧重于主观，强调饮食文化资源之于区域居民和社会经济的意义。

2 饮食文化产业体系的构建

2.1 我国文化产业的范畴

文化产业的分类既是文化产业范畴的界定和文化产品体系的形成，也是文化资源产业化的方向与路径。国家统计局《文化及相关产业分类（2012）》把文化产业分为两大部分、十个大类。两大部分分别是"文化产品的生产"和"文化相关产品的生产"。十个大类包括新闻出版发行服务、广播电视电影服务、文化艺术服务、文化信息传输服务、文化创意和设计服务、文化休闲娱乐服务、工艺美术品的生产、文化产品生产的辅助生产、文化用品的生产和文化专用设备的生产。从文化生产及再生产过程看，文化产业包括三个类别：一是文化内容生产，二是文化传播渠道，三是文化生产服务[5]。

国家统计局在《文化及相关产业分类（2012）》中对文化产业及其范围作了简要的界定。文化及相关产业是指为社会公众提供文化产品和文化相关产品的生产活动的集合。根据以上定义，我国文化及相关产业的范围包括以下四个方面。

（1）以文化为核心内容，为直接满足人们的精神需要而进行的创作、制造、传播、展示等文化产品（包括货物和服务）的生产活动；

（2）为实现文化产品生产所必需的辅助生产活动；

（3）作为文化产品实物载体或制作（使用、传播、展示）工具的文化用品的生产活动（包括制造和销售）；

（4）为实现文化产品生产所需专用设备的生产活动（包括制造和销售）[6]。

很显然文件中对文化产业及其范围的界定是从产业分类的角度进行的，目的是便于统计其发展成果及其对国民经济发展的贡献。

与文化产业紧密关联的一个产业是文化创意产业，也可以说文化创意产业是文化产业发展的时代形式，只不过文化创意产业更强调人对文化产品的创意，知识产权属性更强。最先提出文化创意产业概念的是被誉为"创意经济之父"的英国经济学家霍金斯，他在2002年出版的《创意经济》一书中，将"创意产业"界定为"其产品都在知识产权法的保护范围内的经济部门，认为版权、专利、商标和设计产业四个部门共同组成了创意产业和创意经济[7]"。

当前，世界各国都十分注重文化创意产业的发展，对其范畴的划分也不尽相同。有些国家和地区的文化创意产业范畴就包括了饮食文化创意。中国台湾地区把美食创意归属到文化创意产业中的创意生活产业，其范畴为"源自创意或文化积累，以创新的经营方式提供食、衣、住、行、育、乐各领域有用的商品或服务者。运用复合式经营，具创意再生能力，并提供学习体验活动[8]。"韩国把文化产业分为17个类别，传统食品是类别之一。澳大利亚把餐饮业归入文化创意产业的其他文化与休闲活动类别中。

2.2 饮食文化产业体系的构成

饮食文化是人们在长时期的饮食历史过程中形成的，又在人们饮食的发展融合中持续发展，随着饮食文化触及领域的拓展，其范畴也在不断地拓展。王慧敏指出，"文化产业是典型的无边界产业[9]。"因此，饮食文化产业更加具有无边界的典型性特征。如何从整体上认识和把握饮食文化产业引发了研究者的思考。文化产业是以文化资源为物质基础的，以人们的文化创意为发展动力的，以产业技术为支撑，以满足大众文化消费需求为目的。饮食文化产业也是如此。由此可以这样描述中国饮食文化产业，以中国饮食文化资源为物质基础，以饮食产品生产者的文化创意为发展动力，以饮食产业技术为支撑，以满足大众饮食文化消费需求为目的的一类文化产业。

饮食文化产业体系也就由四部分构成（图1）：饮食文化资源；饮食文化产品开发；饮食文化产品

生产；销售与消费。同其他产业一样，饮食文化产业也是以市场需求为导向，借助中介流通将饮食文化产品推向市场。

饮食文化资源 ⟺ 饮食文化产品开发 ⟺ 饮食文化产品生产 ⟺ 销售与消费

| 文化创意 | 技术设备和资金 | 中介流通 |

图1 饮食文化产业体系结构关系图

饮食文化产品包括的内容广泛，大体上可以分为满足人们饮食物质需求的餐饮产品和食品；满足人们饮食精神需要的餐饮产品和食品的色泽、造型、餐具、包装、饮食环境、饮食服务。满足人们精神文化需求的以饮食为题材的文化产品如书画、工艺品、音乐歌舞、报刊图书、美食节目、动漫影视、烹饪表演和区域饮食博物馆等。正如图1所示，饮食文化产品要以饮食文化资源的源泉，借助文化创意进行饮食文化产品研发。然后借助技术设备，以市场消费需求为导向进行饮食文化产品生产。央视纪录片《舌尖上的中国》的成功在于深度挖掘了民间饮食文化资源，编导们发挥文化创意把习以为常的百姓饮食活动和观念开发出电视节目，借助现代媒体技术设备制作成引人入胜的美食纪录片，满足了人们全方位和新视角了解民间饮食文化的消费需求。

在饮食文化产业体系（图2）中，有核心产业、辅助产业、延伸产业和潜在产业之分。其中生产餐饮产品和食品的部门是核心产业，核心产业中的生产者占据着主导地位；提供生产原料的农业（包含农林牧副渔的大农业）和生产设备的轻工业、投融资的金融行业和饮食文化产品的中介流通部门属于辅助产业；饮食生产与其他领域的结合而形成的部门属于延伸产业如影视制作、报刊图书的编辑出版、工艺美术产品的制作等；满足人们潜在饮食文化需求的部门如海底餐厅、太空餐厅、人工合成食物等属于潜在产业，基本上要在将来一段时间内变为现实。

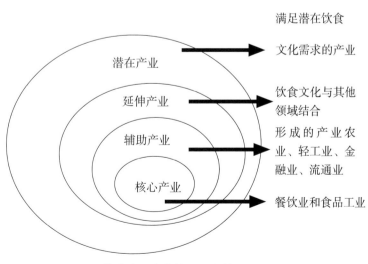

图2 饮食文化产业体系层次关系图

2.3 饮食文化产业体系的发展

2.3.1 审视饮食文化资源

发展饮食文化产业首先面临的是如何将饮食文化资源转化为饮食文化产品。我国饮食文化资源是丰富的，其中饮食文化遗产资源又是不可再生和脆弱的。基于饮食文化资源在饮食文化产业体系中的地位，我们必须慎重地对待。中国饮食文化资源大部分属于历史文化资源，也包括现代饮食生活理念下创造的文化资源。无论是历史的还是现代的，都需要多角度地进行审视，挖掘其蕴含的价值。这就涉及饮食文化资源的分类与评价。文化的发展历程表明，对文化资源的分类评价必须是多角度的，标准不能单一，方法尽可能多元化。不仅要公正客观的眼光评价我国各区域、各民族、各层次的饮食文化资源，也要吸收世界各民族和国家的先进饮食文化资源。

2.3.2 提升文化创意能力

当前我国文化产业发展缺乏的不是文化资源，也引进了先进的技术设备，欠缺的是文化产品开发的能力，具体说来就是文化创意能力。正当我们寻求动漫突破时，花木兰、熊猫等文化资源被别国开发成为风靡全球的动漫产品。饮食文化产业也是如此，为什么产品制作简单、历史积淀不深的麦当劳、必胜客、肯德基、比萨等国外饮食文化产品有如此强大的影响力，我国拥有那么发达的饮食文化资源为什么没有如此风靡世界的饮食产品。这些都值得我们进行深思和研究。文化创意能力反映的是人的思维能力，所以需要培养文化产业人才，跨界组建文化创意团队。在学习模仿中寻求创新，在思维碰撞中产生创意。如何让饮食文化资源转化为鲜活的产品，让消费者在饮食体验和文化享受中获得快乐、提升品位、丰富生活是当今饮食文化创意提升的方向。

2.3.3 面向市场，塑造品牌

发展饮食文化产业的目的是满足大众饮食文化消费需求。饮食文化产业体系的发展必须以国内外饮食文化市场需求为导向。当今，饮食文化市场呈现出大众化、个性化和变化快的特征。饮食文化产品的开发与生产需要面向市场。一个饮食文化产品不可能满足所有人或任何人的需要，因此需要市场细分，确定目标市场的需求，根据其个性化需求进行产品开发和设计。西式快餐受到孩童和青年人的喜爱，企业就根据孩童和青年人的个性化需求开发时尚、新颖化的产品，所有的文化要素展现都围绕着消费者的需求展开。饮食文化产品的价值链也实现了长链条，向文体用品、服饰、影视等行业延伸。鉴于发达国家的经验，我们发展饮食文化产业需要面向市场，塑造品牌，建立以消费者需求为感应的生产销售模式。塑造品牌需要围绕核心产品进行策划和管理，如围绕产品，利用文化要素进行产品的包装、消费环境、广告传播、艺术创作、市场推广、消费体验等的策划与管理，消费者在浓厚的文化要素中对饮食文化产品进行逐步深入地感知，消费体验逐步深入，形成对产品品牌的深度认识。

参考文献

[1] 王东林. 关于江西文化资源组合发展的战略思考[J]. 江西社会科学2001(2):92-93.

[2] 陈创生. 论加入WTO后我国文化资源的优化配置问题[J]. 湖北社会科学, 2003(2):44.

[3] 汤晖、黎永泰. 浅析以开发频率为划分标准的文化资源类型[J]. 中华文化论坛, 2010(1):142.

[4] 刘婷. 广西民族文化资源评估与文化产业开发研究[J]. 广西社会科学, 2011(2):31.

[5] 国家统计局. 文化及相关产业分类(2012)[J]. 沿海企业与科技, 2012(11):58-62.

[6] 国家统计局. 文化及相关产业分类(2012)[J]. 沿海企业与科技, 2012(11):57.

[7] 王海燕. 创意产业发展的知识产权保护[J]. 特区经济, 2007(11):250.

[8] 戴秉良. 台湾创意生活产业考察与启示[J]. 上海经济, 2013(3):60.

[9] 王慧敏. 现代文化产业体系的构建——基于历史文化资源的创意转化[J]. 社会科学, 2013(11):28.

全球化背景下"中华老字号"
饮食文化软实力研究

肖向东

（江南大学人文学院，江苏　无锡　214122）

摘　要： "中华老字号"饮食是中国饮食的极品，作为中国文化的重要表征，诸多老字号饮食以其悠久的文化历史、丰富的产品内容、卓绝的制作技艺、独有的美食形态，深厚的文化底蕴、特色的服务方式、传统的品牌标识，成为中华民族的文化名片和形象载体，其内含的世代传承的文化密码与文化信誉，构成了他者无与伦比的文化软实力，在全球化时代，许多中华老字号因为其良好的内在机制与信誉品牌，既守本开新，又与时俱进，日益成为民族的新型战略产业，葆有其本有的文化优势，发挥其独有的文化软实力，既是中华老字号的生命力之所在，又是这一文化产业开辟未来之路的战略支点，更是民族文化继续走向前进的坚定方向！

关键词： 全球化中华老字号饮食文化形象载体战略产业软实力

在中国饮食文化漫长的发展历史中，"中华老字号"的出现，是一个引人注目的文化现象，也是中华饮食走向成熟与定格的标志。举凡各地饮食类的"中华老字号"，北京的"全聚德""稻香村""柳泉居"，天津的"狗不理""桂发祥十八街"，上海的"王宝和""功德林"，江苏的"三凤桥""得月楼"，浙江的"五芳斋""楼外楼"，四川的"陈麻婆""赖汤圆"以及酿酒、饮品类的"茅台""五粮液""青岛啤酒""王老吉""崂山矿泉水""六安瓜片"等等，构成了中华饮食璀璨夺目的文化星空。2013年开始，国家陆续公布了两批各行各业的"中华老字号"名录，共计779个（首批434，二批345），由此，作为中国历史文化重要表征的文化符号——"中华老字号"得以以群体方式亮相，而饮食类的老字号经过改革开放30余年的发展，其规模与经营方式已发生了巨大变化，传统文化理念与现代发展模式交互影响，经典制作工艺与变革创新技术融为一体，品牌保护原则与商品文化意识平分秋色，民族特色坚守与全球文化战略相互撞击，皆为"中华老字号"带来了一系列挑战，与此同时，也形成了全球化条件下新的发展机遇。如何迎对这样的世纪挑战，利用这样的历史机遇，在传统生活方式渐行渐远，现代生活色彩愈来愈浓的新的社会生态中，既防止民族饮食文化遭到外来冲击与隐性流失，又与时俱进，在新的时代条件下发扬光大中华美食的优秀传统，这当是"中华老字号"面临的一个全新课题。

作者简介： 肖向东（1958—　），男，湖南衡阳人，江南大学人文学院教授，兼任中国新文学学会副会长。历任江南大学文学院院长、江南大学学术委员会委员、校学位委员会委员等职。

1 中国饮食的文化名片与民族形象载体

众所周知，"中华老字号"（China Time-honored Brand）是起因于中国民族工商业且经过历史筛选和时间淘洗，在世代传承的基础上逐渐形成的品牌产品、民间技艺、服务门类，主要分布在饮食、酿酒、纺织、百货、中医药以及各种民间工艺、手工制作等传统行业之中，其中，尤以与人们的日常生活息息相关的餐饮和酿酒，传布最为广泛。这些以传统服务业为基础发展起来的品牌产业，具有深远的中华民族传统文化背景、深厚的文化底蕴以及鲜明的民族文化色彩，在长期的历史形成以及发展过程中，不仅品质优良、个性突出、特色鲜明，且有独特的经营理念与文化品位，在不同的时代、不同的地域、不同的文化群体中形成了良好的社会信誉与品牌效应，取得了本民族范围内的广泛社会认同与情感接纳，积淀成了民族文化共同体集体的消费意识和文化情结，进而成为国家品牌和民族文化荣誉。

就饮食类的"中华老字号"而言，虽各个老字号形成的时间无法一一考证，但从地域来说，各种各样的老字号饮食，遍布中国的大江南北、长城内外，许多老字号与地域物产和地方性的民情风俗、文化事象乃至地方菜系密切相关。人文荟萃的北京自不待说，其最集中地汇聚了来自四面八方的经典名吃，加之与京城文化的融合，形成了中华民族饮食文化蔚为大观的丰繁格局。京城之外，东北地区有沈阳的百年马烧卖、吉林的福源馆、哈尔滨的正阳楼；西北地区有宁夏的敬义泰清真食品、甘肃兰州的景扬楼、西安的西凤酒、贾三清真灌汤包；华东地区有烟台的张裕葡萄酒、德州的扒鸡、周村的烧饼、景芝镇的景芝酒、上海的冠生园、杏花楼、沧浪亭、江苏的双沟、南京的绿柳居、无锡的三凤桥、苏州的朱鸿兴、扬州的三和四美、嘉兴的五芳斋、绍兴的女儿红、杭州的楼外楼、安徽的同庆楼、六安瓜片、福建的安溪成珍食品；华中地区有湖北的孝感麻糖米酒，武汉的曹祥泰，湖南长沙的火宫殿、又一村，河南开封的第一楼，洛阳的真不同；西南地区有贵州的茅台酒，重庆的老四川、桥头火锅，成都的荣乐园、陈麻婆、赖汤圆、龙抄手、夫妻肺片店，酒类的五粮液、剑南春、泸州老窖、全兴、沱牌；华南地区有广州的陶陶居、莲香楼、皇上皇，中山的咀香园等等。地方物产的支持，地域文化的濡染，地方风俗的熏陶，地方民情的滋润，加之民间技艺创造力的发挥，使得各地的中华老字号以独树一帜的特色形象傲然挺立于世，成为数百年来中国手工业和民族工商业在充满竞争和风险的商海沉浮与拼搏击浪中涌现出的极品，许多中华老字号甚而成为地方的文化招牌与代名词。人们去往这些地方，真正心向神往的其实就是这些具有深厚的文化底蕴、浸染着浓重的地方色彩、透露着历史文化的味道、潜藏着独特的民间风情与古今韵味的去处。从文化学的角度观察与审理，中华老字号所承载的已不单纯是一城一地的风味名吃，也不是代表传统的个体经营与运营模式的老式招牌，而是在百年承传或千年培育中成长起来的具有民族文化内涵与特质的文化标识，其所在的位置或存在的地理空间常常成为人们寻觅地方名胜与追寻文化踪迹的文化地标。从这样的意义上考量，"中华老字号"在其历史传承与文化演变中，已成为代表该地奇风异俗、乡土风情、文化景观、人文地貌的一种文化遗存，而那些透露着深远的中华民族传统文化背景、具有深厚的文化底蕴以及鲜明的民族文化色彩的老字号，更是成为古老的中华文化的形象载体与昭示民族文化亮点的文化名片，演绎和述说着我们这个民族悠久的文化传统和伟大历史。其内含的强劲的生命力，彰显了中华文化的勃勃生机与生存智慧，也启迪着后世人们生生不息的文化创新与探索超越。

在悠悠历史中，中华老字号树立的是一个文化标杆，建构起的是民族的文化形象，其作为民族文化的名片与社会性符号，一方面成为既往历史的文化标识，另一方面，又因社会的延伸与发展，在未来的社会演进与变革中，扮演着重要的社会角色，而其内含和潜藏的文化价值与经济价值，也在已经到来的经济文化社会的建设和发展中发挥着巨大的作用。尤其是作为经济实体和社会生产机构，其外在的显文化的特征日益凸显出来，物质文化与精神文化的双重意义，无疑大大强化了其社会意识，从而显示出其重要的文化地位与存在价值。

2 文化消费时代的品牌标识与战略产业

当下，"全球化"已是既成事实。全球化时代，四海一家、全球一村的感觉正在逼近，经济一体化，对文化的多元化形成了前所未有的挑战。全球化的发动者——美国，利用其强大的经济优势，正在向全世界推行其政治、经济乃至文化战略。早在半个世纪之前，肯尼迪就声称，美国将不仅因为武力，而且还因为文化而自豪。尼克松利用中国的军事思想，在其所写的一本书《不战而胜》中也说道：当有一天，中国的年轻人，已经不再相信，他们老祖宗的教导和他们的传统文化，我们美国人，就不战而胜了。20世纪80年代以来，随着改革开放与西方文化的涌入，尤其是美国强势文化的登陆，麦当劳、肯德基，米老鼠、唐老鸭、怪兽、僵尸、哈利·波特、变形金刚、蝙蝠侠，正在成为中国以及全球孩童和青年的文化记忆，许多人的价值观和审美取向正在发生悄然变化和令人警觉的全球趋同，在此情形之下，学者们断言的，资本绑架人类、使人变傻的最佳手段无疑是用卡通快餐取代经典，已不再是耸人听闻的言论，文化虚无主义和民族文化的危机正在慢慢向世界移近，一个"伪多元"与"同一化"的反人类、反文化的时代，势必造成本有的多元世界的沦亡。而文化消费主义的继起，则充分利用了这种全球化的战略，以"文化"为载体，以大众消费的娱乐文化与商业文化为驱动，以达到挤压与销蚀他民族文化的阴谋。用著名美国学专家马特尔的话说，美国文化通过娱乐产业和大众文化获得了最显著且数量最多的影响力。

正因为如此，面对全球化与蔓延全球的文化消费主义，各国的文化学者高度警觉，提出以世界多极化和文化的多元化应对全球化的逼迫，进而在保护自身文化之战略上达到保护世界文化的目的。当然，文化与人类学意义上，我们可以部分认同人类在创造自己的文化与文明中，存在着一种文化的遇合与某种同一性，尤其在审美与饮食文化上，人类共同的物质与精神追求，决定了人类在对待美食生活态度上的"普世"标准。"中华老字号"饮食是历经数百年历史测试与美食文化理论检验而形成的中华美食的典范，也是有着悠久的饮食文化传统的中国人在长期的生活实践中精心打造出的优质饮食文化品牌。商海瞬时变化，无数英雄折戟沉沙，浪花淘尽。"中华老字号"之所以历百年而不衰且兴旺发达，一个重要的原因，就是贯穿了中国文化思想中"以人为本"的文化理念，在长期的经营与品牌培育中注入了中国文化的民本思想与重义轻利的原则，"以人为本""民本思想"重义轻利等中国文化思想要素，亦成为中华老字号重要的文化基石与经营战略。

一般意义上，人们认为，人本主义思想源于西方。其实，这一思想在中国古代文化中早已出现。最初的提出者是齐国著名政治家管仲，《管子·霸言》中说："夫霸王之所始也，以人为本。本治则国固，本乱则国危[1]"。之后，荀子从另一角度说："君者，舟也；庶人者，水也。水则载舟，水则覆舟[2]"。

而孟子则明确表达出"民为贵[3]"的观点。至西汉时期，贾谊说得更加透彻精辟："闻之于政也，民无不为本也[4]"。披览中国文化，古代中国的民本思想经历了从重天敬鬼到敬德保民，再从重民轻天到民贵君轻这样的发展历程，而这一思想贯彻流播到民间社会，在中华老字号饮食中，就形成了"民以食为天"的重要文化理念。饮食行业，以人为本，以食为天。民心向背，民意人气，不仅关乎老字号的生存与声誉、传承与延续，更关系到其自身的发展与生命力。因此，举凡所有的中华老字号，除了独特的民间技艺与行业秘籍，在文化战略上，其经营理念、营销方式、品牌打造、服务原则，无不与中国传统文化所倡导的"以人为本""民为贵""民以食为天"等思想有着重要的精神交集。优质产品与人性服务，文化理念与精神审美，品牌意识与战略思想，共同构成了中华老字号饮食的行业优势与产业战略，这种有着深远的文化意蕴和精神支撑的文化性产业，较之于西方文化消费主义背景下费尽心机而制定的"杯水主义"商业理论更具长久生命力与存在的价值。

有人认为，中国文化思想缺乏贵族精神，其实，中国"士族"与"商家"的结合而出现的"儒商"，所培植出的贵族精神是不亚于西方并在中华老字号的形成中得到完美体现的。譬如西方贵族崇尚文化教养，抵御物欲诱惑，注重培育高贵的道德情操与文化精神，中华老字号重义轻利、尚德崇礼、与民同利，不正是中国贵族文化精神在民间的复现；西方贵族作为社会精英讲究社会担当，珍惜荣誉，扶弱惜贫，经营中华老字号的儒商，一方面珍惜自己的社会声誉，另一方面，在国难当头、民族危亡之时，不是同样参与罢市，扶弱济困，捐款捐物，成为民族与社会的精英；西方贵族具有知性与道德自主性，追求自由的灵魂，有独立的意志，中国的儒商作为文化商人，同样富有知性和开明思想，道德独立，灵魂自由，坚守中国式的文化立身立世准则。正是从这样的意义上说，创造、坚守和发展了中华老字号饮食的成功者们，其守护老字号的品牌与发展老字号的产业，无一不与中国优秀的文化思想相联系，与中国式的贵族精神相链接，而优秀的中华文化思想传统亦成为支撑其事业的一种战略思想与行为准则，保证了其事业的长安与稳定，亨通与发达！

3 全球化背景下民族文化信誉与软实力

全球化时代，任何一个民族的文化若想在世界民族之林中立身并得到发展，一方面须赖于自身文化的独立与坚守，另一方面，又需与时俱进且在其前进的途中守护自己的文化历史与文化传统，不放弃核心理念，不迷信盲从他文化的价值原则，这是确保民族文化葆有自主性和软实力并能够抗衡外来文化侵蚀的重要保证。

中华老字号饮食是在博大精深、内蕴丰厚的中华文化潜入细润之下培育成长起来的品牌产业，作为中国工商业的极品和民族文化形象的载体，它从丰富的中华文化母体中汲取养分，又在复杂多变的社会实践中磨砺而成，许多老字号在漫长的岁月中已是中国饮食沧桑历史的独家记忆，有些秘传的民间技艺与烹调方式几近绝门独技，还有的在与时俱进中不断创新，改进嬗变，转而以新的面貌出现，然而，从文化层面体察审理，中华老字号饮食始终不变的却是其在长期的历史形成过程中积淀下来的文化底蕴与经营理念，这就是中华工商业文化最核心的文化名片——信誉。

信与诚，是中国儒商重要的伦理思想。儒商伦理，一是重信贵和、公平互利、真诚待客，诚实不欺；二是有诺必承，恪守信用、舍得淡定、重义轻利；三是信任伙伴、合作经营、德字为先、互利双赢。无论面对何种复杂的局面，遭遇何种不测的风云，此种文化理念始终是中国儒商与中华老字号坚守的职业道德与操守。以北京为例，许多北京老字号崇尚儒家文化，故其取名必寓儒家的"仁""德""和""信"等重要思想，如"同仁堂""全聚德""同升和""信远斋"等，还有的引经据典，寄寓深意，如"来今雨轩"饭庄的"来今雨"，引自唐代大诗人杜甫《秋述》序中的"旧，雨来；今，雨不来"。而"张一元"茶庄化用了"一元复始，万象更新"的熟语。有的以民间传说取名，如非饮食行业的"瑞蚨祥"绸布店，其中的"蚨"，是指古代传说的"青蚨"，这种昆虫取其子母即飞来，寓意为钱用出去又能飞回来。有舍有得，有去有来，生意兴隆，繁荣昌盛！由此可见，在许多老字号的经营中，独门秘籍与绝世技艺是其支持门面的硬功绝活，伦理观念和思想承传则是其传世泽后的文化软功、硬功绝活与文化软功的有机融合和辩证统一，又构成了中华老字号强大的文化软实力和长盛不衰、兴旺发达的文化密码。

在中西文化比较中，常常有人提到西方的"契约理论"与"契约精神"，其实，这在东方伦理学和中国文化中早已不是什么新鲜的东西。东方中国是一个礼仪之邦，自儒家学说确立以来，数千年的文明传承与文化滋养，培育起了伟大的东方民族精神，仁义礼智信，温良恭俭让，厚德载物，诚实不欺，经过无数的朝代接力，历史沿革，形成了中国人有信走遍天下、无信寸步难行的人格自律原则，这与西方的"契约理论"和"契约精神"并无质的区别。不同的是，西方"契约原则"讲得是外在的法制约束，中国的"诚信精神"求得是内心的道德自律。中华老字号饮食正是因为坚守了这样的内在原则，数百年以至近世以来，虽历经世事变迁，战争纷乱，内外列强的侵扰，国在山河破的危机，文明成果几乎毁于一旦的社会动荡等等外力的冲击，但其在中华优秀文化的支持与滋养下，总是励精图治，起死回生，与中华文明相映照，与中华民族共命运。

文化软实力理论的提出者，美国著名政治学家、哈佛大学教授约瑟夫·奈指出，文化软实力是指一个国家维护和实现国家利益的决策和行动的能力，其力量源泉是基于该国在国际社会的文化认同感而产生的亲和力、影响力和凝聚力。这一论断显然是基于美国利益，从国家层面和国家文化战略角度出发而形成的文化策略。而我国提出的文化软实力，来源于中华民族数千年的文明优势和文化自信，是我们这个国家和民族基于文化的生命力、创造力、传播力而形成的完备体系，且这一体系包含了三个层面的内容：一是自身的文化传统、价值观念和制度体系；二是建立在公共文化服务体系基础之上以人的精神、品格为核心的国民素质与文化品质；三是包括了所有以文化为依托而形成的各类可以产业化运营的文化产业。中华老字号饮食，是兼有物质文化与精神文化双重意义的传统产业，其在今天的生存与发展，与其与时俱进、合理吸纳新时代的文化元素以及不断创新改革有着重要的关系，尤其是饮食文化因人类普遍的文化认同心理而在国际社会产生的亲和力、影响力和凝聚力，使之潜藏着无限的生机与文化能量。诚然，在全球化条件下，其与当今新兴的文化产业，如音乐、体育、表演艺术、影视作品、出版会展、动漫游戏、新媒体等，也许它不占明显优势，但作为中华文化的符号，尤其是作为与人类日常生活息息相关且享誉世界的"中华美食"的经典代表，其内含的文化软实力，同样是不可低估而价值无限的。

文化是一个民族的命脉，是一个民族特有的生存方式，中华老字号饮食作为中华民族文化的载体与活化石，已然成为我们这个民族的某种象征。社会历史的发展证明，饮食已不再是人们单纯地满足生理需求的个人行为，就其社会意义而言，它已演变成为一种综合了多元文化因素而形成的社会性产业，其与政治、经济、哲学、社会学、心理学、文化学、人类学、文学、艺术学、美学等等学科构成了复杂而密切的联系，并由之前的隐性文化转变为一种显性文化。熔铸了丰富的中国文化的中华老字号饮食，不仅因承载了中华文化而形成了享誉全球的中国品牌，而且随着中国走向世界的脚步，日益成为未来中国全球发展的战略产业，这种产业因文化而诞生，伴文化而成长，随文化而前行，其前景一如源远流长的中华文化，持久而永恒！历久而弥新！

参考文献

[1] 管子撰. 管子·霸言[M]诸子集成(五). 北京: 团结出版社, 1996.

[2] 荀子撰. 荀子·王制[M]诸子集成(二). 北京: 团结出版社, 1996.

[3] 孟子撰. 孟子·尽心下[M]诸子集成(一). 北京: 团结出版社, 1996.

[4] 贾谊撰. 卢文弨校. 新书·大政上[M]. 北京. 中华书局, 1985.

中国菜在日本
——浅析中国菜专用复合调料给日本的"食"带来的变化

杉本雅子

（日本帝冢山学院大学，日本　大阪）

摘　要：现在在日本家庭的餐桌上常出现中国菜。中国菜在日本食文化中占有一个特殊的地位，饺子（锅贴）已成为代表日本家庭料理之一，麻婆豆腐超出了中国菜范围，成为豆腐料理之一。1978年味之素食品公司发售的中国菜专用的复合调料CookDo不但改变了日本人对中国菜的概念，而且帮助解决日本主妇面对的种种困难。考虑在日本的中国菜，不能忽视它所做的贡献。

引言：日本的"食"

2013年12月联合国教科文组织决定将日本料理——"和食"列为世界非物质文化遗产，"和食"在形式上以"一汁三菜"为主，菜的种类再少再多也必须吃主食米饭。日本政府趁着这次认可，向国外宣传的同时，也向日本国民大大宣传"和食"的历史、特色、效能等。这些事实足以说明日本政府认为"和食"面临着消失的危机，需要国家出面保护。

2015年5月1日在意大利的米兰举办世博会，主题是"地球的食料，生命的能源"。日本馆也以最新的科技介绍日本食物和饮食文化。配合这次展览，一家日本公司[1]在日外国人（不含来旅游的）进行了一项有关"日本食文化"的调查。对于"请提一个自己能愿意向祖国的朋友们推荐的美味日本食"的提问，回答最多的不是寿司、生鱼片，也不是天妇罗，而是拉面，占76.8%为第一位。寿司、生鱼片（73.2%）为第二位，天妇罗（67.0%）为第三位，接着お好み焼き（日式煎饼）（60.7%）第四位，咖喱饭（56.3%）为第五位，涮肉、味噌汁（酱汤）和饺子是一样53.6%为第六位。这次调查虽然不是问"和食"也不是问"日本料理"，是问"日本食"，但如果问日本人，会回答咖喱饭、饺子吗？

这两个话题让我们考虑日本人平时并没注意到的"日本人的食究竟是什么"的问题。

1　餐馆的中国菜

访日中国人，第一次听到日本人说"中华"时，会觉得奇怪，"中华什么？后面没听见。"其实他们

作者简介：杉本雅子（1956—　　），女，日本人，日本帝冢山学院大学副校长、教授、硕士研究生学历。主要从事大学汉语教学和中日传统文化教学。

不是没听见。日本人所说的"中华"并不是"中华文明"或"中华民族"等的省略，是"中华料理"的省略。如果有人说"今天中华怎么样？"指的是"今天吃中国菜怎么样？"之意。日本人称呼外国菜，一般说在国家或地区后面加"料理"一词，如韩国料理、印度料理、俄罗斯料理等。只有中国菜、意大利菜、法国菜不用加"料理"，直接说中华、French、Italian就明白。这种称呼看起来很随便，但仔细看还是有理由。以精致豪华闻名世界的法国菜，在日本也是代表高尚品位的美食，听起"French"日本人会感觉到"非日常之食"。在日本，意大利菜几乎等于其面食，日本女人嘴上说"Italian"，并不只是因为特爱其味道，而是感受到以料理为代表的意大利之轻松潇洒。对日本，中国也是历史上最早有往来的外国，"中华料理"可以说日本人最熟的外国料理。对日本人来说，不管高级餐厅的中国料理还是角落里的大众中华料理店的中国菜都是"中华"。笔者在此文里为防误会，除了引用一律用"中国菜"[2]。

在日本有很多能尝"中华"的中国餐馆[3]，提供的饭菜也很丰富。为了了解中国餐馆的现状，笔者搜索一下日本最大的美食网站"食べログ"。"食べログ"是日本三大美食搜索引擎之一[4]，总共有841,488家餐饮店有登记的最大网站[5]。打开他的首页，一点击"中华料理"你就查到43,135家"中华料理"店（不包括拉面店的51,292家）。此数量比点击"和食"出来的"日本料理"的39,771家还多。

中华料理	中华料理	中华料理	34931家
		饮茶·点心	2361家
		北京料理	371家
		上海料理	623家
		广东料理	937家
		四川料理	1460家
		台湾料理	1736家
	饺子·肉馒	饺子	10827家
		肉馒·馅馒（豆沙包）	817家
	中华粥		196家
	中华面		3910家

有一项日本Recruit集团HOT PEPPER美食调查中心做的有关"外食"市场规模的调查显示[6]，在2015年4月至2016年3月外食市场规模最大的是"和食"（包括非回转寿司、高级日本料理等）、"中华料理店"（不包括专业拉面店）是第五位。说明中国餐馆市场规模大，利用的顾客多。2014年8月MyVoice调查中心进行的第二次《关于中华料理的问卷调查》[7]，喜欢"中华料理"的占44%，比较喜欢的占38.7%，合起来占82.7%。问喜欢的中国菜，回答第一是饺子，麻婆豆腐为第二位，接着顺次为"炒饭""醋豚"（古老肉）、青椒肉丝、春卷、烧卖、小笼包、干烧虾仁、"中华まん"（包子）。在家里吃的第一还是饺子，麻婆豆腐为第二位，炒饭为第三位，接下来烧卖、青椒肉丝、麻婆茄子、咕咾肉、春卷、回锅肉、八宝菜。这些菜名不是由回答者随便填写，而是从调查提供的共31个选项中可多选，与2006年第一次调查所提供的共15个比起来，增多了一倍，说明日本人对中国菜的认知率大大提高了。

2 饺子的位置

在日本说饺子就是锅贴。饺子何时传入日本，已有前人研究[8]，在此不讲。据一个《关于饺子的调查》[9]喜欢吃和比较喜欢分别为65.2%和26.1%，不太喜欢和不喜欢分别为1.1%和0.9%，是十个人中九个人以上的比率都爱吃饺子。其中自己包饺子的却不多。购买速冻的或冷鲜的分别为44.8%和40.5%，在餐馆吃的为37.8%，买已煎好的为37.1%，买现成皮自己包馅的为37.2%。全亲手做的只有10.5%（可多选）。另外，配合饺子一起吃的第一是白米饭，为79.4%，接着有拉面为34.2%，炒饭为21.7%。还有一项《关于中华料理的意识调查》[10]显示，问配合白米饭吃最好的中国菜，被选最多的是麻婆豆腐，其次是饺子。另一个有关肉菜的调查显示，喜欢的肉菜之第7位是饺子为57.4%[11]。原本属于主食之饺子，在日本变成了受欢迎的肉类副菜之一。还有一项，2004年、2010年、2014年已做过三次的叫作《实现跨世代沟通的食》调查[12]，它针对家有小学生的妈妈问"代表你家的菜"（自由填写，没有选项），得到的回答分别如下，2004年的前三位是："野菜の煮物"（炖蔬菜）、饺子、"肉じゃが"（土豆炖肉），2010年的前三位是饺子、"肉じゃが""野菜の煮物"，2014年是饺子、汉堡排、咖喱饭。看三次调查饺子都获得前二位，可以说饺子已经不仅仅是有代表性的中国菜，而且有代表性的配白米饭吃的日本副菜。因为日本人对饺子的喜爱太深，如今在日本城市之间争夺"饺子城"的"饺子战争"都勃发了。甚至影响到国际饮食评级的权威米其林，《米其林指南东京篇》2016年版还加上了"饺子"的小分类，收录了几家饺子专门店。就是说米其林都认定饺子在日本的特殊位置。

3 从麻婆豆腐开始的家庭中国菜

日本的超市里有专门卖中国菜专用复合调料的货架，种类也很多。1971年日本丸美屋食品公司第一发售了麻婆豆腐，比速溶味噌酱汤发售得还早。之后1972年理研食品，1974年HOUSE好侍食品都发售了麻婆豆腐专用调料。1978年味之素食品公司开始发售叫作CookDo的中国菜专用复合调料，其中也有麻婆豆腐调料。

麻婆豆腐调料的开发给日本家庭做的贡献很大。首先要说明，在日本麻婆豆腐与其他中国菜所站之位置有所不同。据日本"罐头瓶装杀菌袋食品协会"的杀菌袋食品分类，有料理用调料的一项，与咖喱、意大利面酱、饭类一样另有麻婆豆腐调料之一项。

再看上面所提的《关于中华料理的意识》，当问配白米饭最好的"中华料理"时，被选最多的是麻婆豆腐为31.9%，其次是"锅贴"为23.3%，青椒肉丝、干烧虾仁、回锅肉等远不到此两种，都是9%以下。据2013年和2016年两次实施的《关于豆腐的调查》[13]，70%以上的日本人每周吃豆腐。当问喜欢哪种豆腐料理时（可多选），两次调查都回答"冷豆腐"的最多，80%左右，而回答麻婆豆腐的是2013年以60.8%为第三位，2016年以59.1%为第二位，比例都相当高。分析麻婆豆腐之因为受欢迎的理由，笔者认为主要在于它提供多样化的口味。中国菜专用调料一般同一菜名同一厂家就有一个产品，只有麻婆豆腐调料不是。大都厂家提供有几个不同口味的复合调料。以麻婆豆腐调料的先驱者丸美屋为例，八种麻婆豆腐调料，依辣度分级"甘口""中辛""辛口"和"大辛"之四种口味。以麻辣出名的四川菜之麻婆豆腐还有"甘口"，按理说十分奇怪。

麻婆豆腐调料有此四种口味让笔者想起日本咖喱块提供的口味种类。咖喱块比麻婆豆腐调料开发得早16年，1945年就开发了。为了日本人的口味着想，好侍食品1963年发售的百梦多咖喱块，其原味是微甜，1972年加了"辛口"，1983年又加了"中辛"。而麻婆豆腐调料，丸美屋1971年新发售，1978年加了"甘口"之同时将原味的改称"中辛"，1979年又加了"辛口"。两者之发展过程很接近，因为其出发点都在于如何让日本人接受"和食"里本来几乎没有的"辣"味。

喜爱吃豆腐的日本人，以前要么吃冷豆腐，要么吃汤豆腐，想尝另一种也只是换个叫作"药味"的作料（葱片、生姜末、柴鱼片等）而已。麻婆豆腐专用调料冲着"和食"没用过的空隙钻进去，抓住了日本人对豆腐的喜爱，受大欢迎了。对日本人来说，麻婆豆腐已经既是中国菜，更是好用的豆腐料理了。在日本除了中国菜专用调料之外还有韩国菜专用调料，但同样专用调料，韩国菜专用调料其种类、成绩都比不上中国菜专用调料，只有与麻婆豆腐一样豆腐料理，并一样有辣、不辣、微辣等口味的"炖豆腐"专用调料才获得成功的。

4 中国菜专用调料带来的正宗中国菜

分析中国菜在日本受欢迎的原因，笔者认为有两个要素，专用调料的发展；设计食谱给主妇们的压力。

4.1 专用调料的发展

1964年在东京举办奥运会，东京的宾馆陆续邀请中国厨师开设中国料理餐厅，到了1970年地方城市的宾馆邀请在东京有经验的厨师们也开设中国餐厅[14]。但提供地道菜的中国餐馆还是不多。上面所介绍的味之素食品公司1978年新发售了中国菜专用复合调料CookDo系列，第一批是青椒肉丝、回锅肉、干烧虾仁、八宝菜、酢豚和麻婆豆腐的六种。1978年是成立中日和平友好条约那一年，在中日友好的热潮中，CookDo被认定1978年度（1978年4月至1978年3月）食品行业之畅销品[15]。

CookDo举着"本格中华"（正宗中国菜之意）的旗子以"中華飯店のメニューそのまま　今日から私がCookDo（中华餐馆的正宗菜，从今天起由我来做）"的口号开拓了中国菜专用复合调料市场。它敢采用日本人不熟的原菜名，不仅打开做中国菜的方便之门，而且让日本人知道什么是正宗中国菜。以前只有在高级中国餐馆能看得到的"回锅肉""青椒肉丝"等菜名如此走上了日本人的餐桌上。它发售青椒肉丝的当时，若不是采用原菜名，而是以"肉とピーマンの細切り炒め"的日文菜名出台，后来的情况会不同了。CookDo当时使用的原菜名，如今在日本家喻户晓了。它的出现在日本家庭的餐桌上带来了变化，其变化不是普通变化，可以说是"革命"级变化。近年在Twitter上有一个"该不该用CookDo"的争议。在此不谈其内容，存在争议这个事情本身能够让我们知道两个情况，第一：在日本家庭的餐桌上常出现中国菜。第二：日本人在家庭做中国菜时，使用专用调料已经一般化了，并且这些专用调料之中CookDo已获得了有代表性的地位。

4.2 设计食谱给主妇们的压力

日本一家设计食谱网络公司2014年做的《关于料理的调查》[16]显示，主妇们做晚饭做三种菜的最多（不包括米饭和汤），而觉得最困难的第一是设计"献立（こんだて）"（食谱），自己能做的食谱储备有限是第二位。另一个调查显示[17]，男人们在家里吃饭以下三个场合可以向妻子道谢，①妻子提供充满季节感的菜；②妻子有很多能做的食谱储备；③眼前给提供的菜种多。而男人感觉"妻子偷懒"的前五位，①买个便当；②买现成菜；③只有一种菜提供；④使用冷冻食品；⑤一样菜一周内提供两次。从这些调查结果，我们可以看到日本主妇烦恼的所在。她们的困扰不是在于做菜本身，而是在于做饭之前。关于食生活，比起中国和日本，差别最大的是"食谱的构成因素"。日本人先定主菜（副食中的重点菜），然后考虑营养平衡、味道和家人的喜好、身体情况等条件决定副菜（次于重点菜的几种副食）做什么。男人的要求高，菜种越丰富越高兴，一顿饭想吃酸甜苦辣多种味道的菜。因而对日本女人来说天天设计食谱的压力很大，甚至比工作压力还大。

女人做饭遇到的另一个大问题是时间问题。最少每周一次在家做晚饭的女人中76.3%的用心增加食谱储备的同时，希望短缩做饭时间的也有68.1%[18]。据味之素的调查，以前全都是由亲手做的以1985年最高为49%，以后慢慢减少，2012年为28%。用心短缩做饭时间的比1980年的27%增多，2012年为44%[19]。还有一个调查显示[20]主妇的52.1%利用饺子或烧卖等"冷冻中华"，54.3%的人利用专用调料，其中利用中国菜专用调料为90.2%。再看上面所提过的《关于料理的调查》，主妇们第一重视是多用蔬菜，为专业主妇的67.7%，有职主妇的66.8%。第二重视是能容易做出，为专业主妇的49.3%，有职主妇的51.9%。上述可知，当主妇们做菜，第一：要增加食谱储备，没做过的没吃过的菜也要做得出来，第二：希望做菜方便，能短缩时间，第三：免偷懒之嫌，如何方便也需要加工的余地。第四：为了家人的健康着想，吃饭应该能多吃蔬菜。在面对这些课题前，中国菜专用调料足够给个好答案，在家庭吃晚饭的餐桌上出现中国菜的次数自然就增多了。

食谱导航网站上登录的中国菜数量之多让我们知道主妇们的烦恼之所在。为了解决最头疼的食谱设计，很多调查都显示主妇们当设计食谱时，搜索网站比率最高，而利用搜索网站的86.3%的人利用Cookpad食谱导航网站[21]。笔者输入"中华"两个字试一下（据7月21号的结果），就查到41,024件食谱。输入意大利菜有18,468件，和食有16,377件，法国菜只有4316件。中国菜多法国菜少说明法国菜在家庭做的不多。食谱网站储备的中国菜品数比起来格外多，说明对中国菜的需求特别多，可以说中国菜对主妇们是最好用的菜之一。

5 日本的中国菜算不算是中国菜

笔者偶尔发现批评日本中国菜的文章，说：你会发现无论是菜式的数量还是味道都会让你大失所望。普通日本人对中国菜的了解仅留在十几道菜名上，丝毫不了解中国菜的博大精深[22]。日本人吃的中国菜真的不算是中国菜吗？

来日本的中国人走进一家著名的中国餐馆"王将"[23]去，一翻开它的菜谱就会发现"天津饭"（蟹肉滑蛋盖浇饭）、"中华丼"（什锦菜盖浇饭）、"冷やし中華"（中华冷面）等在中国不存在的菜。另外还有"エビチリ"（干烧虾仁）、"担担面"等同名不同菜。笔者个人认为前者该叫作"日本中式菜"，后者该叫作"日式中国菜"。CookDo新发售的当时为何强调"本格中华"（正宗中国菜），是因为CookDo要提供的是与在日本常看到的所谓"中国菜"不同的"正宗中国菜"。就中国菜专用调料给日本家庭带来的变化而言，笔者上面说过"革命级变化"，如果让我举出它最大的功劳，我毫不犹豫地回答说"启示"，让普通日本人认识什么是地道的中国菜。

随着来日中国游客的增加，"日本中式菜"和"日式中国菜"开始让中国人注意。其实大部分日本人都没有分析过，而经过中国人的指正，才发现这些菜不是地道的中国菜。现在搜索中国最大的菜谱平台"心食谱"网站，"天津饭""中华丼""中华冷面"等日本中式菜都能查得到。再等几年，这些菜或许作为"逆进口品"在中国的饭馆菜单上会出台的。

中国菜的博大精深，谁都不否认，然而就是因为博大精深，所以极少数中国人才能肯定自己了解中国菜。更何况外国人呢？再说，知识上的了解和实际生活上的了解不是一回事。"做"和"尝"也不是一回事。地道的中国菜若要从零开始，事前需要准备很多种基本调料。说起"酱"，种类非常的多。笔者爱去中国超市看调料，但越看越不懂，总是只好空手回家。而日本菜基本调料以さしすせそ来表示，有糖、盐、酢、酱油、味噌就可以做出日本菜。烹调法也是，中国菜烹调方法有很多分歧，看起来难度很高，日本主妇们不敢做。而使用中国菜专用复合调料，这些问题都不成问题。中国菜专用调料不只是帮助解决主妇们面对的实际问题，而且帮助克服人对陌生事物感觉的不安。

笔者再次以日本咖喱饭为例说明。在引言介绍过，在日外国人愿意推荐朋友的日本食之中，咖喱饭为第五位。站在普及咖喱饭的角度而论，还是咖喱块的功绩最大。1960年咖喱块出现之后到现在为止，做家庭咖喱就等于用咖喱块做，使用咖喱块也不会被骂偷懒。日本外食提供的咖喱饭，其实除了专门餐馆，与家庭咖喱差别不大。如今出现新情况了，随着在日印度人的增加，地道正宗的咖喱餐馆也增多了。正宗咖喱的口味虽然与日本人长年享受的咖喱很不一样，但还是很受欢迎。如果没有经过家庭咖喱的过程，日本人会直接接受印度地道咖喱吗？

中国菜专用调料与咖喱块一样，先让日本家庭普及地道风味的中国菜，经过此过程，在家里吃地道风味的中国菜的机会多了，在外面吃更地道的中国菜的机会也多了。

6 结语

考虑在日本的中国菜，专用调料的功劳以外，还要考虑日本"学校营养午餐"的作用。学校营养午餐是1947年全日本开始的，为了每周五次满足小学生的食欲，营养师需要设计既好吃又有营养平衡的食谱。1948年刚开始就出现了名字前面有"中华"或者"中华风"的菜。笔者不谈学校营养午餐，要谈的是它给家庭饮食带来的影响。孩子们在学校吃在家里从未尝过的菜，若觉得好吃，在家里也要吃，要求妈妈做。做妈妈的自己没吃过甚至没听说过的菜无法做，只好学习怎么做，按照做。有人怀念着说：当时吃麻婆豆腐不是吃妈妈用丸美屋的调料做的，就是学校营养午餐吃的[24]。这几年更有这个趋向了。为了满足妈妈们的要求，专门介绍学校营养午餐受欢迎的食谱及其做法的书及网站都有。

综上所述，考虑中国菜在日本接受的过程，一般家庭晚饭聚餐的情况之下，中国菜专用调料带来的地道中国菜能够帮助解决主妇们做饭时遇到的种种困难。

另外，日本人对待外国文化时的原则也不能忽视。

众所周知，日本人很重视"内"和"外"的区别。日本人重视"和"，就重视某范围内的"和"，对待"自文化"里的异文化倒是很苛刻，而对待原本属于"他文化"的异文化却很宽容，不但不排斥，居然会愿意接受。而且接受后不断地加以改良，使之更适合自己。五世纪从中国传来的汉字，日本人不仅仅是接受而留着汉字的优点自己还做出片假名和平假名，而且一直使用到现在。吃穿住好像都是。日本人一旦觉得好用，就积极吸取"他文化"的特点。反之，如果一旦觉得不好用，就难以接受。

笔者在引言说，"和食"申遗成功后，日本政府提醒国民"和食"正在面临消失的危机，向国民大大宣传"和食"的历史、特色、效能等。笔者也并不是否认"和食"面临的危机，但日本人吃饺子、麻婆豆腐，不管有意无意总是按照"吃白米饭"这个"和食"的特点来加以改良。同样吃中国菜，在家庭配合白米饭吃，而外食吃中国菜，主食以炒饭和面类为主，配合白米饭的不多。从CookDo的出现经过了30多年的时光，日本人也许无意识地划分界线，家庭吃的中国菜早已当成"自文化"，而外食吃的正宗中国菜仍然当成"他文化"。

　　最近两年在日本的中国餐馆情况发生变化了，厨师及服务员都是中国人，提供的菜不分地道的和日本化的，种类很多。厨师们要做中国式日本菜，做得不太好，要做日本式中国菜，做得还可以，要做地道中国菜，做得很不错。他们那里不管吃哪一种，价格不算贵，进门也不用多虑，以前只有一部分人才能吃得起的正宗中国菜，普通日本人都吃得起。再过两年，在日本的中国菜会朝哪个方向走？

　　从2002年起"和食"专用的复合调料也出现了，最近非常受欢迎。从表面上看，和食专用调料跟中国菜专用调料没有两样，但笔者认为是两样。我亲眼看过体验过塑料瓶装茶如何代替在家里泡茶，如何改变日本人喝茶的习惯。水不能往高处流，但愿和食专用调料的出现如中国菜专用调料那样能做启示作用，让日本人重新认识"和食"的好处。

参考文献

[1] 日本一家种苗公司"タキイ種苗"2015年4月对20岁至79岁的男女112人进行的网络调查。

[2] 日本目前有两个有关中国餐馆的协会，一个是始于1949年的全国中华料理环境卫生同业组合联合会，另一个是始于1977年的公益社团法人日本中国料理协会。一个称中华料理，一个称中国料理。在日本作为"中华的料理铁人"著名的陈建一任中国料理协会会长。

[3] 因为用语的不同会导致不一样的概念，拙文里不分中国餐厅和中国饭馆等，统一采用"中国餐馆"。

[4] 其它两个是与米其林牵手的"ぐるなび"和Recruit集团经营的预定餐馆网站HOT PEPPER。

[5] 数字是2016年7月26日笔者亲自搜索得到的数字。

[6] 对日本首都、东海、关系三大商业圈的约一万男女进行的《外食市场调查》。这里的"外食"是限于下午5点以后的用餐。

[7] 对全国男女10218名进行。回答可多选。第一次调查是2006年实施。

[8] 草野美保的〈国民食になった餃子——受容と発展をめぐって〉是全面地论饺子在日本的接受过程。熊仓功夫编《日本の食の近未来》(2013年3月思文阁）收录。

[9] MyVoice调查中心2012年8月对全国10,248名男女进行的网络调查。

[10] 日本连锁家庭中国餐厅バーミヤン2010年6月对全国2199名男女进行。

[11]《关于精肉类·肉料理的问卷调查》。MyVoice调查中心2014年9月对全国12,052名男女进行。

[12] 农林中央金库实施的调查。对象是住在东京郊区的30岁至49岁的400名小学生的母亲。

[13] MyVoice调查中心实施。第一次是2013年6月对全国10,434名男女进行。第二次是2016年6月对全国11,487名男女进行。

[14]《月刊 专门料理创刊50周年特刊之　中国料理的50年》2016年第5期，柴田书店。

[15]《耕味觉—味之素的八十年史—》1990年7月, 味之素。

[16] me:new2014年2月对20岁至49岁的4176名主妇进行的网络调查。

[17] 日本食材宅配公司ヨシケイ2013年11月对20岁至49岁的双职工夫妻600名进行的《关于晚餐的意识调查》。

[18] マルハニチロ2015年7月对20岁至59岁的每周做一次以上晚餐的1000名女人进行的《关于做饭上的用心和短缩时间的调查》。

[19] AMC调查《做饭的准备 今昔》(前篇)。2014年味之素, 主妇的食生活意识调查。

[20] リビングくらしHOW研究所2013年1月对673名已婚女人进行的《有关亲自做饭的调查》。

[21] MyVoice调查中心2014年3月对11, 023名男女进行的《有关如何决定食谱的调查》。

[22]《日本人喜欢的中国家常菜》阿波罗新闻网2014-09-04。

[23] 王将又名饺子的王将。2005年王将在大连设立了分公司, 最多时开设了6家分店。2014年退出了中国市场。王将的饺子就是锅贴, 他的点菜用词很有名, 遵守原来的发音点饺子就能听到锅贴的发音。

[24]《怀念的学校营养午餐再来一个!》1998年10月アスペクト编辑部编77页。

解析味之素食文化中心的研究活动

津布久孝子

（日本味之素食文化中心，日本　东京都）

1 财团概要

【食文化中心的理念】

对食文化的调查·研究予以资助，以及通过对其成果进行广泛普及与启迪，以便为丰富人类食文化做出贡献。

【食文化活动的基本方针】

（1）以"食文化论坛"与"食文化图书馆程序库"为活动重点，为深耕食文化的学术研究提供"机会"及"场所"。

（2）在注意扩大对食文化关心之业务的同时，为培养下一代食文化研究者而谋求充实出版事业和开放业务。

2 沿革

1979年 作为纪念味之素株式会社创建70周年之一项事业，开始举办"饮食文化"活动，首先设置了"食文化中心筹备室"。

1982年 第1次举办"食文化论坛"。

1989年 获得农林水产大臣的许可，设立了"财团法人味之素　食文化中心"，并发行食文化杂志《vesta》即（灶神星）。

1991年 "食文化图书馆"开馆。

2013年 以公益财团法人名义开始活动。

3 介绍事业

（1）食文化论坛　财团成立后，考虑到将食文化作为跨学科的学问，实施会员制的研究讨论会，目前拥有会员40名。

第35届"食文化论坛"召开：

本年度的主题："甜味的文化"。

作者简介：津布久孝子，女，日本人，日本味之素食文化中心专务理事，主要负责日本味之素食文化中心的研究工作。

注：本文由白雪、李留柱翻译，贾蕙萱审校。

第一次	对甜味的向往	2016年6月4日（星期六）
第二次	对甜味的深入研究	2016年10月1日
第三次	甜味的魔力	2017年3月4日（星期六）

　　解释说明：财团成立后，考虑到将食文化作为跨学科的学问开展活动，实施会员制的研究讨论会，目前拥有会员40名。第一次由石毛先生领导，研讨会很活跃。本年度主题是"甜味文化"，分三次进行。以上照片是会场的研讨之情景。与会者在积极讨论。

参考：食文化图　依据石毛先生绘制的食文化图来设定每年的主题。

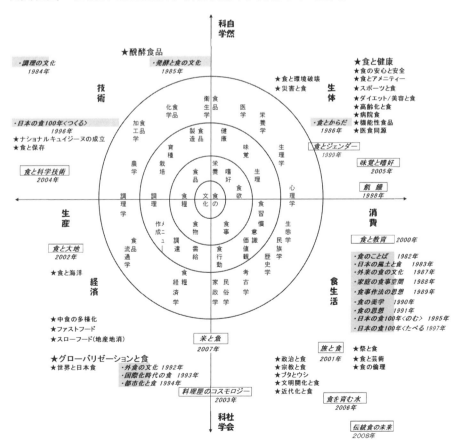

解释说明：每年的主题依据石毛先生绘制食文化图、以食文化为中心开展跨学科的讨论。

食文化论坛

主题"甜味的文化"

主题讲演：山边规子女士（奈良女子大学教授）

综合主持人：南直人先生（京都橘大学教授）

主题宗旨：

从各种不同的角度重新看待"甜味"对人类的食文化意义，以及讨论甜味的历史，甜味的文化活动，以及在生理学中，人类所追求的"甜味"。通过3次论坛思考甜味和人类未来。

解释说明：例如今年度主题：甜味对人类食文化、历史·文化·生理学的意义，从这3个观点进行讨论。

已出版发行"食文化论坛"系列丛书34本。

洪光住先生也曾参加1981年的食文化研讨会。

解释说明：为广泛普及食文化，每年出版一册论坛成果。

1981年是第一次，洪先生出席，记录了他的发言并予以保存。

（2）研讨会

饮食文化研讨会2015

和《灶神星》杂志发行100期的纪念号联袂，举办面向一般大众的研讨会。主题是：共食"你是和

谁一起用餐?"

解释说明：以下的事业是研讨会。为更广泛地让一般大众理解食文化而实施研讨会。去年的主题是：共食—"你是和谁一起用餐?"。

当今在日本、一个人吃饭；孤独的进餐已是一大社会问题。人为什么没有了共食这一特有的交流？人类如何共食？请灵长类学者、京都大学总长山极先生作了主旨讲演。

（3）季刊《VESTA》=《灶神星》

世界の人びとは何を食べ、どう暮らしているのか。

「食」を通じて日本・世界の歴史や文化を知る!

历史：

介绍在漫长的历史中，如何孕育饮食文化。

社会状况：

遇有祭祀宴会等特殊情况，要撰写现场报道，介绍当地人的饮食情况。

地区：

通过报道文章介绍日本及世界如何经营饮食。

科学：

根据主题也对营养学、心理学等进行探讨研究。

解释说明：自1989年发行以食文化为乐趣的杂志《VESTA=灶神星》。选取一个主题，用4个切入口投稿。还有，这一杂志的内容一般读者也容易理解。

（4）公开设施

图书馆

• 与饮食文化相关的专业图书馆

• 收藏的资料

图书43,045

影像资料300

贵重书籍3138（内数）

浮世绘200

按新规购买的图书数：

2012年	2013年	2014年	2015年
1,396	1,041	930	856

解释说明：我们财团位于东京品川车站，步行仅有15分钟。设有图书馆、有关食文化的藏书4万3千册。其中尚有3000册左右的贵重书籍。

以江户时代的生活为主题的绘画，反映饮食的浮世绘，保存有200枚左右。有机会请来东京阅览。

【贵重书籍】

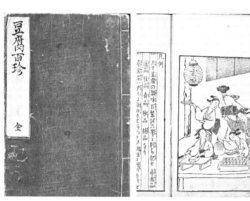

【豆腐百珍】 天明2年（1782年）　　　　【（佳吉鱼）百珍料理秘密箱】 天明5年
　　　　　　　　　　　　　　　　　　　　　　　　　　　　　　（1785年）

1）贵重书籍1/明治到昭和30年前后为止2,358本。

2）贵重书籍2/江户时代 只提供369标题，780册（未公开）。

解释说明：贵重书籍江户时代780册、自明治到昭和30年2300册。江户时代流行的百珍、记载有豆腐和佳吉鱼等菜肴。

热点话题1：所收藏的古书籍打算电子化并予以公开

有关中国图书的收藏介绍：

中文图书约440册，已上架。

仅与中国相关的图书（日文＆中文）未上架　约2800册。

饮食与中国文化（王仁湘先生的著作）

解释说明：我中心收藏着有相关中国的书籍。左侧照片上架的约440册。此外尚未上架的田中静一先生收藏的书籍达2800册。

已上架书籍中，还有王仁湘先生的著作。

中华食苑（中国饮食文化研究会）李士靖先生　主编

中国酿酒技术发展史（洪光住先生）

满汉全席源流（王仁兴先生）

铁胃口 中国漫游（石毛直道先生）

中国食文化志（王仁湘先生）

大正天皇即位的盛大飨宴

4 展示食文化

（1）2015年度实施特别展示企划案

策划收藏曾担任天皇厨师的"秋山德藏的菜单"。

目的：寻找机会接触秋山德藏氏所收藏的菜单，并依其扩大研究食文化的新选择，将能够实现食文化的普及与启发相关联事项作为手段，以便举办展示秋山德藏氏所收藏的菜单。

展示概要：围绕从秋山氏所转让接受的菜单（实物），与时代背景同时，介绍宫中的饮食和担当天皇厨师的"秋山德藏"之功绩。

解释说明：实现了展示事业。去年实施了担任天皇厨师的"秋山德藏氏所收藏的菜单"。实现了分时代地介绍秋山氏保存的宫中饮食状况。

再现展示佳肴：

解释说明：虽是一部分，但再现了大正天皇即位时盛大的晚餐宴会及美味佳肴。

（2）要闻：米兰世博会上的展示内容

2015年6月25日—7月13日的19天里，米兰世博会日本馆第二展厅，名为"日本沙龙"，展厅位于思太丽奈宫殿：山大·玛丽雅·泰莱·古拉茨哎教会旁。

政府和日本馆的赞助商和团体等多种图像参展。向意大利为首的居住在欧洲的人们和食品相关领域的人士，介绍了日本的饮食和饮食文化等，也举办了商业机会、创造等活动。味之素在7月10日—12日参加展出。

我们财团的浮世绘与便当参加了展出。

便当作为携带食品是日本饮食文化之一，

另外从环保的观点来看便当也富含很多的智慧和技能。

基于上述看法，我在此加以介绍。

解释说明：还有，去年米兰世博会日本馆第二展厅"日本沙龙"也曾展示过。我财团除浮世绘外，同时展示了作为日本食文化便当的变迁。

饮食文化实践范例研究
——日本"饮食博物馆"发展与展望

何　彬

（日本首都大学东京人文社会系，日本　东京）

博物馆，乃是收集各种题目的相关史实和文物，在调查和研究分析或分类之后，将其按照一定方针或规划展示给公众的设施。为公众提供历史知识、专业研究成果和审美享受的自然博物馆、历史博物馆、美术馆、艺术馆、雕塑馆等等当然属于此类。茶叶博物馆、酒类博物馆、烟类、盐类以及建筑、邮政、纺织，或某种单项实物的专题博物馆等也属于此类。这些博物馆多由行政部门设置和管理，不以营利为目的，主要满足人们的精神需求，提供愉悦公众精神的内容，使参观者获得心理满足感。

而本文关注的是另一类博物馆，日本饮食类集中型餐饮设施"饮食博物馆"。这类集中型饮食设施，用博物馆一词形象地表现其设施的专题性和广博性，同时它不同于一般博物馆，还具有娱乐性、享乐性和可消费性。这类设施直接满足人们的心理需求和物质需求，满足人们对美食的味觉需求和知识需求、消费需求。

把学术知识提供给社会，用科研成果回报社会，是社会科学的真正发展方向。21世纪的民俗学用其学科擅长的细致调查、条理记述的手法获取人们生活的详细数据，运用民俗学的分析研究手法揭示现代生活深层的问题，为解决现实社会问题提供民俗学的见地，以此一步步接近"公共民俗学"（Public Folklore）。

从公共民俗学角度出发，本文不过度关注"饮食博物馆"的学术意义，而侧重考察其形成的社会需求和社会效应，并审视其发展过程及现状呈现的问题所在。希望以此提供一个能够使包括各民族饮食在内的中餐和中国各式点心小吃等走出展示自己特征特色的新途径，开拓饮食与旅游携手发展的新视野，创出中国式饮食博物馆系列，以实现民俗学者的社会责任。

1 饮食博物馆发端

博物馆，乃是收集、保存史实资料和文物实物，经过研究分析或分类之后将其按照一定方针或规划展示给公众的设施。为公众提供历史知识、专业研究成果和审美享受的自然博物馆、历史博物馆、美术

作者简介：何彬，女，日本人，日本首都大学东京人文社会系教授，博士导师，研究方向：汉族研究、丧葬研究、食文化研究、中日节日研究、中日文化比较研究、华侨华人研究。同时兼任中国民俗学会常务理事、国际亚细亚民俗学会副会长、（日本）口述历史文化协会副会长、（日本）日中人文社会科学学会 副会长、日本民俗学会国际交流委员会委员等中日机构职务。先后担任北京大学人类学与民俗学中心、中央民族大学民俗中心、东京大学东洋文化研究所、冲绳大学地域研究所、国立民族学博物馆、中山大学非物质文化遗产中心、上海社会科学院非物质文化研究中心等十余所院校机构客座研究员。

馆、艺术馆、雕塑馆等等均属于此类，茶叶、酒类、烟类、盐类以及建筑、邮政、纺织，或某种实物的单项专题博物馆等也属于此。这些博物馆主要满足人们的精神需求，提供知识同时愉悦公众精神，使人获得心理满足感。

本文关注的是另类的博物馆，饮食类专题博物馆。它用博物馆一词形象表现其设施的专题性广博性，同时它还具有娱乐性和可消费性，它提供的是含有诸多文化元素的实物（食物），直接满足来客的心理和物质需求，满足人们对美食的味觉需求和知识需求、消费需求。笔者关注较多的日本市场饮食博物馆事例为阐述对象，期望享誉世界的中餐和中国各民族的饮食以及各式点心小吃等也能走出展示自己特征特色的新途径，开拓中国饮食与旅游携手发展、共同振兴发展的新视野。

旅日游客们详知的新横滨拉面博物馆，是日本第一家饮食为主的、以博物馆命名的集中型餐饮设施。现在甚至被称作是世界首家饮食娱乐园。它创建于1994年3月，已经走过22年历程，今日仍然每天挤满了国内外喜好拉面的人们。

最初设置这家集中型餐饮设施的设想，是出于满足拉面爱好者的需求，把日本各地的名牌拉面店集中到一处，满足欲吃无处求的馋货们的遗憾之念，也省去为吃一碗美味拉面而去坐飞机南奔北走的拉面铁粉们的时间和金钱。博物馆里的拉面店不定期的更换店家，总有新鲜的美味吸引来客，附设的拉面销售点以及大道艺人表演等活动，增加了来客们吃之外的乐趣。更有封面：印有制作人特选照片的"我的拉面"制作空间，交费之后，可以任意选定面条、配料、汤料，然后拍照制作封面。一盒天下唯一的我的拉面的制作，也引起拉面粉丝们的关注。现在成为各种风味拉面店集结之地和欲一次领略多品种风味拉面而没有太多时间的外国游客们的钟爱对象，也是国内拉面爱好者的经常光顾之处。

拉面博物馆现有拉面店、吃茶店、居酒屋和小卖店等10数家，虽然叫做博物馆，但基本以饮食为主，饮食内容是各色拉面。进入博物馆吃拉面，要买入场券。成人310日元，三个月有效的月票500日元，显然是为喜好拉面的人们准备的多次性有效的门票。也可解读为注重吸引回头客的营业方针之一。

新横滨拉面博物馆入口（拉博HP）　　　　　　左顾右盼均是拉面店（拉博HP）

2 饮食博物馆设施事例

新横滨拉面博物馆开张初始就引起高度关注，随后，各地纷纷出现各种集中型拉面餐饮设施，其它食物的饮食博物馆也陆续出现。2004年黄金周时，一份杂志列举了分布在日本各地的30个食物博物馆，建议喜爱美食的人们出游时优先参考。30个适合一日美食游的地方里竟有拉面村、拉面剧场、拉面街、拉面大食堂等16处拉面美食，足见人们喜爱拉面程度之甚。此外的14个美食处，是饺子博物馆、寿司博物馆、甜点园、咖喱馆、冰凉糕点城、二个吃局面馋嘴胡同等。这种旅游休假推荐，说明大型集中型饮食设施不仅仅是用来饱腹之店铺，它已经成为假期人们享乐、消遣和消费之地。

日帰りグルメ旅行にも最適な「食のテーマパーク」全国30

名称・電話番号	所在地	アクセス	営業時間・定休日	特徴
池袋餃子スタジアム	豊島区東池袋サンシャインシティ・ワールドインポートマート2・3F	池袋駅から徒歩8分	10時～22時	全国の餃子50碗以上が土産として持ち帰れる
浪花餃子スタジアム	大阪市北区小松原町	JR大阪駅から徒歩5分	10時～23時	
清水すしミュージアム	静岡市清水入船町13-15	JR清水駅	10時～20時	日本初のすしテーマパーク
横濱カレーミュージアム	横浜市中区伊勢佐木町1-2-3		11時～21時半	
自由が丘スイーツフォレスト	目黒区緑が丘2-25-7	自由が丘駅から徒歩5分	10時～20時半	
アイスクリームシティ	豊島区東池袋サンシャインシティ	池袋駅から徒歩8分	10時～22時	
台場小香港	港区台場1-6-1 デックス東京ビーチ	ゆりかもめ台場駅から徒歩3分	11時～23時	
立川中華街	立川市曙町2-8 グランデュオ立川7F	JR立川駅直結	11時～22時	
China Museum 横浜大世界	横浜市中区山下町97-4	みなとみらい線の元町・中華街駅から徒歩2分	10時～22時	
千里中華街	豊中市新千里東町1-5-2 セルシー5F	千里中央駅からすぐ	11時～22時	
麺喰王国	渋谷区宇田川町13-8	渋谷駅ハチ公口から徒歩3分		
浪花麺だらけ	大阪府浪速区難波中2 なんばパークス7F	南海電鉄、地下鉄御堂筋線なんば駅から徒歩5分	11時～23時	
小樽運河食堂	小樽市色内1	JR小樽駅から徒歩10分	11時～22時	札幌「すみれ」など有名ラーメン店7店
緑起町一丁目	名古屋市熱田区六野1-2-11イオン熱田ショッピングセンター4F	金山駅から徒歩10分	10時～23時	
なにわ食いしんぼ横丁	大阪市港区海遊館近くの天保山マーケットプレース2F	地下鉄中央線・大阪港駅から徒歩5分	10時～20時	

名称・電話番号	所在地	アクセス	営業時間・定休日	特徴
リバーウォーク北九州フードパオ	北九州市小倉北区室町1-1-1 リバーウォーク北九州B1F	JR小倉駅から徒歩10分	10時～22時	
あさひかわラーメン村	旭川市永山11条4パワーズ	JR旭川駅から徒歩5分	11時～20時	旭川ラーメンの有名店8店
津軽ラーメン街道	五所川原市大字唐笠柳字藤巻517-1 ELMの街ショッピングセンター2	JR五所川原駅から車で5分	11時～21時	
ラーメン国技場 仙台場所	仙台青葉区国分町1-5	地下鉄・広瀬通駅から徒歩3分	11時～翌3時	
ラーメンアカデミー	さいたま市大宮区桜木町1-8-17	JR就実埼京駅西口直結	11時～23時	
千里ワンズモールラーメン劇場	千葉市有尾区長沼町330-50 ワンズモール2F	稲毛駅前駅からバス	11時～23時	
新横浜ラーメン博物館	横浜市港北区新横浜2-14-21	新横浜駅から徒歩1分	11時～23時（平日）	有名ラーメン店9店
名古屋・驛麺通り	名古屋市中村区名駅1-1-4 JR名古屋駅グルメゾン1階	名古屋駅直結	11時～23時	
京都拉麺小路	京都駅ビル10F（百貨店・大阪駅美術館）	京都駅直結	11時～23時	
道頓堀ラーメン大食堂	大阪市中央区道頓堀1-4-20 角座ビル2F	地下鉄御堂筋線・日本橋駅から徒歩5分	11時～23時	
泉ヶ丘ラーメン劇場	堺市南三原台1-1-3 泉北高速鉄道・泉ヶ丘駅から徒歩5分		11時～23時	
明石ラーメン波止場	明石市大久保駅町ゆりのき通2-3-1 マイカル明石	JR大久保駅から徒歩3分	11時～23時	
らーめん横丁七福人	広島市中区三川町9-16	広島電鉄・八丁堀駅から徒歩5分	11時～翌5時	
ラーメンスタジアム	福岡市博多区住吉1-2 キャナルシティ博多5F	JR博多駅から徒歩10分	10時～23時	
ラーメン城下町	熊本市下通1-3-10	熊本市電通町筋から徒歩5分	11時～翌1時	

除了新横滨拉面博物馆之外，以下再简要说明数例。

（1）池袋饺子城　池袋饺子城位于东京著名购物中心之一的池袋，1996年7月开始营业至今。饺子城设在室内型游园场内，开设了数家知名饺子店的分店。各个饺子店都是窗口出售，人们可以选择购买几个店铺的产品，在小广场就座，同时品味多家店铺的不同风味的饺子。不过要去吃饺子，需要买游园入场券（500日元）。

饮食小广场的桌椅不分店铺自由使用，

游园地入口的池袋饺子城照片（何 摄影）

小广场墙壁上的全国各地名牌饺子分布图和饺子的历史两幅大图，让人们边吃边关注饺子信息。

| 饺子城一瞥（何 摄影） | 饮食小广场（何 摄影） | "日本各地的饺子"（何 摄影） |

（2）品达拉面街和盖浇饭街　在羽田机场开设分店的品达拉面，设在新干线起点站的东京品川站出口旁。2004年开张的品川拉面七人众拉面街聚集7家拉面店，而后2006年在拉面街旁5家店铺结成盖饭五人众盖饭街，12个饮食店构成一条街式的串联餐饮街，为抵达和离开东京的新干线乘客以及出入品川站的人们提供了可供选择的店铺集中的餐饮空间。

| 品川站旁"品达"拉面盖饭一条街外观（何 摄影） | 品达一条街内观（何 摄影） |

　　品达拉面盖饭一条街是提供餐饮的空间，它具有集结同类餐饮店的功能，对于希望饱腹并且满足美食欲望的食客来说，十分方便。这里没有入场券类的限制，出入自由。但是这里除了独立的店铺之外，没有设置公共饮食区域，也没有宣传或销售相关产品的空间。

　　（3）东京肉食馆　位于笔者工作的大学门口的东京肉食馆于2009年12月开馆。现在有7家店分别经营烤肉，铁板牛排、汉堡牛肉饼、印度咖喱和面类酒水类。根据资料介绍，这里也是不定期的更换营业店铺，曾经先后有16家店在这里营业。2010年笔者曾在这里第一次吃到肉片包饭团，那家店的饭团十分美味，店铺窗口总是排着长长的队列。这里不要入场券，随意进出。人们可以在店铺里面就餐，也可以在几家店铺各买些食物之后，在不分店铺的饮食通用空间自由坐下吃喝。也可以任意购买带走。这种一次可品尝数家店铺食物的做法，在日本只有这些饮食广场饮食城才有，一般很少见。这也是此类专题饮食设施受欢迎的原因之一。

东京肉食馆（何 摄影）

东京肉食馆馆内图（何 摄影）

肉食馆入口（何 摄影）

店铺通用饮食空间（何 摄影）

（4）东京果子乐园　日语的果子是指小点心和糖果类吃食。在电车进出数和乘车人员流动量堪称日本第一的东京车站一番街，2012年新开张的东京果子乐园，集中出售和式糕点和西式糕点糖果，为人们提供了购买东京点心或回乡伴手礼之便。它与东京拉面街紧相连，去拉面街解决空腹危机的人们也会在匆匆路过时看到美味甜食的诱惑，餐后的购买一定是饭后一件开心事。饭后随意走走就可以购物之方便的东京果子乐园场地选择，无疑是增进销售的小秘诀之一。

（东京站HP）

（5）东京站拉面街　在东京站一番街与东京果子乐园毗邻的是东京拉面街。这里依然是各种风味的拉面店紧密排列状态。因这里著名拉面店家集中排列，人们品尝后的评论随着新干线的出发被带到各地，也不断被网评名次，有"东京拉面激战区"之称。在这里不用入场券，可以自由出入每家店铺品尝不同风味的拉面。笔者曾去过几次，不同的店家，味道都不错。

（东京站HP）

（6）福袋甜品横街　和池袋饺子城一起栖身于室内游乐园的甜品横街，于2013年7月开张。它的前身是冰激凌城，后来改为东京甜点共和国，而后变身成为今日的甜品横街。这里有全国各地的名品冰淇淋，多口味意大利冰淇淋，各式小蛋糕等。想要在这里品尝这些集全国甜品为一处的好味道，需要购买游乐园入场券。就笔者观察，在这里吃饺子和甜品的大多是年轻人和带孩子游玩的年轻的父母们，很少有中年以上的人在欣赏美味的甜品或饺子。究其原因，设置在游乐园里并需要购买游乐园门票是一个影响人们自由餐饮的主要因素。

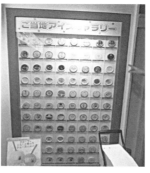

福袋甜品横街入口（何 摄影）　　　各地冰淇淋大集结（何 摄影）　　　意式冰淇淋专柜（何 摄影）

（7）碗面博物馆　最早制作方便面碗面的日清公司在横滨和大阪开设了2处日清企业办的碗面博物馆。它集学习、餐饮、制作、娱乐为一体，至今是学生参观或家长带孩子乐意前往之地。

　　人们在这里了解方便面和碗面诞生的历史，各式产品的历史和方便面的发展历史，在餐饮区域自由选择喜爱的面条，孩子们还可以在模拟面条生产线的游乐设施里玩乐，同时了解到面条生产线内部构造。在制作区域，可以制作自己选择的特制碗面。

展示区域（碗面博HP）

餐饮区域（碗面博HP）

制作区域（碗面博HP）

游乐区域（碗面博HP）

　　同时，这里还设有销售区域，可以购买各种日清面制品。寓教于乐，寓教于食，充分体现在这里的展示、餐饮、制作、游玩的每个部分里。销售区的设置不仅可以满足人们获得该食品的知识和品尝后的购买欲，也是促进人们满足性消费的有效手段。这也是饮食博物馆不同于一般意义的博物馆之处。这个特点，符合现在中国的国情和对经营、消费、弘扬文化的高度需求。

　　（8）农业关联型食物·食品博物馆　北海道一家由农协主办的集餐饮、农产品销售、本地产品专销和兼有网购网销功能的大型设施，它不同于上述城市型集中餐饮或餐饮加销售的类型，对促进农业生产和农业产品加工，推动城乡人与人的交流，都有异于上述设施的特点。它的名字只有日文发音"くるるのもり"，没有博物馆或食物城、食物街之称。笔者根据这个设施的特点把它归为农业关联型食物·食品博物馆。

　　这家由农协主办的设施里饮食最大的卖点，是当地农家自己生产的食材作的自助餐。为吸引远近居民来这里餐饮消费，饮食空间安排无论老少都喜爱的自助餐形式。并且，所有食品都采用本地产品，既保证蔬菜水果新鲜可以安心食用，又宣传了本地农产品的新鲜和种类丰富。餐饮部还细心准备了每道饭菜汤品的制作程序说明，客人喜欢吃的菜肴可以领一份菜谱，再买些新鲜蔬菜回去自己试着做。这种餐饮、教授加工方法、销售蔬菜、销售调料集中于一体的设施，使人们有亲近感并由此形成大批回头客。

这或许就是设施经营有人气、大成功的要因。

除了在享乐餐饮方面注入极大力量之外，这里还同时设置了地产地消专柜，出售本地产的稻米、各种蔬菜、用本地原材料生产的各种米酒、酱油、醋、调味品等。

本地产的稻米（kururunomori HP）

地产地消的蔬菜（kururunomori HP）

本地产的各种调味品（kururunomori HP）

本地生产的酒类（kururunomori HP）

3 饮食博物馆特征

以上列举的若干集中大型的饮食设施，只是极少一部分，这些设施具有如下一些特征。

3.1 集中

这样的设施大多经营项目较单调而店铺集中，以店铺数量多而制胜于一般散在的饮食店。它们多以单项食物的"博物馆""食物城""食街"等相称，以表示其不同于一般餐饮店。单一而又集中，形成一种项目优势。近距离内的复数店铺设置并囊括全国的或者某一单项食物的多数名店，使人们进一门而知全国，到一处而知全行业，到一家大型店铺享受到逛多数店铺之乐。人们会获得足不出本地而吃天下食的享乐感、满足感。这是博物馆式集中型饮食设施成功要素之一。

3.2 多色多彩

饮食博物馆设施经营的品种和经营方式和内容多种多样，呈多色多彩状态。据笔者调查，除去全国各地最多的拉面博物馆和酒博物馆之外，这样的单项博物馆还有芝麻博物馆、砂糖博物馆、酱油博物馆、咖啡博物馆、乌冬面博物馆、荞麦面博物馆、面包博物馆、醋博物馆、盐博物馆、烟博物馆等。

从设施规模分类，可以分为（1）单项多品种型饮食设施，（2）饮食兼销售型设施，（3）多位一体型设施。

第（1）类单项多品种型饮食设施，如上面的饺子城、拉面街、肉食馆、甜品横街等。这里聚集多种品味的某一类单项食物，如饺子，拉面，冰淇淋，糕点或这里没有举例的荞麦面、乌冬面、酒类、酱油、奶酪的博物馆等。同一类的多个品种集中于一处，方便厂家销售，也便于酷好这类食物或食品的人们前往选择，免去东奔西跑之劳。人们在这里可以尽情选择喜欢的吃食，设施给人们提供饮食的满足和快乐。第（2）类饮食兼销售型设施，如新横滨拉面博物馆、果子乐园（销售为主）、肉食馆和甜品横街和葡萄酒或米酒博物馆等。在这里，不仅可以当场餐饮，还可以任意购买回家，甚至还设有邮寄专柜，可以当场付款把中意的食品作为礼品寄给朋友或亲戚。饮食消费和购物消费结合，一次性饮食享受加上购买回家消费的愉悦，是消费方的满意所在。饮食设施吸引来客，辅助销售成品，提高企业产品知名度增加产品销售量。第（3）类的多位一体型设施，如碗面博物馆，北海道农协设施等。这类比较大而全的设施既有某类食品的历史发展展示、制作体验或游乐设置，又有品尝食品、餐饮空间和销售产品空间。

从经营状态分，可以分为A. 商业性经营，B. 行业性经营，C. 自家企业经营三大类。日本多数此类设施分别属于A类的商业性经营或C类的自家企业经营。比如，很多酿酒厂家都设有小小的酒类展览，内容大多是自家品牌的历史宣传和成分介绍，制作过程说明等。然后请你参观制作过程，观看酒窖并免费品尝。参观最后的出口"自然"地要走过销售店，里面摆着各种酒类和葡萄干的试食试饮，很多人就会忍不住买些带走。

3.3 重视"食育"

2005年7月，文部科学省（相当于中国教育部）公布实施"食育基本法"，把食育提高到关系到国民健康，构成国民智育德育体育之基础的重要地位。"食育基本法"目的在于解决国民缺乏正确的饮食营养平衡的知识，过度强调瘦与健美的关系，轻视食品安全，过度依赖进口食品，传统食文化的缺失等社会问题，其目标在于国民养成健全的饮食习惯，培养判断食品安全性的能力，继承食文化传统，尊重自然界和生产劳动。

集中型饮食设施在这一点上具有绝对的优势，食育强调的重点，在设施里均有所注重。饮食销售之外的产品历史展览，原材料介绍和自己动手制作食品等，通过快乐游玩的形式，让人们了解饮食类产品的结构或起源、历史发展变迁等内容的设计，也均出于要从饮食的角度达到食育基本法所要求的传播食品知识和食文化传统教育和培养制作食品，辨别食物等能力的目的。

正因为大型饮食博物馆具备"食育"功能，它的应运而生就是社会需求的反映了。而食育基本法的实施，二十一世纪人们对安全食品材料的需求，促进这类大型食物博物馆的更多诞生。

3.4 "地产地消"

与"食育基本法"相关的正确掌握食物原材料的知识，了解乡土风味饭菜，继承食文化传统相对应，"地产地消"即当地生产的农林渔业产品就近在本地消费，生产者和消费者直接见面，直接销售自己的产品并且提供当地产品的传统加工方法，提供品尝乡土料理，增加乡土文化情结的产销交流的方针。

"地产地消"解决产品长距离运输销售的中间环节多、过度包装和过度挑剔蔬菜水果产品外观的倾向。其中，无农药或有机栽培的农产品极受欢迎，当地产的各种蔬菜水果还能保证当天清晨采摘，当日摆到销售柜台。在人们逐步开始重视食材的新鲜度、有机种植与否的今日，产销双方直接见面，人们可以带全家参加快乐的采摘水果或挖掘蔬菜的农业活动，产品加工后在餐饮部出现，人们餐饮后可选择购买可口的蔬菜水果以及米面等系列活动只有在大型食物及农产品集中产销的设施里才能得以实现。

提倡"食育"和"地产地消"，促进了大型陈列、餐饮兼销售功能的游乐性餐饮设施的设置，人们健康和安全饮食观念的增强又增加了这类饮食博物馆的经营收益，这是顺应社会需要形成大型饮食博物馆的社会原因，也是大型饮食博物馆必不可少的特征之一。

4 来自饮食博物馆的启示

4.1 "饮食博物馆"可以在同一空间里提供休闲、消费、享乐、美食、购物多角度需求

专题饮食博物馆一词，形象地表现出这类设施的专题性、广博性和知识性。同时它还具有娱乐性和可消费性，满足来客的心理和物质需求，满足人们对美食的味觉需求同时提供知识需求、消费需求。快乐教育从这里开始，餐桌礼仪，食用碗筷的传统礼仪，食物历史知识和食物的常识，都可以在反复来这些博物馆的过程里，点点滴滴地渗入儿童们的心里。寓教于乐，是这些食物博物馆具备的不可替代的教育功能。

这些经营内容在客人们游乐的同时也达到宣传本行业本产品和行业产品知识的目的。它作为营业机构，也给企业带来可观的收益。免费试吃试饮或廉价美味独此一家的饮食空间设置、手工制作的乐趣时间、惟有此处才可以购买到的特殊产品的美味"诱饵"等等，这样的游乐型食物博物馆扩展了人们对该厂家或行业所生产产品的认知度，培养对该产品的近距离感情，形成乐于消费该产品的信赖关系，提高知名度的同时也促进了产品消费。

4.2 满足不同年龄层需求的设施

大型食物博物馆具有的多内容多层次结构的设计，适应不同年龄层的人们的游乐和消费需求。男女老幼一家人可以在这里同时享受不同空间里的快乐，年轻人结伙来尽情吃玩玩，年轻的家长或老师们带领年幼的孩子们在这里满足美食的欲望之余，动手制作和观看食物历史陈列，留下深深的印象。格外注意食品安全性和自身健康的中老年人结伴前行，也可以从展览和饮食类消费中得到快乐和满足。食物博物馆内部内容细腻的设置，可以让不同年龄的人们都可以在里面找到自己的乐趣所在。这也是为什么杂志会在休假时推荐人们去大型食物博物馆的原因。

4.3 饮食一条街不等同于饮食博物馆

"饮食博物馆"的基本结构要素，有展示、说明空间、参观产品生产过程或农业生产、产品品尝和餐饮空间、动手制作食物空间或快乐动手快乐游玩空间，产品销售空间也必不可少。单纯集结店铺，可以提供餐饮时有更多选择，增加人们餐饮乐趣，这是饮食街、大食堂、饮食村的长处。它可以解决观光胜地游客云集时餐饮困难，是减少餐饮难民的有效对策。但是，这样的单纯集结餐饮店不具备食文化教育、获取知识、增加对食物和食品制作的情趣，也没有产品的销售设置。上述拉面街或甜点街的事例属于这类一条街的设施。

前面讲到饮食博物馆分类，有（1）单项多品种型饮食设施，（2）饮食兼销售型设施，（3）多位一体型设施。（1）单项多品种型饮食设施即属单项饮食一条街，是设置的第一步。（2）饮食兼销售型设施

是基本结构。第（3）类的"多位一体型设施"属于成功的理想型饮食博物馆。是今后发展的趋势和理想的基本结构。

很多单项的食物博物馆，是由该行业的生产厂家自行设置的。展示和消费、销售平行甚至消费部分高于展示部分，是这些博物馆不同于行政管理的一般博物馆之处。这些设施基本出发点是宣传产品和产业，于是实施观看、学习、参与制作、游乐生产、快乐饮食、优惠购买等一般博物馆没有的多彩经营项目。

上一节提到食物博物馆事例从经营状态分为A. 商业性经营，B. 行业性经营，C. 自家企业经营三大类。笔者认为，对中国来说，A类商业性经营或B类行业性经营更易扩展和成功。

4.4 与旅游业携手发展的新视野

参观食物产品生产制作过程，品尝产品，或者动手自己制作产品，优惠购买产品等措施，吸引人们携老带幼休假时前往观看、餐饮、游乐，然后购买一般市场买不到或者同类价格买不到的新鲜产品。这正好符合人们近距离、低消费、快乐游玩、快乐美食的要求。在旅游景点附近开设博物馆式的饮食设施，既可以减少饮食难民状况，又可以给景点增添休息和别样娱乐的内容，相辅相成。希望这个设想可以开拓餐饮业与旅游业携手发展的新视野。

4.5 有益于中餐地方特色菜肴分类的重组和复兴

中餐是否应该申遗，能不能申遗，是这几年的重要话题之一。中餐现在没有详细的资料和各地食文化的可视性菜系特征突出的设施。如果排除利益至上目地，各地成功组建具有当地饮食文化特色的"饮食博物馆"，将会有益于中餐地方特色菜肴分类的重组和复兴。可期待持久的、更大范围的经营效果和文化效应。

"饮食博物馆"是一种宣传、扩展和饮食文化系统化的途径，也是人们休假消闲的可选之处。它可以设在旅游地，解决"旅游饮食难民"问题，也可以设在农业区域或饮食企业之地，给人们提供多种色彩的娱乐和饮食消费方式。笔者期望享誉世界的中餐和中国各民族各种点心、小吃、节日特定食品等以某类食物"博物馆"形式集中展示和营销，并逐步完善自我饮食文化特征、凸显各地各民族的饮食文化特色、形成系统鲜明、各具特色的饮食系统的博物馆。

六味凝和，铸经典之香
——浅谈餐饮品牌策划"六个味道"

邓向东

（重庆蝉骏企业营销策划有限公司，重庆　404100）

摘　要："六味论"主张六味有机融合，通过创新策划设计，整合饮食活动环境、氛围、方式以及流程等美的因素，高扬彰显饮食活动中的味美、境美、人美、情美特质，让人们体验到饮食活动与饮食文化的艺术美，从而建设一种高品质的现代幸福生活。

关键词：餐饮、品牌、味道

"夫礼之初，始诸饮食"（出自《礼记·礼运》），饮食是一切礼仪、文化之源。

《黄帝内经》提出**"五谷为养、五畜为益、五果为助、五菜为充，气味合而服之。"**以"补精益气"科学的膳食结构，主张**"水火互融""五味调和"**的烹调艺术原则。一个"和"字，充分体现了中国哲学"和"为宇宙万物的本质以及天地万物生存基础的思想。

骐骏品牌策划机构提出"产品味道、文化味道、环境味道、服务味道、营销味道、情感味道"的餐饮策划经营理念，即**"六味论"**，主张**"六味一而品牌和"**的观点，正是吸收了中国古代哲学思想的精华，经过数十年的探索、积累、发展，提炼与升华而形成的独具特色的餐饮策划理论。

六味论主张六味有机融合，高扬彰显饮食活动中的味美、境美、人美、情美特质，一言以蔽之，就是强调饮食活动的艺术美、饮食文化的艺术美，强调现代社会的一种高品质生活。骐骏品牌策划机构数十年来专注餐饮策划，帮助德庄火锅、巴将军火锅、霹雳火、小面023、渔飞鸿等500多家餐饮企业分别从产品、文化、环境、服务、营销、情感这六个方面**"铸魂、塑形"**，有机地融合餐饮六味，从而成为驰名全国的优秀餐饮企业品牌。

谈起"味道"，现代人最先想起的必是滋味这一层意思。而在《说文解字》中，对"味道"中"味"字的解释是：滋味也。"味"字已能表意，又为何在其后缀"道"字？万物皆有道，"道"乃是万事万物的真理。既是真理，便需要人去寻找，去发现，去体察。骐骏所理解的"六种味道"是需要人去体察的滋味，是味外之味。骐骏对品牌的塑造，就像清晨你给我一把刚从田间摘下的新鲜茶叶，午后我还你一杯香气四溢的香茗。

下面我们分别从不同的味道来探讨。

作者简介：邓向东（骐骏），男，汉族，大学文化，重庆市渝北区人，中国 TOP100 金牌策划管理师、企业文化师、餐饮品牌策划大师、资深品牌操盘手、品牌连锁专家，骐骏品牌策划机构（重庆蝉骏企业营销策划有限公司、重庆骐骏装饰工程有限公司）创始人。

1 产品，本味之味

产品味道为根本，此为"**品牌核心**"。

对于任何一个品牌来说，产品都是他们的核心。餐饮优质产品，必须具备优美的味道。不管食材来自高山之巅还是大海之渊，要想产品本味取得成功，有好的食材还不够，必须要在味道上苦心钻研，只有诱人、独特的味道，才能获得消费者的青睐。

餐饮的产品味道即为菜品的味道，由"**色、香、形、味**"四个主要元素构成。

菜品的"**色**"与"**形**"，构成餐饮品牌产品的视觉形象。艺术的色彩搭配、靓丽的色泽展示，与雅致的形态陈列、优良的状态表现巧妙组合，在视觉上唤起食客秀色可餐的强烈欲望。而"**香**"与"**味**"，则从嗅觉与味觉的感受方面，让消费者体味菜品的气息之美与味道之美。食材的生态、新鲜，配料的恰当、别致，制作的精心、科学，装盘的选择与传送等等，诸多元素的有机结合和相关环节的科学组织，系统生成菜品即餐饮产品的味道。

《吕氏春秋·本味》中说"**凡味之本，水最为始。五味三材，九沸九变，火为之纪。时疾时徐，灭腥去臊除膻，必以其胜，无失其理。调和之事，必以甘、酸、苦、辛、咸。先后多少，其齐甚微，皆有自起。鼎中之变，精妙微纤，口弗能言，志不能喻。**"一个好的产品味道，是由很多因素、许多环节构成的。一个好产品的味道，需要多年潜心探索与积累研究，才能形成独特品质。餐饮产品味道之优劣，直接决定着餐饮企业的兴衰。餐饮产品有了优良的独特品质，餐饮企业才具备打造品牌的基础。

老话说"酒香不怕巷子深"，一语道破了铸造餐饮企业品牌的真谛。如"**绍兴黄酒**""**重庆火锅**""**山西老陈醋**""**北京烤鸭**"……这些产品代表了城市，它们皆是因产品自身的魅力而代表了整座**城市的味道**，可见"味道"的魅力非常强大。

能经得起挑剔食客们的味蕾，经得起市场的选择，经得起时间的考验，最终沉淀下来的才是好味道。

2 环境，契合之味

环境味道为载体，此为"**品牌名片**"。

除味道之外，消费者对于餐饮品牌的第二个直观印象便是环境了。美国心理学家洛钦斯首先提出"**首因效应**"，而环境就是一个品牌的第一印象，一进门就能提供给人们最深刻的感受，好的环境承载了消费者的第一感官享受，第一印象作用最强，持续的时间也长，故对品牌的作用自然不言而喻。

从"**玉盘珍馐**"到"**钟鸣鼎食**"，从"**箪食壶浆**"到"**曲水流觞**"，足见人们发自内心对源于饮食又超越于饮食之上的审美感受的追求。在一个好环境的餐厅就餐，不仅仅是一种感官享受，甚至可以上升为一种精神享受。何谓"好环境"，我认为一个好的环境并不是装修有多么的高端，多么的奢华，而在于"**场景契合**"四字。

魏正始年间（240—249），稽康、阮籍等人常聚在竹林之下，对酒当歌，肆意酣畅，世谓竹林七贤。

苏子与客泛舟游于赤壁之下，清风徐来，水波不兴，举酒属客，诵明月之诗，歌窈窕之章（《赤壁赋》）。

"竹林七贤"与"赤壁游"的对酒当歌，酾酒临江，就是一种**就餐环境的契合**所构成的**场景的契合**，他们追求的是就餐环境与自己内心世界的**呼应与契合**。使得一切都是那么和谐，就像春天就该耕种，秋天就该收获一样自然天成。契合度影响着餐饮的附加值，把握好了这个契合度，会让餐厅更具情调，也对餐厅的菜品有很大的帮衬作用，让就餐体验感更棒。

因此，我们强调餐饮"**环境的味道**"，致力于追求用创新的审美眼光，来打造顾客从菜品到环境的契合互动、凸显特色、独具文化艺术品位的品牌印记环境，以此给顾客以强烈、直观、深刻的美好享受。

3 服务，添花之味

服务味道为关键，此为"**品牌之睛**"。

服务对于一个餐饮品牌来说，是画龙点睛的那一笔，有了这一笔，食客的整个就餐体验才会"**活**"起来。服务的味道是要用热情周到的服务感动顾客，服务者串联起与顾客的沟通，让顾客记住餐饮的氛围，从而留住顾客。在这一方面，德国企业做的非常好，德国著名企业管理学者赫尔曼·西蒙说："**以客户为中心比以竞争为中心更重要**。"赫尔曼·西蒙的这个论断，道出了餐饮业生存发展之真谛。

餐饮服务的对象是客户，提供服务的是员工。在餐饮经营诸多因素和系列活动中，"**人是最重要的因素，服务是最关键的环节**"。

所以，我们认为，"六味"之关键在于服务。

为客户提供贴心的服务，与之建立良好的互动关系，这比强大的技术竞争力更有价值。奉行"**服务高于一切**"的海底捞无疑是极为成功的。海底捞主张以服务赢得市场，以贴心周到的服务赢得了一大批忠实的顾客。"**服务不是巴奴的特色，毛肚和菌汤才是**"，这是巴奴广为人知的口号。巴奴火锅看似不强调服务，但很多顾客消费体验后发现，"巴奴"的服务水平一点也不差于海底捞。消费过程中服务的及时性、服务人员的观察反映能力、顾客等待区的休闲零食提供、专门的儿童游乐区等细节设置无不体现了对顾客充分的尊重与体贴，这些无微不至的设计设施，蕴藏与体现了一种品牌企业科学的经营理念和高水平的服务品质。

给顾客以向往，也给顾客以满意。

好的餐饮服务能使整个就餐体验**锦上添花**，这，就是服务的价值，更是品牌的品质。

4 营销，有声之味

营销味道为方式，此为"**品牌之声**"。

随着信息技术的快速发展，信息闭塞是所有产业的死穴，对于餐饮企业来说，也是如此。从某种意义上来说，营销就是一种宣传，俗话说："**雄笔一支抵万军**"，"**绣口一吐就是半个盛唐**"……说的就是宣传的重要性。成功的营销不仅能塑造一个品牌，同时能成就一个品牌。

借助网络推销产品，给新兴的商业带来了无比巨大的收益，这给企业经营者在激烈的市场竞争当中如何顺应市场需要注重营销方式、改变营销方式，提供了极为重要的启迪。

在前几年，"双11"对大多数人来说还只是一个平常的日子，而今提起"双11"，大家都知道是淘宝的购物狂欢节，甚至已经是中国电商的一个集体打折促销日。

重庆德庄火锅，用"**天下第一大火锅**"香满天下，大锅用洛阳黄铜铸成，自重为15吨，直径为10米，高度为1.06米，锅身上铸有"天下第一大火锅"7个大字，气势恢宏，举世无双，拥有世界第一大火锅的吉尼斯纪录，一现身，瞬间撩来无数人的目光，吸粉无数。

如今，大部分的餐饮品牌都能认识到营销的重要性，但却在种类繁多的营销手段中迷失而不得其法。多数走的是一条以模仿为主的道路，基本上是"**照葫芦画瓢**"。我认为以**观念创意**为基础的**营销创新**，应该成为现在餐饮行业营销的主旋律，也是一种必然选择。通过创新策划与设计，营造饮食活动美的环境、美的氛围、美的方式等系列美的因素，让优质产品增色，让优秀企业增光，让餐饮顾客知名。

5 情感，隽永之味

情感味道为根源，此为"**品牌之根、品牌之源**"。

这是一个情感经济的时代，日本的一位感性销售名家说："**卖物的时代已经过去了，现在是卖事的时代了。年轻人不再买物，却愿意付出金钱购买有趣的事、美丽的事以及愉快的事。**"现在的人越来越重视个性的满足、精神的愉悦舒适及追忆青春，这就是**情感消费**。

2016年4月，在朋友圈、微博贴吧里火到爆的天府可乐，阔别了二十多年的民族品牌，复出不到一天时间，各个连锁店铺的天府可乐就陆续售罄。有市民为了能买到一瓶天府可乐，一晚上跑了重庆主城四个区。在新浪微博上搜索"天府可乐"，会发现不少网友晒图，分享自己与天府可乐的故事，以及喝到天府可乐的心情。天府可乐喝的便是一种情怀，一种记忆，爱上了便不会忘。

在我们的记忆中，童年时尝过的美食总是格外美味，这是因为记得的不仅是味道，还有儿时的记忆，这就是情感的力量。情感味道可以通过多方面来实现，可以通过商品的命名、设计及宣传方式等手段体现出来。

唐代诗人王维诗云："**红豆生南国，春来发几枝，愿君多采撷，此物最相思。**"在中国，"红豆"具有很高的大众知名度，它承载并传递了中华民族男女之间以及人们对亲人和故园美好的相思之情，红豆集团以其冠名注册，生产出富有人情味、质量上乘、款式多样的"红豆"衬衣，在市场竞争中脱颖而出。

马斯洛层次需求理论的第三层次是**情感和归属的需要**。优秀的餐饮品牌应该关注消费者的情感生活空间，满足消费者的**情感生活需求**，情绪共振，把共鸣化作品牌的力量，当一个餐饮品牌自然的流露出来的东西能唤起人们某种觉悟，能牵动人们对岁月的真情实感的表露，它的情感味道就已经出来了。

6 文化，灵魂之味

文化味道为灵魂，此为"**品牌基因**"。

有了上述五味之后，一个优秀的餐饮品牌便初具雏形，美则美矣，却美中不足，那便是灵魂的缺失。文化之味犹如花香弥漫空中，亦如一滴墨汁扩散于水中，它是一种很无形缥缈的味道，能独立存在，也融于其他五味之中。

文化是一个品牌的灵魂，是一个品牌独有的内在。一个餐饮品牌的文化味道就像是一种留白，在中国古代，无论是诗歌，还是画作，都非常讲究其中的留白。"**言有尽而意无穷**"，此古之至言也，含不尽之意于言外，蕴不尽之意于画外，在留白之中可以感受到超出诗歌和画作本身的美。对于餐饮品牌来说，从品尝的是味道到品尝的是文化，是一个**境界的提升**。文化味道决定了品牌的高度。

麦当劳就是强调一种**家庭式的快乐文化**：和蔼可亲的麦当劳大叔、金色拱门、干净整洁的餐厅、面带微笑的服务员、麦当劳优惠券，等等，无处不体现出麦当劳尊重亲近顾客的文化理念。麦当劳大叔是友谊、风趣、祥和的象征，他总是传统马戏小丑打扮，黄色连衫裤，红白条的衬衣和短裤，大红鞋，黄手套，一头红发。他在美国4～9岁儿童心中，是仅次于圣诞老人的第二个最熟悉的人物，他非常契合地传达了麦当劳的快乐文化，拉近了与客户之间的距离，赢得了大小朋友们的喜爱，所以很多时候人们来麦当劳不仅是吃东西，更多的是来感受这种快乐氛围。

巴江水火锅展现"**巴岳山高、巴江水长、巴地人杰**"的巴文化传统，重庆巴将军火锅则是以古老巴渝用生命捍卫城池的"**城市英雄**"形象来展示。它们深入地挖掘地域历史文化传统的潜在价值，通过历史溯源，文化聚焦，精神推崇等方式，打造餐饮品牌独有的文化品质，使之成为消费者青睐的对象。

餐饮文化表现可以是**风土民俗、历史嬗变、人文景观**等等，只要细细地去揣摩，你就能从一个餐饮品牌的文化表现触摸到一个企业的依托与情结，文化表现可以向我们演绎这个品牌的历史发展轨迹，发展变革，甚至企业的思想精髓。

当文化的味道可以统筹产品味道、环境味道、服务味道、营销味道、情感味道的时候，一个优秀的餐饮品牌便成了。我认为只有六种味道同时出现达到一种和谐，才能铸就经典之光，才能发出震撼人心的力量，才能称之为一个经典的餐饮品牌。

7 结语

骐骏品牌策划机构的"六味论"认为，饮食在满足了维护支持生命成长发展的基本需求之后，被赋予了满足精神与情感需要的艺术功能和审美价值。

当我们所展现的餐饮味道属于消费者审美文化的一部分，他们会带着一种归属感来欣赏和品味我们餐厅的味道，骐骏的"六味论"就是来帮助餐饮品牌植入这种基因的。骐骏策划机构以文化创意为主导，文化铸魂，管理铸基，营销助阵，科技助力，为餐饮企业植入文化基因，以"**六味凝和，铸经典品牌之香**"为追求，高扬彰显饮食活动中的味美、境美、人美、情美特质，让人们体验到饮食活动与饮食文化的艺术美，从而建设一种高品质的现代幸福生活。

参考文献

[1] 张双棣. 吕氏春秋·本味. 北京: 中华书局, 2009.

[2] 傅京亮. 中国香文化. 济南: 齐鲁书社, 2008.

[3] 杨耀文. 文化名家谈食录. 北京: 京华出版社, 2005.

[4] 过常宝, 周海欧. 食文化. 北京: 中国经济出版社, 2011.

我国传统食品发展面临的问题与对策研究

冉文伟①

（中共青岛市委党校，山东　青岛　266071）

摘　要： 传统食品是不同国家或地区世代传承、具有一定历史文化传统、与大众生活密切相关、具有地方特色和独特加工工艺的食品，是一个地区或国家文化的重要标志。中国传统食品作为中华民族的文化瑰宝，具有深厚的传统文化内涵、独特的风味和营养价值。当前传统食品的发展面临一系列问题，主要表现在，一是缺乏严格有效的评价标准和监督管理体制，食品安全难以保障；二是一些传统食品制作工艺和技术落后，容易导致有害物质超标，营养成分流失。另外，不少传统食品企业出现经营状况不佳、亏损甚至面临破产的窘境。要发展和壮大中国传统食品产业必须增强品牌意识，加强宣传推广，加强科研创新，增加传统食品品种和吸引力，加速推动传统食品产业化、国际化，提高企业管理水平。

关键词： 传统食品；产业化；传统文化

传统食品是不同国家或地区世代传承、具有一定历史文化传统、与大众生活密切相关、具有地方特色和独特加工工艺的食品，是一个地区或国家文化的重要标志。中国传统食品作为中华民族的文化瑰宝，具有深厚的传统文化内涵、独特的风味和营养价值。当前传统食品面临西方食品的冲击和现代生活方式变迁的挑战。同时，我国食品安全事件时有发生，食品安全问题日益受到各界的关注。这些都对我国传统的食品传承与发展造成了不良影响，成为制约食品产业发展的瓶颈，如何有效化解传统食品面临的困境，推动传统食品产业健康发展是当前亟须认真思考和研究的重要课题。

1 传统食品健康发展面临的主要问题

1.1 缺乏严格有效的评价标准和监督管理体制

健康是人民群众幸福生活的基础，也是全面建成小康社会的重要内涵。目前一些传统食品企业经营规模较小，很多是小微企业或小作坊，有些甚至处于无证经营状态，卫生条件较差，操作过程不规范，技术力量相对薄弱，为降低生产成本，在原材料的来源和食品添加剂的使用以及食品的储藏和运输方面，往往不遵守国家的法律法规，生产水平难以提高。在安全管理方面，一些地方还缺乏严格有效的评价标准和监督管理体制，有些标准重复无序、可操作性差，不能完全执行严格的市场准入制度，监督环节不够完善，没有实现监督全程化，检测技术有待提高。食品安全监管依然存在多头管理、各自为政的情况，相比发达国家而言，在食品安全保护标准和水平还处于较低的状态，加上传统食品生产经营小而散的特点，造成监管工作难度较大，尤其是对一些小作坊的监管无力，相关法律法规形同虚设，处罚较

作者简介： 冉文伟（1970—　），女，副教授，博士，中共青岛市委党校教师，主要从事传统食品文化研究。

轻，造成一些传统食品没有经过"QS"认证，食品安全难以保障，给消费者的健康带来严重隐患。

1.2 制作工艺和技术落后

一般而言，中国传统食品讲究食物的色、香、味、形俱佳，许多制作工艺独具特色和匠心，且注意食物的食疗和保健功能，体现了中国人民的智慧和对生活的热爱。但是另一方面，有些传统食品也存在着加工设备简陋、制作技术和工艺落后等方面的问题，同时由于过分重视色香味，没有科学的膳食观念指导，忽略了食品的营养价值，造成食品不符合现代生活的健康要求。例如，川菜中的脂肪含量过多，烹调油和盐的使用量过高。脂肪、油和盐等的摄入量过多就容易引发肥胖、高血压等疾病。很多传统食品在加工过程中，由于油炸、腌制、熏烤或长时间烹饪炖煮等，容易导致有害物质超标，营养成分流失，不能满足人民群众对营养与健康的需求，逐渐被广大消费者淘汰。

1.3 一些传统食品企业管理经营不善

安于现状、缺乏现代营销技巧、品牌营销渠道单一是一些传统食品企业发展的瓶颈。面对名牌西式快餐食品如"肯德基""麦当劳"等的挑战，一些传统食品企业应对乏力，没有跟上消费者变化了的生活节奏和饮食消费需求，及时提升产品质量水平，在市场竞争中明显处于弱势地位。不少传统食品企业，包括一些中华老字号企业还在延续传统的经营模式，无法适应市场经济快速发展和居民生活方式改变的步伐，出现经营状况不佳，甚至长期亏损的局面，有的企业甚至面临破产的窘境。当前，面对西方饮食和现代生活方式的巨大冲击，如何引入先进的管理理念，实现传统食品企业的现代转型，保持传统食品的持续竞争力、促进企业稳定发展是传统食品企业的当务之急。

2 推动传统食品健康发展的对策

2.1 增强品牌意识，加强宣传推广

在长期的历史发展过程中，传统食品形成了天然的商业品牌优势。但是一些传统食品生产企业也因此背上了沉重的历史包袱，急需进行品牌管理创新，塑造良好的现代品牌形象，保持和提升品牌竞争力和顾客忠诚度。

2.1.1 充分发挥传统文化优势

传统食品历史悠久，世代传承，建立了良好的信誉和口碑，承载着浓郁的风土人情，容易为更多的消费者接受和认同。充分发挥传统食品的历史文化优势，有利于迅速建立起较高的品牌认知度和美誉度。例如韩国政府和企业积极利用传统文化推动韩国泡菜等传统食品走向世界，通过媒体广泛宣传，打造出一个全球化品牌[1]。我国的食品企业应充分发挥传统食品的品牌优势，积极构建企业品牌文化，做好商标注册和专利保护工作，将传统饮食文化贯穿在食品宣传和产品设计中，使得传统食品真正成为人们寻找中国传统文化和乡情的载体，使消费者在品尝美食的同时，得到文化的陶冶、心灵的慰藉和感情的寄托。

2.1.2 加强网络宣传和营销

传统食品企业要勇于打破传统营销方式，善于利用"互联网+"的先进理念，积极与新媒体开展商业合作，将互联网和传统食品产业相结合，制订"互联网+"营销计划，精心打造电子营销平台，积极发展网络销售，及时通过淘宝网、饭桶网等不断拓展自己的市场份额和生存发展空间，提高食品的知名

度，实现企业的创新发展。研究证明，销售商开通网上直销渠道，通过零售和网络销售双渠道售卖商品，不仅可以方便顾客，而且较其他竞争者能够获得较大的市场份额和利润[2]。例如端午期间五芳斋在天猫商城上粽子的日销售量达到了万单以上，通过电子商务赚取了巨大营销红利[3]。

2.1.3 优化传统食品包装设计

随着改革开放的不断深入，国外的餐饮企业越来越多地进驻中国，制作精美、品相出色的外国饮食获得了众多中国消费者的追捧和喜爱。传统食品在包装设计上还比较陈旧落后。传统食品企业应该不断改进食品的包装设计，将传统文化、时尚潮流、现代审美融为一体，更加注重食品包装的细节打造，增强传统食品的视觉吸引力和亲和力，在包装上更加方便携带、食用等，以取得更多消费者特别是年轻一代的好感和关注。

2.2 加强科研创新，增加传统食品品种和吸引力

2.2.1 加大科研投入力度

我国很多传统食品的制作仍停留于小作坊阶段，生产出来的产品往往达不到质量要求。另一方面，由于缺少研究和投入，一些机械化生产的传统主食在口感、风味等方面又往往无法与手工制作相比较[1]。传统食品企业应适当提高科研经费的比例，研制或购买先进的生产设备，注重科研人才的吸纳和培养，提高传统食品企业的创新能力和科研水平。同时花大力气加强市场调研，在继承传统的基础上不断开发适合现代消费者需求的新产品，以满足不同年龄、地域、阶层消费者的多样化、个性化需求。例如韩国在国外推广韩国传统食品时考虑到国外消费者对泡菜辣味的接受程度，改进泡菜的口味，迎合不同消费者的习惯，顺利地开拓了国际市场。

2.2.2 克服食品质量缺陷

一些固守传统工艺、不思改良的传统食品日益脱离时代发展的潮流，因为过于油腻或富含亚硝酸盐等致癌物，无法适应消费者的健康需求，受到一些消费者的拒斥。这就要求传统食品企业要不断改进生产技术和制作工艺，注重开发传统食品的营养和保健功能，增强传统食品的吸引力，以应对新的市场形势下国际食品行业的挑战。例如全聚德使用现代技术数字全自动烤炉，进一步改善了食品风味，也使得菜品质量更容易控制[4]。

2.3 加速推动传统食品产业化、国际化

2.3.1 提高食品的产业化水平

我国传统食品产业化水平不高，造成产品质量的不稳定，在国际竞争中往往处于劣势地位。以传统发酵食品为例，日本纳豆早已实现规模化生产，韩国则大力发展泡菜工业，已经进入工业化生产的成熟期，每年销售额在数亿美元以上。而我国的传统发酵食品工业化程度则较低，如腌渍菜生产仍处于起步阶段，售价比日、韩两国低30%以上，在品质和品位上都有待提高[1]。当前要保护和发展我国传统食品急需推动食品产业化生产，优化和完善传统食品的生产流程，建立食品和原料的冷链运输系统和包装消毒系统，从而有效地降低生产成本，更好地保障食品安全和质量，以物美价廉的产品赢得消费者的青睐。

2.3.2 提高企业管理水平

很多传统食品企业管理方式落后，跟不上市场经济快速发展的节奏，无法适应现代企业发展的需

要，而且"经济发展越落后的地区传统食品经营的模式越滞后"[5]。传统食品企业应改变过于保守的业态模式，创新家族式的企业经营方式，建立和完善现代企业制度，通过争取政府扶持、资金众筹，广泛吸纳各种社会资金，发展连锁经营，增加国内外销售网点，扩大企业生产规模，推动传统食品走向全国，走出国门，逐步向国际化发展。

参考文献

[1] 王静, 孙宝国. 中国主要传统食品和菜肴的工业化生产及其关键科学问题[J]. 中国食品学报, 2011(9):1-9.

[2] 高虎明, 张冰. 品牌商品的最优保留价格研究——基于NYOP报价系统[J]. 软科学, 2015(6):99-104.

[3] 程拓. 网络李鬼考验老字号电商之路[J]. 中国品牌与防伪, 2013(3):88-89.

[4] 张立欢, 魏君, 王宇钧. 北京市"老字号"餐饮企业经营现状及可持续发展对策研究[J]. 商场现代化, 2013(14): 88-91.

[5] 林驰. 传统食品资源产业化发展的商誉保护途径探究——食文化申请非物质文化遗产保护的启示[J]. 商业经济研究, 2014(28):26-27.

"从农田到餐桌"的专业学科链

关剑平

（浙江农林大学，浙江　临安　311300）

摘　要："从农田到餐桌"的过程由一个很长的产业链完成，相应地需要教育链的支撑。而至今为止，关于食品，配合农业种植、工业加工的学科专业都有长足的发展，但是经济、管理的食品学科专业尚有待进一步专业化，而文化的食品学科专业尚属空白，与产业的发展不协调。作为世界最大的食品市场和有着丰富饮食文化遗产的国度，中国应该更加积极地建设、发展食品的经济、文化专业学科，以满足人才市场的需求，以保障发展今天的食品产业和文化。

关键词：食品；文化；专业；学科

1　问题的提出

　　与"从农田到餐桌"的第一个机缘是在上海世博会前，负责提供食品的麦德龙组织了一次宣传活动，题目就是"从农田到餐桌"，强调它可跟踪确认的食品安全管理体系。2014年度到日本关西四校之一的立命馆大学在文学部做了一年的客座教授，其中面对本科生的课程"中国文化史"就讲中国饮食文化；同时在立命馆大学国际饮食文化研究中心做研究员，这个中心的核心工作是筹备以饮食为核心的新学部（相当中国的学院）。回国后反省中国高校的相关专业学科设置状况，恰好看到浙江农林大学在《回眸历程看发展，展望未来谋新篇：学科建设篇》[1]中总结说："针对'做大农学'规划要求，构建了从'农田到餐桌'的学科链，建成农学、园艺、植保、食品加工为主体的农科类学科群"，但是其中没有社会科学、人文科学的专业，因此并没有形成"链"。而且缺少部分的就业方向恰好是学生更想去的企业，于是写了一篇简短的报告给学校。最近，在日本财团的支持下开设了"亚洲饮食文化"的课程，邀请世界各地饮食文化学者来浙江农林大学授课，借助世界饮食文化学者的力量，思考、尝试饮食文化专业建设。本文重新梳理以上这些分散的思考和工作，在分析中国"从农田到餐桌"关联的学科、专业及其对应产业的发展状况，在与国外的比较中，勾勒出完整的饮食专业学科链轮廓。

2　社会科学的饮食研究与教育

　　"从农田到餐桌"经历了种植、加工、流通、消费等环节。种植属于农学，农科院校有完整的教学科研体制。这方面，属于工学的加工也一样，当然琳琅满目的产品比种植更引人瞩目。流通属于经济学范畴，不仅农科院校的经济学专业以食品原料为主要研究对象，食品工业更加受到经济学的高度重视，统合是面临的问题。今年，立命馆大学已经决定成立以经济学、管理学为学科背景的"食科学部"。培

作者简介：关剑平（1962—　），男，文学博士（日本，文化史），浙江农林大学茶文化学院副教授，立命馆大学国际饮食文化研究中心研究员。从事生活文化研究。

养目标是拥有自然科学和人文科学素养的经营管理人才，将来进入食品关联企业工作。

"对于人类的生存来说，'饮食'从原始时代开始就是重要的问题，而且'饮食'与环境、生态、安全、健康的关系对于人类来说至今仍然是问题。思考'饮食'的未来是人类的重要课题。另外，与每天的餐饮一起，通过电视的饮食节目、超市·百货商店的车站盒饭大会、地方活力运动、地方振兴等，'饮食'被产业化、信息化，深入到我们的生活文化中来。就是说'饮食'对于我们来说，不仅是重要的问题，还是息息相关的问题。[2]"基于这样的认识，2014年1月，在立命馆大学琵琶湖草津校区设立了国际饮食文化研究中心，目标是打造成世界饮食文化的研究基地。

2014年，是立命馆大学大跨步进行新学部建设的一年。4月与日本的饮食文化研究重镇国立民族学博物馆缔结了学术交流协定，作为纪念活动，12月召开了主题为"世界的饮食文化研究与博物馆"的国际研讨会。而在10月还成立了"立命馆孔子学院BKC学堂"，与加利福尼亚大学戴维斯校一起被视为"饮食的孔子学院"。更值得中国思考的是，作为孔子学院研究课题而展开[3]。

而经济学家"把口味看做是给定的，并认为偏好的形成方式应当由社会学家、心理学家和生物学家们去研究，经济学的主要任务是推断各种不同的偏好对产出以及价格的影响，并评价组织经济的不同方式在多大程度上满足个体和家庭的偏好。"但是事实上因为口味是个人感受，口味因人而异，所谓"食无定味，适口者珍"，因此难以作为学术性文化研究的对象。结果就是饮食口味的研究在任何学术领域都缺乏系统的研究。

"近年来，随着以理性行为和理性选择为基础的分析方法的发展，这种不愿讨论偏好形成的观念已经开始发生改变。这种分析方法认为：个体当前以及过去的选择、经历及其他活动通常会对其未来的欲望、需求以及口味产生巨大的影响。一个理性人在作出当前决策的时候，会把这些因素对自身未来偏好所产生的有利及有害后果考虑在内。"就是说对于感性的偏好的研究是在理性行为研究的启发下展开的，这层关系也赋予偏好"理性"的属性。"'理性'偏好是与有远见行为相联系的个体效用最大化的结果。它们包含了当前行为对当前以及未来效用所产生的效应的比较，其中包括由当前选择所导致的未来偏好和欲望的任何变化。"

诺贝尔经济学奖获得者加里·贝克尔对于饮食的这个经济学研究打通了人文科学，也更加彰显了偏好及其研究的意义与价值。"人们的偏好或者口味在经济学研究的许多方面都扮演着至关重要的角色，包括储备与经济增长的分析、垄断定价、养老储蓄以及父母愿意生育的孩子数量等。[4]"

由此可见，以经济为中心的社会科学领域对于饮食的研究以及相应的产业支持都是比较充分的，为饮食的专业教育提供了很好的条件。

3 人文科学的饮食研究与教育

消费进入文化层面，就世界来说，这也是一个新的研究领域。这个新的领域在20世纪末有突飞猛进的发展，石毛直道博士是领军人物和象征性学者。

作为领军人物，石毛直道博士任馆长的国立民族学博物馆成了饮食文化研究的基地，以博物馆的研究人员为核心，吸引了全日本的学者介入饮食文化研究，甚至成为全世界的饮食文化研究中心。这个全世界的饮食文化研究中心可以从两方面体现，一方面是世界各地的饮食文化研究者到国立民族学博物馆来做短期研究；另一方面是组织对于世界各地饮食文化的研究。经过一段时期的验证，石毛直道先生的功绩得到社会的公认，在4月29日举行的春季授勋中，石毛直道先生被授予瑞宝中绶章。

除了通过国立民族学博物馆这个国家的平台，石毛直道先生还得到食品企业的广泛支持，味之素食文化中心在与石毛直道先生的相互支持中已经发展成为独立的财团法人，也是专门支持饮食文化研究的最著名的企业。它为退休后的石毛直道先生继续统领饮食文化研究保驾护航，至今仍在支持石毛先生的研究，先生的所有资料也都捐献给了味之素食文化中心图书馆。味之素食文化中心与石毛直道先生的合作堪称企业与学者合作的楷模。

同时，还有一些学者从自己独特的角度出发展开饮食文化研究，如立命馆大学的中村乔先生，他继承了青木正儿先生的学统展开中国饮食文化史的研究，并且在20世纪80年代就开始在研究生院开中国饮食文化史的课程，培养了大约7位中国饮食文化史的研究生，在日本是独一无二的，在世界是最早的。从这个饮食文化研究群体的角度看，石毛直道先生是他们的代表，是饮食文化的象征性学者。

尽管日本有很丰富的饮食文化研究积累，但是饮食文化专业教育并没有展开。2004年9月，意大利成立了食科学大学，在三年制的"食科学"以外，还有"饮食与观光遗产的促进与运营"硕士课程，下设"饮食文化与情报传播""意大利菜的慢艺术"和"意大利的葡萄酒文化"等方向[5]。

其实在2015年，龙谷大学已经开始尝试，成立了农学部（农学院），以"文科的农学"标榜。因为下设植物生命科学科、资源生物科学科、食品营养学科和食材农业体系学科四个学科，最后一项食材农业体系学科就是经济管理，属于文科。龙谷大学农学部的专业从育种、种植，到营养、管理，就饮食而言相对全日本都是系统性最强的，但是没有文化。

4 中国饮食文化专业构思与尝试

日本经济不景气已经不是一年两年了，于是消费低迷。但是转过来，最基本的饮食只要是个人就不得不关心。今年日本的就业取向，食品类公司已经取代银行，成为最受欢迎的就业去向。不知中国是否有类似的统计，至少中国的食品工业规模巨大，相应地需要各层次的就业人员。

笔者以饮食文化为主攻方向，2004年开始从事茶文化专业建设，思考专业学科的构建问题。茶文化本是饮食文化里的一个分支，因为茶本身的特征以及对于日本茶道的误解，精神性被极端强调，反映了中国人对于落实于生活的美的追求的社会心态。可是由于缺乏对于茶文化的深入研究以及茶文化界主导力量思维方式的局限，使得茶文化专业以一个早产儿的面目问世。茶缺乏高附加值产品，对于本科层次的产品维护人员没有多少需求，产业空间非常有限，于是挂着文化的牌子，核心课程、工作性质多是经营管理，茶企成为最大的就业依托，从事茶叶营销的具体工作。

相比之下，饮食产业尽管也是传统产业，但是由于工业化，企业规模大，需要现代化的管理，文化的诉求应运而生。企业里除了生产技术人员、经济管理人员，还有大量的文案人员。其实，即便在农业生产领域品牌打造的意义也逐渐凸显出来，很多产品直接针对消费者，对于人文素养的工作人员的诉求提到议事日程上来了。

以浙江农林大学为例，《回眸历程看发展，展望未来谋新篇：学科建设篇》比较全面地总结了学科建设的成绩，出于自己的研究兴趣，对报告中提到的"农田到餐桌"的学科链最感兴趣。单从农业与食品学院的名称上就可以看出，拥有食材的种植与加工的专业，从农学到工学，即便从全校的专业上看也没有围绕食材的文化的内容，因此并没有形成"链"。浙江农林大学管理层所谓的学科链侧重不同层次的原材料，并且没有把原材料送到消费者手里，没有实现原材料的价值，因为没有服务。而各种服务赋予原材料附加值，成为产品，具有更多的经济利益空间和现代化企业的就业岗位。

而饮食文化研究不仅是对饮食本身的认识，也是文化认识的重要途径。在日本财团的资助下，下学期开设了"亚洲饮食文化"的课程，旨在通过饮食认识亚洲文化的共通性。

序号	题目
第1讲	亚洲各国的理解、交流和共同提高
第2讲	世界饮食文化中的亚洲
第3讲	东亚饮食文化
第4讲	东南亚饮食文化
第5讲	南亚饮食文化
第6讲	中亚饮食文化
第7讲	北亚饮食文化
第8讲	西亚饮食文化
第9讲	日本饮食文化
第10讲	中国饮食文化
第11讲	朝鲜半岛饮食文化
第12讲	饮食文化空间论
第13讲	亚洲饮食文化交流
第14讲	亚洲饮食文化论坛
第15讲	亚洲共同体的梦想与展望

鉴于日本学者世界视野饮食文化研究的丰富积累，在石毛直道先生的帮助下，以日本学者为主授课。每讲的共同点是把各个地域放在亚洲的背景下，阐述其在亚洲饮食中的地位与发挥的作用。通过饮食认识各地域、各国家、各民族相互交融的文化关系，最终目标是促成亚洲的相互理解。这些年来，开设的饮食文化课程已经有中国饮食文化概论、茶文化史、茶文化概论、茶文化研究的理论与方法、浙江饮食文化的非物质文化遗产研究、茶的民俗学研究、茶文献研读等。关于浙江饮食文化还做了300多份调查问卷，汇总为《二十世纪浙江饮食文化变迁》。

5 小结

饮食文化是一个崭新的专业学科，中国有着世界首屈一指的饮食文化资源和市场，但是在研究方面有待提高，产业的整合与提高也面临着机遇与挑战。本文所使用数据不够全面、翔实，例如对于企业用人的调查完全没有进行，思路也不够清晰，忽然萌发的题目固然是一个原因，更加根本的原因是相关的思考不够深入，借此机会抛砖引玉，希望个人的尝试能成为中国学界思考饮食文化专业学科建设的一块铺路石。对自己来说是一个突破，从单纯的理论演绎[6]，向实际的教学迈进了一步。

参考文献

[1] 浙江农林大学http://news.zafu.edu.cn/articles/3/27505/.

[2] 朝仓敏夫《前言》,《社会体系研究》特集号, 2015年7月.

[3] 立命馆大学http://www.ritsumei.jp/news/detail_j/topics/?news_id=13221&year=2015&publish.

[4] 加里·贝克尔.口味的经济学分析.北首都经济贸易大学出版社, 2000.

[5] Università degli Studi di Scienze Gastronomiche http://www.unisg.it/.

[6] 关剑平.食学教育序说//赵荣光, 邵田田主编.健康与文明——第三届亚洲食学论坛论文集.杭州: 浙江古籍出版社, 2014.

浅议文化元素在饮食类节目中的重要作用

邓德花

（中国食文化研究会民族食文化委员会石毛直道研究中心，北京　100050）

摘　要： 伴随着我国居民生活水平的提高，人们对饮食生活的关注提升。饮食类节目数量上不断增加，形式也更为丰富。但是饮食类节目同时也存在节目同质化现象严重、主持人人文素养欠缺、节目内容缺少创意和专业性等问题。对于提升饮食类节目的内容品质，业界开出了各种药方，本文认为核心在于加强饮食类节目中的文化元素，深度发掘我国几千年来传承的食文化底蕴，用美食承载文化进而获得观众价值认同，弘扬中华传统文化。在这个方面两部《舌尖上的中国》的巨大成功彰显了文化元素的重要作用，也为我们在如何在饮食节目中展示中国传统食文化的魅力提供了一些有益的参考。

关键词： 饮食类节目；食文化；传统文化；舌尖上的中国

近年来伴随着我国经济的发展，居民生活水平的提高，人们对饮食生活的关注度越来越高。电视、网络等播出渠道的饮食类节目不断增加。各大卫视自不待言，地方电视台也纷纷的推出了饮食类节目。节目的类型也非常多元，有明星真人秀类的《十二道锋味》《姐姐好饿》等，饮食养生类的有《饮食养生汇》等，厨艺比拼类的有《厨王争霸》等，还有一些焦聚地方特色的如《家乡的味道》《舌尖上的重庆》等。搜狐美食频道主编小宽曾为美食节目做了一个分类：一是"搞馆子"，主打旅游美食，寻找当地的小馆子；二是"进厨房"，展示烹饪妙门；三是主打美食类综艺，让选手进行美食大比拼、过关卡；四是《舌尖》类，以人文纪录片的方式解读美食[1]。还有学者将饮食类节目细分为烹饪教学类、厨艺展示类、文化美食类、竞技美食类、寻访美食类、脱口秀美食类、综艺美食类和美食真人秀[2]。上述的两个分类尽管标准不尽相同，但是基本上反映了我国目前饮食类节目品类众多的现状。

但是在节目众多，竞争激烈的前提下，也有学者关注到了饮食类节目总体的收视曾一度下滑的现象。饮食类节目受到诟病的主要问题有节目同质化现象的严重，主持人人文素养的欠缺、节目内容缺少创意和专业性、烹饪类节目缺少平民性等等。对于解决当前饮食类节目也有业界和学者开出了各类药方。笔者认为解决问题最核心的方法在于加强饮食类节目中的文化元素，使饮食类节目不仅仅流于色香味，而是深度发掘我国几千年来传承的食文化底蕴，用美食承载文化进而获得观众价值认同，弘扬中华传统文化。

英语中的culture"文化"一词本身就是脱胎于饮食。其拉丁语源上讲是指农作物或动物等的耕种、培育，后又被普遍地引申为人类的开发和培养。从自然界获取食物，加工食物是人类改造自然的最初的

作者简介： 邓德花（1981—　），女，山西省大同市人。现为中国传媒大学传播研究院国际新闻专业在读博士，研究领域为日本媒体研究。

社会活动。也是人类一切文明的起点。我们中国也有句俗语叫"民以食为天"，将饮食提高到了至高的程度。认为"食色人之性也"，古代统治者也认可"仓廪实而知礼节"。饮食的重要性可见一斑。而关于文化的定义，最早是由泰勒在《原始文化》一书中提出："文化，或文明，就其广泛的民族学意义上来说，是包括全部的知识、信仰、艺术、道德、法律、风俗以及作为社会成员的人所掌握和接受的任何其他的才能和习惯的复合体"[3]。食文化是与饮食相关的文化，其内涵是非常丰富的。不仅仅包括烹饪技巧、饮食养生、食品风味，还应该包括中国几千年文明积累的与饮食相关的礼仪、节日、传说、民俗习惯、文学作品，不仅仅是贵族阶级的钟鼎礼乐，还是劳动人民在饮食生活的实践当中所积累的草根智慧和生生不息向上奋进的精神。

在传播和弘扬中国传统饮食文化方面，两部《舌尖上的中国》开创了先河，取得了很好的社会效应和经济效应。《舌尖上的中国》现象也引领了业界的一种潮流，《舌尖上的中国》之后出现了饮食类节目在创作中糅合了更多文化的元素。比如《十二道锋味》在节目中对于食材选择的热忱、谢霆锋的父子时隔多年的一餐中流动的深情，节目《熟悉的味道》通过与记忆中的味道、场景和人的重逢，唤醒味觉的记忆，刻画感恩的主题等等都是有益的尝试。但是比较这些节目和两部《舌尖上的中国》，我们依然会发现在对食文化的发掘上，这些节目依然有可以深入的空间。通过我们再次对《舌尖上的中国》食文化元素的探讨，依然可以为今后的饮食节目策划制播提供有益的参考。

《舌尖上的中国》第一部于2012年5月14日晚间在央视综合频道《魅力纪录》栏目首播，5月23日该片又在CCTV-9纪录频道再次播出，并相继在财经频道、科教频道等多个频道播出。2013年的中国纪录片研究报告中的数据表明，"首播的平均收视率就达到0.481，平均收视份额3.681，日最高收视率达0.75，首重播最高份额达5.77"[4]。该片在港澳台地区、海外华人中间也引起了巨大的反响。不仅如此，节目的版权也行销多国，成为中国文化走出去的一次成功尝试。对《舌尖上的中国》之所以取得成功，其拍摄风格、镜头语言的国际化的表达固然是传播效果成功的一个重要的因素，而以幅员辽阔的中华大地，各地区、各民族长期共同生活、融合，在悠久的历史中形成食文化为依托才是该片能够在国内外众多观众中取得认可和反响的原因。究其根本在于以中国文化为里，以国际表达为表。

纵观两部《舌尖》，节目对中华食文化的挖掘做了很多有益的尝试。首先是突出了中华大地的幅员辽阔，民族众多的特色。节目组在拍摄的过程中走访了全国一百多个地区，在节目中展现了各种各样丰富的食材和各具特色的烹饪方法。有的地区是稻食文明，有的地区是面食文明。少数民族地区有着与汉民族迥异的烹饪方式，在少数民族与汉族杂居的区域，民族交融产生了独具特色的饮食文化，这些在节目中都以食物为载体，通过镜头进行了精彩的表述，一餐年夜饭大江南北的不同，就足以说明中华文明的丰富与厚重。所以观看节目的全国各地的观众一方面在节目中看到了久违的家乡风味，另一方面又不无惊奇地发现中华大地竟然有如此多的美食，产生了一边流着乡愁唤起的眼泪，一边泛起美食唤起的口水的观看体验。进而更深层次的感受到了中国饮食文化的博大与魅力，产生了对中国文化的认同和自信。而中国饮食文化的这一特点对于国土面积不是很大的单一民族国家的受众而言是非常新鲜而富于魅力的，这样的节目对于向世界说明中国，解释中国的发展和问题是非常有益的。

其次节目中所展示的发酵、腌制、风干等烹饪方法，以及获取食材的艰辛，对食物的虔诚等等的内容，展现的是中国人民因地制宜，生生不息的奋进向上的精神。不管是大山深处的松茸，还是树顶的蜂蜜，不管是北国麦客的期盼，还是南国传承了几代的虾酱，一粥一饭皆来之不易。食材是来自自然的恩赐，对食物的虔诚反映出了中国饮食文化中珍视自然的精神气质。而在古代没有冰箱等食物储藏手段的情况下，各地区的人们根据当地的地理和气候条件，开发出了发酵、腌制、风干等各种各样保存食物的手段，在严苛的自然条件下为自身的生存和发展开辟空间，在满足了人对食物最基本的营养需求之上，对食物的风味、色相等等的追求无不凝结了人们追求美好生活的智慧。很多观众因此产生了节约粮食，珍惜食物的想法。而我们在超市购买腊肉、泡菜、风干牛肉、糟鱼、醉蟹的时候，思之由来在感慨古人智慧的同时，恐怕也会油然而产生一种对中国文化的自豪。我们的文明历久而弥新，今天在我们的餐桌上依然活跃着几千年中华食文化智慧的结晶。

第三，节目中讲述的食物背后的亲情故事，凸显的是中国文明以家为核心，以和为贵，注重和谐的民族精神。为了一顿年夜饭大江南北每家每户的精心准备，是通过美食寄托的对阖家团圆的深切的喜悦。不管是春天吴月珍在地里播下的种子，还是老谭夫妇的又一次千里跋涉的启程。所有对收获的渴望都是缘于对于家庭的热爱。人类组建了家庭之后，家庭就成为共同劳动获取食物及分配食物的基本单位。进而在为了获取食物的共同劳作中，父母向子女言传身教获取食物的方法，各种食物烹饪方法，提示危险的食物等等，这些传统的做法依然是现代食育的核心内容。只是随着时代的变迁，生产生活方式的改变，承担食育的主体走向社会，走向了传媒。节目中出现的向奶奶学习泡菜的制作方法，以及将自己的独门手艺传授给长子继承等内容，在让我们感受到了中国食文化薪火相传坚韧的同时，也让我们反思，唤起我们乡愁的妈妈菜，今后该如何传承。进而进一步认识到中华民族传统文化的可贵，意识到保护和弘扬传统文化的迫切和责任。

正如哲学家费尔巴哈所说，"人就是他所吃的东西"。以介绍饮食文化、饮食消费、烹饪技法等相关内容或以饮食为情境衍生出来的饮食类节目，有其天然的重要性。古今中外对食的重要性的认知概莫能外。两部《舌尖上的中国》通过对中华民族食文化的深度发掘，为美食类节目开辟了一个新的创作路径。也正是通过该节目的巨大成功彰显了在饮食类节目中文化元素的重要作用。对食文化的深度挖掘，对于提升饮食类节目的格调、突出节目的特色，获取更多观众的认同及弘扬中华民族传统文化有着不可替代的重要作用。

参考文献

[1] 韩亚栋.“电视美食”缺了一点文化味.北京日报，2014-4-25（011）.

[2] 陈小娟.国内电视美食节目发展存在的问题及对策研究.合肥工业大学学报，27（4）.

[3] 唐智芳.文化视域下的对外汉语教学研究[D].长沙：湖南师范大学，2013.

[4] 张同道，胡智锋.中国纪录片发展研究报告.北京：科学出版社，2012.

地 域 食 文 化

让博山菜成为博山旅游名片
——试论博山菜的旅游开发

冯玉珠

（河北师范大学旅游学院，河北　石家庄　050024）

摘　要：博山是"鲁中山水画廊"，"中国鲁菜名城"。博山菜是鲁菜的重要分支，也是博山重要的文化旅游资源。通过对博山菜文化的深耕、包装和创意，把博山菜打造成博山旅游名片，有助于促进博山餐饮业与旅游业的转型升级和融合发展。

关键词：博山菜；旅游开发；旅游资源

今年以来，"旅游供给侧改革""全域旅游"成为国内旅游目的地旅游产业转型升级的热词。"旅游供给侧改革""全域旅游"离不开吃、住、行、游、购、娱，其中"食"居于重要位置。博山菜的旅游开发，是博山旅游供给侧改革和全域旅游的必然要求。

1 博山菜旅游开发的意义

1.1 丰富博山旅游资源

在旅游业开发中，饮食既可作为旅游接待的一种保障，同时更是一种重要的旅游吸引物，特别是在城市周边地区，特色餐饮往往是吸引旅游者的重要手段。博山菜是博山文化的重要组成部分，它不但体现了博山的环境气候状况、物产富饶程度、人们的劳动技能和思想智慧，更体现了当地人的一种生活态度和生存理念。把博山特色菜纳入到旅游资源中来，加强挖掘和整合，让游客深层次地了解博山的饮食文化，激发其探寻名菜历史典故、感受饮食文化氛围的热情，不但能丰富旅游活动内容，还能增加游客的历史文化知识、陶冶情操，甚至还能起到宣传教育的作用。

1.2 提高博山知名度和旅游竞争力

当今旅游业趋同化项目越来越严重，游客已经渐渐对走马观花、重复开发的旅游项目失去兴趣。然而，饮食文化是一个地区一张独特的名片，具有独特性和不可复制性。优秀的饮食文化能为大众化旅游项目注入新鲜血液，甚至打造出自身品牌，在丰富旅游资源的同时，提升旅游地的吸引力和竞争性。博山菜鲜咸醇厚，自成一格，是博山一张亮丽的名片。博山的旅游开发，有助于擦亮博山美食名片，进一步提高博山的知名度和旅游竞争力。

作者简介：冯玉珠（1966.1——　），男，河北井陉人，河北师范大学旅游学院副院长、教授、硕士研究生导师。兼任河北省饭店烹饪餐饮行业协会副会长，全国餐饮职业教育教学指导委员会委员，世界中餐业联合会饮食文化专家委员会委员，《餐饮世界》杂志编委。主要从事研究烹饪教育与旅游餐饮文化研究。

1.3 促进博山相关产业发展

居民消费作为拉动经济增长的"三驾马车"之一，受到了世界各国的重视。在众多居民消费项目中，吃是重要内容，也是考察一个地方经济繁荣与否的重要指标。博山的旅游开发，既是博山餐饮业发展的需要，也是博山旅游业发展的需要。博山菜的发展，不仅关系着当地百姓和旅游者的一日三餐，还连接着农、林、牧、副、渔等产业链，在拉动内需、扩大消费、繁荣市场、增加就业、维护社会稳定的等方面均能发挥了要作用。

2 博山菜旅游开发的基础

2.1 饮食文化资源丰富，餐饮业发展势头良好

作为鲁菜的重要发祥地，博山的饮食文化底蕴深厚，盛名齐鲁，享誉南北，民间广泛流传着"待要吃好饭，围着博山转""博山男人半把刀"的谚语。2006年，博山被中国饭店协会授予"中国鲁菜名城"称号，2012年被山东省烹饪协会授予"中国鲁菜烹饪之乡"称号。近年来，博山通过持续不断地挖掘、传承、创新，博山传统饮食有了长足的进步，培植起了一批餐饮名店、名菜、名厨，形成了独特的地方特色和风味。如"石蛤蟆""聚乐村""清梅居"3家餐饮品牌被商务部认定为首批"中华老字号"，中国餐饮名店有石蛤蟆餐饮有限公司、博山凯泰大酒店、博山懋隆大酒店、万杰国际大酒店等，休闲美食园区有福门美食广场、文姜美食广场、原山美食文化广场、车站美食广场、五岭路美食园、姚家峪风情美食村等，中国名宴有石蛤蟆餐饮有限公司的"鲍参宴"、凯泰大酒店的"相府圣宴"、懋隆大酒店的"冬瓜宴"、博山宾馆的"豆腐宴"、齐山饭店的"齐山翅参宴"、回民饭店的"清真宴"、随园食府的"六六顺宴"、博山海梦园的"全鱼宴"、渤海人家大酒店的"八仙宴"、万杰国际大酒店的"鱼翅宴"等。拥有34道中国名菜，13道中国名点，17个"中华名小吃"，47个"山东名小吃"，57个"淄博名小吃"。清梅居香酥牛肉干手工技艺被批准公布为山东省"非物质文化遗产"，聚乐村"四四席"被批准公布为首批民间食俗类山东省"非物质文化遗产"[1]。近年来，博山区已成功举办15届中国博山美食文化节（2002年以前为中国博山饮食文化旅游节），进一步弘扬鲁菜文化传承，更加系统、深入地介绍博山美食，加强博山饮食文化和旅游文化的对外交流与合作，推动文化与旅游的融合发展。"博山菜"品牌已成为地区重要名片之一。

2.2 旅游市场基础良好，前景广阔

博山自然资源丰茂，人文景观荟萃，有"鲁中山水画廊"和"淄博的后花园"的美誉，旅游市场基础良好。目前全区共有八大景区200多个景点，生态旅游景区面积达450平方公里，占全区总面积的65%。山奇洞幽，泉旺林茂，风景如画，钟灵毓秀。据博山区旅游局统计，2016年，博山清明小长假接待游客13万人次，实现旅游综合收入2600万元；"五一"接待游客36万人次，旅游综合收入8600万元；端午小长假接待游客19万，收入超5000万。赏博山美景，品博山美食是很多外地游客来博山旅游的重要项目。节日期间，城区以传统博山菜、"四四席"为主的旅游特色饭店生意都异常火爆。

2.3 政府重视旅游餐饮业发展

近年来，博山区委、区政府进一步统一思想、立足实际，把旅游发展放在工作的首位，开展了"生态旅游年""旅游项目年"和"旅游建设年"等活动，开发以"吃农家饭、住农家屋、干农家活、看农

家景、购农家物"为主要形式的乡村旅游项目。2009年博山区人民政府印发了《博山区加快旅游业发展暂行规定》的通知（博政发〔2009〕24号），2012年又制订了《博山区加快旅游业发展政策规定》，其中涉及星级宾馆、旅游饭店、星级农家乐、特色食品类、"中华名小吃""鲁菜馆""不得不吃的美食"等方面，着力把旅游业培育发展成为地区战略性支柱产业。2016年8月，博山区商务局、博山区旅游局、博山区服务业办公室联合举办"中国博山菜文化理论深耕与餐饮文化品牌创意学术研讨会"，更充分说明政府对博山菜发展的重视。

3 博山菜旅游开发的原则

3.1 独特性原则

博山菜之所以是博山菜，必须有自己的特色。因此，在对博山菜旅游开发时，必须以博山菜的特色为基本出发点，认真分析博山菜的特征和类型，发掘博山菜的内涵，设计出能够体现博山当地饮食文化特色的旅游项目和产品，做到外地没有的，唯有我有，外地有的，唯有我优，而且是"绿色""环保"，才能得到旅游者的青睐。

3.2 大众化原则

当前，我国已进入大众化旅游时代，旅游消费日益成为老百姓一种常态化生活方式。要适应大众化旅游消费需求，就要开发适合大众化消费需求的旅游产品。对于博山菜来说，大众化是其旅游开发的主要方向。要面向广大普通旅游者，以消费便利快捷、营养卫生安全、价格经济实惠等为主要特点。目前，中国餐饮业发展正呈现出"小店面大后台""小产品大市场""小群体大众化"这"三小三大"的新特征[2]。当然，在满足大众化旅游餐饮市场的同时，高端市场仍可深耕，乡村旅游也不能只有农家菜。

3.3 文化性原则

文化是博山菜的灵魂，是树立品牌的关键。博山菜的旅游开发，也要突出文化的特点。要全面翔实地考察有关博山菜的文化历史背景和与风土人情的渊源，使之有深厚的文化底蕴；同时要广为搜集有关的民间传说、神话故事等资料，渲染这些风味菜肴的传奇色彩，使之与旅游活动恰当地结合起来，让旅游者边听（听故事）、边看（看原料、工序）、边尝（尝味道）、边思（思意蕴），乐在其中。这样既能增加旅游者品尝博山菜的兴趣，弘扬了博山饮食文化，又能提高博山旅游的综合吸引力。

3.4 创新性原则

创新是事物生存和发展的原动力，博山菜要成为旅游特色产品，更需要创新的精神。即在博山菜原有文化特色的基础上，不断更新变化，增添新的元素，丰富博山菜作为旅游产品的内涵，满足旅游消费多元化的需求。与此同时，还应对博山菜进行创新设计、研发及市场定位，不断延长其生命力，创造出博山菜作为旅游产品的第二生命期。博山市委副书记、市长周连华强调：博山菜也得提升、改进。既要符合现代人的口味，还要保留博山菜的特色。要用开放的视野，吸引八方来客，把博山菜的名声弘扬出去。要千方百计研究游客的心理，让游客吃好、玩好，来了一次下次还想来。为了吃也得再来一次，现在的吃货很多！[3]

第二届中国食文化研究论文集

4 博山菜旅游开发的主要内容

4.1 博山特色食材

食材既是人类饮食生活的物质基础，也是旅游购物、观光采摘、农业旅游的主要对象之一。对于博山菜来说，无论其加工、切配、烹调，还是饮食艺术、饮食方式的展现，都离不开食材。博山是山东省24个纯山区县之一，独特的小地理、小气候条件，为博山菜提供了丰富的原材料资源。其中地理标志产品有博山猕猴桃、池上桔梗、博山金银花、博山韭菜、博山蓝莓、博山板栗、博山草莓、博山山楂等。针对特色食材，可以举办食材旅游文化节、食材博览会、食材博物馆，开展特色食材之乡游。当然，还可以把特色食材作为旅游商品开发。

4.2 博山食器

饮食文化从起源到发展，都离不开食器的发明和进步。食器虽然是物质的，但其外形、装饰、规模等，都与艺术、民族习惯、政治制度有关，与民族的哲学观念有关。食器除了具有实用价值之外，还有着不可估量的艺术欣赏价值、文物价值、历史价值、旅游价值。"陶风琉韵"的博山被称为仅次于景德镇的中国第二"瓷都"，早有"珍珠玛瑙翠，琥珀琉璃城"的美称。据史料记载和考古论证，远在新石器时期，博山地区开始制造和使用陶瓷，距今已有6000年历史。"博山陶瓷"为中国地理标志商标。博山陶瓷琉璃艺术中心2015被评为国家AAA级旅游景区。博山的陶瓷琉璃中不乏精美的食器。博山食器也是重要的旅游资源，可将博山食器与博山菜有机融合，俗话说"美食不如美器"；可举办博山饮食器具展，或让游客体验博山食器制作；可设计制作博山食器景观，营销博山食器旅游商品等。购买陶瓷制品，是每个到博山的人都会做的事[4]。

4.3 农家乐餐饮

"吃在农家"是"农家乐"旅游的核心内容。农村人家以传统方法种植的蔬菜、养殖的禽畜以及当地自然生长的特产为原料，用自家传统的手法烹制美味佳肴，来满足旅游者对朴素、新鲜、安全、优质、特色饮食的需要。农家乐饮食设计是一个完整的体系，它包括在哪里吃（餐饮环境），吃什么（饮食内容），怎样吃（服务方式）等问题。近年来，博山乡村旅游取得了长足发展，农家乐带起山区旅游特色。2016年，全国休闲农业与乡村旅游示范点花落博山区池上镇中郝峪村。博山"农家乐"旅游餐饮产品的进一步挖掘，可从以下几个方面着手：一是要充分挖掘和弘扬博山乡土菜，使广大游客既能享受乡村景致的青山绿水，又能感受博山乡土菜的文化气息。二是要立足本土，合理整合，以群众喜闻乐见的形式创造性地把饮食与当地民俗风情巧妙结合。三是合理嫁接，敢于拿来。要注意的是，拿来的不是城里宾馆饭店成型的菜肴，而是其他地区、民族富有乡村风味的饮食。

4.4 博山菜文化主题餐饮

主题餐饮是指通过某一主题为吸引标志，向顾客提供饮食所需的基本场所。餐厅内所有的产品、服务、色彩、造型以及活动都为主题服务，使主题成为顾客容易识别餐厅的特征和产生消费行为的刺激物[5]。主题餐饮赋予普通的餐饮活动以某种特殊的地域文化、时空文化、历史文化、乡土文化、都市文化，并通过特殊的环境布置展现这一文化，给人一种强烈的视觉冲击和心灵震撼。主题一定是代表特色，但特色不一定是主题。与特色餐饮相比，主题餐饮更强调从菜式到环境的全范围的特色化和鲜明

·98·

化。博山菜文化主题餐饮的开发要围绕博山饮食文化、齐文化、孝文化、陶琉文化、民俗风情打造，培植旅游消费新的热点。

4.5 博山菜饮食文化展示馆（体验馆）

主要展示博山菜的历史溯源、地方名宴和特色小吃。通过广泛征集，可将博山菜烹饪典籍、理论研究成果、饮食传奇故事等内容充分展示。另外，通过将历代名厨、主要原料、餐具、制作流程、著名的筵席菜单、名菜、名点、名茶、名店等以丰富的形式展示于馆内，以供游客参观。把博山菜的形式与内容相互融合，让历史与现代和谐发展。安排颇有造诣的名厨现场演示具有代表性的博山菜，使有时间、有兴趣的游客可以通过体验参与，从博山菜的选料、加工、火候、造型、养生滋补等方面予以全程享受。通过体验常用的烹饪技艺，了解博山菜独特的制作方法，培养更多的博山菜消费者。让旅游者全身心体验享受。

4.6 博山菜美食街区

美食街区是由多条相邻街道组成的，以区域文化为背景，以吃为主题，具有生活气息与旅游意义的社会交往空间，也是一个较为独立的旅游对象。建设特色美食商业街区，是聚集提升、规范发展大众化餐饮，努力扩大内需消费的一项重要举措。美食街区可以是受保护的古街区，也可以是新创的街区。但必须对美食街区的游客进行细致分类，确定目标市场，有针对性地设置餐饮产品，并扩大产品的兼容度，以便在餐饮产品组合上具有弹性，更好地满足游客的需求[6]。

4.7 博山菜文化景观

景观是一个地域综合体，囊括了多种形式的组合，饮食与景观具有天然的联系，它根植于特定地域，彰显着浓郁的地方特色，不仅满足基本生存需求，更是源于生活的审美体验[7]。博山菜旅游文化景观，是以博山菜为主题而形成的具有明显的外部感知特色和强烈地方感的旅游吸引物，如博山菜食材景观、名菜景观、食器景观、街区酒楼景观、节事景观等。

5 博山菜旅游开发的基本思路

5.1 加强政府监管，强化行业自律

国以民为本，民以食为天，食以安为先，安以质为基。博山菜的旅游开发，离不开区委区政府高度重视。首先，要加大对研究开发博山菜专职机构的扶持力度，规范经典菜和推出精品菜；制定博山菜的标准和基本规范，使博山菜的制作走向标准化；鼓励支持博山菜品牌企业的投资和发展，对博山菜品牌示范店用于改造、扩建、开办连锁店等投资项目所需的费用，可给予贴息支持或资金补贴；对于一些对发展、创新博山菜有突出贡献的名厨和专家，可由各相关部门按照有关的文件和规定给予相应的物质或精神奖励；定期组织举办博山菜赛事，持续开展博山美食节，弘扬当地的也是文化。其次，要进一步加大市场监管力度，加快餐饮食品行业诚信体系建设，加强餐饮食品安全、环境保护等方面的管理，努力构建完善的餐饮服务质量保证体系。不管是位于城区还是位于农村的饭店，只要是开门对外做生意，属于营利性的饭店，都要监管到位，严防出现类似"天价虾""天价鱼""天价茶"等侵害消费者权益的事件发生，力保博山全域旅游"吃得放心"。

行业自律是对政府监管的有益补充和有力支撑，也是创新监管的重要内容。经营博山菜的相关单

位，对内加强统一服务和行业自律，对外树立品牌形象，统一参与市场竞争。通过建立规范而灵活的管理机制，使博山菜有组织、有制度、有活力、有市场。

5.2 深挖博山菜文化内涵，打造名品名店

中国鲁菜大师张平说，"博山菜的每一道菜，都有一个彩头，这也是博山菜的文化所在，把这些彩头中的历史典故介绍给每一位消费者，也是对博山菜的发扬光大。"在博山菜的旅游开发中，要深入挖掘博山菜文化的内涵，打造更多更好的地方菜名店和名品。全面详实地考察有关当地菜肴的文化历史背景和与风土人情的渊源，使之有深厚的文化底蕴；同时要广为搜集有关的民间传说、神话故事等资料，渲染这些菜肴的传奇色彩，使之与旅游活动恰当地结合起来，让旅游者边听（听故事）、边看（看原料，工序）、边尝（尝味道）、边思（思意蕴），乐在其中。这样既增加了旅游者品尝地方菜的兴趣，弘扬了当地饮食文化，又提高了旅游目的地的综合吸引力。

5.3 把博山菜融入本地的黄金旅游线路中

在博山菜的旅游开发中，要以当地的自然人文景观为依托，结合博山菜的深厚的文化内涵，开辟以名城名吃为线索的专项旅游，设计规划出一类餐饮旅游线路或项目，如可以设立博山菜一日游，包括观看博山菜制作过程、品尝博山菜、学做博山菜；可以以老字号餐饮品牌、特色博山菜街区、主题宴席、农家乐餐饮为典型代表进行设计规划，满足市场个性化、特色化、体验化、多样化需求，吸引国内外"好吃人士"的积极参与。同时，还要把博山菜美食文化，融入本地的黄金旅游线路中，让更多的人领略博山菜文化的风采。

5.4 加大对博山菜的宣传促销力度

博山风物四海扬，八大景区异寻常，最是游人迷恋处，难得古镇饭菜香。这是古今中外的游客，对博山风景的赞誉，更是对博山悠久饮食文化的肯定[8]。博山菜这么好吃，为何进不了鲁菜"族谱"（关于鲁菜的起源和分类，比较正统的说法是鲁菜分为三大类，一为胶东菜；二为济南菜；三为孔府菜）。原因很多，我想其中与宣传促销的总体力度不够、研究不够肯定有关。虽然中央电视台《走遍中国》（20140216）播出过"博山——咂出味道"，网上也有用淄博方言说唱的《砸鱼汤》歌。但在中国知网、读秀学术搜索上有博山菜的文献资料很少。韩国的泡菜，原本是一个很普通的东西，因为做的专业、精致，宣传到位，成了韩国旅游的一个品牌，吸引着世界各国的人去看、去吃、去学、去买，甚至成了韩国的一个文化符号。

作为旅游要素之一的"食"具有很强的替代性，旅游者很容易选择他们更倾心的菜肴或饮食方式。因此必须精心打造博山菜的旅游形象，加大对博山菜的宣传促销力度。

首先，要精心设计宣传口号。宣传口号要言简意赅，便于记忆和传播，同时又有一定的针对性，能够体现博山菜的文化特色。

其次，加强各种媒体宣传促销的力度，广泛宣传博山菜。应充分利用电视、广播、报纸、杂志、网络、光盘等多种具有独特的直观性和强烈感染力的宣传方式，在国内外进行全方位宣传，使博山菜成为吸引外地游客的重要手段之一。要在旅游导游图、旅游宣传手册、景点说明书中加强对博山菜的宣传；还可通过各种互动性的活动，让广大人民参与传统博山菜的继承和新派博山菜的开发，使博山菜真正做到深入人心。

最后，在举办大型综合文化艺术节时，也要大力宣传促销博山菜，吸引国内外游客的关注。博山区近年来举办了很多特色节事，比如中国博山孝文化旅游节、中国博山琉璃文化艺术节、中国博山越野车观光旅游节、博山美食节、鲁山登山旅游节、博山猕猴桃采摘节、博山蓝莓节（4届）、博山草莓节、桂花节、桃花节等。在节事期间，要精心策划设计菜品，加强在主流媒体宣传力度，进一步提升博山旅游菜品的知名度和影响力。

参考文献

[1] 高健, 李安臣, 苏兵. 吃了博山饭, 围着天下转[N]. 经济参考报, 2016-04-20（A07）.

[2] 杨舟等. 回归大众化, 中国餐饮业年收入首破3万亿[EB/OL].http://news.xinhuanet.com/fortune/2016-02/18/c_1118089105.htm.

[3] 丁稳, 孙剑, 边增雨. 两会特写: 周连华谈博山菜与城市发展的比较优势[EB/OL]. 大众网淄博频道, 2016-01-18.

[4] 孙波, 王琛. 不买陶瓷你到博山干啥[J]. 城色, 2007(1):113.

[5] 黄浏英. 主题餐厅设计与管理[M]. 沈阳: 辽宁科学技术出版社, 2001.

[6] 张旗. 基于体验视角的美食街区开发研究[J]. 扬州大学烹饪学报, 2013(3):37-41.

[7] 祁靖文. 旅游饮食景观评价的初步研究——基于"盱眙龙虾景观"和"青岛啤酒景观"的比较分析[D]. 南京师范大学, 2014: I.

[8] 李建平. 源远流长的博山饮食文化[J]. 春秋, 2002(3):55-56.

龙江老字号老厨家"锅包肉"的食文化解析

朱桂凤

（黑龙江大学历史文化旅游学院，黑龙江哈尔滨　150080）

摘　要： 龙江老字号老厨家是哈尔滨市首家博物馆式饮食文化体验餐厅。老厨家·传统厨艺是黑龙江省级非物质文化遗产，历经郑氏四代传承。锅包肉是老厨家创始人郑兴文发明的一道中西合璧的菜肴，经历百年的传承，现不仅是老厨家的招牌菜，而且已经成为哈尔滨的代表菜，东北第一名菜。一盘锅包肉，既是一道美食，又是所经历时代的饮食文化的载体。从锅包肉的前世今生，我们可以解析它所承载的饮食文化和历史记忆，据此对以哈尔滨为代表的东北食文化研究进行学术上的规范梳理分析研究，探索地方食文化的发展趋势及餐饮类非物质文化遗产保护传承的出路，这也是对中国餐饮文化研究做出的一份贡献。

关键词： 锅包肉；龙江老字号；老厨家；四代烹饪世家

锅包肉，又称"锅爆肉"，诞生于20世纪初清朝末期光绪年间，是由老厨家创始人郑兴文在哈尔滨道台府任官厨时发明的。这道菜是郑兴文为迎合俄罗斯人的饮食习惯，将京菜咸鲜口味的焦炒肉片改为酸甜口味而成。锅包肉以精选猪里脊肉为主料，切片挂糊油炸，继而大火烹汁，配以水果成盘。这道中西合璧的菜，深受俄罗斯人的喜欢，成为他们每次来到道台府用餐必吃的一道菜。郑兴文为这道菜取名为"锅爆肉"，以此区别京菜的焦炒肉片。由于俄罗斯人发"爆"的音为"包"，久而久之，这道菜就被称为"锅包肉"。后由郑氏第二代传人郑义林建议将所配的水果去掉，仍用京菜焦炒肉片中的葱姜丝和蒜片，点缀香菜，延续至今。现在正宗锅包肉已成为哈尔滨的代表菜，她与哈尔滨这座城市一起走过百年的兴衰，拥有这座城市所具有的"中西文化交融"的人文环境的因素。从锅包肉的前世今生，我们能够梳理出她所蕴含的以哈尔滨为中心的东北地区百年以来的食文化的发展脉络。这道哈尔滨最具食文化内容的美食，承载着东北地域食文化的历史价值、文化价值和学术价值。

1 锅包肉诞生在20世纪初清朝末年光绪年间的哈尔滨道台府，是中西方食文化交流的产物，是"滨江膳食"的代表菜

哈尔滨历史悠久，但真正的成长和繁荣是1898年中东铁路的修建，由此出现的生机和商机，为这座城市带来了新的血液和多元文化。伴随着大量俄罗斯人、波兰人、犹太人、格鲁吉亚人、日本人等移民的涌入，多元的、包容的、开放的，既有中华的血脉，又有西方的风采的城市人文环境逐步形成。伴随着中东铁路修建而繁荣的哈尔滨，自然具有这些历史记忆和文化基础。中东铁路形状为"丁"字形，哈

作者简介： 朱桂凤（1964—　），女，黑龙江大学历史文化旅游学院教授，世界中餐业联合会饮食文化专家委员会委员，黑龙江旅游产业发展研究中心研究人员，硕士生导师，从事旅游文化、文化产业和文化遗产研究。

尔滨地处连接西起满洲里中经哈尔滨东至绥芬河，南北自哈尔滨至旅顺、大连的中心，通过这条铁路，使哈尔滨成为东北地区极具重要战略位置的城市，也成为东北区域文化的一个重要代表城市之一。所以哈尔滨形成的食文化特色，必然是东北区域文化和民族文化总体中的"分区"课题。锅包肉是在京菜焦炒肉片的基础上，融合俄罗斯食文化中的酸甜口味而诞生的，主料所选用的猪肉，又是满族人最喜欢的食材，她是中西文化交流的产物。

1.1 以锅包肉为代表的"中西合璧"的菜肴，在东北地区清官府中刮起"精""洋""细""养"食文化习俗，丰富了满族入关前东北地区比较单一的"粗""简"食风

满族先民生活在白山黑水之间，是东北地区主要的居民，这个在马背上成长起来的民族，游牧狩猎是他们主要的生活方式。即使在建立清政权及其后续的统治期间，为了保证东北"龙兴之地"醇正的尚武精神和骑射本习的游牧民风，防止汉化，采取"封禁"政策，以保证不忘祖宗旧制旧俗。直至清末，才开始逐渐放开。期间虽然有努尔哈赤、顺治、康熙、乾隆、道光和光绪年间大量的移民涌入东北地区，但是食文化习俗还是以传统游牧方式为主。依据《龙沙纪略》史料记载康熙年间："东北诸部未隶版图以前，无釜、甑、罂、瓿之属。熟物，刳木贮水，灼小石，淬火中数十次，渝而食之[1]。""满洲宴客尚手把肉，或全羊，近日沾染汉习亦盛设肴馔，然其款式不及内地，味亦迥别，庖人工艺不精也。所谓手把肉持刀自割而食也，故土人割肉不得法，有'屯老二'之诮[2]。"依据上述史料记载分析，当时东北人从食用具和食材料加工成熟物，还是以这种"粗"加工和"简"单的食风俗为主，并且是东北地区各个阶层中一种食文化的常态形式。在清王朝统治时期，生活在东北地区作为被统治的汉人和其他少数民族其食风俗也是比较单一和简单的。

1898年中东铁路的修建，面对大量外国移民（波兰人、犹太人、格鲁吉亚人、日本人等）开始进入以哈尔滨为中心的东北地区，这片沉寂近三百年的"龙兴之地"，面临着被异族占领的险境。于是在"1910年9月19日，大清东北三省总督锡良上奏朝廷，请求在东省设立垦务局，招垦移民分段垦辟，抵制外力。于是这个已经进入倒计时的王朝，被迫正式开启了'移民实边'的闸门，一时间无数命运难卜的血肉之躯，被填充进了那片封禁三百年却几近沦丧的'龙兴之地'[3]"。中东铁路为这片土地带来了"新的文明，新的文化信息，新的生活方式，新的科技和新的生活理念，包括价值观[4]。"寻找生机和商机的人们，带来了不同的地域文化，这些外来文化与本地文化相交融、相妥协、相适应，形成了一种新的适应生存的文化模式。面对来自中原地区和西方异己的食文化，东北地区原有的"粗""简"食文化没有对其产生强烈的抵制，相反却很快接纳和吸收了来自中原和西方的饮食文化，并将其发展成为本地的食文化内容。以锅包肉为代表的这类"中西合璧、南北交融"选料精良、加工考究、讲究品质的"精""洋""细""养"菜肴，在清朝所设立的道台府的餐桌上应运而生，并逐渐成为东北菜中的精品，受到官员、贵族、洋人的喜欢和追捧，随即成为贵族阶层餐桌上的主流菜。

1.2 郑兴文由制作锅包肉获得清政府所赐"滨江膳祖"称号，成为"滨江膳食"的开创始祖

1910年11月，哈尔滨爆发了一场席卷大半个中国，吞噬6万多人生命的鼠疫。清政府派出留洋博士伍连德进入灾区领导防治工作，经过4个多月的努力，在没有抗生素药物的情况下，战胜了这场鼠疫灾难。为了表彰伍连德为人类医学史上创造的奇迹，清政府于1911年4月在沈阳召开"万国鼠疫研究会"，表彰伍连德的贡献，并授予他"鼠疫斗士"的荣誉称号。正是这次研究会，来自外国的参会

代表，品尝了为这次大会担任主厨的郑兴文的厨艺，特别对宴席上的锅包肉大加赞赏。郑兴文烹制的锅包肉也由此为清政府争得了颜面，于是清政府将"滨江膳祖"的荣誉授予郑兴文，寓意为"滨江膳食"的开创者。

"滨江膳祖"的滨江，是指地名，源于滨江关道衙门，俗称道台府。"滨江厅：（省北550里，即哈尔滨，本松花江右滩地）。光绪三十二年（公元1906年）置，治傅家甸，为江防同知，驻滨江关道，分隶黑龙江省。宣统元年（公元1909年）划双城东北境益之，江防改抚民，专属吉林，分巡西北路道驻厅[5]。"根据史料，当时的滨江是指以哈尔滨为中心的黑龙江省，包括吉林地区。郑兴文通过以锅包肉为代表的选料精细、制作技术讲究，融合中原、西方等口味的系列菜，开启了以哈尔滨为中心的"华洋大菜共置一席"的官府菜食风，由此东北地区的食文化逐渐形成了"中西合璧，南北交融"的特色。

锅包肉最初是郑兴文为自己的俄罗斯太太烹制的，洋媳妇喜欢京菜焦炒肉片的外焦里嫩，但却不喜欢咸鲜味道。于是郑兴文根据俄罗斯洋媳妇的饮食习惯，将咸鲜口味的焦炒肉片，改为酸甜口味，并配上水果。后将这道成熟的菜肴端上了哈尔滨道台府的餐桌，又通过沈阳"万国鼠疫研究会"，将这道菜在国际层面推广流行开来。这一方面表明郑兴文的聪明和智慧，善于接纳外来文化，不拘泥于固有观念，对厨艺有着精、快、准更高的追求，获得"滨江膳祖"当之无愧！一方面表明他所开创的滨江膳食，成为以哈尔滨为中心的东北地区官府菜的重要菜肴，"精""洋""细""养"丰富了东北菜系，并逐渐成为东北地区食文化的重要内容和官府、贵族上流社会追求的地方食风俗。

2 1922年郑义林开设老厨家，锅包肉由官府菜向哈尔滨地方名菜转变，由贵族化向平民大众化转变

2.1 郑义林开设老厨家，将郑氏精湛厨艺带到民间，成为哈尔滨饮食文化的高级层次

1922年从道台府谢任官厨的郑兴文支持儿子郑义林在当时哈尔滨埠头区俄国街中国十道街（现道里区西十道街）开设"老厨家"，精湛的郑氏厨艺开始经郑义林之手，在哈尔滨生根传承。所谓技高人胆大，开业的老厨家采用根据客人口味制作菜肴的经营方式，以锅包肉为代表的"中西合璧，南北交融"的滨江官膳菜肴为核心的清官府菜，逐渐成为哈尔滨地方菜的主要组成部分，郑氏家族的经营风格和食文化体系也成为哈尔滨地方饮食文化的重要内容。这个期间服务对象由外国人、上层政府官员、社会名流转向本地各阶层的大众，郑义林据此将锅包肉配料所用水果，恢复为京菜焦炒肉片所用的葱姜丝蒜片和香菜，延续至今。当哈尔滨民众品尝到了像锅包肉这样制作精细、口味丰富的郑氏菜肴，对老厨家的追捧和郑氏菜肴的热衷，自在情理之中。随着老厨家名气在民间大增，郑氏菜肴和食文化体系在哈尔滨落地生根，为哈尔滨饮食文化所形成的"精""洋""细""养"发挥了积极作用，代表了哈尔滨饮食文化的高级层次。

1938年日本对侵略的东北实行"饭店组合"的经济统治，老厨家无法经营而停业。郑义林去厚德福饭庄任主厨。1955年郑义林在德发园任主厨，15岁的儿子郑学章也开始了学厨生涯，随着德发园公私合营，又改去宝盛东饭店任厨师。无论多么艰难，郑氏家族父子相传的手艺和对厨师职业的尊重及热爱，始终没有懈怠和放弃，而是言传身教，始终坚守着厨师这一职业，倾注了他们全身心的心血和情感，以此回馈民众和社会。

2.2 1959年末周恩来总理到"三八饭店"品尝锅包肉，为这道菜增加了新的内涵

郑氏厨人的敬业精神和不屈不挠的匠人品质，始终成为家族厨艺传承和精神寄托的根基。一次次事件对此都得以印证。最著名的一次是1959年12月24日周恩来总理来哈尔滨视察，亲临"三八饭店"品尝锅包肉。由于刚刚组建的"三八饭店"的女厨师不能制作这道对厨艺要求很高的锅包肉，于是时任哈尔滨服务公司副总经理的马克和"三八饭店"主任于秀莲，带着女厨师班翠霞到郑家学艺，郑义林连夜教授班翠霞烹制锅包肉的技法，最终让周总理品尝到了这道东北名菜。周总理在品尝到这道外焦里嫩，咬时有声，味道酸甜的锅包肉后评价："可别小看这道菜，它的价值也同样能体现出一个城市的文化特点[6]。"几天后，当郑义林知道教授的班翠霞是为周总理烹制锅包肉时，非常自豪地说："这是我们应该做的，也是哈尔滨厨师的光荣！"由于教授"三八饭店"女厨师炸制锅包肉应该掌握最佳火候技术，用挂糊的胡萝卜替代猪里脊肉，由此也诞生了"锅包素"。锅包肉开始了生根开花的又一个阶段，如今哈尔滨市民还可以吃到锅包牛肉、锅包鱼肉、锅包鸡肉等等美味。

3 2005年道台府重建后，正宗锅包肉由哈尔滨代表菜，跃升为东北第一名菜，由郑氏精湛传统厨艺的精品升华为东北餐饮文化的代表

20世纪80年代，改革开放为各行各业带来了全新的机遇。文革期间被淹没萧条甚至倒退的餐饮业文化开始回归与发展，一时间粤菜、湘菜、川菜、京菜等菜系酒店蜂拥而起，东北大炖菜也遍布各地。哈尔滨餐饮业中的风味便民小吃、特色高中低档酒店、西式快餐店等，以各自特色竞相争得一席之地。老厨家第三代传人郑学章带领第四代传人郑树国，抓住机遇，于2000年3月11日在哈尔滨文政街开店，恢复"老厨家"的百年字号，标志着郑氏传统厨业的正式复兴，以锅包肉为代表的郑氏传统厨艺和郑氏菜系开始肩负引领哈尔滨餐饮文化发展的重任。

3.1 锅包肉是郑氏家族四代传人献身餐饮业和哈尔滨饮食文化百年变迁的历史记忆

哈尔滨道台府是重要的历史遗迹，是当时清政府设置的哈尔滨最高的行政机构。经历百年沧桑的历程，逐渐淡出人们的视野。为了记住这段历史，2005年哈尔滨市政府重新修建了"道台府"，与道台府有关的历史、文化重新开始走入人们的视野。道台府的美食开始回归，锅包肉背后的故事成为人们在品尝这道美食时更为津津乐道的话题。郑氏家族四代传人、郑氏传统厨艺、郑氏创建的官府膳食、《郑氏厨人家训》、哈尔滨百年来饮食文化的发展等内容，受到政府、媒体、行业、学界和社会热心人士的关注和重视。

2011年中央电视台《人物》栏目《美食世家》第31期制作了"中国最年轻的烹饪大师郑树国"专题节目——"美食世家之道台府官府菜第四代传人郑树国"[7]。在长达25分多钟的节目中，讲述了郑树国的成长经历，介绍了郑氏厨人家族的创业发展历史及当时的哈尔滨历史文化，将锅包肉背后的郑氏一代名厨家族的传奇，呈现给全国观众。

2012年年初中央电视台《档案》栏目《见证》制作了"私家历史私家菜2"专题节目——"百年老厨家，时代写真"[8]。讲述了百年来人们对锅包肉的记忆和背后传递出的哈尔滨的历史往事。对郑氏四代精益求精的传统厨艺和背后精彩的传奇往事有了深刻的了解。

2014年7月初，由哈尔滨市旅游局、商务局、烹饪协会共同举办了首届"哈埠菜"评选认定展示活

动。这次"哈埠菜人气榜"由网友和食客投票评选活动结果7月15日在松花江凯莱酒店揭晓，老厨家荣获"哈埠菜特色饭店"称号，锅包肉、马上封侯、天龙赐福等名菜入选"哈埠特色菜"。锅包肉作为当下在国内最具知名度和影响力的哈埠菜荣登榜首。[9]锅包肉及其背后的哈尔滨地域饮食文化，已经被全社会所认可和接受，全民参与饮食类非遗保护和传承行动初见成效。

一盘小小的锅包肉，从最初郑兴文接受中西文化融合而诞生，到郑义林改良适应本土环境，到默默生根民间得郑学章坚守传授，至今郑树国将其背后的历史文化进行挖掘整理成为哈尔滨市最具特色的代表菜，历尽百年郑氏四代薪火相传，成为这座城市的珍贵的饮食文化遗产，是永远留住的老哈尔滨的"老味道"。

3.2 锅包肉是他乡游子亲情和思乡情怀的寄托情结

以锅包肉为代表的老厨家郑氏菜肴，为你保留了味觉记忆，替你守望着精神家园。亲临老厨家，你能找到你的前辈、亲人曾经的留恋，能体味到他们的情感寄托，能找到那种源于本能的亲情凝结，这里是他乡游子寻找"家""母亲""父亲"的味道的理想之地。

2014年末，老厨家推出锅包肉的三个Q版形象，以锅包肉发明人郑兴文、第一任道台杜学瀛和俄罗斯人瓦西里为蓝本，推出"郑大厨""杜道台""瓦西里"卡通版老厨家锅包肉代言人。用这种欢快活泼、富有亲和力的动漫形式宣传地方名菜，在全国也是首例，是哈尔滨餐饮文化与"互联网+"相结合的尝试。锅包肉的三个Q版形象拉近了历史与现实的距离，喜庆轻松气氛直接表达了人性所诠释的"食色性也"的情结内涵。

2015年1月21日《哈尔滨日报》报道：漫画"锅包肉"馋出粉丝"哈喇子"一文，作者是身在昆明的哈尔滨女孩@微笑漫颜，在新浪微博晒出她的漫画新作"哈尔滨有一种美食叫锅包肉"。由于直接表达了身居外地东北老乡的乡恋情感，引起强烈的共鸣和反响，仅仅1小时的时间里，就有近上百粉丝转发跟帖，连哈尔滨市旅游局官方微博都回复说："东北硬菜，老好吃了，你们知道吗。"@微笑漫颜这种采用卡通超萌表现哈尔滨家乡美食锅包肉的手法，传神般将哈尔滨美食画活了，巧妙表达了思乡情结[10]。

3.3 锅包肉是哈尔滨饮食文化对外交流的情感纽带

锅包肉保留了中国菜精细、注重刀工、讲究火候的精华，口味贴近俄罗斯人习惯的酸甜味道，不仅国人喜欢，也受到来自国外友人的追捧。老厨家锅包肉曾经在哈洽会期间创下5天卖出1029盘的纪录。接待世界各地来自俄罗斯、乌克兰、美国、英国、法国以及非洲等地客人，上自政界要人，下至普通游客，成为对外友好交流的纽带。如今已经走出国门的老厨家锅包肉也彰显出国际化的风范。

2015年10月13日，第二届中俄博览会期间，俄罗斯副总理德米特里·罗戈津来到老厨家中央大街店，不仅品尝锅包肉，并以"推荐人"的角色，在老厨家录制了一期《俄罗斯人最喜爱的中国餐馆》电视节目，将其作为中俄文化交流的重要内容，向俄罗斯人民推荐了老厨家锅包肉及郑氏传统菜肴。老厨家店内无论装修还是藏品及菜肴，都富有中俄历史文化交流的元素，老厨家和锅包肉成了这次活动的重要媒介。

2015年10月11日，韩国前总理郑云灿先生、国会议员崔载千先生、韩中文化友好协会曲欢会长来到老厨家友谊路店参观并品尝了郑氏菜肴，对以锅包肉为代表的郑氏传统菜肴给予极高的评价。当即邀请郑树国参加2015年11月30日，郑氏第四代传人老厨家掌门人郑树国先生应韩中文化友好协会的邀请，前赴韩国参加"第一届中韩缘论坛",会议中郑树国以"老厨家·滨江官膳"与哈尔滨饮食文化的发展为题介绍了老厨家的历史沿革和哈尔滨中西合璧的饮食文化及到哈尔滨旅游必吃的特色菜肴。韩中文化友好协会曲欢会长如此评价郑树国先生的发言:"老厨家第四代传人郑树国为论坛带来了实际的内容,让我们了解了丰富多元的哈尔滨饮食文化和郑氏四代厨人百年执着的匠人精神,也为中韩游客去哈尔滨提供了一个饮食指南,在韩国人心目中'锅包肉'是中国的第一名菜,今天又知道了背后的故事,更增加了我们对哈尔滨的向往[11]!"

3.4 做好锅包肉,传承锅包肉背后的文化,成为郑树国先生扮演好非遗传承人的一份责任

正宗锅包肉成为哈尔滨首席代表菜,已经数次登上中央电视台、黑龙江电视台、哈尔滨电视台、河北电视台等和《黑龙江日报》《哈尔滨日报》《生活报》《新晚报》等电视节目和新闻报道,成为哈尔滨餐饮业的骄傲,使哈尔滨厨师们备感自豪!锅包肉也承载着饮食类非物质文化遗产传承和发展的使命。对此,老厨家第四代传承人郑树国先生认为:"做为锅包肉发明者的后人,我真心希望哈尔滨每家饭店乃至家庭主妇,做的锅包肉都是一流的,才不愧哈尔滨为锅包肉的故乡!"

2015年10月9日,中央电视台第一套节目《中国味道·寻找传家菜》第4季,郑氏第四代传人郑树国将烹制正宗锅包肉的技艺带到现场。这道承载着哈尔滨中西合璧饮食文化特色的美味,赢得了十位餐饮领军人物的好评,其中小南国的王慧敏女士如此评价锅包肉:"品牌是记忆,品牌是无价的"。面对出资百万买断锅包肉、合作开店条件任意开价等优越条件,令人感叹和震惊的是郑树国先生拒绝了与这些国内餐饮领军企业的合作,而是开出了这样的合作意向:"向全国观众展示中西合璧的哈尔滨饮食文化,传播锅包肉背后的故事,500元教做!"并对采访他的记者说:"谁想学做锅包肉,我都可以免费教。我不想选择任何合作方式,只是想把'正宗锅包肉'永远留在哈尔滨。我做这些的目的,只是想扮演好历史赋予我的角色。若干年后,无论是离乡游子,还是异地游客,来到哈尔滨总能感受到美丽的太阳岛依然美丽;中央大街上的老建筑依然耸立;酸甜爽口的锅包肉依然是老味道。我或我的后代还在为您服务……这样才不愧为传承人的角色!"郑树国先生用实际行动履行着非遗代表性传承人的责任,脚踏实地地做餐饮类非遗文化的保护和传承工作,坚定不移地推行"让遗产活起来"的经营理念,赢得了节目组和电视观众的尊敬。节目组如此评价郑树国先生:"用自己的坚守,留住四代传承的传家味道,让每位客人尝到祖辈相传的酸甜滋味,用唇齿间酥脆的口感唤醒美好记忆,这是以美食为生的手艺人对中国味道的最好诠释[12]!"

百年锅包肉,由初创的一道"中西文化交流"的传统菜肴,历经沧桑兴衰,如今已经跃升为东北首席名菜,酸甜口味成为最能代表哈尔滨的城市味道。回顾锅包肉的前世今生,我们能够看到郑氏四代传承精湛的厨艺和创业守业留下的郑氏菜肴,这是哈尔滨饮食文化发展史的重要组成部分,是珍贵的非物质文化遗产。郑氏厨艺事业的兴衰折射出哈尔滨饮食文化百年变迁的缩影。这是郑氏四代厨人对以哈尔滨为中心的东北饮食文化的重大贡献!

参考文献

[1] 杨宾等撰. 龙江三纪. 哈尔滨:黑龙江人民出版社, 1985.

[2] 西清著. 黑龙江外记. 哈尔滨:黑龙江人民出版社, 1984.

[3] 中央电视台. 中东铁路: 第三集.2013-01-30.

[4] 中央电视台. 中东铁路: 第五集.2013-02-01.

[5] 王俊良撰. 清史稿·地理志. 长春: 吉林人民出版社, 2002.

[6] 根据黑龙江省文史研究馆馆员何宏研究整理提供。

[7] 2011年中央电视台《人物》栏目《美食世家》第31期制作了"中国最年轻的烹饪大师郑树国"专题节目——"美食世家之道台府官府菜第四代传人郑树国"。

[8] 2012年年初中央电视台《档案》栏目《见证》制作了"私家历史私家菜2"专题节目——"百年老厨家,时代写真"。

老厨家·滨江官膳历史沿革与传承

郑树国

（哈尔滨老厨家，黑龙江　哈尔滨　150010）

摘　要： 老厨家是哈尔滨市首家博物馆式饮食文化体验餐厅，龙江老字号。老厨家·滨江官膳传统厨艺是黑龙江省级非物质文化遗产。现第四代传人郑树国是黑龙江省和哈尔滨市非物质文化遗产代表性传承人。郑氏四代事厨，历时百年传承，见证了自清末哈尔滨开埠、日本侵占东北、建国餐饮业低迷、改革开放餐饮业振兴的不同时期。现今"老厨家"在承袭祖传厨艺基础上，以开放的心态、开阔的视野，不仅走出了家族的局限，而且不断尝试将饮食与文化相结合，开创了"博物馆"里品美食的先例。

关键词： 老厨家；非遗文化；四代烹饪世家；保护与传承

现今"老厨家"两个代表店面分别是位于哈尔滨市道里区友谊路318号店和位于道里区中央大街与西七道街交叉口巴拉斯美食城三楼老厨家店。"老厨家"以"博物馆式饮食文化体验餐厅"为特色，以此成为哈尔滨市首家将饮食与家族历史、城市文化相结合的特色主题餐厅。作为龙江老字号、黑龙江省级非物质文化遗产的"老厨家"，有着百年历史，贯穿着清末、民国、日本侵华伪满殖民、建国及文革、改革开放至今等不同时期的历史文化和东北地方人文特色。如今"老厨家"努力践行"让文化遗产活起来"的经营理念，在业界及食客中有着广泛的口碑，就学术层面而言尚属研究空白，有待于学界关注和研究。

1 自清末至今，"老厨家"的兴衰

"老厨家"开设于1922年，由第二代传人郑义林建立和经营，店址在当时哈尔滨道里区中国十道街，取店名为"真味居"。但当时人还是通俗习惯地称店为"老厨家"，经营至1938年日本侵华时期关闭。"真味居"的店名源自于郑氏第一代名厨郑兴文于清光绪年间（1885年）开设在北京东城东华门大街的中档规模的酒家"真味居"，尽管只经营了3年零2个月。第三代传人郑学章虽没有开设实体店，但却一直怀揣再兴"老厨家"的志愿，在承袭了祖上的厨艺基础上，将郑氏家族的厨艺进行发展，并带领第四代传人郑树国，走上了厨师之路。2000年3月11日，由郑氏第四代传人郑树国、郑树森两兄弟在哈尔滨市动力区文政街重树"老厨家"，使具有近百年历史的"老厨家"店历经风雨，终于传承发展下来。目前"老厨家"已经开设四个店面，即位于哈尔滨市道里区友谊路、中央大街西七道街的"老厨家"，南岗区马端街的"老厨家道台食府"和南岗区文政街的"老厨家民间菜馆"。追寻"老厨家"的发展史，

作者简介： 郑树国（1969—　），男，黑龙江省及哈尔滨市非物质文化遗产代表性传承人，世界中餐业联合会饮食文化专家委员会委员，现"老厨家"掌门人。

也可以从另一个侧面了解东北的食文化史和食民俗的发展变化。

1.1 第一代开创人郑兴文的庖厨之艺，保留浓重的满族官府贵族的食俗文化特色，并开启了"华洋大菜共置一席"的先例

郑兴文走上厨师之路，完全是出于自身的爱好。其父郑明泉主要在北京经营茶叶生意，家境殷实使郑兴文从小就随父亲走南闯北，应酬交际出入各种高档酒楼，他在品尝各地美食之时，不仅向人虚心讨教，还潜心琢磨，回家后又加以实践，直至痴迷。身为旗人出身的郑明泉，又受到汉文化儒学"君子远庖厨"的思想影响，自然对儿子迷恋庖厨痛心疾首，无奈郑兴文学厨意志坚定，不容动摇，于是以学厨可以，只能在家自娱自乐，不能以此为职业伺候人为前提应允了郑兴文的意愿，并将郑兴文送至恭王府学习厨艺。虽然当时已经是清末，但是恭王府在吃食上，仍然以满清贵族官府菜为主，这使得郑兴文大开眼界，对庖厨的技术追求达到了精致无瑕的程度。正是由于这样的学厨起点，使得他在1885年首次经营"真味居"时，特别强调菜品的质量和品位，少顾及成本，结果导致酒楼虽然生意红火但利润微薄，再加上店员得罪了当时的宫内大太监，所以只维持了3年零2个月。酒楼虽然关门，但手艺却是越来越精，郑兴文的庖厨技艺，承袭了满族官府菜的精髓。1907年，郑兴文在黑龙江铁路交涉局总办郑国华和滨江关道官员郑恭名的举荐下，来到哈尔滨，成为滨江关道（即"道台府"）衙门的一名官厨。清末时期哈尔滨作为北方重镇，道台府担负着与俄罗斯人交涉的重任，在吃食上也非常讲究。郑兴文在道台府身为主厨绝不敢懈怠，也使得他不断创新，厨艺可谓达到了炉火纯青的境界，现在"老厨家"传承下来的招牌菜，有很多都是郑兴文在道台府任主厨时创造出来的，如锅包肉、鞭打春牛、虞臣虾泥、马上封侯、加官受禄、天龙赐福、熏卤鸭、猪头焖子等名菜。由于厨艺高超，1914年道台李鸿谟为郑兴文先后题写"鼎鼐功深"和"治味方家"，以此赞美他精湛的厨艺。

郑兴文也是哈尔滨最早学习掌握西餐的中国厨师之一。1909年，留美学童出身的滨江关道第三任道员施肇基派郑兴文到中东铁路宾馆学习西餐。中东铁路宾馆当时是哈尔滨第一家较为完备的宾馆，它集餐厅、舞厅、剧场、客房于一体，这里的菜点均出自俄罗斯大厨之手。

俄式菜以崭新的内容让郑兴文接触到了西餐的厨艺，着重采用牛肉、对虾、火鸡和番茄酱、黑胡椒、奶油等调料制成的煎牛肉饼、炸虾排、烤馅火鸡等滋味浓鲜、香味强烈的佳肴，其灶具、炊具和烹制方式等也都与中式餐具有所不同，郑兴文一行对各种菜肴的制作要领，烹调工具的使用都一一学会记下。郑兴文在这里学习近两个月时间，基本掌握了俄式西餐的制作，学成回府。此后西餐正式成为道台府接待外宾必备的菜肴。

郑兴文的厨艺是基于清廷皇家菜、吸收江浙（历任道台多数是来自江浙地区：如杜学瀛、李家鳌等）美食特色、引入俄式西餐，逐渐形成了具有多元文化元素的技术风格，留有时代的印记，并传承给他的后人。

1.2 第二代传人郑义林创建"老厨家"，逐渐形成郑氏家族食文化特色

所谓将门出虎子。郑义林不仅继承了父亲郑兴文精湛的庖厨手艺，更保留了追求食文化精髓的品质。在创建"老厨家"之前，他在当时位于哈尔滨市道外六道街的名店"厚德福"饭庄任掌勺大厨，在应对一次不速之客砸店时，做了一道"拔丝冰溜子"（后来被第四代传人郑树国改良为"拔丝冰棍"，现为"老厨家"的一道特色菜，成为黑龙江著名风味菜肴）。这件事一直成为后人流传的佳话，写入电视

剧《闯关东》中。身怀高超厨艺的郑义林，只担任名店掌勺大厨自然不是他的理想，因此1922年，在父亲郑兴文的支持下，终于在当时的俄国街，现在哈尔滨道里区西十道街开设了"老厨家"。在最初经营时，即采用了人性化的经营方式，对前来吃饭的客人，要求提前3天预订，并根据预订客人的年龄、籍贯、口味、喜好等，为客人准备菜肴。这种特色化经营，自然受到客人的喜好，开业不久，"老厨家"便颇具名气，并逐渐形成了以精选滨江官膳菜肴为核心的自己的经营风格和郑氏家族的食文化体系。其中以熏卤鸭、老火狮子头、糖醋瓦块鱼、鸳鸯大虾、江米肉圆、口福肘子、葱烧海参等菜最为有名。遗憾的是，随着1932年2月1日，日本侵占哈尔滨，至1938年日本占领东北期间，"老厨家"在这种殖民统治下，难以找到生存之路，历经16年风雨历程，终于以关门闭店而告终。但是郑义林敢于采取这样的人性化经营手段，当然来自于他自身具有精湛高超厨艺的自信。因此在具体经营运行中，他的厨艺、经营手段、思想开放程度等，也成为左右"老厨家"特色发展的主要因素，当然发展的局限性也取决于他的综合能力。

1.3 第三代传人郑学章的守候和坚持，使"老厨家"重树成为可能

生于、长于乱世的郑学章，想要实现祖父和父亲的遗愿，谈何容易，因此守候和坚持就是最好的保护和继承。现在看来，正是由于郑学章的守候和坚持，对"老厨家"的重树起到了承上启下的作用。郑学章在自己继承了先辈的庖厨手艺的同时，不断地潜移默化地引领着自己的儿子郑树国走向庖厨之路。可贵的是，在郑树国的学艺之路上，郑学章能够让他在继承郑氏家族食文化的基础上，跳出家族的局限，虚心向其他名厨学艺。郑学章对学艺的儿子可谓是公私分明，铁面无私，仅从在酒店学艺期间不准儿子叫他"父亲"，只能叫"师傅"，就可见一斑。郑学章秉承的是传统的"严师出高徒"的理念，所以对儿子说的最多的一句话就是："不怕没人请，就怕艺不精"。

1.4 第四代传人郑树国重树"老厨家"，践行着饮食非物质文化遗产的保护工作

郑树国的成长和成功，除他自身努力外，离不开时代的造就。从父亲身上继承了做事认真、技艺求精可贵品质的郑树国，经过多年踏实刻苦的学艺生涯，厨艺不断提升，1990年年仅22岁就担任"白天鹅大酒店"主厨，期间他不断尝试着新的菜肴，将家族传承的特色菜海参烧鹿筋、鲜果熘烧鱼等推出交流，根据客人口味不断推出长城火龙鱼、鱼跃蛙鸣等菜肴。后续几年里，郑树国又先后担任过几个大酒店的主厨，随着主厨阅历的丰富，他的思想也在不断变化。1998年，郑树国进入黑龙江商学院旅游烹饪系进修，系统接受烹饪文化的知识学习，在理论上提高自己对餐饮业的理解和认识。由此对"老厨家"所传承的手艺和承载的历史记忆，有了更深刻的热爱，认为有责任和义务将其传承下去，所以重新开设"老厨家"的想法越来越强烈，于是与父亲商议，在2000年实现了祖辈的愿望，重新树起了"老厨家"招牌。其开设的"老厨家"不仅继承了家族的菜品特色，更重要的是补充了新的内容，"老厨家"不仅是龙江老字号的家族企业品牌和产品，在全新经营理念的基础上又带给食客一种高层次有品位的食文化体验，既保留了家族式传统餐饮特色，又很好地满足了当下餐饮消费者的较高的精神享受需求。

正是由于郑氏家族近百年来对饮食文化业的特殊贡献，以及郑树国的努力和突出业绩，2003年1月，国家经贸委、中国饭店协会破格授予郑树国为"中国烹饪大师"的荣誉称号，他也是目前国内获得这一荣誉称号最年轻的人。中央电视台《人物》栏目2011年第31期为郑树国作了一期专题节目《美食世家之道台府官府菜第四代传人郑树国》。

2 "老厨家"的菜品，渗透着浓郁的官府菜特色，亦有丰富的菜品典故

"老厨家"的菜品，重在将官府菜与地方本土风味、西餐相结合。每道菜从选料、刀工、烹饪手法等都很考究。菜品的搭配也是荤素有序，口味上"中西合璧、南北交融"。主打中菜：锅包肉、熏卤鸭、啤酒鱼、菊花鱼、马上封侯、加官授禄、天龙赐福、普洱鹿肉、一品清廉、四品精华、口福肘子、吉利虾球、虞臣虾泥、鞭打春牛、什锦锅子、油炸冰棍、海参烧鹿筋、黄焖鱼翅、贡米丸子、猪头焖子、岁岁有盈余、酸瓜洋春卷、鳇鱼烧土豆……；西菜：烤奶猪、烤奶汁鳜鱼、奶汁鲍鱼、平安有余、红汁鹿肉、酥炸犴鼻、塞克飞龙、软煎大马哈、奶油山鸡脯、烤咸火鸡……。

以"老厨家"推出的鳇鱼宴、熏卤鸭、猪头焖子、锅包肉、鞭打春牛、虞臣虾泥、天龙赐福、马上封侯、加官受禄、岁岁有盈余等特色菜肴，我们从自然环境和人文环境来了解一下他所展示的东北食文化的民俗特色。

2.1 食原料以东北所产的家禽山珍野味为主，兼顾海味江鲜等其他地产食材

"靠山吃山，靠水吃水"、"一方水土养育一方人"。东北自然资源丰富，为生活在这片土地上的人们提供了丰富的食原料，这些食原料中既有大众普遍认知的动植物资源，也有一些可谓稀有的飞禽山珍。无论如何，这是当地人们赖以生存的基础。"老厨家"所用的食原料，自然要立足于本土之上，由此这也就逐渐形成了带有浓郁东北地方特色的食体系。

鳇鱼宴，主料是用产自黑龙江的大鳇鱼。清代大鳇鱼是皇家的贡鲜必品。鳇鱼宴是用鳇鱼肉、鳇鱼肚、鳇鱼翅、鳇鱼尾等部位制作的菜肴宴，堪称是宴席上的名品。

熏卤鸭，选用的鸭子，必须是生长在松花江边食江鱼长大的瘦肉型鸭。只有这种鸭子才能达到采用南方卤味和北方熏制相结合方法制作出的皮色红润、味透肌里、皮香肉嫩的美味鸭肴的奇妙效果，这是道台府首创初期的一道独具特色的风味菜。

天龙赐福，选用的鱼，是松花江所产的"三花"鱼中的最名贵的首花鳌花鱼，它是我国著名的"四大淡水名鱼"之一，以鱼肉鲜嫩，刺少肉多，味道鲜美，成为鱼中的佳品。

马上封侯，选用的食材为产自黑龙江、乌苏里江的"大马哈鱼肉"和"猴头蘑"。大马哈鱼是一种洄游鱼，是一种珍贵的经济鱼，以肉质鲜嫩，营养丰富备受人们的喜爱。而猴头蘑是一种外形酷似猴头的珍贵菌，素有"山珍猴头、海味鱼翅"之说。

2.2 菜品故事使"老厨家"菜品更具文化内涵

东北地处中国边陲，自古主要是少数民族在此生息繁衍，这些民族多以游牧渔猎方式生存成长，如满族、鄂伦春族、鄂温克族、达斡尔族、赫哲族等，他们的食文化习俗自然传承下来，影响着后续生活在这片土地上的人们。民国时期，随着"闯关东"大潮进入东北这片土地的"关内人"（山东、河北人居多）的大量涌入，他们带来的农耕文化也融入进来。加之东北紧邻俄罗斯，1898年中东铁路的修建，很多"洋人"（俄罗斯人、犹太人、法国人、日本人等）也生活在这里。这些不同文化相互交融，形成了东北既有中华血脉，又有西方风采的多元文化共存的人文环境。这些因素对"老厨家"的菜系的形成都产生了影响。正是这些文化因素，使得"老厨家"的特色菜，不仅仅是人们的吃食，更有了故事和生命。

　　"老厨家"创始人郑兴文生活在清末，在担任官厨期间，揣度官员及客人的需求制作菜肴，是非常重要的，于是很多有故事和生命的菜肴也就诞生传承下来，成为"老厨家"的精髓和生命。比如天龙赐福、加官授禄、马上封侯、锅包肉等等。

　　天龙赐福就是郑兴文在光绪三十三年腊月为哈尔滨首任道台杜学瀛而制作的。杜学瀛将光绪皇帝御赐题写的"福"字装裱悬挂在道台府会客厅的墙上，以此感谢皇恩。郑兴文为此创造了"天龙赐福"这道吉祥菜，选料用松花江所产的鳌花鱼去骨剃刺，将鱼身盘成银龙状，入锅清蒸定型，附上肉皮上刻有万福图案红烧后的方块猪肉（猪头是满族人的福肉），盛盘。郑兴文赢得了杜学瀛的赞许。

　　马上封侯和加官授禄这两道菜，都是郑兴文在清朝宣统二年秋天，为哈尔滨关道第三任道台施肇基应宣统皇帝爱新觉罗·溥仪传旨应诏入京而制作的，取其意思为一切祥顺和官上加官。这样寓意深厚的菜肴，自然也受到后人的喜欢。

　　锅包肉是"老厨家"的招牌菜。这道菜是融入俄罗斯客人的口味将咸鲜的"焦炒肉片"改良成酸甜口味而成的，现在这道菜也成了东北的特色菜。还有很多这样中西合璧口味的菜，如烤奶汁鱼、烤酿馅小鸡、酸瓜洋春卷、俄式罐焖菜等，他们是中俄文化交流的产物，当然也是东北食文化习俗的一个内容。

　　如今历经百年四代传承的"老厨家"已经逐渐形成了以"中西合璧、南北交融"为特色的饮食文化体系。这是珍贵的东北饮食文化遗产和历史记忆。第四代传人郑树国立志将"老厨家"非遗文化保护工作做下去，其尝试的"博物馆"里品美食，"老饭店"中看历史的"哈尔滨首家饮食文化体验馆"的经营模式，已经初见成效，并被人们接受和认可。当然，作为黑龙江省级非物质文化遗产，尚有许多后续保护和传承工作要做，这条路任重道远。

参考文献

[1] 中央电视台. 中东铁路: 第三集.2013-01-30.

[2] 王俊良撰. 清史稿·地理志. 长春: 吉林人民出版社, 2002.

[3] 根据黑龙江省文史研究馆馆员何宏研究整理提供。

[4] 2011年中央电视台《人物》栏目《美食世家》第31期制作了"中国最年轻的烹饪大师郑树国"专题节目——"美食世家之道台府官府菜第四代传人郑树国"。

扬州饮食史的分期与淮扬饮食风味的形成

周爱东

（扬州大学，江苏 扬州 225000）

摘 要：扬州的发展是与运河的发展紧密联系的，饮食的内容也不例外。以运河发展的几个阶段来为扬州饮食史进行分期，更切合扬州城市的历史，更能反映扬州饮食史的发展脉络。按运河的发展阶段，扬州饮食史可分为淮夷时期、邗沟时期、隋运河时期、元运河时期以及后运河时期。淮夷时期除地理环境外，对后来的扬州饮食史没有太大影响；邗沟时期是扬州饮食深受吴楚地区的影响；隋运河时期，扬州与中原地区的食物交流较多；元运河时期是扬州饮食文化登上巅峰的黄金时期；后运河时期，扬州饮食随着运河的衰落一起衰落。

关键词：扬州；饮食史；分期；大运河

饮食史不像历史朝代那样可以清楚地断代。因为饮食的制度、内容、方式有着一定的连续性和习惯性，还有着很强的地域特性，不会随朝代的更替而变化，所以对饮食史的分期会有着较大的分歧。但如果不作分期的话，对饮食文化的发展轨迹又不易阐明。关于中国饮食史的分期，有着多种版本，有按朝代分的，也有按烹饪器具来分的，都有各自的道理。那些分期方法，用在全国的大环境中是可以的，但不适合于一个具体地域。扬州饮食史应该有自己的分期方法。

饮食史的源头不一定就是地方风味的源头。一个地方饮食风味的形成有三个要素：地域气候、人群食俗、物产物流，这三个要素都是可变的。地域虽基本不变，但气候冷暖干湿是有变化的，这会影响到物产与食俗；人群会因人口迁徙和商业活动而发生变化，这必然带来饮食风俗与食物生产技术的变化；物产物流决定了一个地方的食物资源的丰富程度。这三者之中，人群又是最主要的，是饮食风味的主体。下面，就结合扬州饮食史的分期来探讨一下扬州饮食风味的形成问题。

1 以运河的发展情况对扬州饮食史进行分期

扬州是运河城市，因运河而兴盛，也因运河而衰落。饮食史某种程度上其实也是经济史，而运河正是牵动扬州经济的一根主线。依据这条主线，大约可将扬州饮食史分为这么几个阶段：淮夷时期、邗沟时期、隋运河时期、元运河时期以及后运河时期。

淮夷时期可算是扬州饮食史上的原始阶段。淮夷是江淮地区的古老民族，大约在商周时期逐渐融入华夏。这一时期的江淮地区交通极为不便，与文明程度高度发达的中原地区的交流也不是很多，饮食饭稻羹鱼，基本上不受外来饮食文化的影响。此时的扬州只是"淮海惟扬州"的广袤大地上不太重要的一块地方。

作者简介：周爱东（1961— ），男，扬州大学讲师。研究方向：烹饪工艺、饮食人类学、饮食文化产业。

邗沟时期是扬州饮食史真正的开端。春秋时，吴王夫差北上争霸，"城邗，沟通江、淮"。《左传》杜预注：吴"于邗筑城穿沟，东北通射阳湖，西北至末口入淮，通粮道也。"[1]有了这条水道，江南的米就比较容易运到齐鲁及中原地区，反过来也一样，中原的麦子也容易运到江南。邗沟使江淮地区成为南来北往的重要地区。西汉时，吴王刘濞的多年经营，使得这里成为东南最富庶的地区，饮食文化曾到达一个相当的高度，这一点可从汉赋名篇《七发》中看到。三国魏晋南北朝时期，扬州地区成战争的前线，地方人口多次被迁移，而且邗沟本身也因缺少维护而堵塞。《水经·淮水注》中即有"江都水断"的记载。[1]扬州饮食文化一定程度上受此影响。

隋运河时期是扬州饮食史上的第一个黄金时期。隋炀帝开通的大运河将扬州与中原连接起来。从隋到宋，这条大运河既为扬州带来了中原的文化与物产，也向中原输送了自己的文化与物产。这一时期，扬州地区在盛唐富宋的大环境中继续发展，而中国的经济与文化中心正逐渐向东南转移。扬州饮食的名气正由城市级升为地区级，但是后期的宋金、宋元对峙使扬州地区再成战争前沿，饮食发展停滞。

元运河时期把扬州饮食文化推上了历史的最高峰。蒙古族统治者将都城定在大都，原来通向中原的运河就不太适用了，于是将运河拉直成一条纵贯南北的水上通道。之后的明、清两朝用的是元朝的都城，扬州的地位由元至清日益重要，大量的富商巨贾和文化名流聚集在这里，从经济、文化两个方面推动饮食文化走向极盛，淮扬菜的得名也在这一阶段。这一时期，扬州的发展有了新的面貌。此前，扬州地区通过运河与中原地区联系较多。而此后，与山东、河北、京、津的联系渐多，饮食文化中也多了一些北方元素。

后运河时期，扬州饮食文化逐渐衰落。清道光时期的盐法改革让两淮盐商手中的盐引一夜之间变成废纸，也让很多人的财富一夜之间蒸发。这是扬州衰落之始，但还不是最致命的打击。力度最大的打击来自于外部环境的变化。鸦片战争后，上海逐渐崛起，海运、铁路取代了运河、长江的地位，扬州才是真的衰落了。在这当中，更有太平天国对扬州雪上加霜的打击。当时，扬州正是清军与太平军对峙的前线。受此打击之后，扬州经历了近一个世纪的衰落。可以说，是运河与长江交通地位的衰落带来了扬州的衰落。

上面简单地介绍了运河与扬州地区的关系。基本上来说，扬州地区文化、经济的发展客观存在着运河节奏，运河兴，扬州兴，运河衰，扬州衰。所以，以运河的兴衰来给扬州饮食史分期，更能弄清楚扬州饮食文化发展的脉络。

2 淮夷时期的扬州饮食

淮夷人的饮食无法从文字记载中来考证，但是从历史的一鳞半爪中，我们还是可以发现一些痕迹。

从字形上来看，"夷"字像一个人背了一张弓，所以有学者推测，他们很可能是以打猎为生的民族。从考古成果来看，麋鹿是夷人主要的猎物之一。江淮间的青墩遗址曾出土了一些带有契刻画纹的麋鹿角枝，仪征市陈集乡的神墩遗址出土了麋鹿角制成的"骨戈"[2]。由此可以推测，当时人有可能是将麋鹿作为食物来源的。

从地理位置来看，淮夷生活的江淮地区是个水网密布的鱼米之乡。在原始社会，这里就已经开始有了农业文明，在高邮的龙虬庄新石器时代文化遗址中发现了已经炭化的、人工种植的、被驯化的稻种。

《史记》说"楚越之地，地广人稀，饭稻羹鱼，或火耕而水耨，果隋嬴蛤"，[3]这里的楚越之地也包括广陵。当时的扬州还是一个滨海的地区，高邮、宝应、兴化一带的湖泊群体在六七千年前曾是黄海浅海湾。如今人们还能发现这些地区湖泊的沉积层中还夹有较厚的蚌壳、螺壳层，并常伴有麋鹿亚化石出土，而扬州与镇江之间的长江原是长江入海的河口段。现在扬州地区发现的春秋时期及两汉遗址都在蜀冈之上，因为蜀冈以东的地方当时还是一片沼泽或沙滩。这样的地理位置说明，扬州人"饭稻羹鱼"的"鱼"可能有相当一部分是海鱼。

从上面所说的两点来看，淮夷原本是以渔猎为生的民族。随着后世江淮地区人口的增加，可供猎食的动物越来越少，而海岸线的东移使得土地越来越多，所以农业取代了狩猎，成为人们获得食物的主要方式。淮夷的饮食文明到底达到了一个什么样的高度？从文化交流来说，淮夷和中原的夏、商、周有着一千多年的冲突与融合。在这个过程中，淮夷吸收了一些中原的文明。淮夷的文明程度大概相当于新石器时期。

对于新旧石器时期的人类饮食，专家们常用火燔熟食来描述，但是我们从高邮龙虬庄遗址出土的食器来看，淮夷的文明程度已经相当高了，几乎与中原地区的民族同步。龙虬庄出土的饮食器具有罐、盆、豆、盘、釜、甑，组合在一起分明已经可以看见先民们饮宴时的场景。这些器具说明当时已经有了饮食的礼仪，也说明当时食物的类型开始丰富起来。罐与盆用来盛汤水多的食物，豆与盘用来盛汤水少的食物，食物类型的丰富则说明先民们已经掌握了一些烹饪的技艺。周武王建立周朝后，将自己的小儿子分封到邗，是为邗国，在饮食的制度上一定更加完善。由于地处偏僻，邗国肯定不会有周王室的饮食排场，也不一定与周王室有同样的制度，但是作为一个诸侯国的基本饮食礼仪是不会少的。

3 邗沟时期的饮食

夫差凿邗沟，建邗城，此后这里成为吴国北伐的重要基地。驻于邗城的吴国军队带来了一些江南的风味。吴国灭亡后，扬州地区相继为越、楚所占。这两个春秋强国在地域上都是扬州的邻邦，饮食文化会有一些交流。淮河是中国的南北分界线，淮河以北，交通主要靠马；淮河向南，交通主要靠船。可以说，淮安是最南的北方，而扬州则是最北的南方。地缘因素再加上邗沟的影响，奠定了后来扬州饮食南北皆宜的基本风格——以江淮风味为主，杂以江南风味。

记载这一时期扬州饮食最详细的是汉代辞赋家枚乘的名作《七发》。在赋中，他假托吴客向病中的楚太子游说，通过他的一番说辞，楚太子病体霍然而愈。他推荐给楚太子的饮食是："犓牛之腴，菜以笋蒲。肥狗之和，冒以山肤。楚苗之食，安胡之饭，抟之不解，一啜而散。于是使伊尹煎熬，易牙调和。熊蹯之臑，芍药之酱。薄耆之炙，鲜鲤之鲙。秋黄之苏，白露之茹。兰英之酒，酌以涤口。山梁之餐，豢豹之胎。小饭大歠，如汤沃雪。此亦天下之至美也，太子能强起尝之乎？"[4]虽说赋多夸饰之辞，但以吴国之富有，枚乘所说的这些食物应该是比较可靠的。枚乘是淮安人，曾为吴王刘濞臣，那么他所说的这些饮食很可能是吴王日常饮食中常见的。从引文来看，当时吴国常见的美味原料有肥牛、肥狗、熊掌、竹笋、蒲菜、楚苗、菰米、鲤鱼、豹胎等，常见的调味品有苏、茹、芍药做的酱及兰花香型的酒等。这些食物的原料基本是江淮地区所产，有些今天已经看不到了，如熊掌豹胎等；有些现在还是有名的美食，如蒲菜；有些现在已经改变了食用的部位，如菰米，现在食用的是其变异的茎，称茭白。

从枚乘的描述来看，当时的吴地不仅食物丰富，而且已经非常讲究食物之间的搭配。细嫩的肥牛适合配清鲜的竹笋、蒲菜；肥美的狗肉需要用石耳来搭配。 而对于鱼脍的食用方法，枚乘讲得尤其有滋有味。他说在吃鱼脍的时候要用"苏、茹"来调味，吃过之后，再喝一口有兰花香气的酒来去掉嘴里生肉的腥味。苏、茹是辛香味的调料，酒是兰花香型，正好用来清除鱼脍留在口中的腥味。这样吃鱼脍的程序很能让人感受到食物之美，并且爱不释口。

鱼脍美味，以至于有因为吃鱼脍而伤身体的人。据《后汉书·华佗传》记载："广陵太守陈登忽患胸中烦懑，面赤，不食。佗脉之，曰：'府君胃中有虫，欲成内疽，腥物所为也。'即作汤二升，再服，须臾，吐出三升许虫，头赤而动，半身犹是生鱼脍，所苦便愈。佗曰：'此病后三期当发，遇良医可救。'登至期疾动，时佗不在，遂死。"[5]生鱼脍变化为虫当然是有些荒诞的说法，但当时鱼脍是很受人欢迎的美食，华佗长期行医，应该经常接触到各种寄生虫病，陈登的症状很像是被生鱼脍里的寄生虫感染了。

汉代中国人开始饮茶，淮、扬地区不仅饮茶，也是茶叶的产地。据陆羽《茶经》引《淮阴图经》："山阳县南二十里有茶坡。"[6]山阳县，即是今天的淮安。扬州产茶的记载较晚，但是从地理位置与环境来说，扬州在淮安的南方，且多丘陵，比淮安更适合茶叶生长。

饮食器具最能看出一个地方生活条件的高低与饮食的奢华程度。看一下扬州出土的两汉时期的主要饮食器具：1983年在扬州的杨庙乡李巷西汉墓出土了温酒用的铜鋞；1985年在杨寿乡宝女墩新莽墓出土了"广陵服食官"铜鼎；1988年甘泉乡姚庄102号西汉墓出土了类似于火锅的桌用铜染炉；1990年在甘泉乡秦庄西汉墓出土了铜鼎、彩绘银扣漆碗、朱漆碗、漆耳杯、鸟纹铺首系釉陶壶；1990年杨庙乡燕庄西汉墓出土了盛酒的铜钟（壶）、铜卮；1991年甘泉乡巴家墩西汉墓出土了战国风格的蟠螭纹铜盉、玉卮；1992年甘泉乡六里西汉墓出土了铜鋗镂、彩绘涂金饰蒂云气纹漆耳杯；1996年甘泉乡姚湾西汉墓出土了铜鐎；2004年杨庙镇五庙"刘毋智"西汉墓出土了彩绘云气纹漆卮；1980年甘泉乡香巷东汉墓出土了青瓷四系罐。[7]此外还出土了其他的一些饮食器具。如果将这些食器组合在一起，我们就可以想象一场排场奢华的汉代盛宴了。

这些出土的食器在饮食史上各有其重要意义。从材质上来说，青铜器与漆器占了很大部分。青铜器是商周留传下来的贵族身份的象征，很适合扬州的那些王侯贵族。有些青铜器明显是战国时楚地的艺术风格。"广陵服食官"铜鼎则与河北平山出土的一件黑陶鼎非常相似，这说明扬州与北方存在着饮食文化的交流。漆器是战国到汉代南方流行的食器，扬州的漆器从那时起工艺水平就很高，后来也一直是中国重要的漆器生产基地。饮酒所用的耳杯是汉代通行的样式，与长沙马王堆汉墓出土的耳杯造型完全一样。耳杯在南北朝时期还存在，不过材质已经发生变化，出现了青瓷耳杯，还多了一个圆形的杯托。那件青瓷四系罐是用来盛水的。在汉代，青瓷器还是比较名贵的器皿，晋代杜育在《荈赋》中说喝茶要用东南所产的陶器，就是指青瓷的茶具。卮的造型比中原地区的要胖些、矮些，但把手完全一样。最值得一提的是铜染炉，最下面是一个方盘，盘上放了一只炉子，炉子上放了一铜耳杯，这完全就是后来火锅的造型。看到这炉子，完全可以合理地想象一下：扬州在那个时候可能已经有火锅这种烹调、进食的方式了。不过，也有另一种可能：这个铜炉是冬天用来温酒的，因为耳杯是用来喝酒的。

4 隋运河时期的饮食

隋炀帝开通的运河将长江、淮河、泗水、汴水全部联通，由此直到元朝时，扬州饮食一直与中原饮食相互影响。

凿通运河以后，隋炀帝巡幸江都，所过州县，竞相献食，周边地区向扬州的进贡队伍络绎不绝。珍馐异味不可胜数，吃不完的便一埋了之，其奢侈程度令人唱叹不已，而江淮地区的富庶也由此可见一斑。

在隋唐以前，淮、扬地区饮食的基本风格是朴素，除去用料与风味，意趣上与其他地方并无太大的区别。但到了隋唐，扬州饮食开始表现出其精雅的风格。《大业拾遗记》记江南作鲈鱼脍："须九月霜下之时，收鲈鱼三尺以下者作干脍。浸渍讫，布裹沥水令尽，散置盘内。取香柔花叶相间细切，和脍，拨令调匀。霜后鲈鱼，肉白如雪，不腥。所谓'金齑玉脍，东南佳味也'。"《隋唐嘉话》则说金齑玉脍是用细切的橙丝与霜后的鲈鱼拌在一起的。[8]雪白的鲈鱼肉与香柔花叶及金灿灿的橙丝做成的齑拌在一起，脍白如玉、齑色如金，看起来非常的富丽堂皇。隋唐时，社会富裕，上流社会的饮食极尽奢华，重视装饰，扬州饮食也受这种风气的影响。《清异录》中记载，隋炀帝幸江都时，吴地人进贡糟蟹、糖蟹，上桌之前，一定要将蟹壳擦拭干净，再用金缕做成的"龙、凤、花、云"图案贴在上面。[8]这样奢华的饮食装饰是空前的，开了后来食物装饰的先河，也开了扬州奢华的饮食风气。

唐代淮、扬地区的繁荣准确地来说是始于安史之乱。安史之乱时，中原及关中地区的大户人家不少来到这里避难，带来了扬州畸形的繁荣，这种繁荣一直保持到唐末。日本和尚圆仁的《入唐求法巡礼行记》记载了扬州开成三年岁末的景象："二十九日暮际，道俗共烧纸钱，俗家后夜烧竹与爆，声道万岁。街店之内，百种饭食，异常弥满。"[8]开成是唐文宗的年号，时在公元818年。中晚唐时，扬州也有不少来自新罗、日本的留学生。韩国文化名人崔致远就曾在扬州任职多年。因此，相互之间有交流完全是很正常的。有交流的还不只是朝鲜与日本，还有很多的波斯人、大食人、新罗人、婆罗门人。晚唐时，扬州动乱，叛将田神功大掠扬州，城中被杀的波斯商人达数千人，可见来扬州的波斯人之多。晚唐时期，扬州完全就是一个国际化的大都市，圆仁和尚所说的"百种饭食"应该也包括海外各国的饮食。

北宋时期的扬州经济依旧繁盛，但有关扬州饮食的资料出奇地少。是因为扬州不再出产美食了，还是因为人们不关注扬州美食了呢？这个问题需要放在大的时代背景下来说。中唐以后，中国的经济中心逐渐向江浙转移。但是在北宋时期，中原地区的经济、文化依旧繁盛，非江浙可比，而且相对于积弱的军事，经济文化的繁荣达到了一个空前的高度。这时候的江淮地区虽然因运河而地位突显，文化地位也比唐朝时有所提高，著名的苏门四学士有两人是这里的——张耒是淮安人、秦观是高邮人，但总体来说仍处于文化的边缘地区。北宋灭亡后，扬州成了南宋与金、宋元对峙的前线，百业凋敝，饮食文化上一无可述。

5 元运河时期的饮食

元朝时，扬州作为东南重镇很受朝廷重视，在这里设"江淮都转运盐使司""江淮榷茶都转运使司""行御史台"等等重要的职司部门。元世祖至元二十一年，皇九子镇南王脱欢出镇扬州。史书上说脱欢是因为征安南失利而失宠于元世祖，被逐出京城，以镇南王之爵来到扬州的。但史书也记载脱欢来扬州两年后的至元二十三年，朝廷将江淮行省的置所从杭州迁回了扬州，可见朝廷对于脱欢与扬州的地位还是比较看重的。扬州这时已经是东南的经济中心了，再加上诸多重要部门及镇南王府在，饮食市场的繁荣可想而知。

关于元代的扬州饮食，历来研究者提到的不是太多，原因是正史、野史中相关资料太少。但是在元曲中有一条资料，对当时扬州的饮食状况作了一番概述，让今人可以一睹当年的繁盛。这就是元代剧作家乔吉在《杜牧之诗酒扬州梦》中所写的《混江龙》曲：

"江山如旧，竹西歌吹古扬州，三分明月，十里红楼。绿水芳塘浮玉榜，珠帘绣幕上金钩。（家童云）相公，看了此处景致，端的是繁华胜地也。（正末唱）列一百二十行经商财货，润八万四千户人物风流。平山堂，观音阁，闲花野草；九曲池，小金山，浴鹭眠鸥；马市街，米市街，如龙马聚；天宁寺，咸宁寺，似蚁人稠。茶房内，泛松风，香酥凤髓；酒楼上，歌桂月，檀板莺喉；接前厅，通后阁，马蹄阶砌；近雕阑，穿玉户，龟背球楼。金盘露，琼花露，酿成佳酝；大官羊，柳蒸羊，馔列珍馐。看官声，惯弹袖，垂肩蹴鞠；喜教坊，善清歌，妙舞俳优。大都来一个个着轻纱，笼异锦，齐臻臻的按春秋；理繁弦，吹急管，闹吵吵的无昏昼。弃万两斥资黄金买笑，拼百段大设设红锦缠头。"[9]

虽是概说，这段文字中还是可以看出当时扬州饮食的一些细节来。"接前厅，通后阁"、"近雕阑，穿玉户"说的是茶房酒楼的规模；"金盘露，琼花露"、"大官羊，柳蒸羊"说的是美酒与佳肴。看起来，当时扬州餐馆不只有美酒佳肴，还可以依红偎翠，拨阮调弦，餐饮的文化是比较发达的。

引文中"大官羊"是北宋时期就流行的名菜，直到明朝，还有不少诗人在吟咏它。黄庭坚就曾在诗中写过："春风饱识大官羊"。据邱庞同先生的《中国菜肴史》介绍，柳蒸羊[8]是元朝的菜。它的制法很特别，是将带毛的羊放入地炉中，地炉中有烧红的石头，以柳子盖覆，焖烤而成。这种做法应该是蒙古人发明的。这个方法很明显不是蒸，但也不同于明火烤，这里的"蒸"应该是"焖"的意思，后来北京的焖炉烤鸭制法与它相似。

明清是扬州美食的鼎盛时期，但并不是一开始就达到高峰的。比如，在明代的隆庆、万历初年，扬州兴化地区的宴席就比较简陋。四个人一席，每席只有五个菜和五六碟点心和果品，饮酒也不多。清代康乾初期，扬州城里的饮食虽然奢侈，但乡村地区还是比较简朴的，饮酒常常是用一只酒杯，依次传饮，著名学者焦循的家乡就是这样的。

明朝初年，朝廷招募了很多盐商到西北边远的地方，称之为商屯，而到弘治时，叶淇变法以后，商人们无利可图，原来江淮的商人纷纷撤资回到江淮地区，就连西北的商人们也随着一起迁居到扬州一带。从明朝到清朝，来往扬州的商人以晋商、徽商、浙商为主。这些商人的到来，使得扬州经济进入烈火烹油般的鼎盛时期。

明万历《扬州府志》说："扬州饮食华侈、制度精巧。市肆百品，夸视江表。市脯有白瀹肉、燋炕鸡鸭，汤饼有温淘、冷淘，或用诸肉杂河豚、虾、鳝为之，又有春茧鳞鳞饼、雪花薄脆、果馅餶飿、粽子、粲粉丸、馄饨、炙糕、一捻酥、麻叶子、剪花糖诸类，皆以扬仪为胜。"[8]这是当时扬州面食小吃的概况。由此可以知道，当时扬州饮食市场上面条（温淘、冷淘都是面条）、点心的品种相当丰富。到清代，扬州食肆中面馆非常兴盛，看来这基础在明代就已经奠定了。清代的面馆投资者往往是那些拥有巨资的商人，可见财富力量对美食文化的影响。盐商的饮食尤其奢侈，时人说他们饮食器具、备求工巧，宴会戏游，殆无虚日。

商人的财富给扬州带来的不仅是饮食的精美奢侈，更有就餐环境、饮食排场等方面的影响。这些商人们在扬州建造园林，当他们家道败落之后，好些园林又被后来者用来开设酒肆茶坊。扬州在唐及北宋时曾有茶产业，南宋以后就衰落了。到清朝时，茶叶生产没有再出现唐宋时的盛况，但茶肆却异常发达，李斗在《扬州画舫录》中说："吾乡茶肆，甲于天下。"自唐宋以后，茶肆就是中国人交流信息的场所，越是商业发达的地方，茶肆就越发达。

商人们也推动了扬州饮食的雅化。在扬州的徽商中多有饱学之士，如马曰琯兄弟等。在他们的周围也聚集了一批文人雅士。他们的饮食活动是伴随着文学艺术活动一起进行的。此外，扬州的一些行政长官还常常召集文宴雅集。后人说扬州菜是文人菜，其实扬州菜的首要元素是"富"，而后才是"文"。

帝王巡幸为扬州饮食带来了"贵"气。帝王的饮食首先是由官方出面安排的，其饮食排场是从京城带来的。皇帝在扬州的饮食不光是在行宫里，很多是安排在盐商家里的。这时候，平常那些精美的饮食就需要进行"礼"的包装，要合乎制度。最大的饮食排场当数满汉席。一开始，这是为皇帝六官百司装备的饮食，但当皇帝不再巡幸扬州，满汉席就逐渐成为商贾官员接风饯行的排场了，那种气焰熏天的富贵非一般人家可以想象。满汉席在清朝末年成为顶级奢华饮食的代名词，不过终不是扬州饮食的主流。

《调鼎集》是一本清代菜谱大观的著作，也是清代的一部奇书。关于这本书的作者，学术界是有分歧的。《调鼎集》共十卷，所收录的饮食大多数是江浙地区的。现代扬州最脍炙人口的美食大多数在书中都收录了。如文思豆腐、葵花大斩肉、芙蓉蛋、干菜蒸肉、粉蒸肉、徽州肉圆、蒸猪头、套鸭、蒸鲥鱼、荷包鲫鱼、酥鲫鱼等等。在筵席部分还分别出现了汉席与满席。由此可知，当时扬州上层社会的饮食有可能是按民族分的，用满席招待满人，用汉席招待汉人。这在清朝初期是很常见的情况，很多地方都有满席与汉席。

6 后运河时期的饮食

在明清扬州鼎盛时期，扬州美食制作的主力军，开始并不全是扬州本地人，而是那些富商或官僚带来的家厨。但到了嘉道时期，这些商人在扬州生活日久，他们的家厨也逐渐本土化。扬州衰落的时候，扬州本地的名厨纷纷外出去讨生活，很多人去了上海。20世纪50年代，上海著名的"莫有财厨房"创建人就是扬州著名厨师莫德峻、莫有赓、莫有财、莫有源父子四人，就曾经长期在银行和私人公馆厨房负责烹饪。1950年6月，他们在宁波路上海银行大楼三楼上的上海纱厂工商界人士联合俱乐部内开设了一个公馆式的厨房，可容纳四五十人就餐。后来公私合营，成立了扬州饭店，成为沪上扬州菜的领头羊。

扬州的名厨纷纷外出谋生计，更扩大了扬州菜在外的影响。《清稗类抄》在谈到饮食时就在多处提到扬州。光绪年间的《食品佳味备览》记载："扬州厨子做鱼翅最好，保定府次之，天津又次之。扬州的车螯最好，天下皆无。扬州的汤包好。邵伯湖的双黄蛋好。"[8]对扬州饮食赞誉颇多，这与扬州厨师在各地的辛勤工作是分不开的。

扬州厨师大量外流，但也有很多外地厨师流入扬州。比如《食品佳味备览》里说的"扬州的汤包好"，这汤包就是淮安的厨师传来的，后来朱自清先生还在文章中说到过这件事，并说出"扬州人不得掠美"的话来，可见当时扬州人已经将"汤包"视作本土的美食了。其他地方的厨师也有在扬州做得很出名的，如晚清时在教场开"惜馀春"餐馆的福建人高乃超。据记载，现在的扬州名点翡翠烧卖等就出自惜馀春。

1983年，恢复高考后不久，扬州发生了一件在饮食界与教育界都有轰动效应的大事：经国家教育部批准，江苏商业专科学校成立了"中国烹饪系"。饮食问题居然可以拿到大学校园里去研究！烹饪技艺居然可以拿到大学课堂上去传授！孟子说过："饮食之人，则人贱之。"这使得中国几千年的历史中，堂堂正正研究饮食的著作寥若晨星。烹饪进入高等教育的行列，使扬州再一次站在了饮食文化的前列。随着近些年扬州及周边地区经济的不断发展，扬州饮食的再度辉煌已是指日可待。

红楼宴的研制是后运河时期扬州饮食史上的第一件盛事，它不仅动员了本地的学者与名厨，还把全国的红学家、新闻媒体与演艺明星都调动起来了。为红楼宴进行鼓与呼的著名学者有冯其庸、李希凡、曲沐、王世襄、王利器、邓云乡、周绍良等人。在20世纪80年代中期至90年代初，全国红学会多次在扬州举行大型的学术研讨会。报道扬州红楼宴的媒体有《人民日报·海外版》《解放日报》《新华日报》《中国食品报》《中国旅游报》《人民文学》《红楼梦学刊》等30多家报刊；中央电视台、中国教育电视台、江苏电视台、广州电视台等都作了报道；国外，美国的《纽约时报》、新加坡的《联合早报》、日本的《朝日新闻》、澳大利亚的《堪培拉时报》也都作了报道。宣传的力度可以用铺天盖地来形容。

淮扬菜之乡的论证是现代扬州饮食发展中的又一件大事。2001年，扬州获得了中国烹饪协会颁发的"扬州——淮扬菜之乡"的美誉。扬州"三把刀"再度引人注目，声誉鹊起。淮扬菜是自晚清民国以来，人们对江淮地区美食的一个总的称呼。因为这一地区中，北边的淮安与南边的扬州都是饮食文化极其发达的地方，所以就用作江淮美食的代表了。淮扬菜之乡是中国菜系之乡的滥觞，其论证活动集中了中国饮食文化、民俗文化研究的一大批专家。

7 结论

从扬州的历史来看，有魏晋南北朝、五代十国、南宋与金元对峙三个大的战乱时期。在这些时期，扬州本地人口流散，百业凋敝，饮食文化的发展出现了断层。因此，按照朝代兴替作为扬州饮食史分期的标准，不能准确地展现扬州饮食史发展的状况。而以运河的发展史来观照扬州饮食史，则脉络非常清楚。

在没有运河的淮夷时期，扬州与外地饮食的交流非常少；吴王开了邗沟，扬州成为南方政权北上的重要口岸，扬州与南方的饮食交流也相应地多起来，当然更多的是与其北方淮安、齐鲁地区的饮食交流变得频繁；隋运河的开通，把扬州与洛阳乃至长安联系起来，扬州成为东南的重要商埠，国内外商贾云集于此，各地饮食也在这里交流融合；元代大运河贯通南北，此后扬州作为东南经济中心的地位已经不可动摇，加上元、明、清三朝没有长时间的战乱，扬州菜的整体风貌逐渐形成，与北邻的淮安一起成为淮扬菜的代表；后运河时期，扬州的饮食市场在萎缩，扬州饮食文化的黄金时期结束了，但是随着厨师的外流，扬州饮食在国内外的名气却是越来越响亮了。这一时期，烹饪进入高等教育的序列，使得扬州饮食文化再一次站在中国饮食文化的前列。

参考文献

[1] 陈桥驿. 中国运河开发史, 北京: 中华书局, 2008.

[2] 司马迁. 史记. 杭州: 浙江古籍出版社, 2000.

[3] 枚乘. 七发. 北京: 中华书局, 1959.

[4] 范晔. 后汉书. 杭州: 浙江古籍出版社, 2000.

[5] 吴觉农. 茶经述评. 北京: 中国农业出版社, 2005.

[6] 张元华. 邗江出土文物精萃. 扬州: 广陵书社, 2005.

[7] 邱庞同. 中国菜肴史. 青岛: 青岛出版社, 2001.

广西地区多元饮食文化现象浅析

黄　傲　陈祖福　林叶新　杨　恬

（1.广西民族大学相思湖学院，广西　南宁　530008；2.南宁职业技术学院，广西　南宁　530008；3.广西青少年发展基金会，广西　南宁　530021）

摘　要： 广西地处中央政权所能控制的最南端，是少数民族杂居的区域，自古未形成足具影响力的中心文化圈，因其历史上先后受周边南越国、南诏国、大理国、楚国和本土土司文化的影响，形成了丰富多元的饮食文化特点。本文将按照地理方位次序，通过史料考析、遗存研究、文化钩沉等方式，对广西不同地区的食源、食涵、食器、食习等文化内涵进行探究，并通过历史事项来分析广西多元饮食文化的成因。

关键词： 广西，多元，饮食文化，浅析

中国不缺丰富的饮食文化，缺少的是对饮食文化的研究。纵观近年来关于饮食文化研究越趋成熟，关于菜系划分与饮食文化圈的分划可谓众说纷纭。但对于广西饮食文化的研究却在少数。现代通信技术的进步和交通运输方式便捷的同时，在封闭的边陲山区均引入了现代化的生活方式与技术。但在发展科学技术改进生活的同时应思考如何保护曾经传统的文化底蕴，因此要跟上国际潮流，必须在挖掘中华民族源远流长的饮食文化的同时，应对其进行深入的剖析研究。

1 中原饮食文化南传与广西饮食文化概述

华夏自古便是礼仪之邦，礼制发乎饮食。无论待人接物抑或宴请宾客，东道主皆尽其所，落席与上菜均讲究礼制。贵客或主宾坐上席，左边入座等。同时作为历史悠远的古农业大国，自汉朝便有为当权统治者所倡导的"民以食为天"的惜粮悯农价值观。对中华饮食文化的不了解，自然无法深入探析其蕴含着艺术与礼制，同样也无法理解国以农为本的民天大业。

1.1 中原饮食文化南传

山东齐鲁文化，河北燕赵文化，湖北荆楚文化，河洛文化亦可成为中原文化的代称。自从夏商文化伊始中原文化便从河洛一带扩张开来，其扩散原因除了中原地区文化具有先进性，各王朝的统治者将其作为正统文化的原因之外，战乱或灾荒也是使得中原文化南迁的原因[1]。文化迁徙必带着饮食文化的扩散与传播。《过秦论》载秦始皇："南取百越之地，以为桂林、象郡"，中央王朝首次将岭南纳入中国的领土管辖

作者简介： 黄傲（1979—　），男，回族，讲师，广西桂林市人，广西民族大学相思湖学院烹饪与营养教研室主任，2014—2015年武汉大学访问学者。主要从事广西饮食文化与人群营养、体质健康方面研究。

基金项目： 广西壮族自治区哲学社会科学规划研究课题资助项目，项目编号：15BSH008；广西青少年发展基金会哲学社会科学研究课题资助项目，项目编号：SHJ2015003.

范围。中原饮食文化亦同战争在汉族人民的进军下带入了南蛮之地，驻守的官兵、流民与岭南独特的民族文化交融碰撞产生出绚丽的文化火花。永嘉之乱使得许多黎民百姓迁徙到了长江一带，出现了一波前所未有的全国性的人口流动。五胡乱华，永嘉南渡，江南一带与少数民族入侵的中原隔江对峙[2]。中原人士至此流入江南，他们带来的饮食文化与当地饮食文化产生了大融合。及至安史之乱后经济重心南移，水稻逐渐的取代了粟在全国粮食生产中的首要地位[3]。建炎南渡造成大量的中原学者南迁，对江南的经济文化产生显著的影响[4]。崖山海战标志着南宋政权的灭亡，也正因这一历史事件——南宋朝廷被迫一路南逃到崖山一带，从而也带动了中

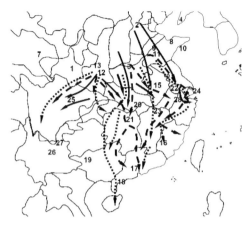

图1　中原人口南迁示意图

原饮食文化的加速南传。图1显示了三次汉族大迁徙的南迁路线，第一次大规模迁移潮在西晋时期的永嘉之乱时发生，第二次迁移潮发生在唐代的安史之乱时期，第三次迁移潮即建炎南渡。图一的实线，长划虚线和短划虚线箭头分别指第一，第二和第三次大规模的迁移潮[5]。因此，中国饮食文化南传从人口迁徙的角度考证，据南征百越、永嘉南渡、安史之乱、建炎南渡、崖山海战五次重大的历史事件，加之中原地区的人口膨胀，土地的过度使用和开发，最终使得位于黄河流域的经济中心逐渐南移至长江流域，迁徙人口带入的饮食风俗习惯与当地本土饮食文化相互影响，融合而逐渐衍生出丰富多元的中华饮食文化。

1.2 广西饮食文化特征概述

饮食文化可粗浅定义为加工和烹饪过的食物，并加以系统的食品消费方式。因此，在饮食文化的组成部分包括食物原材料的出产及获取，处理和制备，烹饪的技术等。文化总有其界定的范围，饮食文化的含义厘清之后便可探讨其文化的辐射力度与辐射范围，藉此取赵荣光教授提出的饮食文化圈进行剖析，文化圈的成因多样，大致区分为受自然地理环境与人文地理环境所影响，在一定地理区域内因自然地理因素决定该区域的食物原料出产及原料的加工保存方式，因人文地理因素决定了当地居民的饮食风俗习惯[6]。细分来说则是受制于政治经济、民族信仰与宗教因素、原住民的心理因素综合而成。则广西饮食文化即受以上各因素影响而形成的一道具有岭南特色的风景线。

广西的饮食文化特征可理解为多元和混杂，其本质特征即特征不明显，东南西北中各方位都受到了强势文化的影响和融合，加之地形地貌变化巨大，食材丰富且地域特征明显，产生了不同的风味。桂东地区由于汉人从广东沿珠江流域西进，使得大量原住少数民族受到挤压而西迁，因此桂东地区以客家风味和汉人饮食混杂为主。桂北地区由于有湘桂走廊的连接，成为区域性政治经济文化中心，在食物加工中深受汉人饮食习俗影响，善于使用各种香料。桂西及桂西南地处大石山区，大量混居着各少数民族，实施着土司制度，保持着少数民族特有的饮食风味，喜好生鲜，加工简洁，山区湿冷，风味也多为酸辣口味，擅酿酒饮酒。桂南地区地处沿海滩涂，食物资源中水产资源丰富，形成独特的滨海风味。广西饮食制作极具特色，刀功精细，烹制工艺繁复，讲究原料鲜活，口味清淡爽嫩而又喜好辣味[7]。为了解决食物贮存和调味问题，南方少数民族过去使用了诸如腊、腌、渍的方法，用以加工肉、鱼、蔬菜。此外广西因独特的地理环境影响和丰富的物产资源也形成具有本地特色的饮食，如《岭外代答·食用门·酒》载："广右无酒禁，

公私皆有美酝"表明当时的边陲广西对于中央的禁酒令并未落实，美酒色泽红艳滋味香醇。《岭外代答·食用门·食槟榔》亦载"自福建下四川与广东、西路，皆食槟榔。"表明广西民众普遍嗜食槟榔。

2 广西各地区饮食文化特点成因分析

广西地处中央政权所能控制的最南端，是少数民族杂居的区域，自古未形成足具影响力的中心文化圈，因此广西的饮食文化深受周边文化的影响。历史上桂东南方向的南越国、桂北方向的楚国和桂西北方向的南诏国和桂西南方向的大理国等区域政权的先后存在，作为广西与中原地区的文化桥梁深深的影响了广西的原生饮食文化。珠江流域水系发达，其支系发达覆盖流域广阔（图2），再加上广西境内地理环境多变，桂北地区的土石山区，桂西地区的大石山区、桂中地区的盆地、桂南地区的沿海滩涂又有不一样的食材出产和气候环境，这些最终孕育了广西东南西北中丰富多元且大相径庭的饮食文化现象。

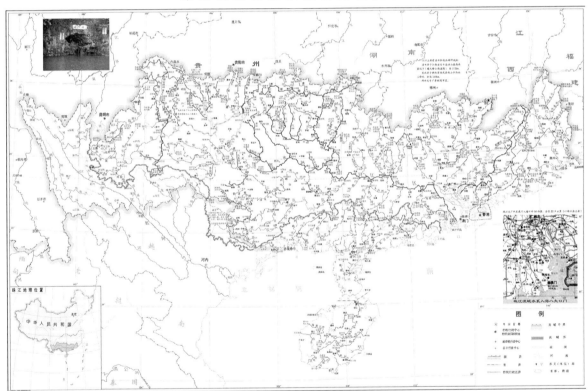

图2　珠江流域河流水系示意图（摘自：百度百科"珠江流域"词条图册1）

2.1 桂西地方土司政权及土司文化

壮族人口密度以桂西居多（见图3）[8]，桂西地区在经济文化上属于远离中原文明的南疆边陲。而南蛮之地在封建王朝时期是放逐被定罪官员的首选地域。换言之，古广西相较中原便是偏远的蛮荒之地，而桂西更是百越之中较为闭塞的地域，也可认为其是壮族族群的边界。因此，唐王朝为促进与边疆"蛮人"的和平关系，用"羁縻政策"作为边境管理的方针，建立了非汉族边民被其本土著首领统治的关系。起源于百越地区的壮族，历代土司制度在元，明，清时期逐渐发展完备。在这种土司制度下，中央王朝正式承认边远的少数民族地区的部落酋长。酋长需进贡且服从皇帝调动部落的兵力以御外敌，并打压由自己主导的族群或其他族群成员的起义。允许部落首领继续他们的习惯，自主统治他们的人。地理环境与疟疾和其他热带疾病使得土著居民较好的维护了其封闭性与独立性。但因中央王朝意识到其行政和军事影响力在边境地区的限制，因此建立了驻守远疆的行政单位，并鼓励汉人从中原迁移到这些地区[9]。现今中国已经建立了教育机构，以保护当地的民族语言和习俗。在传统节日的庆祝活动仍在进行，如壮族的传统铜鼓已上升为民族的象征和纪念品。

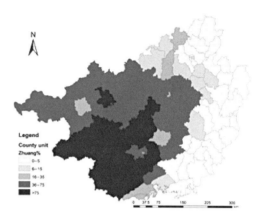

图3　2000年广西壮族人口密度分布

2.1.1 桂西地区土司文化同源性探究

云南省少数民族中人口最多的是彝族，人口为502.8万人，占全省总人口的10.94%[10]。因此以彝族为主分析云南的土司政权可以看出自明代起，彝族土司地区经历了剧烈的社会改革，这也改变了原有的等级制度。改观较大的是彝族的婚姻观念，改革后彝族的通婚不再限于原住民，而是越来越多地出现跨级跨族的婚姻。明王朝增强了对土司地区的掌控，在这种显著的社会改革下，不少酋长失去了原有的权力和辉煌[11]。彝族土司地区经历了巨大的社会改革，它的社会结构，社会结构和经济结构的变化都不同程度和内部发展不平衡明显加重。与此同时，传统的系统彝族文化受到巨大的影响，使原有的平衡被打破。而《黔滇志略》载："存至元明而规模粗定，然生苗盘踞，有同化外。"即在元明时期的中央王朝才增强对黔滇的掌控。贵州境内于元代设置的大小土司共300余，明代有95，清代为65。土司数量的不断减少，正是明、清两代不断"改土归流"的结果，是封建地主经济对封建领主经济的胜利，也是地方分权逐渐向中央集权转化的历史反映[12]。贵州重要的社会事件和历史发展即土司制度发展进程。它蕴含着的博大精深的历史内容。至于湘西则是苗族和土家族聚居区。自五代晋天福五年（940年）起，历代中央政府即在这里设置"土司"以管辖地方。世代承袭，自置官吏，具有某种程度的"自治"性质。至清代雍正六年（1728年）先后纳土，改设流官，湘西土司制度废止[13]。

总的来说，对比于滇黔湘地区的土司制度，与上述三省交界处的桂西土司政权也不外乎均由中央王朝授予原住民的首领爵位。如《汉书·西南夷列传》载"还诛反者，夜郎遂入朝。上以为夜郎王。"并且封建王朝运以"羁縻"政策统治土司首领。土司制度和改土归流正是元明清封建王朝对西南边疆民族地区所采用的一种统治政策。

2.1.2 桂西主要少数民族饮食风俗及原料、烹饪及风味特点

农业是广西大多数少数民族家庭的主业，而占人口多数的壮族较为流行的特色饮食则是五色糯米饭。历史证据表明壮族是一个农业社会。壮族的生活中存在的一致性与自然，依赖于世代相传的稻作文化。壮族生食的传统十分悠久。生食中既有植物，也有动物，甚至活的动物。唐代时，壮族先民即生食用蜜饲养的活的小老鼠，传统的桂西壮族生食已经具有很长的历史，无论动植物皆是生食对象。《朝野金载》载："岭南撩民好为蜜卿，即鼠胎未瞬，通身赤蠕者。"即唐代壮族先民以蜜饲鼠，并生吞活

剥之。《粤江流域人民史》载"鱼生和生菜的生食已不待论，就是一般蔬菜和鸡鸭牛肉等，烹者亦以略生为主。"可知桂西壮民的生食喜好。壮族先民除了喜生食之外，也喜欢各类腌制的食物。《岭表纪蛮》载："腌菜一物，为各种蛮族最普通之食品。"《白山司志》载："四五月采苦笋，去壳置瓦坛中，以清水浸之……其笋浸之数年者，治热病如神，土人尤为珍惜。"同样的，因西南地区湿热的自然地理环境，使得里面的少数民族普遍嗜好酸辣之物，在民间更有"食不离酸"、"不辣不成菜"的民谚[14]。壮族喜食酸辣之物，是与他们的生活环境和物产有关的。壮族多生活于潮湿多山的地区，多吃酸辣，可以驱寒散湿；同时壮族食用糯米较多，而糯米不易消化，故也需要多食酸辣刺激胃力，促进消化吸收。

桂西壮族先民嗜生食、好腌食、喜酸食的饮食风俗或与其自然地理环境和食物原材料息息相关。其多食糯米以致肠胃不易消化，加之山区环境潮湿，一来环境微生物丰富，食物也不容易干制，故而自然发酵、酸制反而成为当地储存食物延长食物保质期的最好方式，另一方面食酸可以促消化，亦可驱寒除湿气。这也是广西靖西、河池一带与云贵交界处壮、侗等少数民族的主要饮食风味。比较典型的菜肴风味有：酸汤鱼、酸汤猪脚、老坛酸菜、泡菜等。而在相对原始的生活条件下，简单烹制甚至生食亦可使得饮食工序简洁方便。因此桂西地区总体烹饪加工特点比较粗犷直接。

2.2 桂北地区区域政治文化中心及其文化

湘江之源一说发源于广西，加之灵渠的开凿在湘桂间形成了一个天然的水路联系。使广西的境内的珠江水系终与长江水系连通，而使中原文化通过水网而持续的影响到桂北地区。桂林市具有较好的自然环境，地理位置优越，靠近湘赣，地处中原和南方间的通路，因此许多中原人迁徙至此。因此桂林即成为了翻越五岭之后西南地区的区域性政治文化中心，具有一定的文化辐射影响力。清朝嘉庆时期，全州县境内"业六工者，十九江右、湖南客民[15]"。《史记·五帝本纪》载："帝颛顼高阳者……，南至于交趾"。至先秦楚国强盛时势力曾抵至五岭[16]。

2.2.1 桂北地区少数民族及汉族的交流

桂北少数民族主要以苗族和瑶族为主，其起源于"武陵蛮"或"五溪蛮"，宋代时开始形成了一个民族，并逐步从湖南迁入广西。中国的稻田养鱼习俗至少已经有三千多年以上的发展历史[17]。生物多样即"遗传、物种与生态系统的多样性[18]。"楚国当时的姓氏与今天的湖南、湖北、贵州、广西、重庆等地苗族所盛行的苗族姓氏依然具有一脉相承的关系[19]。民族史学界从考古、语言、历史文献和风俗文化等多重证据考证中又得知，楚国就是一个以苗族为主体建立起来的国家[20]。因此桂北的饮食文化受正统的中原饮食文化所影响，因苗族南迁至桂北，从而也加剧了其与汉民族间的融合。

2.2.2 桂北地区少数民族饮食风俗及原料、烹饪特点

桂林"城中江右、楚人侨寓者十之九，构竹为庐，贸易止鸡、羊、犬之类。"抗战时期桂林是大后方，到桂林落脚的人来自五湖四海，他们带来了不同的饮食习俗，促进了桂林饮食的多元化和适应性[21]。对桂林人的饮食也产生一定的影响。因此有人说，新中国成立前的几十年间，是桂林人吃辣、嗜酸受影响最深的时期。这一时期，正是江西、湖南移民大量涌入桂林的时期。大量移民的进入，使得以桂林为核心的桂北地区在饮食风味上更接近中原汉人：风味以咸鲜辣为主的，讲究刀工，口味较重，擅长使用各种香料。最典型的桂林米粉即是如此。桂林米粉的卤水制作中会使用到草果、茴香、花椒、陈皮、槟榔、桂皮、丁香、桂枝、胡椒、香叶、甘草、沙姜、八角等多种香料熬制，这些都类似于北方的食物加

工方式。另一个比较典型的食物是熏肉和熏鸭等熏干食品。中原一带地处温带大陆性气候，比较干燥，有不少干制的食物，但桂北山区受到亚热带海洋气候影响气候潮湿，干制食品很难在环境中自然脱水达到干制效果，熏干保存肉食成为一种较为普遍的现象。一来可以随吃随取，二来柴火燃烧不充分产生的烟，也会带来特殊的风味。

2.3 桂东南地区文化特点及与广东的文化交流

桂东南地区主要以客家人聚居为主，是以中原汉族中的南迁移民为主体，并同化和融合了其迁移途中及定居之所的有关土著居民而形成的一个民系共同体[22]。从北方战乱南迁的客家人的自然地理环境由平原变成丘陵，气候与食材的多样性使他们面临着移风易俗的抉择。客家人得适岭南百越地区的气候和独特的饮食风俗，以其繁荣中原的饮食文化，并且运用山区的动植物原料与资源改造成融入了中原饮食与岭南一带原始土著饮食的新型饮食文化，以至宋朝末年客家菜的雏形开始出现。

2.3.1 桂东桂南地区少数民族及汉族的交流

《客家研究导论》详尽地描述了客家人的南迁与岭南少数民族交融的过程，"八王之乱"使得中原人南迁形成的"湘赣民系"，几经周转在"湘赣民系"的基础上客家民系方成。然而，汉越文化的融合绝非一朝一夕便能完成的，它有一个逐渐显现的过程。自然，代表着正统中原文化的客家人与原住民越人的异域文化融合并非一蹴而就，其是一个渐进的过程，具有一定的可流动性与扩张性，并且反映在时间线轴与空间区域地理的布局上。大规模南下岭南的中原移民所携带的先进的汉文化，对古越文化的影响不仅是巨大的也是全方位的[23]。但正如清初广东学者屈大均所说："佗之自王，不以礼乐自治以治其民……使南越人九十余年不得被大汉教化，则尉佗之罪也[24]。"即这两种文化相互依存也相互独立，因此也不难解释为何入蛮客家的饮食文化能保留其中原饮食遗存，同样的原住民的岭南土著也在桂东南受到强势的外来汉文化入侵下至今仍保留着独具特色的饮食风俗。

2.3.2 桂东桂南地区饮食风俗及原料、烹饪特点

客家菜秉承岭南原住民的古老烹饪手法，并融入了独到传统的中原饮食文化。烹饪传热手法按热源和热传递介质区分，除了常见的开水煮饭，烹调油传热，蒸汽制熟之外，客家人同样擅长石烹竹烹等烹调技法，食材博采众长，禽畜海鲜无不是烹饪的主要原料。客家人好食水产，举凡青蛙、泥鳅、鳝鱼等水中之物，无所不食[25]。《萍洲可谈》载："广南人食蛇，市中鬻蛇羹。"客家嗜食蛇肉，自宋而然。《英德县志·舆地下·风俗》载："夏至，碟狗御蛊毒，又谓之解毒。客家地区多行是俗。"由上观之，飞禽走兽行虫爬物无不是客家人的食物原材料。《桂海虞衡志》载："僚人，以射生动物为活，虫豸能蠕动者皆取食。"客家菜的食材因此也广泛多样。桂东南饮食深受客家饮食文化影响，有着浓郁的客家风味，因此也可推断，桂东南的饮食以客家菜为主。客家菜的风味以成辣醇厚见长，清淡味重兼具[26]。

2.4 广西地区多元饮食文化现象浅析

如前所述，广西区域内由于地质环境变化大，物产丰富，远离动乱而又没有足具影响力的核心文明，一直以来主要都是受周边强势区域文化和汉文化的输入再与本土文化不断融合的。这最终形成了广西地区的多元饮食文化现象。

2.4.1 风格各异的饮食风俗

生活在桂北的楚人很早就已经掌握了多种食品的保藏技术。把粮食制作成干粮，去除食品中的水

分，有利于食品的保藏[27]。《九章·惜诵》载："播江离与滋菊兮，愿春日以为糗芳。"糗即干粮，炒熟的米或面等。糇粮多指因公出差或率军出征所携带的干粮。《国语·楚语下》载："士食鱼炙，祀以特牲；庶人食菜，祀以鱼。"亦说明荆楚之地尚食鱼肉。并且因楚国远离中原政治中心，因而尚饮酒，也催生了众多精巧的酿酒方式。因而桂北饮食风俗除楚人带来的嗜辣、嗜酸辣的饮食习俗之外也因楚人的饮酒之风盛行而酒肆文化大盛。桂西地区因受南诏国独特的生食习俗影响。《云南志略·诸夷风俗》载："食贵生，如猪、牛、鸡、鱼皆生酿之，和以蒜泥而食。"则反映了当时的生食之风，因而桂西一带也具有嗜生食、好腌食、喜酸食的饮食风俗。而桂东南因受客家饮食文化的影响，其习俗则与汉人无异。

2.4.2 迥然不同的饮食器皿

楚国饮食等级制度森严，这从食物和饮食器具及祭祀等方面可以反映出来[28]。正因荆楚饮食文化沿袭了中原饮食繁冗的礼乐制度，因此催生了众多以饮食为载器的礼器与乐器，并对未开化的南蛮之地产生深远的影响。1971年考古工作者在广西恭城瑶族自治县加会出土了一批春秋晚期的青铜器，其中的部分文物——编钟、圆茎剑、蟠虺纹鼎、兽纹耳罍、戈等，经鉴定属于中原地区青铜文化。说明春秋战国时期居住在中原地区的华夏民族已和广西的欧骆人有了深入的交往接触。云南地区陶器的发明并不能结束竹木餐具的使用，如傣族还保留着许多传统的竹制餐具，拉祜族的食具除竹器外，还有木头刻制的碗、勺[29]。桂东南受客家饮食文化影响其饮食器皿因融合了原住土著居民和汉文化而别具一格。

2.4.3 大相径庭的各式菜品

《楚辞·招魂》记载了古楚人对山珍海味各式飞禽的喜爱。宋代云南养羊极为普遍。而桂林米粉（三鲜米粉、酸辣米粉、马肉米粉）、"荔浦芋扣肉""醋血炒鸭"等以鲜香、酸辣味为主的饮食就充满古代楚地饮食风味深深的烙印。以云南名药三七配清蒸壮鸡以鸡块肥嫩、滋补身体为特色。南诏、大理国擅长以各种禽类、鱼类、畜类、蔬菜为原料制作菜肴，以各类粮食、水果制作酒类。近代大理白族地区常见的传统菜肴，有一部分即是在南诏、大理国的基础上发展而来[30]。因而桂西菜带有浓厚的民族风味，擅长众菜合调，粗菜细做，品种多样。民族菜多就地取材，讲究实惠，制法独特，富有乡土气息。其代表性菜品有"白切鸭""白切鸡"等。苗族擅腌制，其代表性菜品有"血肥肠""酸汤鱼"等[31]。由于桂东南地区近粤广，且钦北防等地和苍梧贺州一带历史上也曾一度属于广东管辖，所以桂东菜深受粤菜风味的影响，桂东南饮食深受客家饮食文化影响，有着浓郁的客家风味。讲究鲜嫩滑爽，用料多样，代表菜品有"陆川白切猪脚""红烧豆腐""北流鸭塘鱼"等。

2.4.4 主食一致的稻作文化

《史记·货殖列传》载："楚越之地，地广人稀，饭稻羹鱼。"说明楚国人民的主食为稻米。在中国西南滇藏川"大三角"地带存在着以运茶为主的"茶马古道"则以盛产稻米、茶叶、丝、甘蔗等农作物为主[32]。桂东南因1998年在广东英德牛栏洞遗址发现经人工干预的距今8000～11000年古栽培稻的植硅石，使得珠江流域为稻作起源地的学说开始兴盛。而2012年在Nature上发表的水稻基因学溯源，更加在基因层面证实了野生直立型水稻极有可能最早在华南地区珠江流域广西境内首次驯化[33]。这衍生出广西本土特有的"那文化"稻作农业系统以及野生稻遗存[34]。因此无论桂西、桂北还是桂东南在何时期，即使受三方外来饮食文化影响，其主食依旧是稻作文化中的稻米饮食。

3 结语

本文通过对广西的人文环境、原料出产、地理地质变化、周边区域文化的影响以及一些重大历史事件的分析和讨论，可以推断出广西饮食文化的多元性的主要特征有：（1）民族文化融合，促进农业发展。广西各族人民对饮食文化的融合与变迁，促进了农业生产的发展，为当地居民提供了丰富的食物资源。这使得饮食文化便伴随着社会的变革不断发展；（2）中原饮食文化影响桂北和桂东南的食俗与农业。桂北和桂东南接受中原统治，受到中原饮食文化的影响，改变了原住民生吃活剥的饮食习俗，并在汉人传入的先进耕粮器具上促进了农业的进步，熟悉了稻谷粉碎制作米粉制品的工艺。桂北越人与汉族杂居，在中原繁冗的礼制饮食的影响下开始注重饮食，从而使酿酒得到蓬勃的发展。以至本因中原王室才有的钟鸣鼎食也在桂地流传开来；（3）桂西地区因属于大石山区，地势险要交通困难，农业生产发展缓慢，因此仍遗存较为原始的狩猎饮食的习俗，存在不少生食或不符合中原礼制的饮食现象。交通困难也是现今桂西经济落后的原因之一。（4）自然地理环境与人文历史环境同时作用影响当地饮食文化。饮食文化的形成与自然地理环境和人文历史环境息息相关，其食物原材料的多样性也使得同处岭南的百越各族有着千差万别却丝丝相扣的饮食文化方式。

广西饮食文化融合着瓯骆文化、土司文化和南越文化，也继承了正统的中原饮食文化。在多变的地理位置阻隔和珠江水系的串联下，产生了十里不同风、百里不同俗的饮食文化现象。广西各地饮食文化如同千层糕一般，虽层层叠叠相似，却又因历史遗存与地理因素影响而相互独立，共同构成了兼容并包与百花齐放的广西多元饮食文化。

参考文献

[1] 程有为. "河洛文化概论" [J]. 河南社会科学, 1994, 02:33-37.

[2] 樊良树. 永嘉南渡前后的中国[J]. 船山学刊, 2011, 01:61-64.

[3] 王哲. 广西米粉制作工艺考察及文化流变研究[D]. 广西民族大学, 2013.

[4] 任崇岳. 北宋末年的两次中原大移民[J]. 商丘师范学院学报, 2008, 04:39-43.

[5] Wen Bo,Li Hui,Lu Daru,et al.Genetic evidence supports demicdiffusion of Han culture[J].Letters to nature, 2004, 431(16):302-305.

[6] 林乃燊. 论菜系[J]. 农业考古, 1997, 1:245-253, 280.

[7] 潘玲. 中国—东盟文明礼仪服务指南[M]. 南宁: 广西民族出版社, 2007:65.

[8] Wang Fahui,Wang Guanxiong,Hartmann John,et al.Sinification of Zhuang place names in Guangxi,China:a GIS-based spatial analysis approach[J].Transactions of the Institute of British Geographer, 2012, 37(2):317-333.

[9] Somrak Chaisingkananont.The Quest for Zhuang Identity: Cultural Politics of Promoting the Buluotuo Cultural Festival in Guangxi,China[D].National University of Singapore, 2014.

[10] 新华网. 云南省6个少数民族过百万[EB/OL].http://www.yn21st.com/show, 2011-05-11.

[11] Shen Qianfang,Qian Jiaxian.The influences of Yi Chieftains' intermarriage on southwestern srea from Ming dynasty to the republic of China[J].Asian Culture and History, 2009, 1(1):31-37.

[12] 翁家烈. 土司制与贵州土司[J]. 贵州民族研究, 1988, 03:118-127.

[13] 赵德之. 湖南社会科学50年[M]. 长沙: 湖南教育出版社, 2001, 381.

[14] 刘朴兵. 壮族饮食文化习俗初探[J]. 南宁职业技术学院学报, 2007, 01:1-4.

[15] 赵冶. 广西壮族传统聚落及民居研究[D]. 华南理工大学, 2012.

[16] 周振鹤, 李晓杰. 中国行政区划通史·总论先秦卷[M]. 上海: 复旦大学出版社, 2009.

[17] 杨昌雄. 概述苗族稻田养鱼史及其发展趋势[J]. 古今农业, 1989(1):124.

[18] 郑宇秀, 牛利萍. 生物多样性的保护[J]. 晋东南师范专科学校学报, 2003(2):35.

[19] 吴曙光. 楚民族论[M]. 贵阳: 贵州民族出版社, 1996:76.

[20] 孟学华, 吴正彪. 贵州南部地区苗族稻田养鱼习俗与传统稻作文化关系探微[J]. 长江师范学院学报, 2014, 1:14-16, 137.

[21] 余海岗. 移民和桂林饮食文化[J]. 扬州大学烹饪学报, 2013, 02:17-19.

[22] 刘春喜. 客家人的迁徙及其文化特征的形成[J]. 广西民族研究, 1998, 01:74-76.

[23] 刘晓民. 南越国时期汉越文化的并存与融合[J]. 东南文化, 1999, 01:22-27.

[24] 周永卫. 从南越国的历史看岭南文化的和谐基因[A]. "21世纪中华文化世界论坛" 第五次国际学术研讨会论文集[C], 2008年.

[25] 吴永章. 客家民俗中的越、僮之风[J]. 嘉应学院学报, 2004, 2:72-77.

[26] 章春. 客家菜的形成及其特色[J]. 赣南师范学院学报, 2004, 5:41-43.

[27] 徐文武. 楚国饮食文化三论[J]. 长江大学学报(社会科学版), 2005, 2:1-4.

[28] 谢定源. 先秦楚国的饮食风俗[J]. 中国食品, 1996, 1:35-36.

[29] 龚友德. 云南古代民族的饮食文化[J]. 云南社会科学, 1989, 2:77-83.

[30] 方铁. 云南饮食文化与云南历史发展[A]. 饮食文化研究[C], 2007年.

[31] 薛党辰. 试论广西菜的风味特色[J]. 扬州大学烹饪学报, 2004, 2:34-37.

[32] 李钟铉. 中国少数民族饮食文化特点[D]. 中央民族大学, 2011.

[33] HuangXuehui,Nori Kurata,Wei Xinhua et la.A map of rice genome variation reveals the origin of cultivated rice.[J]Nature.2012.490(10):497-502.

[34] 中华人民共和国农业部: 第三批中国重要农业文化遗产, 广西隆安壮族 "那文化" 稻作文化系统[OL]http://www.moa.gov.cn/ztzl/zywhycsl/dsp/201509/t20150928_4847309.htm.

新常态下建构现代川菜理论体系
及其历史学术意义

石自彬

（重庆商务职业学院，重庆 401331）

摘 要：自20世纪40年代以来，川菜经历了革命性发展变化，形成于清末民初的旧有川菜理论体系已不能支撑现代川菜发展的需要。新常态下，全新提出以渝菜、泸菜、蓉菜、攀菜共同建构现代川菜理论体系，共同代表现代川菜发展最高艺术水平，是川菜发展近百年来的第一次理论创新与发展，对现代川菜理论体系建设将产生巨大促进作用和深远影响。

关键词：川菜理论；渝菜；泸菜；蓉菜；地标菜；攀菜；嘉菜；宜菜；泸江菜；糖帮菜；大千菜；盐帮菜

1 川菜形成概述

川菜作为中国四大菜系八大风味之首，起源于古代的巴国和蜀国，秦汉时期初现端倪，汉晋时期古典川菜成型。唐宋时期的古典川菜进一步发展，到两宋时期，川菜出川，"川食店"遍及都城开封和临安，赢得众多食客青睐，川菜作为一个独立的菜系在两宋时期形成。

明清时期，川菜进一步发展，辣椒引入四川进行种植并广泛运用于川菜烹调之中，是划分古代川菜与近代川菜的一个分水岭，被视为近代川菜初现雏形，这个时期大致在清朝初期的康熙时代。而辣椒与蚕豆（即胡豆）的完美结合创制出的被誉为川菜灵魂的四川豆瓣被广泛运用于川菜烹调中，则被视为近代川菜成型的开始。继而泡椒、泡菜在川菜烹调中的革新运用，以及川菜三大类25种常用味型、54种烹调方法和3000余款经典传统名菜的形成，是近代川菜最终形成，并成为中国四大菜系之首的标志，这个时间在民国中后期的20世纪40年代。

古代川菜初期以"尚滋味""好辛香"为其特点；中期以"物无定味，适口者珍"为其特色；近代以来，直至今日，川菜以"清鲜醇浓，麻辣辛香；一菜一格，百菜百味"为最大特点。现代川菜以"传承不守旧，创新不忘本"的思想理念，以"海纳百川，兼容并蓄"的开放姿态，以"融会贯通，食古化今，集众家之长，成一家风格"的与时俱进的创造性，不断发展和前进，屹立于中国菜系之首，使川菜成为遍布于全中国、全世界的真正大众民菜，川菜是"民以食为天"理念的最好诠释，更使川菜有"民菜"之誉。川菜代表着中国菜的最高水平闻名于世界，享誉海内外！"驰名世界，誉满

作者简介：石自彬（1980— ），男，重庆商务职业学院烹饪教师，研究方向：烹饪教育、饮食文化。

项目基金：四川省哲学社会科学重点研究基地、四川省教育厅人文社科重点研究基地川菜发展研究中心2015年立项课题《泸州餐饮发展与传播研究》（项目编号：CC15W13）阶段性研究成果。

全球"是对川菜的最高褒奖!

2 川菜"帮口"流派形成溯源

"帮口"的称法起源于重庆的船帮。《清代乾嘉道巴县档案选编》记载,各帮船只以航行河道之不同又有大河帮、小河帮之别。大河系指长江,小河系指重庆上游长江支流各河。大河帮又以重庆为界分为两段,重庆朝天门起下游长江沿线四川、湖广各府船帮称"下河帮",计有长涪帮、忠丰帮、夔丰帮、归州峡内帮、归州峡外帮、宜昌帮、宝庆帮、湘乡帮等;重庆上游长江沿线各府县的船帮则称"大河帮",计有嘉定帮、叙府帮、金堂帮、泸富帮(泸州、富顺)、合江帮、江津帮、綦江帮、长宁帮、犍富帮等;嘉陵江上游沿线各府船帮称"小河帮",计有遂宁帮、合川帮、中江锦州帮、长庆帮、兴顺帮、顺庆帮、渠县帮、保宁帮等,同时川南境内段长江的支流沱江也被称为"小河",内江糖业、自贡盐业走沱江水路运输至泸州,也被称为"小河盐"和"小河糖"。"下河帮""大河帮""小河帮"都是依据河流航线命名的地缘性船帮,来自同一地区,经营同一条航线的船户、船工合起来就是一个"帮"。船帮成为当时川江水运的行会、行帮组织,以原籍籍贯不同聚集起来,占码头、驻行栈、立帮口。各船帮都有首事,有帮规,抽收会费办理神会,定期举行祭祀赛会,以帮为单位承担官府差徭等。

川菜的交融发展与兴盛繁荣,与川江船运的繁荣密不可分,旧有川菜理论体系随船帮的商业经济发展而出现,初步形成于清末民初,最终定型在民国中后期的20世纪40年代。其核心是川菜地方风味流派体系的划分,一般川菜学术界将旧式川菜地方风味流派称为某某帮风味,如上河帮风味、下河帮风味、大河帮风味、小河帮风味等称呼。帮,是"帮口""帮菜"的意思,是从川江水运的船帮称谓借用而来,以船帮所在不同川江流域段行船来划分川菜的风味流派。

当时的川菜文化学者在根据巴蜀地域各川江流域人们饮食的差异性,借用船帮的"帮口"称谓,对川菜地方风味流派进行划分和理论完善。将川菜地方风味流派确立为几大"帮口"风味派系,沿用至今。但川菜地方风味流派的"帮口"与船帮的称谓又有地缘范围差异。这种对川菜地方风味流派的划分法,不同的川菜理论学者,有各自不同的划分方法,没有形成统一的定论。以至于在今日不同的川菜文化书籍著作中,出现了多种川菜流派划分法,这看似百花齐放,自成一家之言、一派理论的川菜流派划分,实则长期导致了川菜体系的混乱,不利于外界正确认识和了解川菜的真正全貌,不利于现代川菜的创新与发展。

3 旧有川菜流派述评

四川地域辽阔,各地方饮食和习俗有着较大的差异。四川历史上称巴蜀,"四川"二字由唐宋时代的"川陕四路"省称而得名来。唐至德二年(757年),分剑南道为东西两川,分置节度使。宜宾以上的岷江、大渡河、金沙江流域和沱江中上游归属西川所辖,泸州以下至重庆的长江流域及沱江下游、重庆至合川的嘉陵江段和涪江流域则大体为东川所辖,此为"东西两川"。近代对川东、川南、川西、川北四大区域的划分,又要分为行政区域划分和饮食习俗地域划分两类。

行政区划划分一般是以1950年设置的四大行署(含今重庆市)为官方标准,即川东人民行政行署,下辖涪陵、万县、大竹、璧山、酉阳5个专区和北碚、万县市。川南人民行政公署,下辖泸县、隆昌、内江、乐山、宜宾4个专区和泸州市、自贡市。川西人民行政公署，下辖成都市和温江、绵阳、眉山、茂县4个专区。川北人民行政公署，下辖南充、遂宁、剑阁、达县4个专区和南充市。

饮食习俗地域划分一般是川东地区包括今重庆市辖区、遂宁、广安、达州等地区，川南地区包括乐山、自贡、内江、宜宾、泸州地区，川西地区包括成都、资阳、眉山、雅安、德阳等地区，川北区地包括广元、南充、巴中等地区。而甘孜、阿坝等地属于藏区，饮食区域划分上不归于川菜流派，属于西康藏区风味流派。攀枝花、凉山地区虽处大西南，然其地理位置靠近云南，属民族和移民聚居区，其饮食与四川盆地有较大差异，虽有极大的区域影响力，但在整个川菜体系中的影响力相对地方风味流派还相对有限，故未纳入川菜主流风味流派之中，但仍是川菜的一个地区的区域特色饮食风味流派，我们习惯性称其为攀西地区饮食风味流派。

从川东、川南、川西、川北的过去的行政区划和饮食习俗地域划分可以看出，行政区划和饮食区划两者在大体上是一致的，只是少数地区划分有差异，如行政区划上属于川北的遂宁、达州，其饮食习俗划分为川东风味。所谓川菜的风味流派划分，迄今无定论，有多种划分方法或标准，无专业权威文献成文定论记载，只在零散文章可寻其踪迹一二，都是各川菜文人学者的一家之言。由此可见川菜的风味流派是人们在长期的饮食活动中根据自己的认知水平和本地域饮食特点而逐渐形成，并得到一定范围内的大致统一。

旧有川菜风味流派的划分，主要有以下几种观点：两派论，即大河帮风味、小河帮风味。三派论，即上河帮风味、下河帮风味、小河帮风味。四派论，第一种划分法，即上河帮风味、下河帮风味、小河帮风味、资川帮风味；第二种划分法，即上河帮风味、下河帮风味、小河帮风味、大河帮风味。五派论，即成都帮风味、重庆帮风味、大河帮风味、小河帮风味、自内帮风味。

3.1 两派论

川菜地方风味流派两派论，即大河帮风味、小河帮风味。

川菜的风味流派从大地域格局而言，可以分为两派，即以成都为代表的川西北的小河帮风味一派，以重庆为代表的川东南一派的大河帮风味一派。两派论分法的小河帮是指岷江、金沙江川内段上、中游流域，沱江上游流域，这些河流都因属于长江的支流，故称为小河帮。包括以成都、资阳、德阳、绵阳、雅安等地菜品风味为代表。大河帮是指四川和重庆境内段长江、沱江下游、嘉陵江中下游流域，因以长江为主，故称为大河帮。包括以重庆、泸州、宜宾、自贡、内江、乐山、合川、江津、涪陵、万州、遂宁、广安等地菜品风味为代表。小河帮风味川菜调味均衡、平和，烹调技法讲究，菜品制作细腻；大河帮风味川菜调味多以味重、味浓，突出麻辣，烹调技法自然，菜品制作大气。整体上小河帮风味川菜以婉约雅致风格著称，大河帮风味川菜以豪放火辣风格闻名。

川菜两派论是以川西北、川东南（含重庆）的大地域来划分，尤其以成都、重庆两地的菜肴风味为两派代表。其实不管川西北、还是川东南，不同的地方其烹调和饮食习俗都存在许多差异。比如川北，主要是以南充小吃而著名。因此，川菜的两派系划分是不够科学的，虽然存在缺陷，但至少可以看出川菜流派形成雏形的一个初期是在成都、重庆两地风味为基础发展而来。

3.2 三派论

川菜地方风味流派三派论，即上河帮风味、下河帮风味、小河帮风味。

以成都、资阳、德阳等地菜品为代表的上河帮风味，也称蓉派川菜。因成都、眉山等地均处川内岷江、金沙江等江河流域的上游，故称为上河帮。其特点以亲民平和，调味丰富，口味相对清淡，以传统菜品为主。

以重庆、合川、万州、达州等地菜品为代表的下河帮风味，也称渝派川菜。因这些地方多处于川内的长江、嘉陵江等江河流域的下游，故称为下河帮，又因以境内长江段为主，故也叫大河帮。下河帮风味川菜大方粗犷，以花样翻新迅速、用料大胆、不拘泥于食材著称，其中重庆的一类具有多放花椒、辣椒等调料，突出麻辣风味，注重菜品的大气风格的菜品被称为江湖菜。

以川南泸州、宜宾、自贡、内江、乐山等地菜品为代表的小河帮风味，也称川南菜。因这些地方处于沱江、岷江、金沙江等支流，故称为小河帮，尤其以泸州泸江菜、自贡盐帮菜、内江糖帮菜最为著名。其中泸州地区菜品又因明显的吸收了大河帮风味特点和技法，因此泸州泸江菜的风味被单独称为"大河帮小河味"风味。

3.3 四派论

（1）第一种划分法　川菜地方风味流派四派论，即上河帮风味、下河帮风味、小河帮风味、资川帮风味。

以成都、资阳、德阳等地菜品为代表的上河帮风味；以重庆、万州、达州等地菜品为代表的下河帮风味；以自贡、泸州、宜宾等地菜品为代表的小河帮风味；以资中、资阳、内江等地菜品为代表的资川帮风味。

（2）第二种划分法　川菜地方风味流派四派论，即上河帮风味、下河帮风味、小河帮风味、大河帮风味。

以成都、资阳、德阳等地菜品为代表的上河帮风味，以重庆、涪陵、万州、达州等地菜品为代表的下河帮风味，以自贡、内江、乐山等地菜品为代表的小河帮风味，以泸州、合江、宜宾、江津、合川等地菜品为代表的大河帮风味。

3.4 五派论

川菜地方风味流派五派论，即成都帮风味、重庆帮风味、大河帮风味、小河帮风味、自内帮风味。

以成都等地菜品为代表的成都帮风味；以重庆等地菜品为代表的重庆帮风味；以乐山、宜宾、泸州、江津等长江流域地菜品为代表，以家常味见长的大河帮风味；以广元、南充、合川等川渝境内嘉陵江上游地域菜品为代表，以民间传统菜见长的小河帮风味；以自贡、内江等地菜品为代表的自内帮风味，尤其以自贡盐帮菜、内江糖帮菜风味为典型。

3.5 旧有川菜风味流派划分评价

从以上诸多杂乱的川菜风味流派划分方或标准法可以看出，川菜风味流派的划分没有严格统一的区分标准，随意性和自我主观意识相当大。且不同的划分方法之间相互矛盾，比如泸州川菜，在不同的划分法里，将其归为不同的风味流派，这样极不严肃的划分已经使川菜派系的划分完全乱套了，大众则不知哪个才是正确、哪个又是错误，让众人根本分不清川菜的流派到底是怎么回事。其实川菜各风味流派之间，其烹饪技法和菜品风味是相互借鉴、相互影响、相互吸收、相互交融的，在大同之中有差异。这一大同就是川味的特色没有变，注重清鲜、善于麻辣，差异就体现在味的精妙细致变化。如成都地区鱼香味和重庆地区鱼香味就存在味感的差异，成都鱼香味追究各味的相互平衡，而重庆的鱼香味则讲究甜味稍有突出。成都地区的鱼香肉丝和重庆地区的鱼香肉丝，其配料、调料上都有显著的差异。成都鱼香肉丝配有木耳丝、小香葱葱花等，重庆鱼香肉丝则是纯肉丝，配以大葱丁。再如回锅肉，成都地区是配以蒜苗，重庆地区则额外加入青椒块等配料。世人都以为成都川菜比较典雅温和，重庆川菜豪放火辣，其实不然，很多清淡的川菜都是出自重庆地区，如开水白菜、荷包鱼肚这样的非麻辣特色经典川菜，都是发源于重庆，兴盛于成都。据川菜研究学者统计，川菜有超过60%的菜品都起源于重庆。然成都川菜为何名气要大于重庆川菜，最重要的原因是成都地区聚集了一大批研究川菜的文化人士，在他们的大力推动下，繁荣和发展了以成都川菜为代表的整个川菜，使川菜成为四大菜系八大风味之首。

但成都饮食文化的专家学者所研究的川菜和所写的川菜著作，都基本是基于成都地域的川菜，即蓉派川菜，而不是整个四川地域川菜。这个问题伴随川菜文化的研究与发展一直存在，从当年的《川菜烹饪事典》到《川味河鲜烹事典》，再到《百年川菜传奇》等专著，无不是以蓉派川菜为中心，无不是以蓉派川菜代表整个川菜。四川地域如此广阔，川菜分支菜系可谓众多，又何止仅有蓉派川菜一家？究其原因，一则包括重庆、泸州等各地方鲜有专门研究本地川菜文化的专门人士，二则研究成都本土川菜文化的人士大多都是成都本地人，从小对成都熟悉，对成都川菜饮食充满感情，而又少有出去深入全省各地考察、了解，故而对川菜全貌知之不全或知之甚少。这两方面的原因，共同导致了现有关于川菜研究的著作，几乎都是等同于蓉派川菜研究。不知道川菜的人往往通过成都川菜或者成都川菜书籍来认识和了解川菜，造成了外界对川菜的一个认识不全面，这个误区就是把蓉派川菜当成了整个川菜，这是目前川菜研究领域亟待需要改进的不足和纠正认知误区。

菜系地方风味流派不仅有"帮口"，就连烹调做菜的厨师之间，也存在着严格的帮派。菜系地方风味流派从借用船帮的"帮口"称呼，演变为厨师帮派的称谓和菜系地方风味流派的专属称谓，进而与船帮的称谓无任何关系。过去厨师之间口传的各种帮派，实乃厨师由厨师帮派演变为味型上的风味流派。厨师帮派是旧时代的历史产物，带有明显的袍哥江湖气息，显示了厨师行业之间的同行竞争和厨师小团体之间的团结独立，反映了厨师在旧时代生活的艰难不易。这种帮派之间的相互竞争内斗，技术相互保守，使得彼此小团体之间做菜的技法风格都有所不同，才在那个时代产生了味道在大同中也存在差异，从而逐渐形成了大的菜系风味流派。

经过这几十年的社会日新月异的发展和饮食行业天翻地覆的变化进步，这种厨师之间的小帮派团体的旧式组织彻底消失在历史之中，但各不同地方川菜饮食的差异性却因为习俗的差异性或多或少的保留传承了下来，直至今天，经过众多川菜文化研究学者和烹饪人士的不断总结和完善，形成具有一定差异性的川菜地方风味流派。

虽然川菜的地方风味流派划分杂乱而无统一定论，但一般而言，大多数是以川西地区成都川菜为代表的上河帮风味流派，川东地区重庆川菜为典范的下河帮风味流派，川南地区乐山、自贡、内江、宜宾、泸州等地川菜为特色的小河帮风味流派。其中上河帮风味流派，主要以岷江上游流域菜品为代表；下河帮风味流派，也称大河帮风味流派，主要是以川渝境内长江流域、嘉陵江流域下游菜品为代表；小河帮风味流派，以川南境内沱江、岷江等流域菜品为代表，尤其以乐山嘉阳河帮菜、自贡盐帮菜、内江糖帮菜及大千菜、宜宾三江宜菜、泸州泸江菜最为杰出。其中泸州泸江菜不仅是具有小河帮风味特点，更因兼收并蓄了大河帮的技法和风味，形成了有别于纯粹小河帮风味，在川菜烹饪业界定名为"大河帮小河味"这一奇怪名字的风味。因此，川南菜的风味，严格的说因该是以自贡盐帮菜代表的小河帮风味、以泸州泸江菜为代表的"大河帮小河味"风味共同组成。川菜的三大风味流派，其实就是川东风味流派、川南风味流派、川西风味流派。帮派原本是川内袍哥文化发展的产物，具有浓厚江湖气息，今天再以什么"帮派"来称呼川菜的地方风味流派，其实已经不适应时代的发展了，应该摒弃这种旧有过时的称谓，尤其在新常态下，更应该顺应时代发展，适应川菜发展的理论需要，重新建构现代川菜理论体系，迎领川菜继续前进。

4 新常态下建构现代川菜理论体系

旧有川菜理论体系形成于清末民初，最终确立是在民国中后期的20世纪40年代，随后被川菜烹饪界和学术理论界一直沿用至今。然而，从旧有川菜理论体系确立以来的近一百年间，川菜经历了革命性的发展变化，现在的川菜与昔日不可同日而语，旧有的川菜理论体系不能再支撑现代川菜的发展需要。新常态下，建构现代川菜理论体系，实现川菜继续创新与发展，成为现代川菜理论建设的重大战略方向，保持川菜继续引领中国菜系发展和前进方向。

4.1 现代川菜体系由四大风味流派分支菜系组成

2015年10月24日，由重庆商务职业学院烹饪和饮食文化教师、泸州市餐饮行业协会专家委员、重庆市烹饪协会专家委员石自彬先生率先提出泸菜、蓉菜概念，并创立新常态下现代川菜理论体系对川菜地方风味流派分支菜系的划分标准，当以大江大河为界域划分地方菜系。新常态下现代川菜地方风味流派的划分，按照川东、川南、川西的方位顺序，其规范化准确表述是：由重庆境内长江及其支流流域所在的川东地区主要以重庆、合川、万州、达州等地的渝派川菜为典范的渝菜；古泸水（古称马湖江，长江、沱江、赤水河、金沙江等川南地区境内江河的统称）及其支流流域所在的川南地区主要以乐山、自贡、内江、泸州、宜宾等地的泸派川菜为特色的泸菜；岷江中上游及其支流流域所在的川西地区主要以成都、眉山、资阳、雅安等地的蓉派川菜为代表的蓉菜共同组成现代川菜三大主流地方风味流派分支菜系。金沙江及其支流流域所在的攀西大裂谷地区主要以攀枝花、凉山西昌等地的攀西菜品为区域特色的攀菜组成现代川菜非主流地方风味流派分支菜系。渝菜、泸菜、蓉菜、攀菜等共同建构新常态下现代川菜理论体系，共同构成了现代川菜文化品牌特色，共同代表现代川菜发展最高艺术水平。

至于川北地区，其菜品特色不足，影响力受限，没有形成菜品上的地方风味流派。但是，川北的小吃，与川南小吃、成都小吃、重庆小吃一样出名，这四大地域流派小吃共同构成了川味小吃的最高代表。其中以川南小吃最为丰富，又以泸州小吃最为著名。

攀菜的影响力虽然不及渝菜、泸菜、蓉菜三大主流地方风味流派分支菜系，但攀菜在攀西地区乃至云南一带都极具代表和影响，已经形成一个完整体系的地方菜系。攀菜主要由盐边菜（也称大笮菜）、俚濮菜、西昌菜等共同组成，攀菜风味与川菜有较大区别，有人形象的比喻为"不是川菜的川菜"、"不川不滇的川菜"，但终归还是属于川菜组成体系，是对川菜体系的丰富。而四川藏区饮食属于藏菜体系，因此一般情况不归为川菜组成体系。

由此，新常态下现代川菜由三大主流地方风味流派分支菜系的渝菜、泸菜、蓉菜和地方区域特色非主流风味流派分支菜系的攀菜等共同组成，四大风味流派分支菜系整体构成现代川菜体系。以渝菜为典范、泸菜为特色、蓉菜为代表的川菜三大主流分支菜系相互借鉴吸收和融合发展；以攀菜为补充，丰富川菜体系的重要组成。

4.2 渝菜

川东地区以重庆渝派川菜为典范的菜品统称为渝菜，由包括重庆、合川、江津、涪陵、万州、遂宁、达州等地方菜品组成。渝菜起源古代的巴国，经过漫长的历史发展，最终形成是在民国中后期的20世纪40年代，抗战时期重庆作为国民政府陪都，本土菜品烹饪吸收了来自全国各地大小菜系的饮食和技艺精华，自成有别于川南与川西菜品风味特色的渝派川菜独立地方分支菜系，简称为渝菜。渝菜是川菜的典范，是川菜创新的重要来源，川菜经典菜品的60%以上都是起源于渝菜。

4.2.1 渝菜概念的确立

川菜三大主流地方风味流派分支菜系之中，渝菜的概念最早由重庆厨界川菜泰斗李跃华大师在20世纪90年代首先提出，并得到著名餐饮人士严琦等企业家支持和倡导。但渝菜二字的出现，最早可以追溯清末民初时期到贵州遵义的一家名为"蓉渝菜社"的川菜馆。可见当时成都川菜、重庆川菜就分别有蓉菜、渝菜的称法，也反映出蓉菜、渝菜存在风味差别的事实。遵义古时被称为播州，清朝之前属于巴蜀之地，与泸州接壤，饮食基本同于川南风味。民国时期各地川菜在遵义都有较大发展，著名的川菜馆有陪都餐厅、成都川菜馆、芙蓉川菜馆等，从这些川菜馆的店名，也可以反映出成都、重庆川菜存在着地域风味差别。被誉为当今黔菜泰斗的重庆璧山人古德明大师曾于20世纪40年代在"蓉渝菜社"学厨，从事川菜烹调工作。

渝菜概念最早出现在学术文章之中是《四川烹饪》杂志1999年7月发表的崔戈所写的《"渝菜"能自立门户吗？》一文之中。2012年《重庆市人民政府关于进一步加快餐饮业发展推进美食之都建设的意见》（渝府发〔2012〕77号）提出"形成以巴渝文化为底蕴、美食街（城）为载体、重庆火锅和特色渝菜为标志，彰显重庆餐饮特色，荟萃天下美食，满足多元消费需求的长江上游地区美食之都。到2020年，基本建成具有广泛影响力和良好美誉度的中国美食之都。"标志着渝菜概念得到重庆市政府确认，并实施发展渝菜文化品牌战略。

早期的渝菜概念，是脱离川菜的独立菜系概念，这是一种错误的概念提法，准确的说渝菜只能是渝派川菜的统称，渝菜仍旧是属于川菜体系。2010年，重庆市商业委员会成立《渝菜标准》编委会，启动《渝菜标准》编制。《渝菜标准》的制定是渝菜发展史上的里程碑事件，也是川菜分支菜系标准的开山之作，对渝菜发展和文化传播，以及整个川菜发展与文化传播，起到了有力的推动和促进作用。《渝菜标准》对渝菜的菜系归属作了明确科学的阐释，渝菜属于川菜，渝菜是川菜的重要组成，但又不等同于川菜，渝菜又独具特色，自成菜系体系。经过近20年的打造，渝菜概念已经为大多川菜文化学者和从业人员所接受，渝菜也取得长足发展，渝菜研究也颇具成果。

4.2.2 渝菜菜品组成

渝菜文化是巴渝文化的重要组成，渝菜代表着川东地区的饮食文化和民风食俗内涵。具体而言，渝菜代表着川东地区饮食的山城文化、江河文化、码头文化、纤夫文化、市井文化、山区民族文化、红色抗战文化等。渝菜菜品体系，主要由大众家常渝菜、肆市酒楼渝菜、江湖渝菜、河鲜渝菜、山区民族渝菜、重庆火锅、重庆小面、重庆小吃等共同组成。

大众家常菜渝菜是传统家庭菜品，是普通民众菜品，最著名的是渝味回锅肉、泡猪汤等家庭大众菜谱。肆市酒楼渝菜是社会餐饮场所长期经营销售的已形成的经典菜品，如郁山鸡豆花、鱼香肉丝、蒜泥白肉等。江湖渝菜是由重庆地方餐饮企业和厨师创新的一般具有大麻大辣等浓郁地方风味特色的流行菜品，如歌乐山辣子鸡、来凤鱼、南山泉水鸡等。河鲜渝菜是川东地区江河所产河鱼所制作的鱼类菜品，如红味黄辣丁、清蒸江团、麻辣肥坨鱼等。山区民族渝菜是以武陵山区等民族区域的苗族、彝族等少数民族菜品，如苗族酸汤鱼等。重庆火锅是渝菜体系的组成，又独为一派饮食风味。近代麻辣火锅起源于高坝小米滩，发展兴盛于重庆江北小米街，重庆火锅是重庆饮食的美食名片，经典火锅品种有毛肚火锅、鸳鸯火锅、牛油火锅、清油火锅等。重庆小面是重庆地区历史长期存在，于近年声名鹊起的面食饮食。小面原指重庆市井小民平时里因受生活条件所限而吃的不加任何荤配的纯素面，以其价格低廉味美而著称，其概念后来发展成为重庆面条饮食的广泛统称，不管什么风味和各式配料的重庆面条都称为重庆小面。重庆小面著名品种有麻辣小面、牛肉面、肥肠面、杂酱面、豌杂面、蹄花面、一根面、板凳面、荣昌铺盖面等，但以特色著名的荣昌铺盖面，一般不归于重庆小面的范畴。重庆小面口味上以麻辣为主特色，色泽红亮，油重味浓。重庆小吃，是川味小吃四大风味流派之一，款式众多，风味各异，代表小吃品种有山城小汤圆、涪陵油醪糟、九园包子、磁器口麻花、重庆酸辣粉、老麻抄手、合川桃片、江津米花糖、糖水阴米、怪味胡豆、涪陵挞挞面等。

渝菜菜品组成体系中，尤其是以江湖渝菜为代表的很大一部分特色菜，都可以归为地标渝菜的范畴，渝菜是川菜体系中地标菜数量最多的菜系。地标菜是一个菜系品牌美食的代表和名片，地标菜的提法目前查询到最早出现于《人民日报海外版》（2015年05月08日第12版）登载的一篇名为《胡晓军：把中餐做好做强》的文章中，提到一款"香辣仔鸡"的菜品被评为芝加哥25道地标菜之一，这是"地标菜"概念最早记于公开正式刊物之中。2016年1月25日，广东省东莞市麻涌镇举办麻涌的味道"肥仔秋·首届麻涌地标菜发布会"，评选出8道麻涌地标菜。虽然地标菜概念被提及使用，但地标菜的定义却不见有文字描述，2016年6月23日，由重庆商务职业学院石自彬先生第一次对地标菜作了全面完整的定义描述。所谓地标菜，即是地理标志性菜品，是指具有原创菜品起源地文化，能代表本地方饮食风味特色和饮食文化习俗内涵，菜品命名一般带有地名或人名等文化元素标识，并有着广泛地域美誉度、社会知名度和综合影响力的典型原创地方特色菜品。在此概念定义下，2016年8月20日，四川省泸州市在古蔺黄荆老林景区成功举办了"首届泸菜地标菜评选大赛及泸菜地标菜研讨会"，使"地标菜"这一概念正式得到实践运用。

渝菜最具代表性的经典地标菜有：江津酸菜鱼、歌乐山辣子鸡、璧山兔、璧山来凤鱼、太安鱼、綦江北渡鱼、南山泉水鱼、南山泉水鸡、长寿泡椒鸡、铁山坪花椒鸡、丰都鬼城麻辣鸡、大江龙大刀烧白、郁山鸡豆花、江津肉片、合川肉片、武隆碗碗羊肉、万州格格、巫溪烤鱼、万州烤鱼、黔江鸡杂、永川豆豉鱼、忠州酸鲊肉、荣昌卤鹅、梁平张鸭子、白市驿板鸭、垫江石磨豆花、山城小汤圆、涪陵油醪糟、重庆小面、昌铺盖面、重庆毛肚火锅、重庆酸辣粉、涪陵挞挞面、朱沱九大碗田席菜等。

4.3 泸菜

泸菜，是指川南古泸水及其支流流域地区内所有菜品的统称。以城市而论，今之乐山、自贡、内江、宜宾、泸州甚至黔北部分地区的菜品都统属于泸菜。泸菜是川菜三大主流地方风味流派分支菜系之一，是川菜的特色，泸菜驰名巴蜀，誉满全川。

4.3.1 泸菜概念的科学依据

泸水，一般研究认为金沙江即泸水，泸水是金沙江的旧称。明嘉靖《马湖府志》卷5记载："马湖江则泸水之下流也。"马湖江历来是指凉山雷波县至宜宾的金沙江段，而根据著名历史学家陈世松的研究成果《元代的马湖江和马湖路》论文所说：在元代，马湖江是一个范围更大的江域概念，是当时的嘉定（乐山市）、叙州（宜宾市）以下至泸州（泸州市）之江均称为马湖江。也就是说元代人理解的马湖江，既包括金沙江下游，也包括了嘉定以下的岷江下游，更包括了叙州以下、泸州以上的长江上游，甚至把泸州以下至重庆，重庆以下至三峡的大江统称为马湖江。也就是说古代泸水的范围，涵盖了整个川南的江河。尤其是在元代，马湖江即泸水，已从通指金沙江下游的一般概念，扩展为泛指嘉定、叙州、泸州、重庆、涪州，甚至包括长江三峡以上的广义的江域概念。

烫冶泽所撰写的《重庆南川龙岩城摩崖碑抗蒙史事考》（《四川文物》2010年第3期）一文，更是论证了《元史》里所记载的"马湖江"即是千里川江，而不是某一条支流，也不是长江的某一小段，而是指四川盆地内的千里川江，或者说是长江上游流经四川盆地内的这一段及其支流。长江通常以湖北宜昌和江西九江市湖口县为界，将长江河道划分为三段：宜宾至宜昌为上游，宜昌以下至湖口为中游，湖口以下至上海为下游。在《元史》全书中，所有称长江的，都是指长江中下游荆湖淮扬一带的长江，而对四川境内的长江，没有一处以长江称之，除许多地方称为"马湖江"外，也常常称"江"，个别江段也称"泸"或"泸江"。而这个泸，即是指泸水。（注：古泸水、古泸江与今之云南泸水县、云南泸江无任何必然联系。）如官修《宋史·列传第九十三·林广传》记载林广替代韩存宝征剿泸州夷人乞弟，就说宋军"讨泸蛮乞弟……陈师泸水"。北宋文人唐庚长居泸州时，在其所作《云南老人行》一诗中有"自言贯属泸水湄，泸水边徼滨獠夷。""问翁致此何因缘，道是江阳太守贤。"之句。宋绍兴三十二年（1162年）晁公武在泸州将芙蓉桥后罗城上水云亭改建为定南楼时所赋诗中有"更筑飞楼瞰泸水"一句。从这些史料也可以充分说明，泸州乃至整个川南乃至重庆境内的长江、沱江、岷江、金沙江，在历史上也被统称为"泸水"，也叫"泸江"。

地方菜系的形成和科学命名，都是以大江大河为界域。因为古人都是临水而居，一定水系流域内的人们才具有相同或相近的饮食习俗，是构成菜系饮食风味体系的地缘基础。整个川南地区的饮食习俗与川东、川西存在一定的差异，川南地域江流纵横，溪河密布，物华天宝，钟灵毓秀，人口稠密，经济繁荣，有"川南鱼米之乡"的美誉和"中国小江南"的美称。长江、沱江、金沙江、赤水河等组成古泸水的江河，贯穿流经川南全境，从物质基础、饮食风俗和文化底蕴上都形成了自己独立的地方风味菜系，因泸水之故，统称命名为泸菜。

中国菜系之中，在省一级地方菜系的地方风味流派以自己地方的分支菜系命名，有助于各地方菜系品牌的树立和菜系文化的繁荣发展。如浙菜，组成浙菜的五大主流地方风味流派都有自己的菜系命名称谓：杭州浙菜称为杭菜或杭帮菜，温州浙菜称为瓯菜，金华浙菜称为婺菜或婺州菜，宁波浙菜称为甬菜或甬帮菜、甬江菜，绍兴浙菜称为绍菜等。又如苏菜，南京苏菜称金陵菜，无锡苏菜称为锡菜或锡帮菜等。再如潮汕地区粤菜称为潮菜；张家口地区冀菜称为口菜；大连辽菜称为连菜，并已制定连菜标准。

因此，川南古泸水流域内的川菜统称为泸菜，以及对组成泸菜的下一级地方风味流派确立为更小菜系，也是极其科学和严谨的命名称谓。

4.3.2 泸菜组成体系

川南美食名片，泸菜绝色飘香。泸菜，是川南古泸水及其支流流域菜品的统称。不仅是属于泸州的泸菜，而且更是属于整个川南的泸菜，乐山嘉阳河帮菜、自贡盐帮菜、内江糖帮菜和大千菜、宜宾三江宜菜、泸州泸江菜都属于泸菜组成体系。

相对于渝菜概念而对应提出来的泸菜、蓉菜、攀菜等概念，虽仅有短短一年时间，暂未被广泛接受，但在川菜理论研究中却产生了极其强烈的学术争鸣。尤其是以泸州餐饮界为代表的有识之士，已经扛起川南泸菜研究和发展的大旗。泸菜概念更是得到政府确立，并着力打造泸菜品牌，发展地方菜系饮食，促进地方餐饮经济发展。

（1）乐山泸菜　乐山泸菜，也称乐山嘉阳河帮菜或嘉阳菜，简称嘉。乐山位于川南偏西，古称嘉州、嘉定、嘉阳，历史上有"海棠香国"的美誉，古泸水流经区域，岷江、青衣江、大渡河三江交汇与此。清雍正十二年（1734年）升嘉定州为嘉定府，并在府治置乐山县，取"城西南五里有'至乐山'"为名，改龙游县为乐山县，"乐山"之名沿用至今。民国废府，治地设乐山行政督察专员公署。1950年，设乐山专区，属川南行署区。乐山专署驻乐山县，辖乐山、犍为、沐川、屏山、雷波、马边、峨边、峨眉、井研等9县。后几经区划调整，但乐山地区的经济发展与饮食习俗与川南密切相关，同属川南古泸水流域饮食体系。

嘉阳河帮菜，也称嘉阳菜，简称嘉菜，是指古嘉州之南牛华溪、五通桥、犍为县等地区，即宋代的玉津县管辖的区域的菜品统称。民国时期，乐山五通桥地区是西南著名的井盐生产和集散地，井架林立，盐商如织。当时从岷江码头下水由水路行至宜宾，再入长江，井盐可以远销到武汉、江浙和上海，即下江地区。嘉阳河帮菜就是随盐业的兴盛而兴起，最初形成于清末民初时期，是在以盐兴市、以盐聚气、以盐生财、以井代耕的五通桥为中心而形成的饮食风味流派，形成具有完整体系的众多名菜、名宴、名厨、名店。20世纪四五十年代是嘉阳河帮菜发展的辉煌时期，乐山被誉为小河帮川菜的发源地之一。有美食家采录菜谱，并名之曰"嘉阳菜"，嘉菜由此得名。一时间，"嘉阳菜"名动蜀中，是名噪一时的乐山菜系，是川菜体系中的重要地方菜系品牌。

嘉阳菜食材平易，做工精细，鲜香浓醇，口味中和，名菜美食众多，具有代表性的菜品有：黄鸡肉、白斩鸡、棒棒鸡、嘉阳怪味鸡、乐山甜皮鸭、乐山钵钵鸡、口蘑蒸鸡、鲜椒嫩仔鸡、臼捣仔鸡凉辣汤、西坝豆腐、嘉州脆皮鱼、峨眉卤鸭、峨眉鳝丝、东坡墨鱼、峨眉豆腐脑、峨眉豆花、峨边坨坨肉、雪魔芋烧鸭、峨眉冻粑、仔姜鸭脯、神水豆花、参麦团鱼、虾须牛肉、辣椒蟹等。

2010年后，乐山嘉阳河帮菜的文化研究也由乐山师范学院、乐山职业技术学院等单位的本地菜系文化学者牵头开展，并形成了《浅谈嘉阳河帮菜文化的发掘利用》《挖掘"嘉阳河帮菜"文化，做强特色餐饮业》等课题学术成果，使得乐山嘉阳河帮菜的概念和菜系文化被川菜学界重新认识，产生积极影响。食在乐山，味在嘉菜。乐山嘉阳河帮菜是川南饮食的文化代表，是川南泸菜的重要组成，是川菜艺术中的璀璨明珠。

（2）自贡泸菜　自贡泸菜，即自贡盐帮菜。泸菜的组成体系之中，目前尤其以自贡盐帮菜最为著名。将"盐帮菜"作为一个概念并成功推向市场的是自贡盐府人家餐饮有限公司。该公司于1998年在自贡创立"天地盐府人家"餐厅，2002年创办盐商菜、私家菜等自贡餐饮名店。2003年进军成都开设分店，为宣传促销，在《成都商报》上刊登了一篇名为《你以为盐帮菜都是咸嗦?》的文章，首次提出"盐帮菜"的概念。到2006年得到自贡市有关政府部门认可，由官方正式命名确立为自贡盐帮菜，并开始大力发展盐帮菜文化品牌，至今十年间，盐帮菜概念从无到有，盐帮菜品牌从无到有、从小到大，将盐帮菜打造成川南菜的代表之一，并得到川菜界认可，自贡也因盐帮菜而有川南"美食之府"的美誉。

1939年9月1日，国民政府正式批准成立自贡市，隶属四川省政府管辖。由富顺、荣县分别划出自流井和贡井地区组成自贡市。今自贡地域历史上长期隶属于古代泸州行政管辖。泸州都督府原本泸州总管府，唐武德三年（620年）置，七年（624年）改总管府为都督府。唐后期，节度使渐夺都督之权，但泸州都督府终唐犹存，主要就是它还担负着管理羁縻州的重任。直到宋乾德三年（965年）始废都督，升为上州，而以沿边州名义统管羁縻州。过去自流井盐区称为富荣东场，归富顺县管辖，贡井盐区称为富荣西场，归荣县管辖。《清华学报》发表的童锡祥所写《四川富顺县自流井现行采盐法》一文记载："自流井为四川富顺县分县，旧属泸州直隶州，今隶永宁道。泸州今改泸县，驻有盐运使，自流井设有盐务知事。"自贡盐船从釜溪河出邓关到泸县（今泸州），将盐转至大船，再从泸州出发沿长江航行出川。古代，泸州富义县富世井盐是剑南井盐中产量最高的，"月出盐三千六百六十石"（《元和郡县图志》卷三十三《剑南道·下》）。咸丰三年（1853年），富荣盐业得到迅猛发展，此即历史上第一次川盐济楚。到光绪初年，四川总督丁宝桢奏道："富厂产盐之多，远过犍为"。至此，自贡地区成为川盐之首，并延续至今。盐业生产的繁荣带动了自贡餐饮业的发展，盐帮菜随着盐业的兴荣而逐渐形成并至2006年被官方正式命名为自贡盐帮菜。

川菜发展研究中心科研项目"自贡盐帮菜研究"的最终成果《自贡盐帮菜》一书中，课题主持人吴晓东教授对自贡盐帮菜的菜品组成分为盐商菜、盐工菜、会馆菜、餐馆菜、家庭菜、新派菜等。盐商菜是指自贡盐商家庭的菜品，是盐帮菜的高层菜。盐工菜是指为盐场盐工们吃的大锅菜，是盐帮菜的底层菜。会馆菜是指自贡以盐商会馆为代表的各行业帮会会馆菜共同组成的精致高端菜，是盐帮菜的文化菜。餐馆菜时指自贡盐场各个社会肆市餐馆的菜品，是盐帮菜的社会肆市菜。家庭菜是指自贡盐场各个盐工家庭所食用的菜品，是盐帮菜的大众家常菜。新派菜是指盐帮菜概念提出之后，各盐帮菜餐饮企业所推出的酒楼流行菜，是盐帮菜的特色创新菜。

自贡盐帮菜以麻辣味、辛辣味、甜酸味为三大味别，凸显味厚、味重、味丰的鲜明特色，善用椒姜，突出鲜辣，料广量重，选材精到，最为注重和讲究调味，尤其擅长水煮、火爆烹调方法，煎、煸、烧、炒，自成一格；煮、炖、炸、熘，各有章法，形成了区别于其他地方风味的鲜明饮食风味，凸显大气、怪异、高端。除具备川菜"百菜百味、烹调技法多样"的传统特点之外，更具有"味厚香浓、辣鲜刺激"的特点。名菜有上千道，最为代表的菜品数百款，以自贡本土著名盐文化专家与盐帮菜学者宋良曦对盐帮菜名菜研究总结出80款经典盐帮菜。诸如：火边子牛肉、水煮牛肉、金丝牛肉、火爆毛肚、浓味冷吃兔、梭边鱼、富顺豆花等。

自贡盐帮菜研究是川南泸菜体系中研究较早，成果较为丰富的地方风味菜系，也是川南美食出川发展最为杰出的川菜地方风味流派代表。以四川理工学院吴晓东教授为代表的自贡盐帮菜文化研究学者，形成《自贡盐帮菜》学术专著和众多论文，完成了自贡盐帮菜理论学术体系建设，使盐帮菜成为川菜地方风味流派中第一个具有完整理论体系的分支菜系，是川南美食翘楚，是川南泸菜体系组成中坚力量，是川菜地方风味流派组成的支柱之一。

（3）内江泸菜　内江泸菜，即是内江糖帮菜与大千风味菜的统称。内江东汉建县，历史上曾称汉安、中江，隋开皇元年（581年）更名内江，沱江从内江穿城而过。内江由于盛产甘蔗、蜜钱，鼎盛时期糖产量占到全川的68%、全国的26%，故被誉为"糖城"、"甜城"。清末民初，蔗糖是内江的主要工业制造产品，众多糖工与糖商汇集内江，由糖工与糖商饮食基础而形成的菜品风味流派被定名为糖帮菜。糖帮菜的著代表名菜有：粑粑肉、家常羊肉、冬菜烂肉、豆瓣全鱼、蒸杂烩、黄豆芽蒸元子、火爆黄喉、碎米鸡丁、家常田鸡、大蒜烧鳝鱼、大蒜烧鲶鱼等，中国川菜泰斗杨国钦大师曾编有《风味甜食》一书，收录内江甜城小吃一百余款。糖帮菜几经兴衰，后来随着内江糖业的衰落而沉寂，振兴糖帮菜任重而道远。

同时，内江又是著名国画大师张大千的故乡，而张大千又是烹饪美食专家，其大风堂酒席菜品成为大千美食的代表。大千菜的概念是由具有"南杨北史"之誉的当今川菜泰斗、世界大千风味美食研究第一人杨国钦大师创立于二十世纪八十年代。

张大千不仅是当代著名的国画大师，又是知名的美食家、烹饪家。他把绘画当作第一职业，把烹饪当作第二职业。他曾说："一个搞艺术的，如果连吃都不懂或不会欣赏，他哪里又能学好艺术了？"由此，他把绘画艺术视为追求意境和笔墨情趣，把烹饪艺术视为味觉艺术和美食情趣。故而谈画时离不开谈吃，绘画时又离不开烹饪。正如他本人所言："以艺术而论，我善烹饪，烹饪更在画艺之上。"大千先生不仅动口，而且还亲自动手，操刀掌勺，匠心独运，烹调出脍炙人口的"大千风味菜肴"，备受宾客的赞誉，正如我国著名的国画大师徐悲鸿先生在《张大千画集》序中写道："大千蜀人也，能治蜀味，兴酣高谈，以飨食客。"著名画家谢稚柳先生也曾评价："大千的旁出小技是精于烹饪，且亦待客热诚，每每亲自入厨，弄菜奉客。"

大千菜以中国川菜泰斗杨国钦大师专著《大千风味菜肴》及大风堂酒席菜品为代表。著名大千菜品有：大千鸡块、大千樱桃鸡、魔芋鸡翅、大千干烧鱼、干烧鲟鳇翅、泡菜烧鱼、三味蒸肉、清汤腰脆、大千丸子汤等。大千菜系，大千风味。大千菜在选材、烹调、和味上都不拘一格，别出新意，将国画意境融入菜品烹调艺术之中，如他用仔鸭加清汤造型成菜，以他的国画"倚柳春愁"命名；用石斑鱼、番茄、冬笋、蘑菇加清汤造型成菜，以国画"清池游鱼"为名；用汤圆加莲米做成小吃，以国画"荷塘泛舟"为名；又用拉面、瘦猪肉、虾仁、口蘑、海参、青红辣椒、火腿等原料做成象形面食，以国画名作"江山无尽"命名。意境大千菜是当代意境菜品的最早实践与呈现形式，是中国意境菜的早期代表和典范，其菜品不仅其形栩栩如生，更有其神活灵活现。而当今社会流行的所谓的意境菜，仅是学到意境大千菜的皮毛，徒有其形而无其神，甚至形呆而神死。可以说，张大千烹制的一道道工艺菜，恰似一幅幅五彩斑斓的画卷，将书画与烹饪融为一体，正如大千先生自己所言："艺术造化在我手中。"人们也由衷地称赞大千先生的菜肴是"吃的艺术，艺术的吃。"

大千菜作为内江饮食的文化瑰宝，是内江美食的一道文人食风，是川南泸菜的文人特色菜品，具有深厚的菜品文化内涵和极高的菜品艺术造诣。以中国川菜泰斗杨国钦大师为创始人、易斌和邓正波先生为传承人的杨派川菜重要代表人物，对大千菜系开展了30余年不断研究，硕果累累，形成了以《大千风味菜肴》等专著及众多大千菜学术论文成果。杨国钦大师推动举办的内江"大千美食文化节"将大千菜发展成内江的城市美食名片，其一系列研究成果，使大千菜成为川南泸菜体系中最早形成完整理论体系和菜品体系的文人饮食风味流派，作为川菜体系中的耀眼明星而熠熠生辉，独放异彩。

（4）宜宾泸菜　宜宾泸菜，即宜宾三江宜菜，简称宜菜。宜宾位于川南岷江与金沙江的交汇处，浩浩长江至此而始，被誉为"万里长江第一城"。宜宾古称僰道、戎州、叙州，素有"西南半壁古戎州"的美誉。著名的五粮液酒产于宜宾，又为宜宾带来"中国酒都"的荣耀。宜宾三江宜菜在饮食上偏辣和偏复合味，以味多、味广、味厚、味浓著称。宜菜选料广泛，无所不取，山珍、禽类、果蔬、河鲜皆为烹饪食材。刀工精细，烹制讲究，味别多样，烹调技艺上以炒、煎、烧、煸等方法为主，突出川南饮食风味特色。

宜菜著名菜品众多，是川菜名菜体系的重要组成，经典名菜名点代表有：李庄白肉、宜宾燃面、叙府糟蛋、芽菜扣肉、屏山口水鸡、红桥猪儿粑、洛表猪儿粑、高县鸭儿粑、葡萄井凉糕、筠连水粉、江安凉粉、红桥磕粉、富油黄粑、柏溪潮糕、沙河豆腐、双河豆花、鸡丝豆腐脑、筠连泡菜、甜黄菜、碎米芽菜小笼包、蜀南竹海全竹宴等。

宜菜虽然有众多经典名菜和小吃，但是宜菜研究却止步多年。至今没有宜宾本土的饮食风味流派菜系概念，连宜菜的概念都还没有被提出和确立，研究成果更是极其匮乏。对于宜宾三江宜菜的研究，还任重而道远。

（5）泸州泸菜　泸州泸菜，是泸州地区长江、沱江、永宁河、赤水河等流域内菜品的统称，也叫泸江菜，简称泸菜，但属于狭义概念的泸菜，广义概念泸菜的当是川南泸菜，为区分两者概念的差别，以泸江菜为小泸菜，川南泸菜为大泸菜，大泸菜包括了小泸菜在内，即泸江菜是川南泸菜的组成。以地区而论，老泸县（今泸县、龙马潭区、江阳区）和纳溪地区等主城区的泸阳菜（泸县古称江阳、泸阳，故称泸阳菜）、合江地区的合菜（合江古称少泯，故也称泯菜）、叙永地区的叙菜、古蔺地区的蔺菜，都属于泸州泸菜，又通常以泸州泸菜代称泸州泸江菜。泸州泸菜是在长期的历史发展进程中，博采各大菜系之长，兼收并蓄而成。泸州泸菜既有鲜明的地域性和历史个性，又带有普及性和适应性，具有完善的组成格局，完整的理论体系，泸州泸菜自成一派，属于川菜体系的重要组成和代表。

泸州，古称江阳，又名泸川、泸阳、泸南、雒南（洛南）。《华阳国志·蜀志》记载"江阳县，郡治。江、雒会。"这里的"江、雒会。"江，指长江；雒，指雒水，即沱江，沱江古称雒水；会通汇，指长江和沱江在泸州这里交汇。《水经注》记载："江阳县枕带双流，据江、雒会也。"西汉景帝六年（前151年）封苏嘉为江阳候在长江与沱江交汇处，设置江阳县，这是泸州有确切历史纪年的开始，也是泸州有确切政历域名的开始。南朝梁武帝大同三年（537年），在马湖江口置泸州，领江阳郡，州治在忠山麓，即宝山，一名泸峰，泸州建置于江阳，从此相沿成名。北宋乐史《太平寰宇记》："梁大同中置泸州，远取泸水为名。"同为北宋时期的李植在《西山堂记》说梁武帝建泸州，"远取泸水以为名，治马湖江口"。清朝李元《蜀水经》："郡得名为泸者，盖始因梁大同中尝徙治马湖江口置泸州。马湖即泸水下流，因远取泸水为名。"清朝段玉裁说："梁置泸州，治马湖江口，以马湖江即泸水，故曰'泸州'也。"泸州因"泸水"而得名。

古代泸州行政管辖区域甚大，今之自贡、内江、遵义等地，都在古代泸州管辖之内。《新唐书》记载，泸州都督府羁縻州十四：纳州、萨州、晏州、巩州、奉州、浙州、顺州、思峨州、淯州、能州、高州、宋州、长宁州、定州。《堪地纪胜·长宁军》载："唐置羁縻长宁等十四州五十六县，并隶泸州都督府。唐末废四州，存者十州。"据《元丰九域志》以及《宋史·地理志五》记载，北宋时泸州所领羁縻州18，除上述14以外，另有悦州、蓝州、溱州、姚州。古代泸州更是井盐的主要产区，盐业生产也直接促进了本地餐饮的发展。泸州淯井地，盐产久负盛名，唐宋时是蜀地食盐的重要来源基地之一。唐僖宗时，曾发生淯井等路不通事，结果造成"民间乏盐"。后蜀王建时专设淯井镇，宋初置淯井监，徽宗朝升监为长宁军。淯井监是宋代著名的井盐产地之一，当时行政上归泸州管辖，泸州"公私百需皆仰淯井盐利"（《宋史·高定子传》），经济上有着举足轻重的作用。

唐贞观四年（630年），程咬金奉命出任泸州大都督，主政西南近30年，管辖整个泸南地区，包括今天的泸州长江以南直至滇黔边境的少数民族沿线。《新唐书·列传第十五》记载："贞观中，历泸州都督、左领军大将军，改封卢国。"程咬金来泸州，不仅留下了"程咬金醉酒定泸州"的历史事件。自平定泸州后，从此泸州百姓安居乐业，酒业兴旺蓬勃，饮食业随之兴盛。程咬金还从帝都长安带了官厨来泸州，将宫廷上层饮食之风带到了泸州，并在上层社会阶级广泛盛行，尤其是唐朝的宫廷菜，第一次引入到泸州，在历史中与泸州本地饮食习俗进行融合，成为泸州饮食文化的一部分。至北宋年间，泸州就已经是每年征收商税10万贯以上的全国26个商业城市之一，在四川与成都、重庆鼎足而三。

泸州位于长江上游，是29个长江中心城市之一。泸州泸菜的形成与发展，与川江船运密不可分，自贡小河盐、内江小河糖自水运至泸州中转和集散，泸州当时共有大型码头36个之多，且泸州船户自嘉庆八年立帮，归属大河帮。泸州作为陆上丝绸之路、茶马古道的重要枢纽站，成为云贵川结合部的商贸中心、中转港口，商品交易频繁，经济繁荣，饮食发达。据民国版《泸县志·食货志·商业》记载："盐糖皆非本地出产，但运输必由此地，于商业中甚占重要位置也。""盐业：富盐下驶渝、万，上转永宁，旁运赤水。商船泊泸盘验，就地接买，颇称便利。盐商富力常冠于诸商。""糖业：小河糖由资、简、内、富运来，产额甚丰。……各商在泸装置糖桶，下运渝、万、宜、沙，转销合川，溯江转运永宁、毕节，又或运习水、遵义。""茶叶：清时城内设官茶店，行销腹引三十三张城乡设分店领销，价照官店，所销为云南普洱春茶，……民国后无官店，业此者皆自由购销，以下关沱茶及毛尖为大宗。"可见自贡盐业、内江糖业、云南茶叶等，全部直接运到泸州，再从泸州36个大码头进行中转集散，销往全国。据《大清会典事例》及民国版《泸县志》还记载，光绪三年（1877年）奏准的川省官运商销法于泸州居中置官运总局，于井灶所，分置厂局，于各岸，分置岸局。即是清政府将食盐供应改为官运商销，在泸州设滇黔边计盐务官运总局，合江、叙永、纳溪等十六地设口岸，专任发商售盐，征收盐本，实行人口统计，食盐定销。这一官方政策更加巩固了泸州原有的盐业中转中心城市的地位。餐饮业随盐业、糖业、茶叶等中转贸易的繁荣而发展。同时，船帮在川江上跑船，船工往返经常在高坝小米滩夜宿，生火煮饭，促进了麻辣火锅在小米滩的诞生。小米滩位于泸州市下游约5公里处，因上浅下险而著称，是川江重庆至宜宾段航道上的著名枯水险滩之一。上段浅区长达600余米，水深仅1.8米，下段航槽弯窄，横流大，泡水强。小米滩滩坝位于两弯河段之间，滩上淤左岸岩盘、石梁伸入江中，尤其是杨公背、猫石盘和望滩，形成天然丁坝群。由于小米滩是枯水槽滩，因此适合停船休息，往返于长江边上的船工们便常常停船于小米滩，三块石头一口锅，垒灶生火做饭，煮食各种食材，并添加辣椒、花椒以祛湿，这就是原始麻辣火锅的最初起源。

泸州作为川南经济文化中心，促进了泸州餐饮业的繁荣与发展。尤其是民国时期，1937年国民政府迁都重庆以后，将重庆作为陪都，大批外省人员涌入到重庆，由于重庆地方狭小，无法容纳下如此庞大的外来人群。因此，作为成渝中间站的泸州，自然成为外省人员进川第二个落脚生存之地。各菜系也都涌入重庆融合发展，并影响到距离重庆最近的泸州的烹饪发展。尤其是以毛派、刘派厨师为代表的泸州本土厨师，在吸收三江码头宜宾、长沱两江码头饮食文化和烹饪精华；学习成都、重庆的名厨，商人、军阀私人厨师的厨艺；兼收并蓄重庆、宜昌、武汉、江浙等长江流域烹饪技法和风味，尤其擅长以蒸、炒、煎、焖、烧、烤、煮、炖、烩、卤等烹调方法，突出味多、味浓、味厚、味重、味醇、味香、味广的特点，凸显以清鲜醇浓并重，擅长麻辣辛香，甜酸浓郁风味，创造出一大批著名的汤菜、名菜、名小吃、河鲜系列、九大碗田席等菜品。民国版《泸县志》记载："其烹调有蒸、煮、烧、炸、煨、炖、卤、腌诸法，油、盐、酱、醋、糖、豉以调其滋味，椒、姜、茴、柰、葱、蒜以助其芳香，豆粉以佐其滑泽。"泸州原本的"小河味"得到了进一步提升和发展，博采各大菜系之长，集"大河帮"等菜精粹，兼收并蓄，独创泸州地域大河帮小河味的泸州泸菜风格。至此，到20世纪40年代，近代泸州泸菜风格成型，到今天不断进步发展，使大河帮小河味泸州泸菜驰名巴蜀，誉满全川，影响全国，遍及海外。据统计，泸州泸菜烹饪技法共有54种，素有"食在四川，味在泸州！"之说。泸州泸菜的河鲜更是"河鲜美食之城"的一大风味特色，独冠一绝！

大河帮小河味从字面上讲，应是"大河帮特色，小河帮风味。"说的是泸州泸菜同时具有大河帮和小河帮两派的特色风味。大河，从地域上讲，是指沿长江流域一带。大河帮风味流派的基本成型，主要以承办各类筵席、零餐，接待达官贵人、商人的菜品基础上发展而来。烹调上以烧、蒸为主，特别擅长烹制河鲜，对烹鱼有独到之处。小河是指四川重庆境内长江的各条支流，最主要的包括沱江、金沙江、嘉陵江三大江为主的流域，因为是长江支流，所以都可以管叫小河。但是三江流域的小河帮，虽名字叫法相同，但菜品风味特色却不同。这就是形成了大家对小河帮风味的不同理解。泸州的"大河帮小河味"里的"小河"，主要是指沱江流域，沱江在泸州城汇入长江。"小河味"的味型突出味咸、味浓、味辣、味厚、为重，擅长使用花椒、辣椒，尤其以善于使用鲜辣椒调味。以小煎、小炒、烧、蒸、烩、煮、拌等烹调方法为主。

泸州泸菜的风味，是泸州泸菜在历史发展中不断融合吸收而形成的。民国早期以前的泸州泸菜，其风味归为小河帮风味，同内江、自贡川菜风味相同，都是川南地域小河帮风味。民国中后期，国民政府迁都重庆后，泸州烹饪受到大河帮风味以及江、浙、沪等全国各省菜系烹饪技艺的影响，吸收了外菜系的优点，将小河帮风味丰富和发展成为大河帮小河味风味。

由此可见，大河帮小河味泸州泸菜包含了极其丰富多彩而又独特的地方风味和历史文化，是在历代前辈厨师们对厨艺的不断提升，挖掘创新，长期锤炼，博采众家之长的基础上逐步形成，并成为川南泸菜的重要组成。大河帮小河味泸州泸菜集中体现了大众饮食风味，彰显了丰富多彩的泸州码头文化、高山文化、江河文化、市井文化、高山民族文化等大众饮食文化。长江和沱江流域的饮食习俗和风味也共同构成了历史悠久的泸州泸菜饮食文化。

泸州泸菜的体系组成，流派纷呈，按照不同的划分方法和标准，有以下三大派系划分法。

以江河界域划分，由泸阳菜、合菜、叙菜、蔺菜共同组成。泸阳菜是泸县、龙马潭区、江阳区、纳溪区等主城区域内菜品的统称，合菜是合江地域内菜品的统称，叙菜是永宁河流域叙永境内菜品的统称，蔺菜是赤水河流域古蔺州境内菜品的统称。泸州泸菜的区域流派划分，均是以江河界域为菜系风味流派划分标准。

以菜品风味组成划分，泸州泸菜由泸州家常菜、泸州肆市菜、泸州高档筵席菜、泸州九大碗田席菜、泸州河鲜菜、泸州地标菜、泸州少数民族菜、泸州风味小吃、泸州火锅等九大类菜品组成。其中泸州地标菜、泸州小吃、泸州河鲜、泸州火锅为泸州泸菜体系中的四大品牌。泸州小吃，为川味小吃四大流派之一。川味小吃四大流派是川东重庆小吃、川南泸州小吃、川西成都小吃、川北南充小吃。泸州江河密布，水系发达，盛产河鱼，泸州河鲜是泸菜烹饪技艺一绝，河鲜菜品风味鲜美、独具一格。泸州高坝小米滩则是川渝麻辣火锅原始起源地，代表着起源地火锅饮食文化内涵。

以泸州烹饪界代表人物派系划分，泸州泸菜由以刘天福及其弟子门生为代表的刘派泸菜，以毛树荣及其弟子门生为代表的毛派泸菜，以张丰贵及其弟子门生为代表的张派泸菜等三大主流代表人物派系组成。

泸州泸菜作为川菜体系的特色，除具有川菜"清鲜醇浓，麻辣辛香；一菜一格，百菜百味。"的特点以外，还具有泸州泸菜自身地方风味特点："清鲜重味，醇浓有道；麻辣相宜，辛香有度。格味多样，品式丰富；擅于河鲜，两河风格。"一言以概之，泸州泸菜"味质适口，绝色飘香。"

泸州泸菜在风味特色和烹调技艺上重在一个"味"字，以位多、味广、味厚、味醇、味浓为尊，以清鲜醇浓并重，麻辣辛香擅长，酸甜风味浓郁，既味中有味，有浓淡之分，又有轻重之别，形成以家常风味浓厚、河鲜风味为特色的泸州泸菜浓厚的地方"综合味"，即被定名为大河帮小河味风味，尽显泸味十足。无论是冷菜、热菜、还是风味小吃都具有独到风味，品位上都达到较高的水平。在菜品质地上重在表现清鲜、脆嫩、麻辣、香酥、爽口的特点，具有技绝、材绝、味绝、质绝、色绝等"五绝"特色。

泸州泸菜的经典代表菜品有：泸州煮鸡（道口烧鸡、符离集烤鸡、德州扒鸡、泸州煮鸡并称中国"四大名鸡"）、泸州附骨鸡、泸州旺子汤、泸州凉拌鱼、泸州白糕、泸州黄粑、泸州猪儿粑、泸州糍粑、泸州高粱粑、泸州蜘蛛粑、泸州风雪糕、两河桃片、酒城蛋酥、泸州烘蛋、泸州酸菜豆花、合江早豆花、江门荤豆花、叙永豆汤面、泸州白果鸡、古蔺麻辣鸡、叙永头碗、观音场月母鸡汤、白马鸡汤、合江烤鱼、老卤匠肖鸭子、泸州三色火锅、小米滩火锅、泸县丫椒回锅肉、玄滩鲊泥鳅、泸县九大碗田席菜、泸州八景宴菜品、古蔺黄精鸡、古蔺桂花鸡、古蔺洋芋鸡、古蔺青椒鸡、古蔺芋头鸡、古蔺木姜鸡、古蔺玉米鸡、古蔺野菌鸡、古蔺笋子鸡、古蔺高山鸡、古蔺疙兜鸡、古蔺冷水鱼、古蔺白水鱼、古蔺酸汤鱼、古蔺鲜椒鱼、美酒河鲜鱼、大河帮淬石鱼、泸州麦粑、泸州黄精糕、古蔺酸菜蹄花汤、古蔺糯米笋、古蔺丫椒蒸腊肉、古蔺丫丫豆腐猪、王氏红烧肉、古蔺拌面、古蔺豆花面、古蔺野菜红军宴等。除此还有张府肘子、贵丰烤猪、鸡鸣三笋、泸笋烩、汪家鸡、邓卤鹅、红军豆腐等菜品，堪称地标泸菜的经典代表，享誉川南。

同时，泸州泸菜还有许多地标食材和调味料，是制作地标泸菜的正宗原料，这些地标食材目前知名的有泸州河鲜、泸州黄粑叶、古蔺高山土鸡、古蔺牛肉、古蔺挂面、泸州糯米豆瓣、先市酱油、海潮窝油、海潮晒罈陈醋、护国陈醋、古蔺豆油、古蔺醋、古蔺腊肉、太伏火腿、普照山苕粉、奇峰香肠、福宝豆腐干等。更多的有价值的本地特色食材亟待进一步挖掘和开发，泸州泸菜的食材产业链还有待发展。

泸州泸菜的研究也是后来居上，方兴未艾。短短一年时间取得了长足进步和可喜成绩。泸州市餐饮行业协会执行会长代应林先生作为推动泸州泸菜文化研究和品牌建设、产业发展的第一人，为泸州泸菜的发展作出了杰出贡献。一年左右的时间，泸州泸菜研究向四川省川菜发展研究中心申报了"泸州餐饮发展与传播"省级课题项目，向泸州市科协申报了"泸菜文化发掘整理与烹饪技艺传承创新研究"的市级课题项目；已编写《泸州名小吃》《泸州美食》两书，并正在编写《泸菜研究》《泸州餐饮志》等规划书籍；成功举办首届地标泸菜评先烹饪大赛，召开首届泸菜研讨会；成立泸州市泸菜职业技能培训学校，培养泸菜产业发展高技能复合型高级人才；撰写发表了《泸菜形成与发展研究》《泸菜形成初探》《泸菜绝色飘香》等泸菜研究成果论文；泸州市人民政府和泸州市商务局，非常关心和支持泸州泸菜发展，市人民政府常务副市长曹俊杰对市政协委员泸州日报社资深记者李雪飞、泸州王氏大酒行政总厨桑治均联名撰写《打造"泸菜"品牌，加快泸州餐饮文化产业转型升级》的提案建议签署意见："建议很好，请市商务局认真研究，组织落实。"泸州市商务局以泸商服[2016]15号文向各区（县）商务主管部门发出《关于征集泸州餐饮文化资料的通知》，足以说明政府有关部门高度重视泸州泸菜研究和泸州城市餐饮名片建设。并成立了"泸菜酒街"餐饮实体，打造泸酒与泸菜相结合的"泸菜·酒街"餐饮商业中心，推进泸菜品牌走出去发展战略。泸州泸菜研究已初步形成完整理论体系轮廓，有待更多有志之士加入到泸州泸菜研究之中，将泸州泸菜理论体系进一步完善和发展。

4.4 蓉菜

蓉菜是川西岷江及其支流流域内所有蓉派川菜菜品的统称。从严谨的学术视角而言，菜系的形成和命名以大江大河为界域，因此，准确的说蓉菜应该称为岷菜，但蓉派川菜的概念已经较为得到广泛认可，故以蓉菜代称岷菜。以地域城市而言，蓉菜由成都、眉山、资阳、德阳、雅安等地方菜品共同组成。狭义的蓉菜也指成都川菜，因成都简称蓉之故。以菜品类型而言，蓉菜包括家常蓉菜、肆市蓉菜、酒楼公馆蓉菜、成都客家蓉菜、成都火锅、成都小吃、川西坝坝宴菜品等。蓉菜大本营成都，在2010年2月28日被联合国教科文组织授予"美食之都"荣誉称号，成为中国和亚洲首个获此殊荣的美食城市。蓉菜当仁不让地成为川菜的代表，中国美食的川菜名片，世界美食的中餐名片。

蓉菜菜品众多，风味各异，一菜一格，百菜百味，以清鲜精致见长，又善用麻辣，工于五味调和。蓉菜的代表菜品有：麻婆豆腐、九尺鹅肠、耗子洞张鸭子、樟茶鸭子、眉山东皮肘子、双流老妈兔头、连山回锅肉、简阳羊肉汤、球溪鲶鱼、幺麻子藤椒鸡、韩包子、赖汤圆、钟水饺、甜水面、担担面、成都蛋烘糕、彭州军屯锅魁、成都冒菜、成都肥肠粉、冷啖杯等。

正因为蓉菜是川菜的代表，所以蓉菜的文化研究，往往也无意中形成了一种等同于川菜研究的认识误区，这是川菜与蓉菜研究亟待加以纠正的问题。川菜的文化远比蓉菜要深远厚重，蓉菜文化对川菜文化的发展又起到推动和促进作用。成都川菜理论文化研究，一直代表川菜文化研究的最前沿水平，对蓉菜和整个川菜的发展作出了卓越贡献。2015年5月31日，《成都市人民政府办公厅关于进一步加快成都市川菜产业发展的实施意见》发布，提出到2020年末，"把成都建成全球川菜标准制定和发布中心、全球川菜原辅料生产和集散中心、全球川菜文化交流和创新中心、全球川菜人才培养和输出中心。"这标志着成都川菜即蓉菜在成都市政府的战略领导下，继续代表和领跑整个川菜的战略发展，这对渝菜、泸菜、攀菜等各川菜分支菜系如何引领川菜未来发展，提出了新的要求和战略思考，川菜文化研究和川菜产业发展战略研究依旧永远在路上，没有止步。全体川菜人，应当不忘从业初心，为发展川菜继续前进！

4.5 攀菜

以攀西大裂谷大区域内由攀枝花、凉山西昌其他地区菜品组成的攀西菜，简称攀菜。攀菜主要由盐边菜（也称大笮菜）、俚濮菜、西昌菜等共同组成，攀菜风味虽然与川菜有较大区别，但仍是属于川菜组成体系，是对川菜体系的丰富和扩充。

攀西地区，是攀枝花、西昌两地名的合称。攀西地区位于四川省西南部，位于攀西大裂谷的安宁河平原，行政上包括攀枝花市和凉山彝族自治州，共计20县、市。南起攀枝花市仁和区，北到凉山彝族自治州冕宁县，纵贯340公里，面积6.36万平方公里，人口451.55万。攀枝花这个城市地域在几千年前是一个有着丰富历史故事和人文背景的地方。位于四川省攀枝花市的盐边县，古称"大笮"，历史悠久。盐边县史称大笮，笮为竹索，又为古族名，即笮都夷。早在秦汉以前，就有人类在此建立家园。司马迁的《史记·西南夷列传》就说笮都在这一代是最大的夷国。《中国文化史词典》载："笮都，古族名，散居在今四川汉源地区，披发左衽，从事农牧业。汉武帝元鼎六年（公元前111年），以其地置沈黎郡"。而据《汉书·地理志》所记载，汉武帝元鼎六年（公元前111年）置越巂郡，在盐边县的三源河畔设大笮县，是为盐边之始。笮人几千年来一直生活在川、滇交界的盐边地区，虽然笮民族的称谓在漫长的民族融合历史中逐渐消失，但其饮食文化和饮食风味却传承至今，并形成独具一方地域饮食特色的盐边大笮菜。

据《盐边县志》记载盐边地区的人们十分讲究饮食风尚，说："笮为西南，其方为十二辰之未。未，味也。"这是从古代星象学来分析盐边人为什么喜好美味佳肴的原因。原来是上天赐予盐边"未"的宝座，所以盐边人上应天文，座"未"喜"味"，会吃会做成了他们的天性。盐边人会吃会做，除了天赐的口福，座"未"喜"味"外，其实真正的原因还是盐边自然条件优越，气候温和，物产丰富，具有饮食文化发达的客观条件。

川菜以麻辣当家，香浓出众为其主要特色。盐边菜则不同，它虽然也很麻亦很辣，但麻辣二味并不能代表其特色。盐边菜的特色，关键在于一个"鲜"。盐边菜对"鲜"情有独钟，盐边人对"鲜"见解独到。盐边饮食，以羊大为美，鱼羊为鲜，这是作为牧羊人后裔的盐边人独创的美食观。这个美食观，以"羊"和"鱼"为基本元素，恰到好处地反映了盐边饮食文化植根于笮山若水的本质特征。无论是笮山菜系列，还是若水菜系列，盐边山水菜的原料都突出一个"鲜"字。树花、山药、花椒、海椒、菌类、野鱼、石花等，样样产自山野河谷，带着泥土的芬芳、树木的清新和河流的灵动。料鲜、色鲜和味鲜是盐边菜的集中表现，原料、原色、原味，三源河畔的这个"三原"，便是盐边菜"三鲜"的绝对保证。

大笮风味菜肴，在选料上讲究自然、新鲜、本土的原则；在调味上以鲜麻、清辣为调，菜肴少油，清爽，有别于一般川菜重荤重油的风格；在调味品的运用上，喜用青花椒、小米辣是它的又一个特点。

俚濮菜是攀枝花俚濮彝族地区的菜品，根据攀菜研究学者庞杰先生所写《十面解读攀西俚濮菜》一文考证，俚濮人是彝族中的一个支系，攀西大裂谷地域内的土著俚濮人是古彝人和古濮人的后代，是元谋人的后裔之一。俚濮菜饮食具有浓厚的攀西彝族饮食风味，是攀西民族菜的代表之一。

西昌古称邛都，位于川西高原的安宁河平原腹地，是凉山彝族自治州的州府所在地，也是攀西地区的政治、经济、文化及交通中心，川滇结合处的重要城市。西昌地区菜品是攀菜的重要组成，以西昌为代表的彝族菜，已经发展有几百年的历史。原料选用上以天然原料为主，饮食风尚上有大块食肉、大碗喝酒的豪放和朴素的烹调方法相结合，成为西昌饮食文化的一大特色亮点。在盛具上，西昌彝家菜擅用木制漆器，突显黑、红、黄三色元素，造型图案精美，凸显了浓厚的彝族民族特色。

攀西饮食的文化历史，在继承当地的人文和优秀民族传统的基础上，还吸收和借鉴了外来移民的新型味型和烹调技术，使得攀西地区的饮食文化既突显了川菜的一般特点，又彰显了这个地区自身的风格。攀菜代表菜品有：盐边牛肉、盐边泡菜鱼、盐边坨坨肉、香酥爬沙虫、三源河豆生、炸乳蜂、盐边油底肉、箐河浑浆豆花、羊耳鸡塔、平地全羊汤、雅江鱼、荞粑粑、鸡枞噹噹鸡、青花椒坨坨鸡、凉拌石花菜、腊猪蹄炖山药、蘸水白菜、彝族坨坨羊肉、西昌醉虾、鸡枞卷粉、俚濮宫廷火锅、俚濮杜仲鸡、跳江小野猪、蘑菇蒸鸡蛋、羊肉干巴、俚濮坨坨肉、松毛席菜品、西昌坨坨肉、建昌板鸭、彝家酸菜鸡、包浆豆腐、彝家辣子鸡、油炸白条鱼等。

攀菜在闻名全国的川菜系中，已占有了相当的市场和名望。攀菜的研究当以攀枝花庞杰先生为代表，并形成攀菜研究成果教材；四川旅游学院杜莉教授也对攀枝花盐边菜进行了专项课题研究，对丰富和完善攀菜菜系理论体系起到了积极推动作用。但目前攀西菜研究仍没有将其定名为攀菜，而是试图以盐边菜或大笮菜甚至大笮山水菜来命名攀西地区菜系。纵观国内各大菜系和江浙地方分支菜系的命名规则，将攀西地区的菜品统称为攀菜是最为科学的命名。

4.6 现代川菜理论体系构成

新常态下现代川菜理论体系的建构，是一个复杂、庞大、全面系统工程。现代川菜理论体系的组成建设，包括川菜文化体系、川菜烹饪技艺体系、川菜名菜体系、川菜食材体系、川菜人物体系、川菜产业发展体系等。其中，对现代川菜地方风味流派分支菜系和菜品组成类型的划分，是现代川菜进行理论体系建设和发展的基础，是指导现代川菜研究的方向导向。川菜菜品的组成，按照不同分类标准，可以分为多种组成形式。

以主流地方风味流派分，可以分为渝菜、泸菜、蓉菜三大分支菜系。

以重要地方风味流派分，可以分为渝菜、泸菜、蓉菜、攀菜等四大分支菜系。

以菜品类型划分，可以分为传统家常川菜、肆市酒楼川菜、高端筵席川菜、九大碗田席川菜、客家川菜、少数民族地区特色川菜、地标川菜、河鲜川菜、川味火锅、川味小吃等十大类。

以著名川菜人物划分，当今川菜界最为著名的两大人物是杨国钦和史正良，并称为当今川菜两大泰斗，素有"南杨北史"之誉。由此可以分为杨派川菜、史派川菜，以及其他著名川菜代表人物流派的川菜派系。显然，这种划分并不科学，也不是主流的划分方法。

5 构建现代川菜理论体系的意义

近代旧有川菜理论体系形成近百年以来，第一次提出在新常态下重新建构现代川菜理论体系，并以渝菜、泸菜、蓉菜共同组成现代川菜三大主流地方风味流派分支菜系，这一理论学说在四川省哲学社会科学重点研究基地、四川省教育厅人文社科重点研究基地四川省川菜研究发展中心立项的"泸州餐饮发展与传播研究"省级课题的阶段性成果《泸菜形成与发展研究》《泸菜形成初探》等论文中进行了详细了理论阐述，并在川菜文化研究与理论学术界，乃至厨师烹饪界都引起了强烈学术争鸣，同时对现代川菜理论体系的建构具有提纲挈领的经纬作用，在川菜理论和川菜发展历史上具有重要和深远的历史学术意义，以及现实指导意义。

5.1 建构现代川菜理论体系是对川菜理论的创新与发展

旧有川菜理论体系，自清末民初形成以上河帮、下河帮（亦称大河帮）、小河帮三大风味流派以来，近百年来其理论未有发展进步，已经不适应新常态下现代川菜理论体系建设发展的需要。严重制约着川菜与时俱进地发展，需要重新建构现代川菜理论体系。重庆厨界泰斗李跃华大师提出了渝菜这一概念，并得到重庆餐饮界和政府认可，直至2012年启动编写《渝菜标准》，渝菜被重庆市官方部门和餐饮界正式确立为新的地方菜系。2015年石自彬先生全新提出泸菜、蓉菜概念，并与渝菜一起，将其定位为川菜三大主流地方风味流派分支菜系，共同组成现代川菜体系。

以川东地区渝派川菜为典范的渝菜、川南地区古泸水流域泸派川菜为特色的泸菜、川西地区蓉派川菜为代表的蓉菜所构成的全新理论体系替代原有的下河帮（亦称大河帮）、小河帮、上河帮旧式理论体系。以渝菜、泸菜、蓉菜共同组成现代川菜三大主流地方风味流派分支菜系，攀菜组成现代川菜非主流地方区域特色风味流派分支菜系。渝菜、泸菜、蓉菜、攀菜共同代表现代川菜发展最高艺术水平，共同建构现代川菜理论与文化体系，是川菜发展百年以来的第一次理论创新与发展，是现代川菜发展理论与现实的迫切需要。重新建构现代川菜理论体系，为现代川菜研究和发展提供全面系统的学术理论支撑，并指明现代川菜的发展和研究方向。

5.2 现代川菜理论规范地方分支菜系科学命名和有序发展

新常态下，餐饮业转型升级创新发展，需要理论创新、文化创新、品牌创新。以理论文化体系创新建设，为餐饮业发展提供新常态下的理论支撑，充分确保菜系发展过程中理论自信、文化自信、品牌自信。川菜的繁荣发展需要多地方风味流派、多地方分支菜系。目前，川菜理论研究已经落后于浙菜、苏菜等菜系。江浙等菜系理论体系建设走在全国前沿，其成功经验值得借鉴，对川菜发展具有实际推动促进作用。

纵观川菜地方菜系文化品牌建设与发展，与沿海江浙粤等菜系的地方菜系发展差距甚远。以浙菜为例，其地方风味流派分别以地方分支菜系命名。如杭州菜称为杭菜、杭帮菜，温州菜称为瓯菜，金华菜称为婺菜，宁波菜称为甬菜，绍兴菜称为绍菜，丽水菜称为处菜等。再以苏菜为例，无锡菜称为锡菜，盐城菜称为盐帮菜，南京菜称京苏菜，淮安扬州菜合称淮扬菜（苏菜的代称），徐州淮海菜合称徐海菜，苏州无锡菜合称苏锡菜等。其他菜系如辽菜的大连菜称连菜，并制定有连菜标准。冀菜的张家口菜称口菜。皖菜的徽州菜称徽菜。粤菜的潮汕菜称潮菜。诸如此类，全国各大菜系之中，地方分支菜系科学而命名者不在少数。而川菜，自旧有川菜理论形成以来，地方分支菜系发展几乎停滞，仅有自贡成功打造出盐帮菜这一概念和品牌，并提升到川菜三大支柱之一的高度。内江在中国川菜泰斗、大千菜系概念创立人、中国杨派川菜创始掌门人杨国钦大师的主持下，打造出内江糖帮菜和大千菜两大地方菜系品牌。除此再有攀枝花和凉山州西昌地区联合打造攀西菜品牌，并延伸至地区县级，提出盐边菜、俚濮菜等概念，但其影响力相当有限，其中很重要一个原因就是对地方风味流派菜系的命名不科学，不能很好的体现菜系概念特点，比如只有将攀西菜以攀菜的菜系概念命名，并进行菜系文化品牌打造，才能助力地方菜系发展。

新常态下重新对川菜四大分支菜系进行科学归属和历史定位，全新提出渝菜、泸菜、蓉菜同属于川菜，是川菜三大主流分支菜系，是川菜的重要组成，与攀菜一起共同建构现代川菜体系。明确界定了川菜与渝菜、泸菜、蓉菜、攀菜之间的相互关系，结束了川菜与渝菜多年来对立发展，相互指责，彼此排斥的局面。也结束了川南五地市长期以来各自为营、单自发展川菜的局面，在愿景上提出川南菜同属泸菜这一地方风味流派分支菜系，应抱团发展，共同打造泸菜文化品牌，共同发展泸菜菜系。

新常态下构建和完善现代川菜的理论体系，使川菜永葆其理论发展的先进性，有利于外界重新对川菜的整体发展面貌有全新正确的认识，结束川菜、渝菜的菜系纷争和相互分裂敌对，更使泸菜这一新兴分支菜系被大众所熟知，并从理论和实体上得到公认是川菜三大主流地方风味流派分支菜系之一。使川菜研究从多年以来的认识误区回归到本来面貌，正本清源，传承有序，改变川南泸菜被边缘化的历史，以及外界以蓉菜为整个川菜的错误认识，也使外界更加全面地了解川菜组成面貌，使川菜更加繁荣。同时，更是提升了川菜的品牌形象和发展动力，川菜的三大主流地方风味流派的发展水平都足以形成独立的分支菜系，以及攀西地区的区域特色攀西菜都能形成攀菜分支菜系，这正是川菜超越其他菜系发展水平，新常态下引领中国菜系发展和代表中国菜系前进方向的理论基础。

5.3 现代川菜理论体系促进川南各地菜系品牌发展

重庆烹饪理论学术界、厨师界以及政府主管部门，制定出渝菜发展方案，重点建设渝菜文化品牌。制定《渝菜标准》、成立渝菜研究院（会）等组织机构，推动渝菜文化建设和品牌发展。并提出重庆渝菜与成都蓉菜都是川菜组成和代表，打破了川菜就是成都川菜一派独大的格局，纠正了人们对川菜全貌形成的错误认识。为川菜四大流派分支菜系清晰发展指明了方向，其中一派就是以川南地区菜品共同组成的泸菜，而泸州泸江菜作为川南泸菜的代表，同时，由泸州人石自彬先生率先提出泸菜这一概念，泸州餐饮界理应扛起发展川南泸菜的大旗。要一统川南泸菜的发展，得到川南其他地区餐饮界对川南菜同属泸菜体系的认同，当务之急是首先发展泸州泸江菜，树立品牌标杆，最终实现川南各地菜系统归在泸菜的大旗下抱团协同发展。真正形成渝菜、泸菜、蓉菜、攀菜四大分支菜系构成现代川菜体系的格局，共同形成川菜一菜一格，百菜百味的包容性、多元化菜系品牌。

乐山、自贡、内江、宜宾、泸州为川南五地市。二十世纪七八十年代，泸州菜被誉为川南菜的代表，是泸州菜发展的黄金时期，泸州厨师出国人数是全川最多的，泸州菜的影响力遍及海外。尤其是北京泸州酒家，将泸州菜的影响力，发挥到巅峰。进入20世纪90年代到2010年左右的20年间，泸州菜走向衰落。2003年，自贡首次提出盐帮菜概念，到2006年得到自贡市政府认可，开始大力发展盐帮菜品牌文化，十年间，盐帮菜概念从无到有，盐帮菜品牌从无到有、从小到大，将盐帮菜称为是川菜三大支柱之一，并得到川菜界认可，泸州菜是川南菜的代表地位彻底被盐帮菜取代，随后再有内江糖帮菜和大千风味菜系的兴起和发展，泸州菜影响力彻底消失，泸州菜在川菜体系被边缘化，泸州菜失去了昔日的辉煌，从此沉寂无声20余年。

2011年之后，泸州市餐饮协会在新任执行会长代应林的领导下，泸州餐饮的影响力逐步开始回升，先后举办多界烹饪职业技能竞赛，出版的《泸州名小吃》《泸州美食》两书，在川菜界乃至全国地方菜系之中，都极为少有，泸州泸菜餐饮开始重新被业界所认识。2015年以协会为主体，提出发展泸州泸菜品牌的战略，为泸州餐饮找到新的发展的方向和道路。经过近一年的努力，泸菜研究已初具成果，泸菜概念已得到广泛认同，并得到有关政府主管部门倡导和支持。

乐山嘉阳菜、宜宾三江宜菜、内江糖帮菜等，目前其菜系品牌树立还有待进一步发力提升。特别是宜宾菜，目前暂无自身菜系品牌，姑且以宜菜称之。新常态下现代川菜理论体系的建立，对于地方的菜系品牌就提出了发展要求，能促进各地打造自己的川菜地方分支菜系品牌，引领川菜行业继续发展。

新常态经济下，中央实施"一带一路""长江经济带"等国家发展战略，今年国务院批准《成渝城市群发展规划》，建设具有国际竞争力的国家级城市群为目标全面融入"一带一路"和"长江经济带"建设，打造新的经济增长极。川南位于成渝中间，将建设互联互通的川南城市群。尤其是泸州，更是全川唯一的川渝滇黔结合部的城市，区域位置和城市功能凸显重要。《成渝城市群发展规划》将泸州定位于沿江城市带上的区域中心城市，到2020年中心城市区城市人口200万人，成川南最大中心城市，仅次于成都的四川第二大城市，泸州届时将成为川南经济、金融、商贸、文化、教育、旅游的综合中心城市，为泸州的城市发展和餐饮发展带来了全新机遇。

重庆打造渝菜菜系，成都抓住川菜品牌文化中心城市和联合国教科文组织授予的美食之都金字招牌。川南餐饮以什么样的品牌，才能与重庆、成都形成川菜体系的三足鼎立？唯有发展泸菜菜系文化品牌，打造属于川南城市群自己的地方菜系，以泸菜统领川南餐饮发展和创新，以泸菜带动整个川南餐饮产业链发展，以泸菜促进川南餐饮经济的转型并实现新的经济增长极，以泸菜作为川南城市群共同美食之都建设的主轴和核心内容。

泸菜概念的提出，为川南餐饮界找到的自己的菜系品牌，这是川菜发展史上的一件重大事件，是对川菜理论的重大创新。将对未来川南餐饮在川菜乃至全国菜系中的影响力奠定基础，对川南餐饮人，泸菜也是实现自己的事业价值的品牌所在，泸菜品牌将极大提升和增强川南餐饮人对本地餐饮的文化自信、品牌自信。

泸菜品牌建设和发展，不仅是对川菜的历史性贡献，也对川南旅游和餐饮延伸行业领域有着重要作用。首先，川南城市群旅游业的发展需要泸菜这一餐饮品牌配套，吃住行游玩购是旅游的六大内容，而民以食为天，吃是旅游产业中的第一要务。美食旅游产业成为现代旅游业的重点开发打造项目，如成都、顺德、扬州等城市，都是通过美食这张城市名片来促进其旅游业发展，同时旅游业的发展又能反过来促进美食业发展。其次，泸菜产业链的发展需要泸菜餐饮品牌的大旗，通过泸菜菜系文化品牌的打造，促进产业链经济发展，如带动食材种植业、畜禽水产养殖业、调味品及餐饮设备制造业、餐饮食品深加工行业、人力资源就业等方方面面。

泸菜品牌的产业化发展，将带来巨大的社会效益、经济效益和文化效益。川南城市群共同美食之都的建设，归根结底就是泸菜文化品牌的建设与发展，以泸菜提升泸州美食之都的城市形象，以泸菜作为川南城市群旅游城市的美食名片，促进川南餐饮经济发展，以泸菜带动川南现代服务业发展。

6 结束语

2007年国内贸易部饮食服务业管理司阎宁撰写的《一个地方菜的发展与振兴》一文指出："一个菜系的产生与延伸，包括了菜品特点、独特技法、文化表现、地域特征等综合因素，是随着政治经济、社会制度、价值观念、生产力的变化而不断发展的，需要历史文化底蕴，独特的原料、工艺、风味和完整的品种类型与特殊的食俗习惯，并形成稳定的消费群，最终以菜品文化成果为核心构成的饮食体系"。渝菜、泸菜、蓉菜、攀菜正是符合了上述所有条件，而在历史发展中所逐步形成的饮食体系，经川菜文化学术界研究提炼，正式命名为渝菜、泸菜、蓉菜、攀菜，共同作为新常态下现代川菜理论体系组成，共同代表现代川菜发展最高艺术水平，这既是川菜理论百年来的第一次创新和发展，也是川菜继续作为中国菜系先进性及前进发展方向的理论支撑和保障。地方分支菜系作为各自地域的城市美食名片，为城市增添厚重的饮食文化。

参考文献

[1] 石自彬, 代应林, 赵晓芳等. 泸菜形成初探[J]. 江苏调味副食品, 2016(2):34-37.

[2] 石自彬, 代应林, 赵晓芳等. 泸菜形成与发展研究[C]// 2015食文化发展大会论文集.2015.

[3] 石自彬. 四川泸县农村传统筵席格局探析[J]. 江苏调味副食品, 2014,(01):41-44.

[4] 石自彬. 过年走人户, 天天九大碗(上)——泸菜九大碗饱食记[J]. 中国烹饪, 2016(4):58-61.

[5] 石自彬. 过年走人户, 天天九大碗(下)——泸菜九大碗饱食记[J]. 中国烹饪, 2016(5):54-55.

[6] 王禄昌. 泸县志[M]. 台湾学生书局, 1982.

[7] 泸州市人民政府地方志办公室. 泸县志[M]. 方志出版社, 2005.

[8] 袭著臣. 泸州美食风味的历史形成与地域特色[J]. 泸州史志, 2013,(01):43-48.

[9] 崔戈. "渝菜"能自立门户吗?[J]. 四川烹饪, 1999(7).

[10] 熊四智. 重庆菜可否自立门户[J]. 餐饮世界, 2004(5S):14-16.

[11] 佚名. 打造美食之都, 开辟渝菜新天地[J]. 餐饮世界, 2007(4):26-27.

[12] 杨财根. "渝菜"之说可行、当行[J]. 服务经济, 2002(1):26-27.

[13] 徐涛. 重庆菜"分家立号"释疑[J]. 四川烹饪, 2004(8):39-40.

[14] 宋良曦. 中国盐文化奇葩——自贡盐帮菜[J]. 盐业史研究, 2007, 2007(3):46-50.

[15] 吴晓东. 自贡盐帮菜文化内涵浅析[J]. 盐业史研究, 2007, 2007(3):51-54.

[16] 黄文平. 自贡盐帮菜菜名中的盐文化初探[J]. 北方文学: 下, 2012(6):213-214.

[17] 吴晓东, 曾凡英. 自贡井盐对自贡盐帮菜影响初探[J]. 江南大学学报(人文社会科学版), 2008, 7(1):122-124.

[18] 吴晓东. 浅论盐帮菜[J]. 四川旅游学院学报, 2007(3):7-9.

[19] 吴晓东, 曾凡英. 因盐而兴的盐帮菜[J]. 四川党的建设: 城市版, 2010(10):52-53.

[20] 吴晓东. 自贡盐帮菜的风味浅析[J]. 四川理工学院学报(社会科学版), 2008, 23(4):11-14.

[21] 吴晓东. 自贡盐帮菜的特色烹饪技法及其成因探析[J]. 四川旅游学院学报, 2008(3):10-13.

[22] 吴晓东. 论自贡盐帮菜的形成与发展[C]// 盐文化研究论丛.2007.

[23] 康珺. 自贡盐帮菜文化的发展与变迁[J]. 群文天地, 2012(21):240-241.

[24] 陈慧, 戴磊. "肯德基"在京走俏[J]. 现代情报, 1991(1).

[25] 田道华. 发现泸州乡土美食[J]. 四川烹饪, 2007(6):64-65.

[26] 李兴广. 叙永豆汤面[J]. 四川烹饪, 2013(4).

[27] 李莉. 回味悠长的叙永豆汤面[J]. 农产品加工·综合刊, 2013(5):42-42.

[28] 骆敏, 步健. 故乡的麻辣鸡[J]. 四川烹饪, 2007(7):78-78.

[29] 杨国钦. 话说大风堂酒席[J]. 烹调知识, 1996(3):28-28.

[30] 杨国钦. 大千风味的三大特色[J]. 烹调知识, 1996(1):31-31.

[31] 杨国钦. 闻名遐迩的甜城风味[J]. 中国烹饪, 1995(2):36-36.

[32] 杨国钦. 称誉遐迩的大千风味菜肴[J]. 中国烹饪, 1995(5):26-27.

[33] 杨国钦. 张大千吃的艺术[J]. 食品与生活, 1995(6).

[34] 杨国钦. 张大千的饮食观[J]. 四川烹饪, 1995(5).

[35] 杨国钦. 闻名遐迩的大千风味菜四例[J]. 烹调知识, 1995(7):9-10.

[36] 杜莉. 川菜文化概论[M]. 四川大学出版社, 2003.

[37] 刘海, 吴涛. 挖掘"嘉阳河帮菜"文化, 做强特色餐饮业[J]. 四川旅游学院学报, 2013(2):14-17.

[38] 赵义, 刘琼英, 赵袁. 浅谈嘉阳河帮菜文化的发掘利用[J]. 中共乐山市委党校学报, 2012, 14(6):99-101.

[39] 袁雪. 乐山地区特色文化的研究——以美食文化研究为例[J]. 现代经济信息, 2016(24).

[40] 师乐川. 永不停歇的豆腐舞蹈——访乐山龚氏西霸豆腐饮食有限公司董事长、总经理龚芬[J]. 川菜, 2011(6):81-82.

[41] 江树. 苏稽跷脚牛肉[J]. 中国三峡, 2015(5):110-111.

[42] 杜莉. 试论从历史走来的盐边菜[J]. 四川旅游学院学报, 2008(4):6-9.

[43] 庞杰. 十面解读攀西俚濮菜[J]. 攀枝花学院学报, 2015, 32(1):11-14.

[44] 石自彬. 重庆菜出版《渝菜标准》推动川菜三大分支菜系清晰发展[N]. 中国食品报, 2016-03-09007.

[45] 《四川烹饪》编辑部. 宜宾美食印象[J]. 四川烹饪, 2012(4).

[46] 喻玲, 洪军, 熊隆芳. 宜宾饮食文化资源的旅游开发研究[J]. 资源开发与市场, 2009, 25(1):80-83.

[47] 喻玲. 宜宾饮食文化资源的旅游开发对策[J]. 宜宾科技, 2011(1):18-21.

[48] 张学东. 万里长江第一食[J]. 旅游, 1995(9):28-28.

[49] 雪青. 双河镇葡萄井凉糕[J]. 中国保健食品, 2014(2):73-73.

[50] 刘渊学, 舒星林, 温昌明, 等. 李庄风味菜[J]. 四川烹饪, 2008(8).

[51] 雷贤君. 李庄白肉醉人嘴[J]. 乡镇论坛, 2015(3):36-36.

[52] 赵君. 风情万种的盐边菜[J]. 四川烹饪, 2005(7):26-26.

[53] 许檀. 清代乾隆至道光年间的重庆商业[J]. 清史研究, 1998(3):30-40.

[54] 陈亚平. 清代商人组织的概念分析——以18—19世纪重庆为例[J]. 清史研究, 2009(1):55-64.

[55] 梁勇. 清代重庆八省会馆初探[J]. 重庆社会科学, 2006(10):93-97.

[56] 曹云. 三峡饮食文化初论[J]. 职大学报, 1995(4):15-23.

[57] 赵永康. 宋代泸州酒楼考略[J]. 四川文物, 1988(3):54-56.

[58] 郭声波. 宋代泸属羁縻州部族及其社会文化再探[J]. 四川大学学报(哲学社会科学版), 2000(3).

[59] 陈世松. 元代的马湖江和马湖路[J]. 社会科学研究, 1986(6):78-82.

[60] 吉成名. 唐代井盐产地研究[J]. 四川理工学院学报(社会科学版), 2007, 22(6).

[61] 唐冶泽. 重庆南川龙岩城摩崖碑抗蒙史事考[J]. 四川文物, 2010(3):70-79.

贵州辣椒蘸水的现状调查与发展策略

吴茂钊

（贵州大学酿酒与食品工程学院，贵州　贵阳　550025）

摘　要：在我国的西南地区，无论家庭还是餐厅，餐餐离不开辣椒蘸水。在贵州，辣椒蘸水更是"黔菜一绝"，成为老百姓的饮食必备调味品，也是餐厅的"敲门砖"，更是食品加工企业亟须在研发、生产、销售上重视的"新板块"。

据记载，贵州种植辣椒于清乾隆年间，时间上要早于诸多今日之食辣大省；贵州辣椒品种极多，辣椒制品更是不计其数，辣椒食品开罐即可作为辣椒蘸水、蘸水原料或者佐餐小食，这为辣椒蘸水调料包产业化发展提供了难得的机遇。

辣椒蘸水作为具备黔菜风格的全省性产品，既有传统风格，又有创新发展，在制作工艺、配方、专利和品食文化等方面可圈可点之处颇多。然而，贵州辣椒制品在加工工艺、检测监测、开发利用及发展上的瓶颈也不少，亟须从学术界到餐饮企业、食品企业，在商超渠道、餐饮渠道及"互联网+"等形式下，对贵州辣椒产业化现状、问题进行调查研究，找出对策，提出持续发展战略及策略。

针对贵州餐饮业现状和发展趋势，通过与当下贵州推动特色农产品风行天下的大好时机对接，搭建产学研一体化机构，对工业化生产革新、强化品牌建设与销售平台搭建等方面进行了阐述。结合研发生产辣椒蘸水包，备战工业化产销，对优质辣椒的育种、种植、保障种植户利益、人才培养、产品宣传等方面如何保障进行了论述。

充分利用"互联网+餐厅""互联网+超市""互联网+电商"等新模式，加强创新，实现辣椒蘸水食品化、工业化、产业化发展，将改变现代家庭消费观念，也将有效推动贵州农产品风行天下、"黔货出山""黔菜出山"。

关键词：辣椒；蘸水；黔菜；现状；产业化；发展策略

1 绪论

1.1 研究背景

贵州辣椒蘸水是黔菜调味品的一绝，起着画龙点睛的作用。在贵州家庭和餐厅，每餐必食辣椒蘸水。蘸水是贵州人的饮食必需品，也是餐厅的"敲门砖"，更是食品工厂亟须研发、生产和销售的新品类。

贵州辣椒品种极多，辣椒制品更是琳琅满目，辣椒食品不计其数，而且许多辣椒食品开罐即可作为

作者简介：吴茂钊（1978—　　），男，贵州大学酿酒与食品工程学院2017届在职研究生，贵州轻工业职业技术学院烹饪教师，中式烹饪高级技师。《中国黔菜大典》主编，出版黔菜图书十余部，发表黔菜文章百余篇，从事黔菜烹饪和食品加工技术与教育研究。

简单的辣椒蘸水原料或者佐餐食品，犹如方便面出现之前，油炸面条、烘烤面条早已出现，突破口仅在于调料包的突破，辣椒蘸水产业化发展也是如此。

辣椒蘸水相对于已经产业化的辣椒酱产业而言，正处于研发和规模化产销的萌芽状态，尤其是对2014年全国餐饮企业单位增至243.1万个，餐饮企业从业人数1,445.2万人和2015年餐饮收入达到32,310.00亿元的当下，仅仅餐饮业对辣椒酱到辣椒蘸水的需求，不言而喻的大幅度需求，加上家庭餐饮的智能化、简洁化烹饪需求逐步增大，仅仅靠着餐饮业自身加工和电商产业下的少量批量生产调味料，远远不能满足需求，尤其是以辣椒蘸水为一绝的黔菜，更需要在产业上做文章，力争实现"小蘸水大产业"发展的模式，同黔菜、贵州特色农产品一道走出大山，走向全国。

1.2 国内外辣椒蘸水研究和发展现状

贵州种植辣椒、食用辣椒历史悠久，出现于黔菜体系形成之前，也早于诸多食辣大省。辣椒蘸水出现于缺盐少盐和替盐时代，用粗盐块泡辣椒作为调味蘸食豆花下苞谷饭而起，逐步延伸，全省乃至黔人必食之料理。

然纵观学术界，对贵州辣椒产业化现状、问题、对策、发展战略策略研究极多，同时，贵州辣椒制品加工工艺、检测监测、开发利用、发展瓶颈也不少，辣椒蘸水制作工艺、配方、专利和品食文化同样也不少。

针对辣椒原料、加工品、食品以及辣椒蘸水所需辅料、调料等，走访贵州省九个市州所辖88个县区，发现餐饮企业已经开始对辣椒蘸水进行深度开发，比如有本土知名企业贵州雅园餐饮集团旗下新大新豆米火锅用上代加工的辣椒蘸水包；贵州财富黔菜集团赖师傅大碗菜、"毛辣角"酸汤和黔味道餐饮连锁等都用上了企业研发基地和中央厨房生产的辣椒蘸水包；乡下妹食品等企业也积极的研发和推进辣椒蘸水的工业化生产。从这些看，餐饮行业对辣椒蘸水研发和推广非常重视。

1.3 研究意义、目的及其主要研究内容

贵州不缺优质的辣椒品种、早已成熟的辣椒制品、加工生产工艺和销售网络，有固定和待开发的大量潜在消费群体，有贵州大学酿酒与食品工程学院、贵州省农科院辣椒研究所等科研院校的研发支撑，有老干妈、贵州龙等辣椒食品龙头企业的引领，有《中国黔菜大典》的全省"地毯式"搜集与宣传和数十万黔菜厨师的推进，贵州辣椒蘸水食品化、工业化、产业化发展前景前途无量。

现代家庭越来越多的选择去餐厅用餐和到超市、菜场购买净菜回家加工，或者是O2O直接送上家食用，餐厅原本的特色辣椒蘸水制作和餐厅、超市或配送公司制作的辣椒蘸水具有不确定因素，包装和路程中的安全、卫生都将制约着辣椒蘸水的发展。当年因为开小餐馆油辣椒做得好，大家纷纷要求带走成就了老干妈，成就了贵州继茅台酒后的又一个国际品牌，如果将贵州辣椒蘸水推向老干妈的第二春或者再成就一个"老干妈"品牌，意义深远。

本文从贵州辣椒蘸水在人们生活中的重要性引题，分别从以下几部分展开：①阐述贵州辣椒蘸水地位、研究目的和预测成果；②贵州辣椒与制品，详细叙述其特点和制作工艺、风味特色和菜品应用、辣椒蘸水运用；③辣椒蘸水现状，详细介绍风味辣椒蘸水的调配方法和市场现状；④辣椒蘸水研究，贵州辣椒蘸水与黔菜研究的推力助手及业内外的高度重视；⑤贵州辣椒蘸水的发展策略。

2 辣椒与辣椒制品在贵州辣椒蘸水中的发展与运用

辣椒因其适应范围广，营养丰富，在世界各地种植广泛，是世界上最普及的消费香辛料，广泛应用于世界各地的流行食品中，目前世界上有近3/4的人经常食用辣椒或辣椒制品。中国是辣椒生产大国，产量是世界首位。随着农业产业结构调整，干辣椒年产百万吨，产值百亿元，已成为农民致富的重要经济作物之一。辣椒，又名辣子、海椒、辣茄、海辣，又名长菜椒、辣椒、牛角椒、灯笼椒，贵州人称海柿、毛辣角。长指状，顶端渐尖且弯曲，未成熟时绿色，成熟后成红色、紫红色或橙色，味辣，种子淡黄色，扁肾形。

辣椒是人们喜食的一种调料品，既有添色增香、增味效果，又有去腥膻、解油腻的作用，国内外诸多名菜佳肴，都是以辣色辣味作为其主要特色。还有通经活络、祛风散寒、活血化瘀、开胃健胃、温中下气、补肝明目和防腐驱虫、抑菌止痒的作用。

2.1 辣椒的发展概况

考古学家预测，美索亚美利加在公元前7000年发现辣椒，美索亚美利加人（玛雅人）在公元前5000年开始吃辣椒，种植辣椒是人类最古老的农作物之一。美索亚美利加发现的一年生辣椒，有番椒、甜椒等品种。

辣椒在美洲，哥伦布将辣椒与印度人发现的胡椒混淆，而把辣椒带到西班牙，作为香料，一时的错误，完全没有妨碍辣椒短时间就快速传遍全球。当然风铃椒最早发现于南美洲。

美洲被欧洲殖民时，于1493年将辣椒带回欧洲，随后满满传遍世界，进入中国时间尚无具体记载，普遍公认的，当是明朝高濂《遵生八笺》里记载的1591年："番椒丛生，白花，果俨似秃笔头，味辣色红，甚可观"。

史料记载辣椒两条路径传入中国，一是从西亚经丝绸之路进入西北地区新甘陕率先栽培；一是经过马六甲海峡进入中国南方黔滇桂湘等地栽种，随即在全国扩展，几无空白地带。

清乾隆年间贵州、湖南一线最早开始食用辣椒，普遍食用辣椒追溯到清朝道光年间。随着全国普遍栽种，已然成为晚传入香辛料中用量最大最广泛。《草花谱》记载"番椒"，长江下游"下江人"最初吃辣椒，那时四川人尚不知辣椒为何物。奇怪的是，先传先品的江浙、两广，并未充分利用辣椒，却在西南地区"泛滥"。清嘉庆以后，黔、湘、川、赣等诸省已经将辣椒"择其极辣者，且每饭每菜，非辣不可""无椒芥不下箸也""种以为蔬"。由此，食用辣椒也就约四百多年历史。

2.1.1 辣椒在中国的发展概况

清乾隆年时期，贵州大量食用辣椒，相邻贵州的湖南辰州府和云南镇雄接着开食辣椒。《台湾府志》1747年（清乾隆十二年）记载了台湾岛食用辣椒。1796—1820年（清嘉庆）记载黔、湘、川、赣四省已"种辣以为蔬"；1821—1850年（清道光年间）记载贵州北部"顿顿之食每物必番椒"；1862年—1874年（清同治）时期贵州人"四时以食"辣椒；清代末年贵州地区盛行的苞谷饭，其菜多用豆花，便是用水泡盐块加海椒，用作蘸水，有点像今天贵州菜肴和四川富顺豆花的辣椒蘸水。

清嘉庆年间湖南食辣不多，清道光后，食用辣椒很普遍了。清代末年《清稗类钞》载有："黔、滇、蜀人嗜辛辣品、湘鄂人喜辛辣品""无椒芥不下箸也，汤则多有之"，证明当时湖南、湖北食辣成性，汤中不离辣。

清雍正、清嘉庆《四川通志》都没有种植和食用辣椒的记录，相较之下，说明四川食用辣椒还稍晚一些。嘉庆末期记载了当时培育种植与食用辣椒区域有成都平原、川西南、川南、川鄂陕交界处的大巴山。同治以后"山野遍种之"，才普遍食用辣椒，清代末年傅崇矩《成都通览》记载成都菜肴1328种，辣椒已然成是川菜中主要调配料了，辣椒是川人饮食重要特色。同时代徐心余《蜀游闻见录》载"惟川人食椒，须择其极辣者""每饭每菜，非辣不可。"

清乾隆时期毗邻贵州的镇雄开始食辣，清光绪时期著述《云南通志》无辣椒的踪影，但徐心余在《蜀游闻见录》说辣椒已经涌入了云南，他父亲在雅安发现每年经四川雅安运入云南的辣椒"滇人食椒之量，不弱于川人也"。

2.1.2 辣椒在贵州的发展概况

"四川人不怕辣，湖南人辣不怕，贵州人怕不辣"。流传一直流传着民间俗语。贵州人称辣椒为毛辣角、海柿、海椒。各族人民所栽培的辣椒品种和食用辣椒方法均不计其数，民间家常菜几乎无菜不辣，而且近乎餐餐都要用辣椒蘸水。

2001年评出11个品种贵州名椒：遵义牛角椒、虾子朝天小辣椒、绥阳小米辣朝天椒、绥阳子朝天椒、小河辣椒、大方皱皮椒、大方线椒、乌当线椒、毕节线椒、山辣椒、独山基场皱椒等。还有花溪辣椒，绥阳子弹头辣椒，百宜、大方的鸡爪辣椒，新场和安顺、都匀等地的辣椒。有的辣得令人张口咂舌，大汗淋漓；有的香而不辣；有的辣而香；有的辣得回味无穷；有的辣得干香浓郁……可谓辣出风格、辣出品位。

贵州盛产辣椒，辣椒是人们日常生活中重要的调味品和蔬菜之一。历史悠久贵州辣椒生产，遵义市栽种的小辣椒近400年历史。辣椒种植大县——绥阳2000年种植面积就达13.8万亩，产量1.75万吨。遵义县已出现辣椒专业村数十个，虾子镇（今新浦新区）建有中国辣椒城、国际辣椒采购之都。遵义县2005年被中国食文化研究会认定为"中国辣椒之都"。随着辣椒质量和产量的提高，人们对辣椒的需求越来越大，大小辣椒加工企业也有百余家，贵州省辣椒的生产及加工规模在全国名列前茅，辣椒产品和制品销售到全国各地，产品早已跨出国门，销到覆盖全世界各国和地区。2015年全市辣椒种植面积200万亩，产量203万吨，种植产值51亿元以上，栽培品种有本地小米辣、朝天椒、团籽椒等地方特色品种和引进的韩椒、湘研等共20多个品种品系；在产品加工方面：全市辣椒制品加工企业27家，加工产品有油辣椒、泡椒、剁椒、豆瓣酱、辣椒酱、糊辣椒、干辣椒等七大系列共50余个品种，年加工生产规模28万吨，年加工产值42亿元。市场营销方面：全市已形成以农业部农产品定点批发市场"虾子辣椒批发市场"为中心，以播州、绥阳、湄潭、凤冈、余庆、正安等区、县的重要产地乡镇集市为纽带的干（鲜）辣椒市场网络体系，有产地交易市场20余个，规模6.8万平方米，年干辣椒交易量20万吨、鲜椒交易量12万吨，年交易额35亿元。

2.2 贵州辣椒制品的发展状况

辣椒制品包括以粗加工制品和食品加工制品两种，也有少量的高附加值深加工综合制品，如辣椒籽油、辣椒色素、辣椒树脂、辣椒碱等，生产的辣椒籽油的色值较低，辣椒色素中辣味成分含量过高，辣椒油树脂的色度和辣度不够，辣椒碱纯度不高。辣椒加工品主要有干辣椒、辣椒片、辣椒粉、辣椒酱、泡辣椒、剁辣椒以及特色加工产品阴辣椒、面辣椒、白辣椒、鲊辣椒等，深加工有辣椒精、辣椒红色素、辣椒素。

　　贵州辣椒加工品非常多，除了不常用于辣椒蘸水的干辣椒节、干辣椒丝外，大多辣椒制品都是辣椒蘸水的调味品或间接调味品。

2.2.1 烧制类辣椒制品

　　（1）糊辣椒面　糊辣椒面全省皆做，基本为贵州独有。用干红辣椒在木材火灰烧、烘、焙焦、烧且糊香，手搓细或竹筒搅碎、擂钵舂成面。手搓的最香，易引起手辣。大量制作时，将辣椒在锅内小火慢慢炒焦糊，用电动机带动传统擂钵，擂碎。

　　在贵州大小餐馆，餐桌上除了同全国相同的蒜瓣碟、酱油、醋壶"一碟两壶"，基本都摆有辣而不猛、糊辣香味浓郁、增香减辣的糊辣椒面，形成"两壶两碟"，沿袭至今。

表1　糊辣椒面菜例：手撕鱼

手撕鱼		
文化/特点	原料	制作方法
手撕鱼接近于侗族烤鱼，最有特色风味的要算蒸烤。先铺好干柴，再铺上鲜野菜，然后把鲜鱼排放在鲜野菜上，再用鲜野菜将鱼盖好，铺上干柴，上下同时点火，干柴烧尽，鱼儿烤熟，刨开野菜即可取食，也可以用些简单调料，比如家制的字母灰烧糊辣椒面。这种方法烧烤的鱼因其有蒸烤熟的特点，鱼肉特别的鲜嫩，伴着一股淡淡的野菜香味儿	稻田鱼1条（约750克），辣鸟200克，糊辣椒面、盐、料酒、生姜适量	将稻田鱼宰杀，去内脏，不刮鳞，冲洗干净，从背部剖开，加盐、料酒、生姜略腌，用野菜辣鸟包上，在烧好的炭火上烧煮鱼熟透，将鱼撕成几大块。和烧鱼时未烧糊的野菜一起，用盐、糊辣椒面拌匀装盘即成

　　（2）烧青椒　选用绥阳小米朝天椒在草木灰（子母灰）中烧至皮起泡时去皮去蒂剁碎即成，条件不成熟可以用电炉烧制，切忌用煤炉和油炉烧制。需要说明的是在用烧青椒时尽量要辅以用同样方法制作的烧毛辣角。

表2　烧青椒菜例：烧椒辣酱鱼

烧椒辣酱鱼		
文化/特点	原料	制作方法
此菜从苗族传统酸汤鱼的制作方法演变而来，鱼肉鲜嫩，清香味醇，酸香浓郁，口味新颖	活鲤鱼1条（约600克），清米酸汤1500克，细长青椒250克，鲜花椒25克，姜10克，蒜10克、盐、味精各适量	①将鱼宰杀刮鳞清洗干净，在其背上连斩数刀。②锅内下酸汤烧开后放入鱼煮熟捞出装盘。③将细长青椒在炭火灰上烧至熟，加姜、蒜、鲜花椒用擂钵捣碎，取出加盐、味精调好味拌匀，放在鱼的旁边即成

2.2.2 直接加工并辅助加工成品类辣椒制品

（1）糍粑辣椒　选用辣味足的遵义辣椒、香味浓花溪辣椒和大方皱皮椒去蒂混合，清水浸泡，淘洗干净，加姜、蒜瓣擂钵中舂蓉有黏性，如糍粑状，故名糍粑辣椒。批量制作和生产时，多用绞肉机绞成，也可用刀直接剁蓉，是贵州独具特色的加工品。

表3　糍粑辣椒菜例：鸡辣角

鸡辣角		
文化特点	原料	制作方法
色泽红润诱人，香辣浓烈而不燥，仔鸡脆滑，味鲜美	干辣椒600克，仔公鸡1只约1750克，姜蒜各80克，熟菜籽油400克，鲜汤50克，盐30克	①将干辣椒清水浸泡，加入姜、蒜入擂钵中，舂成糍粑状，仔公鸡宰杀，去内脏、洗净，带骨砍成指头大小的丁。②锅上火下油烧至六成热，下鸡丁和糍粑辣椒同炒，加入适量的鲜汤，翻炒至水分快干时，将鸡骨快分离，直至熟透。关键点为糍粑辣椒一定要舂成蓉，鸡要剁成小丁，火力稳定，慢炒，辣味鸡味汤味融合为一体，热制冷吃，效果最佳。

（2）红油与油辣椒　贵州辣椒蘸水中红油和油辣椒主要用糍粑辣椒在来制作。红油和油辣椒制作为同步进行的，综合利用而极高。

红油：贵州制作红油最常见的是用糍粑辣椒与菜籽油锅中熬制提炼。选用优质植物油烧沸炼熟，稍凉后加入糍粑辣椒慢慢熬炼至辣椒酥香、渣脆、色红味出时浸泡，隔夜分离出红油，渣就是油辣椒，红油味香色红、辣而不猛。有些红油要在熬制辣椒时加些水煮，并使用混合油，如肠旺面专用红油；部分地区用炼熟烧烫的植物油烫香红辣椒面，经浸泡，隔夜分离出红油，渣同样是油辣椒。

油辣椒：油辣椒风格极多，酥香渣脆、辣味适口。制作方法也各异，糍粑辣椒炼制和用红辣椒面烫制且提取了红油的油辣椒，将干辣椒和少许花椒在油锅炝香，用刀铡碎的刀口辣椒烫香。

2.3 贵州省的辣椒系列制品

辣椒调味品和各种加工制品非常多，主要分为腌泡糟制发酵制品、油渣和蒸制类热处理加工品。

2.3.1 腌泡糟制类发酵辣椒制品

（1）糟辣椒　贵州独有的糟辣椒，全省均有制作、人人喜爱，而且老少皆宜，是贵州显著的辣椒调味品。色泽鲜红，香浓辣轻，具有微辣微酸而又嫩、脆、咸、香、鲜等风味特色。将肉质厚实的新鲜红辣椒去蒂、洗净，按照辣椒、子姜、蒜瓣50：5：4比例在专用木盆中反复宰碎均匀，使之大小如米粒，再添加原比例的盐、白酒重量比2：1，混合均匀装入土坛中，加盖并注入坛沿水密封，一月后可作为调料用。糟辣椒是贵州必不可少的辣椒调味品，制作蘸水、当作基料制作腌菜、泡菜，制作凉拌菜，尤其是烧鱼、炒肉丝肉片，连鱼香肉丝、回锅肉、怪噜饭都爱用糟辣椒制作。

表4　糟辣椒菜例：野菜炒豆腐

野菜炒豆渣		
文化/特点	原料	制作方法
色泽鲜艳，清香味美，细嫩化渣。野菜原料需选用清香味浓的绿色原料为好，根、花、果也可	茼蒿菜80克，老豆腐350克，糟辣椒25克，盐、味精、番茄等各适量	①茼蒿菜切碎，老豆腐压碎。②净锅上火下油，炝香糟辣椒，将茼蒿菜炒制半熟，下豆腐同炒，待茼蒿菜炒熟，起锅装入用番茄片点缀盘边的盘中即可

（2）绥阳辣椒酱　遵义市绥阳县独有并以此命名的绥阳辣椒酱。是当地老百姓在日常生活中，采收辣椒时将新鲜辣椒去蒂、洗净，加入鲜小茴香籽、蒜瓣、子姜等香辛料，用石磨磨成浆状，加盐装入带有坛沿的土坛中，加盖加坛沿水密封，一月左右可用的调味品合作餐品，除用作蘸水外，拌菜、炒菜、做汤均可。随用随取，置于通风干燥处，注意密封并保存，常年不坏，越陈越香。

表5　绥阳辣椒酱菜例：菜豆花

菜豆花		
文化/特点	原料	制作方法
顾名思义，菜豆花就是混有蔬菜的豆花（豆腐脑儿）。原汁原味、素净自然、香辣味爽	黄豆100克，小白菜100克，绥阳辣椒酱50克，葱花5克	将上好黄豆经清水浸泡、磨浆，滤去豆渣，提取浓豆浆，大锅中煮沸，投入切碎的小青菜等多种绿色蔬菜，缓缓煮开，豆浆飘起泡沫，逐步与菜一起凝固成豆花状沉淀。冷热食用均可，食用时带一碗辣椒酱蘸水

（3）泡辣椒　将泡菜坛反复用开水洗净，消毒，装入用盐放锅中，加水浇沸使盐溶化后晾冷的泡菜水，放入去蒂，洗净，晾干的新鲜辣椒，滴入许白酒盖好盖，放置在干燥、通风的地方，腌泡1个月左右即可直接食用和烹制各种佳肴。保存得当，越存越香。

表6　泡辣椒菜例：泡椒蹄皮

泡椒蹄皮		
文化/特点	原料	制作方法
猪蹄的常规吃法是炖和卤，在食客愈来愈求新求异的时候，厨师们将它煮熟，取皮，经炸收，并调制成了清爽的泡椒味，很有创意。皮脆肉嫩，酸香回味	熟猪蹄皮250克，泡椒50克，泡姜20克，蒜片5克，糟辣椒20克，醋3克，料酒50克，味精20克，盐2克，蒜苗30克，红油20克	①蹄皮氽水、滑油。②锅内留油少许油，下入泡姜、蒜片、糟辣椒炒香，放入蹄皮和泡椒略炒，烹调酒，注入鲜汤，调入味精、盐收干水分，下蒜苗、淋红油、烹醋，翻炒均匀，起锅晾冷，装盘即可

（4）面辣子　面辣子又叫糯米酸辣子和玉米酸辣子，主要分布在黔东南苗族侗族自治州、铜仁地区和靠近贵州的湘西一带。是当地人最喜欢吃和经常吃的家常菜，也是用来待客或招待贵宾的地方主菜之一。制作十分讲究，选最好上等糯米，拌匀新鲜治净的红辣椒，在石碓里舂成粉状，加入盐、少许白酒和加一点清凉洁净的山泉水，放入坛子里腌制。食用时，从坛子里取出，放入锅中用茶油或菜油煎。也可以水煮和烹制各种菜肴、烧汤等，因糯米粉有黏性，用油一煎就成块状，煎熟后切成三角形或四方形，趁热吃，味道鲜美爽口，是典型的下饭小菜。

表7　面辣子菜例：面辣子煸小河鱼

面辣子煸小河鱼		
文化/特点	原料	制作方法
鱼脆香酥，辣子糯脆，色彩鲜艳，酸醇爽口	小河鱼200克，糯米酸辣子300克，干辣椒节20克，盐10克，料酒15克	①小河鱼治净，用盐、料酒腌味，下入热油锅中炸酥脆。②锅内留油少许油，煸香干辣椒节，下糯米酸辣子炒散，下炸好的小鱼，慢慢煸炒出香，翻匀起锅

（5）酢辣椒　《说文·鱼部》："酢，藏鱼也。"《渊鉴类函》卷三八九引《汉书》："昭帝时，钓得蛟，长三丈，帝曰：此鱼鳝之类。命大官（御厨）为酢，骨肉青紫，食之甚美。"《晋书·列女传》："[陶]侃少为寻阳县吏，尝监鱼梁，以一坛酢遗母。"南朝齐王融《谢司徒赐紫酢启》："东越水羞，实馨乘时之美；南荆任土，方揖酢鱼之最。"唐段成式《酉阳杂俎》："安禄山恩宠莫比，其赐膳品，月有野猪酢。"古代以鱼加盐等调料腌渍使之久藏不坏称为"酢"。酢可以用鱼，也可以用别的肉，黔北地区还可以用辣椒和冬瓜、芋等蔬菜作原料，具微酸、微辣、回甜而又咸鲜、香的特殊风味，回味醇厚、开胃佐酒佐饭。酢是古老中国烹饪技术，也是古代保存贮藏肉类的方法，防止鲜鱼变质，加以处理方法的糟鱼，腌肉都属于"酢"。刘义庆的《世说新语》说在水中筑堰捕鱼的装置的鱼梁吏陶侃盛满满一坛酢，派人送给母亲，母亲怕这是"以官礼见赠"，将它退回，还修书责备的故事。分说明鱼充酢利于贮存，不易馊坏，陶侃满盛一坛给母亲，让她吃上一些日子。东晋名将谢玄把钓到的鱼制成鱼酢，远寄自己的爱妻。酢之所以能远寄，能久贮不坏，也有爱。酸酢菜的前期制作，倒是如今流行的粉蒸系列，贵州、湖北、四川民间均称酢肉、小笼炸牛肉、酢羊肉较多。未经腌藏的粉蒸来源于"酢"。

2.3.2 油炸类辣椒制品

香辣脆　不知是何时起悄然流行一种热卖美食，这种用辣椒为主原料制作的亦菜亦小吃的"香辣脆"，特别适合早餐佐食，一经推出，其独特的酥、香、辣、脆口感征服了好吃嘴们。香味突出、麻辣香酥、开胃、提神、回味悠长，居家、旅行、饮食中不可或缺。"香辣脆"精选香味突出辣度轻的优质花溪辣椒，填充调以盐、糖、香辛料芝麻、花生仁等，油炸和烘烤而成。分为五香味香辣脆、原味香辣脆、葱香味香辣脆。一般直接食用，也有用来烹制菜肴。

表8　鲊辣椒菜例：绥阳辣椒鱼

绥阳辣椒鱼		
文化/特点	原料	制作方法
酢辣椒形似小角角鱼，又称作辣椒鱼。绥阳人自古制作下饭菜的一种土办法。酢辣椒只要贮存得法，经年不坏且越陈越香。食之香辣鲜美，软糯可口	鲜红大辣椒（与甜椒有别）10千克，籼米6千克，糯米2千克，盐300克	①鲜红大辣椒去蒂洗净，晾干水分，然后用小刀从椒蒂至椒尖顺长划一刀；籼米、糯米淘洗干净，沥干水后放入大铁锅中炒香至熟，然后用石磨磨成粗酢粉，纳盆，加入盐和适量清水，拌匀成湿散沙状。②将粗酢粉逐一装入辣椒中，然后将辣椒装入一小口坛内，坛口处塞紧洗净的稻草，最后将坛口倒扣在盛满清水的土钵中，封存约15天后取出，将辣椒装盆，上笼蒸熟即成酢辣椒。酢辣椒可煎、可炒、可炸而食之。制作方法也很简单，就是直接整数食用和蒸熟后趁热用油炒一炒，撒葱花即可

表9　鲊辣椒菜例：酸鲊椒渣

酸酢椒渣		
文化/特点	原料	制作方法
酸酢椒有整形和渣碎两种，辣椒剁成小块后，拌酢面腌制，有酢青椒渣、酢红椒渣和酢彩椒渣	新鲜青辣椒或新鲜红辣椒5千克，籼米5千克，糯米3千克，盐适量	新鲜辣椒在木桶内，用刀剁碎成小块，籼米糯米混合炒香，磨成粗面、调盐味，与辣椒块拌匀，装入坛，坛口塞稻草或竹叶密封，倒扣水钵中，一月可取出，蒸食或蒸熟后炒、煎、炸。直接蒸熟食用和蒸熟，趁热用油炒匀，撒蒜花或葱花即成

2.3.3 辣椒应用中的蒸制类

阴辣椒　阴辣椒，布依人家家会做，人人爱吃。其菜辣而不燥，香糯滋酸，回味悠长。小尖青椒去蒂洗净，切成丝，纳盆，拌入酢粉和盐，装入甑子内，上火蒸约60分钟至熟后，取出，摊入盛器内晒干，晾晒时，要用筷子翻动几次，以免粘连成坨。

表10　阴辣椒菜例：阴椒牛干巴

阴椒牛干巴		
特点	原料	制作方法
辣而不燥，香糯滋酸，回味悠长，味道独特，营养丰富，风味独特，易于保存，食用方便	牛干巴300克，阴辣椒50克，虾片10克，盐6克，花椒3克，姜片5克，蒜片8克，红椒块20克，味精3克	①将牛干巴肉横筋切成大薄片。②牛干巴肉、阴辣椒、虾片分别下锅用热油炸酥。③净锅上火下油（禁用猪油），下姜蒜片、花椒炸香，下牛肉片煸炒，下红椒、阴辣椒、虾片略炒，调味起锅即成

2.4 辣椒应用中的调味品

辣椒调味品的工业化进程，老干妈算是一个节点，本文以老干妈的系列辣椒调味品作为例子阐述。

传奇的"老干妈"在网上炒得沸沸扬扬，早年闹得黔湘相关部门都出面的打官司的品牌之争，推动"老干妈"的快速成长，产品的开发与定价原则是"老干妈"的成功之举。"老干妈"调味品成了辣椒风味调味制品的代名词，也是佐餐、烹饪必备佳品和辣椒加工业的"航空母舰"之时，厨师们早已零零散散的做"老干妈风味菜"，贵州厨师大多是都能应用自己技术制作与"老干妈"产品类型的调味料。我曾组织贵州大厨研讨，运用老干妈的全部产品调制了一系列老干妈菜品。

2.4.1 炒制类贵州辣椒调味品

（1）油辣椒

成分： 辣椒、食用菜籽油、花生、芝麻、盐。

特色： 香辣糯脆，香脆化渣，辣香不燥，油润可口，回味悠长，普及甚广，大众喜爱。

表11 油辣椒菜例：鲜茶树菇拌牛肉

鲜茶树菇拌牛肉		
特点	原料	制作方法
2006年获得中国名牌的老干妈牌油辣椒，是老干妈的最老的主产品之一，主要用于蘸水的调料和制作凉菜，也可以直接拌饭和烹制菜品。鲜嫩脆爽，回味悠长。	精选牛腱子肉250克，鲜茶树菇100克，油辣椒50克、白卤水、香菜末、芝麻、盐、料酒、大葱、老姜、味精、红油、酱油、醋。	①牛腱子肉用盐、料酒、老姜、大葱腌制30分钟，入沸水锅中余水，然后放入卤水锅中卤熟，取出晾冷切成大薄片。②鲜茶树菇切大片，焯水。③牛肉片、茶树菇片一同放入大碗内，放入老干妈油辣椒、盐、味精、红油、酱油、陈醋等调料，拌匀撒上香菜末、芝麻，装盘即可。

（2）风味鸡辣椒

成分： 鸡肉、辣椒、食用菜籽油、味精、盐、砂糖、香油、花椒。

特色： 香辣浓烈而不燥，仔鸡脆滑，色泽红润诱人，营养丰富、味美香辣，风味绝佳，不论作席中菜肴还是作小吃，都很受人们的喜爱。

（3）干煸肉丝油辣椒

成分： 精猪肉丝、辣椒、食用菜籽油、味精、盐、花椒、姜。

特色： 制作工艺独特考究，色泽棕红，香辣酥脆，滋味浓厚，干香化渣，回味悠长，颇受大众欢迎。

（4）精牛肉末豆豉辣酱

成分： 大豆、辣椒、食用菜籽油、牛肉、味精、香油、花椒。

特色： 传统下饭小菜，风味独特而鲜辣可口、牛肉末酥脆而回味无穷，制作菜肴方便而快速。

表12　风味鸡辣椒菜例：风味鸡辣椒蛙腿

风味鸡辣椒蛙腿		
特点	原料	制作方法
突出香辣味的贵州菜，创造出许许多多的辣椒美食和方便食品。鸡辣椒在贵州称鸡辣角，是用干辣椒用水处理回软，用石钵配以大蒜和老姜舂成糍粑状的辣椒泥末，与仔鸡一起精制的小食品。可冷吃，也可热吃，下酒送饭或拌入面食中作佐食，或作调味料使用，十分方便。细嫩滑口，香辣浓郁	牛蛙腿40克，老干妈风味鸡辣椒80克，芝麻酱、花生酱、青椒圈、红椒圈、姜蒜片、葱段、盐、味精、胡椒、生粉、红油、色拉油、料酒各适量	①牛蛙宰杀洗净斩成蛙腿块，用盐、料酒、姜葱、胡椒和生粉腌制。②锅置上火，下色拉油烧至五成热，投入腌制牛蛙腿滑散，下青红椒圈拉油，出锅沥油。③锅内留油少许，炒香姜蒜片，下花椒、芝麻酱、花生酱、老干妈风味鸡辣椒炒出味，投入蛙腿和青红椒圈，翻炒、调味，装盘

表13　干煸肉丝油辣椒菜例：风味香辣蟹

风味香辣蟹		
特点	原料	制作方法
如今，高速路四通八达，各种原料和调料以及风味特色相互融合、相互贯通，推陈出新出许许多多的新菜品。肉丝辣椒香辣蟹酱香味浓，风味独特	肉蟹2只（约800克），老干妈干煸肉丝油辣椒100克，老干妈香辣菜、老干妈香辣酱、肉松、小米椒、盐、味精、葱花、香油等适量	①肉蟹治净，改件（大腿拍破）码味，拍生粉，下高油温炸好捞起。②锅内留有少许，下小米椒、老干妈干煸肉丝油辣椒、老干妈香辣菜、老干妈香辣酱、肉松、酱料略炒，下蟹块调入酱料、盐、味精、鸡精、葱花、香油，起锅入盘即成

表14　精牛肉末豆豉辣酱菜例：牛味辣酱鱼

牛味辣酱鱼		
特点	原料	制作方法
鲫鱼的吃法很多，烹制的汤更是鲜美口。用老干妈调料烹制，尤其是牛肉味的豆豉辣酱，香辣可口，鲜香嫩滑，多味融合，别有风味	鲫鱼650克，老干妈精牛肉末豆豉辣酱100克，姜蒜米、盐、料酒、味精、酱油、香油各适量	①鲫鱼宰杀治净，在鱼身划三刀，用盐、料酒腌制，用大火蒸6分钟左右至熟，取出装入盘中。②锅置火上、下有烧热，炒香姜蒜米、老干妈精牛肉末豆豉辣酱，适当调味，浇淋在鲫鱼上，炝上热油即可

（5）肉丝豆豉

成分：精猪肉丝、辣椒、大豆、食用菜籽油、味精、盐、砂糖。

特色：选料讲究，豉香味美，香辣可口，风味浓郁。

表15　肉丝豆豉菜例：干妈蘸水茄饼

干妈蘸水茄饼		
特点	原料	制作方法
鱼香茄夹不仅鱼香味特别，茄夹的口感也蛮好，干妈茄夹却是2次味，不妨一试这款色泽金红、外酥内嫩、风味别具的美肴	茄子300克，猪肉末150克，老干妈肉丝豆豉120克，鸡蛋清、姜蒜末、小葱花、泡红辣椒末、生粉、水芡粉、盐、香油各适量	①茄子去皮，切成连刀长菱形宽厚片。②用猪肉末加盐、鸡蛋清、酱油、姜蒜末、水芡粉、老干妈肉丝豆豉拌成馅，酿入茄子中，拍生粉，下5成油锅中炸熟透，捞起装盘。③老干妈肉丝豆豉、小葱花、泡红辣椒末、盐、香油调制成蘸水，一同上桌即成

（6）香辣脆油辣椒

成分：辣椒、食用菜籽油、盐、味精、砂糖。

特色：又辣又香，酥脆可口，浓香扑鼻，百吃不厌，佐酒下饭皆宜。

表16　香辣脆油辣椒菜例：香辣脆椒虾

香辣脆椒虾		
特点	原料	制作方法
老干妈香辣脆油辣椒与虾烹制，香辣脆香又可口	鲜活虾200克，老干妈香辣脆油辣椒50克，香辣脆80克，姜葱、盐、料酒、味精、香油、色拉油各适量	①将活虾须、脚去掉，用刀根从虾背处，从头至尾中开一刀，通肚，将虾尾翻过开肚处，用盐、姜葱、料酒腌制片刻。②锅置火上，下油烧至5成热，放虾拉油，锅留油，将虾与香辣脆油辣椒颠炒入味，捞出摆入盘里，香辣脆放虾盘中间配食

（7）辣三丁油辣椒

成分：精猪肉丝、大头菜、辣椒、食用菜籽油、豆腐、味精、盐、香油、花椒。

特色：油辣椒与花生米、油炸香酥豆腐丁融合，在不加添加剂的情况下，长时间保持不失风味，脆香味长。

（8）香辣酱

成分：面酱、胡豆、辣椒、食用菜籽油、盐、砂糖、味精、香油、花椒。

特色：香辣可口，醇香味厚，风味独特，制作简便。

表17 辣三丁油辣椒菜例：辣三丁脆香腰花

辣三丁脆香腰花

特点	原料	制作方法
民间有肝腰十八铲之说法，要做到这一点，一般家庭的火候，尤其是繁琐的调味，很难做到，但选用老干妈辣三丁油辣椒来炒制，就很容易办到，而且鲜辣脆香，腰花嫩鲜	猪腰350克，老干妈辣三丁油辣椒100克，青红小米椒圈、盐、料酒、味精、水芡粉、嫩肉粉、姜蒜片、葱段、香油等各适量	①腰花片去腰臊，切成麦穗花刀的块状，用料酒、花椒、盐水泡制15分钟取出沥干水，将水芡粉、嫩肉粉码味。②锅中油烧至7成热，下姜蒜片、腰花爆炒、小米椒圈大火爆炒，放老干妈辣三丁油辣椒，炒匀起锅，装盘

表18 香辣酱菜例：鸿运鱼头

鸿运鱼头

特点	原料	制作方法
用剁椒与鱼头，红辣椒盖面蒸制的开门红，不仅流行于湖南，在四川等地也创造了餐饮市场上的奇迹，用老干妈香辣酱蒸制的，色香味俱佳的鱼头、新鲜美味，辣醇上口，却有另外一番风味，值得一试	花鲢鱼头1个重约1000克，老干妈香辣酱100克，泡甜椒、盐、姜、葱、料酒等各适量	将鱼头洗净，去鳃，去鳞，从鱼唇正中一劈为二，留一边头皮相连不断。②将盐、料酒均匀涂拌在鱼头上，腌制5分钟后将老干妈香辣酱均匀涂抹在鱼头上，放在盘底垫有生姜片上，撒姜丝。③上笼蒸15分钟，出锅后，将葱花撒在鱼头上，浇熟油，盖上一层改成大块的泡甜椒即可

（9）火锅底料

成分：牛油/食用植物油、辣椒、豆瓣、姜、花椒、八角、茴香、冰糖

特色：汤汁红亮，味道既突出麻辣味的主旋律，又具有醇厚鲜味。

表19 火锅底料菜例：干妈肥牛锅仔

干妈肥牛锅仔

特点	原料	制作方法
老干妈火锅调料不同于四川、重庆火锅，辣而不火、别有风味，可以做火锅吃，也可以拌面拌饭吃。干妈肥牛锅仔色泽红亮 开胃可口	肥牛肉600克，金针菇120克，老干妈火锅底料1袋、鲜汤、猪油、黄豆芽、姜、蒜瓣、木姜子	①金针菇治净，焯水；肥牛改刀切成大薄片，金针菇裹在肥牛片内呈大卷筒。②净锅上火，下猪油，炒香拍破的姜、蒜瓣、老干妈火锅底料，注入鲜酸汤，再加一些清水，调木姜子、盐、味精、鸡粉，转倒入锅仔内，放入黄豆芽，铺上肥牛，带火上桌

2.4.2 发酵类贵州辣椒调味品

（1）风味豆豉

成分： 大豆、辣椒、食用菜籽油、味精、盐、砂糖、香油、花椒。

特色： 工艺独特，豉香味浓，辣中微麻，清爽佐饭，回味悠长，风味浓郁而独特，深受人们的喜爱！

表20　风味豆豉菜例：老干妈桂鱼

老干妈鳜鱼		
特点	原料	制作方法
风味豆豉差不多是老干妈的代名词，是老干妈企业最早生产的主产品之一，无论是烹制菜肴、制作蘸水或者直接拌饭，以及嗜好辣椒的朋友到了不爱吃辣椒的省份和地区，带上几瓶。无一不体现出风味豆豉的受欢迎度和包容性，制作的菜肴无数。此菜香辣味浓，豉味悠长	鳜鱼600克，老干妈豆豉150克、肉末、脆哨、火腿肠、花生仁、青红小米椒、香菇、笋子、姜蒜米、葱段、盐、料酒、味精、鸡精、酱油、红油、生粉等各适量	①鳜鱼宰杀后清洗干净，打十字花刀，用姜葱、盐、料酒腌制15分钟。②锅置火上，下油烧热至七成时，投入鱼炸透。③锅留油少许，下姜蒜米、肉末和老干妈豆豉、脆哨等炒香，注入少量鲜汤，放鱼烧至入味，汁收干时装盘

（2）风味水豆豉

成分： 大豆、水、辣椒、味精、盐、山梨酸。

特点： 浓郁清香，辛辣臭香，制作工艺独特考究，餐饮企业使用量大且频繁。

表21　风味水豆豉菜例：水豆豉炒毛肚

水豆豉炒毛肚		
特点	原料	制作方法
毛肚即牛百叶，以色鲜脆爽为特色，烹制不当除了绵韧难嚼，草腥味也较浓。选用老干妈水豆豉炒至，香味浓郁而脆嫩、爽口且清新	鲜毛肚250克，老干妈水豆豉100克、香菜、鲜小米椒丝、姜蒜片、鸡粉、料酒、水芡粉	①毛肚治净，切丝。②净锅上火，下油烧至六成热。下毛肚快速爆熟滤油。③锅内留底油，下小米椒炒熟，放老干妈水豆豉炒香，投入毛肚，调味，撒香菜，起锅装盘

（3）香辣菜（瓶装/袋装）

成分： 优质青菜、辣椒、盐、味精、花椒粉、茴香、八角

特色： 香辣不燥，味醇香浓，佐酒下饭。青菜与辣椒的精致加工，工艺独特，辣香开胃，十分可口，典型的农家风味特色小菜，普及广，深受大众喜爱。

表22　香辣菜菜例：铁板米豆腐

铁板米豆腐		
特点	原料	制作方法
米豆腐，又名米凉粉，是用大米磨制成米粉后，用水煮熟，用生石灰点制而成。多为凉拌来作为小吃食用，有人说难登大雅之堂，如今，厨师们利用现代的调味加以贵州特有的知名调味品老干妈香辣菜、老干妈肉丝油辣椒等调料，利用铁板来焖烤，成品色彩鲜艳，香浓味鲜、浓而不腻，从而赋予了新的生命，登上了大雅之堂	米豆腐500克、五花肉末50克、火腿末10克、老干妈香辣菜70克、老干妈煸肉丝油辣椒70克，姜米、蒜米、洋葱圈、葱白丝、料酒、盐、白糖、味精、鸡精、胡椒粉、蚝油、老抽、水豆粉、鲜汤各适量	①米豆腐切成长方形，放在油锅中炸至表面金黄捞出，沥干余油。②锅留底油，分别下姜蒜米、五花肉末、火腿末、老干妈香辣菜、老干妈煸肉丝油辣椒炒香，烹料酒，注入少许高汤，烧沸后调盐、白糖、味精、鸡精、胡椒粉、蚝油、老抽，水豆粉收汁成滋汁，装入碗中。③铁板烧热，用洋葱圈垫底，放上的米豆腐，上桌后浇上滋汁即成

（4）风味腐乳

成分：大豆、高粱酒、水、辣椒、盐、香料、味精、花椒。

特色：传统工艺精心酿造而成，色泽乳黄，块型整齐，风味独特，回味悠长，是开胃、增强食欲的上等佳品。

表23　风味腐乳菜例：乳香坛子肉

乳香坛子肉		
特点	原料	制作方法
四川著名特色菜肴坛子肉，辅以老干妈风味腐乳和特色的黑砂锅烹制，色棕红，形态丰腴，原料丰富，味道浓厚，鲜香可口	带皮五花肉600克，老干妈风味腐乳40克，鸡蛋、油炸肉丸、鸡肉、火腿、冬笋、蘑菇、金钩、姜、葱、胡椒、鲜汤、豆粉、盐、酱油、甜酒汁	①猪肉、鸡肉、猪骨入沸水锅中煮至猪肉六成熟时捞出，猪肉切成7厘米见方的块；鸡肉切块；鸡蛋煮熟，去壳，裹上豆粉，入油锅炸成黄色捞出；冬笋切成滚刀块；火腿切粗条；金钩、清水涨发、洗净。②在黑砂锅内垫放猪骨，将猪肉、鸡肉、火腿、金钩、冬笋、鸡蛋、猪肉丸等放入坛内，加老干妈风味腐乳、盐、酱油、甜酒汁和纱布袋装好的姜、葱、胡椒、涨发的口蘑，并掺入鲜汤，然后加盖，封严坛口，将坛置谷糠壳火上，煨3小时，取出装姜、葱、口蘑的纱布袋，翻扣入小砂锅中即成

（5）红油腐乳

成分：大豆、辣椒、食用植物油、味精、盐、砂糖、香油、花椒

特色：滑嫩爽口，咸辣适中，鲜香适口，是开胃、增强食欲的下饭美味佳肴。

表24　红油腐乳菜例：鲜香墨鱼仔

鲜香墨鱼仔		
特点	原料	制作方法
豆腐乳一般多作小菜直接供食，也经常作为调味料用于菜肴制作。这款菜肴结合粤菜的乡土美食，鲜香脆嫩，色彩鲜艳，别具风格	墨鱼仔200克，咸肉200克，老干妈红油腐乳30克，青红椒块、姜蒜米、美极酱油、白糖、香油、玫瑰露酒等适量	①墨鱼仔汆水，用压成泥状的老干妈红油腐乳充分拌匀，晾干水分，过油；青红椒块汆水。②咸肉切片汆水，下油锅炸至皮酥脆。③锅留底油，炒香姜蒜米，下咸肉、墨鱼仔、青红椒，烹入用美极酱油、白糖、玫瑰酒调成的汁，翻匀起锅装盘即成

老干妈风味辣椒，是中国名牌、贵州名牌，"质量放心、用户满意"双优品牌，辣椒制品的第一品牌。有调查数据显示占全国60%以上同类产品市场份额。20世纪80年代，陶华碧女士凭借自家餐馆独特的蘸水炒制技术，制作的风味豆豉，过往顾客大饱口福，津津乐道。1996年在贵阳市南明区成立老干妈风味食品有限责任公司，产品名为"老干妈"，量产销售，迅速在国内外成为销售热点，如今，"老干妈"在技术上推陈出新，拥有设备齐全的检验化验室，集洗瓶、消毒、灌装、旋盖的一体机械化流水线，机械化加工，日产120万瓶辣椒制品，年产值数亿美元，发展成为全球知名企业，辣椒制品生产、销售的龙头企业。

3 贵州辣椒蘸水的产生、制作与调配特色

用酸代替盐、以辣代替盐是缺盐时代的生活与烹调技艺积淀，作为移民大省的贵州更为明显，辣椒一开始食用便改变了调味蘸食的习惯，便于各种口味的人群均能适应和自由调节。清代末年，贵州地区盛行豆花下苞谷饭，多用水泡粗盐块加辣椒，以辣以酸用作蘸水，冲其盐和增添香辛味，成就了今日贵州的辣椒蘸水的盛行，并逐渐形成风味，尤其是贵州辣椒制品的定型和品种繁多，丰富和增添贵州辣椒蘸水的主料。

3.1 贵州辣椒蘸水的制作

辣椒蘸水除了常用的辣椒、辣椒制品和辣椒调味品外，需要使用多种本地的除了常用姜蒜葱等常规香料和辅料外，还用特殊的香味原料和制品辅助。

3.1.1 贵州辣椒蘸水常用的配料

（1）脆哨　脆哨是贵州的传统食品，伴随贵阳肠旺面诞生于100多年前，选用猪槽头肉、五花肉去皮洗净切大丁，入锅加盐、甜酒汁（贵州称醪糟为甜酒）炒转、翻炒去油，洒水追余油，最后用酱油、醋旺火炼炸将油膜分制成色泽金黄、既香又脆的哨子，用作蘸水时常碾碎使用。

（2）折耳根　折耳根，学名蕺菜，又名鱼腥草、臭根草、猪鼻孔。含水49%，蛋白质22%，脂肪0.4%，碳水化合物6%，钙0.074%，锌0.053；挥发油0.005%、甲基壬酮、香叶烯、癸醛、槲皮苷化钾、硫酸钾等。折耳根的烹调方法多种，不宜久煎，不宜久服（15%～30%为宜）。贵州主要食用根部，有异香、常年供应不断季，贵州蘸水常添加生折耳根末或小节。

（3）鱼香菜　鱼香菜，又名野薄荷、狗肉香。其叶大如拇指，绿色，常用作调料，味辛香浓郁，能压抑异味，增加香味。是贵州烹狗肉必不可少的调料之一。也是中华名小吃——遵义豆花面的必备香料。

（4）苦蒜　苦蒜又名野葱，是贵州沟渠田边、荒野菜园的一种野菜，既像葱又像蒜，故名苦蒜、野葱。有异香，多作蘸水，也可用来炒肉末等。

（5）木姜子　学名山苍子，又名山鸡椒，樟科，落叶灌木或小乔木。味辛辣，有较刺激的异香。贵州民间常采集作调味品。做蘸水香味突出和做腌菜或酸菜时常用，有缓辣增香避异味的作用。

表25　木姜子类型与用途

类型	用途
木姜子花	木姜子的花，鲜木姜子花和干木姜子花均可作蘸水和煮酸菜，味感略缓
木姜子果	木姜子的果实、种子，鲜木姜子果直接作蘸水；干木姜子果常制成木姜子油
木姜子粉	用木姜子果碾碎的粉末
木姜子油	木姜子花和干木姜子果提炼的油脂。木姜子花和干木姜子果均含芳香油，木姜子油用处最多，除用作烹调外，还是重要的食用香精

（6）水豆豉　将黄豆浸泡后煮熟透，纱布包上置于干燥处，用稻草、棉被等捂上3~4天，发香（臭）并起旋丝时即可装入土坛中。加水浸泡就是水豆豉，如拌上煳辣椒面干置即是干豆豉。均可作蘸水调料。

（7）豆腐乳　将豆腐切成小块或小坨，放入置有干稻草能密封的容器内，一层豆腐一层稻草码放，最后密封，一周后取出滚上用煳辣椒面、花椒面、盐、味精兑成的粉子后装入坛中密封一月后即可食用了。

（8）永乐鱼酱、水族虾酱、黔西豆豉粑、玫瑰大头菜、独山盐酸菜、肉末、花椒面、酥花生碎、酥黄豆、姜米、蒜泥、葱花、芹菜末、芫荽末等调辅料。

3.1.2　贵州辣椒蘸水的调料

蘸水调料与其他菜品共用调料主要有盐、白糖、酱油、醋、香油等。

特殊调料则是贵州出产的家庭麦酱、郎岱酱、鸡枞酱油、赤水晒醋、毕节升醋、威宁甜醋和老干妈牌等系列食品厂的油辣椒、水豆豉系列调味品，近年来也使用雀巢食品等企业生产的美极鲜酱油、辣鲜露等调制新式蘸水，食用创新菜品火锅小吃。

3.1.3　贵州辣椒蘸水配汁与调制

贵州辣椒蘸水最传统的调配汁是有"百味之源"之说的米汤调制，米汤浓稠易混合、呈淡白色、米香清淡、无杂味异味，黏稠性强等特点。

在长时间的实践过程中，不断经过演变，在电饭锅的出现米汤越来越少等情况下，贵州辣椒蘸水最为特色的是原汤配蘸水，即煮什么菜的汤配进蘸水中蘸食所煮的原料，香醇不岔味。离开米汤后多用豆腐乳、麦酱、夜郎酱等调进蘸水，增加黏稠度，便于附着在原料增味食用。尤其值得一提的素蘸水严禁添加任何带油脂的调味料，酱油也不行。

以传统素辣椒蘸水为例。全素无油在贵州称作素辣椒蘸水，主要用于素青菜素白菜、素菜薹、素瓜豆、金钩挂玉牌（黄豆芽煮豆腐）、素酸汤、素酸汤菜、煮酸菜、酸菜豆米等的蘸料。

用煳辣椒面、盐、姜米、蒜泥、葱花和食用前加米汤或原汤配成兑成。根据个人爱好可以添加花椒面、水豆豉、无油霉豆腐（豆腐乳）、芫荽末、折耳根末、苦蒜末、木姜子粉等。煳辣爽口清新、辣椒脆爽回煳香。

以传统素辣椒蘸水为例。全素无油在贵州称作素辣椒蘸水，主要用于素青菜素白菜、素菜薹、素瓜豆、金钩挂玉牌（黄豆芽煮豆腐）、素酸汤、素酸汤菜、煮酸菜、酸菜豆米等的蘸料。

用煳辣椒面、盐、姜米、蒜泥、葱花和食用前加米汤或原汤配成兑成。根据个人爱好可以添加花椒面、水豆豉、无油霉豆腐（豆腐乳）、芫荽末、折耳根末、苦蒜末、木姜子粉等。煳辣爽口清新、辣椒脆爽回煳香。

3.2 贵州辣椒蘸水品类

根据十余年的从业经验和《中国黔菜大典》黔菜考察宣传的全省九个市州88个县的实际走访调查，贵州辣椒蘸水（不含干蘸碟）基本分为以下几类。

3.2.1 贵州传统辣椒蘸水

（1）素辣椒蘸水　除了素菜较为严格外，素蘸水也用于炖菜、火锅和小吃的蘸水。在蘸食荤原料时可以适当加酱油、味精和木姜子油、花椒油等辅助，最后用米汤或原汤调配。

（2）油辣椒蘸水　用油辣椒、盐、酱油、醋、味精、脆臊末（或肉末）、姜米、蒜泥、葱花、芫荽末等兑成，还可以加入烘干压碎的黔西豆豉粑末、花椒面、水豆豉、豆腐乳、芹菜末等，味香辣，可用做炖菜、素菜的蘸水，也可以佐饭。

（3）辣椒酱蘸水　绥阳辣椒酱蘸水的制法与糟辣椒的制法方法差不多，还可以用熟菜籽油炒香后加些葱花、芫荽末、折耳根末、苦蒜末等辅料即可。既可做素菜、炖菜的蘸水，同样可以佐饭。清香微酸、辣椒细腻、回味悠长。

（4）糟辣椒蘸水　糟辣椒蘸水一般不加调料，只加些葱花、芫荽末、折耳根末、苦蒜末等香味辅料或将糟辣椒用熟菜籽油炒香后加入香味辅料即可，既可做素菜、炖菜的蘸水，还可以佐饭。辣椒脆爽、清新微酸。

（5）烧青椒蘸水　将烧青椒剁碎、烧毛辣椒（番茄）剁碎后混合，并可另调入少许煳辣椒面，用盐、酱油、醋、味精、姜米、蒜泥、葱花兑成，还可以加入木姜子粉或油、芫荽末、芹菜末、折耳根末、苦蒜末等，适于煮豆腐、炖菜等的蘸水和拌烧茄子、佐饭等。

（6）水豆豉蘸水　用水豆豉、煳辣椒面、盐、酱油、味精、木姜子粉或油、姜米、蒜泥、葱花兑成，还可以加入芫荽末、折耳根末、苦蒜末等，咸鲜豉香、煳辣清爽。是素菜蘸水的佳品。

3.2.2 贵州专用辣椒蘸水

（1）酸汤鱼蘸水　煳辣椒面、花椒面、酥黄豆、脆臊末、豆腐乳、盐、味精、姜米、蒜泥、木姜子粉或油、葱花，芫荽末、折耳根末等，舀入煮酸汤鱼的原汤即成。辣香味浓、风味独特。

（2）酸菜蹄髈火锅蘸水　煳辣椒面或油辣椒、花椒面、折耳根、盐、酱油、味精、香油、鲜汤调兑好的甜酱、姜米、葱花、酥黄豆、脆臊，有时还加豆腐乳、水豆豉等调制。

（3）花江狗肉蘸水　糊辣椒面、花江青花椒面、砂仁粉、八角粉、沙姜粉、芝麻粉、酥黄豆、豆腐乳、盐、味精、姜米、蒜泥、狗肉香（野薄荷）、葱花兑好，冲入热狗油烫香，舀入狗肉原汤兑成蘸水。辣香可口、香味特别。

（4）水城烙锅蘸水　水城烙锅通常用五香辣椒面蘸食素菜、用辣椒蘸水蘸食荤菜。常用糊辣椒面、花椒面、郎岱酱、盐、味精、酱油、醋、折耳根、姜末、蒜泥、葱花调制。

（5）恋爱豆腐果蘸水　折耳根粒、糊辣椒面、青花椒面、八角粉、脆臊、酥花生、酥黄豆、熟芝麻、盐、酱油、醋、味精、姜米、蒜泥、葱花兑好，辣香酸鲜、香味浓郁。

（6）金钩挂玉牌蘸水　金钩挂玉牌是贵州典型的传统家常素菜，除以上蘸水均可蘸食外，另有肉末油辣椒蘸水最为常见。它是用熟菜籽油在锅内炒香炒酥肉末，放入糍粑辣椒、姜米、蒜泥炒酥，放点甜面酱和豆瓣酱炒香，下豆豉、豆腐乳、盐、味精、花椒面、八角粉、酱油、醋炒入味即成，香浓味醇，还可以拌饭吃呢！

3.2.3 时尚的贵州辣椒蘸水

说时尚，实际上近年来全国流行的一个趋势——时尚蘸水，多用于清汤鱼火锅，即美极鲜酱油、酱油和矿泉水泡制的小米辣粒蘸水，调料极为简单。

在贵州，多用青红小米辣切成粹粒，加以拍粹的蒜瓣和姜米，一同干锅煸炒热，加美极鲜酱油、酱油调制，加矿泉水冻制的冰块快速降温保色，控制鲜辣无生涩味，继续冰镇至入味，取出加葱花，直接作为鱼火锅蘸水。

4 餐饮发展中辣椒蘸水的现状与问题

贵州辣椒蘸水异常丰富，也是真正体现黔菜千滋百味、野趣天然风格所在。2013年，贵州美食科技文化研究中心组织中国食品报、中国烹饪杂志社及省内外美食作家、烹饪大师对黔西北五县区开展黔西北乡土美食深度考察活动，中国食品报主任记者蒋梅在系列报道中用了很大篇幅报道贵州辣椒蘸水，连载四以《黔菜因蘸水而美》，中国烹饪杂志记者江梅娟在长篇报道《寻味毕节》中独立一文《无辣不成菜 蘸水是必备》，两篇文章中，从贵阳、毕节两地看出贵州人对辣椒蘸水的热爱和辣椒蘸水在黔菜和贵州人生活中的地位，摘录如下：

①"四川人不怕辣，湖南人辣不怕，贵州人怕不辣"。这是流传于民间的俗语。中国食品报餐饮周刊主编蒋梅在参加黔西北乡土美食深度考察后在中国食品报发文称："黔菜专家吴茂钊和湖南美食作家巴陵就为黔、湘哪方百姓更能吃辣而发生'激烈'争论。他们各自用家乡话据理力争，没太听懂，大概意思是：一方说，我家乡孩子吃奶前就要尝尝辣椒；另一方则说，我们的孩子不会走路就会吃辣椒。总之，各自家乡的辣椒辣度、吃辣椒的功力都非同一般。而我此行最深的感受就是黔菜几乎无菜不辣，而且近乎餐餐都要用辣椒蘸水。作为外乡人，初尝黔菜，看着桌上七碟八碗的蘸水不明就里，乱点一气，常常被善意提醒：你蘸错了。拍菜也常常忘了将相伴的蘸水一同入镜，而对于当地人来讲，只有菜而没有蘸水的菜是不完整的。一顿饭下来一头雾水，感觉自己真是连饭都不会吃了。"

②到底蘸水配菜有何讲究？为此，中国食品报蒋梅记者请教吴茂钊老师："贵州蘸水有放料自由、投料时间随意的特点，不同菜肴要求不同的蘸水，素菜配素蘸水、荤菜配荤蘸水，荤菜配素蘸水、素菜

配荤蘸水。同一菜肴又可用多种不同的蘸水，有的菜可配三四个蘸水。不同用处不同用法，依菜而定。这蘸水真是玄妙。吴茂钊老师说，外地人老是不敢相信贵州这一怪——辣椒蘸辣椒。在贵州，谁的辣椒蘸水做得好，谁的生意就会好。"

③蘸水不仅可配菜，也可佐饭。就餐时，蒋梅记者亲眼所见吴茂钊和娄孝东两位老师仅仅以蘸水佐白饭吃得神情自若、有滋有味。确实，相比川菜的麻辣、湘菜的生辣，黔菜辣而不猛、鲜香味醇，而且辣得层次丰富。在七星关区何官屯菜豆腐酒楼吃到的泡椒鱿鱼须看似简单，仅辣椒原料就用到泡椒、糟辣椒、红油。鱿鱼先与泡椒一道过油，糟辣椒等炒香，下鱿鱼须、泡椒略炒，再下入调料和蒜苗等翻炒，最后明红油，装盘。风味特色豆花火锅则用到美人椒、糍粑辣椒、豆瓣酱、酸辣酱等调味，这些菜的辣是复合的辣、香醇和谐的辣，杂糅多层次的辣恰到好处地刺激着味蕾，给人以丰富的口感和美妙享受，让人回味不已。

④吃辣贯穿了毕节人的一日三餐，早饭吃脆哨面、牛肉粉，要浇上一勺辣椒油或糊辣椒面，炸得酥脆的香辣脆辣椒当成菜吃；不吃菜，光用油辣椒拌白米饭也可以吃得香喷喷；更不用提各式各样的辣椒蘸水了。在贵州的餐桌上，辣椒、蘸水是不可分割的，几乎餐餐都有辣椒蘸水，辣椒的原料也是多种多样，有糊辣椒面、糟辣椒、糍粑辣椒、红油、油辣椒等等。糊辣椒面是将干红辣椒先烧焦、烧糊再舂制成细面，糊辣香浓，是大小餐馆桌上的必备调味品。糟辣椒是将新鲜的大方皱椒洗净晾干，将辣椒、仔姜、盐、蒜瓣、白酒按照比例放入赶紧盆中反复剁碎成米粒般大小，装入土坛中，加盖，以水密封坛沿，发酵食用，微酸微辣，可做蘸水，亦可做烹调佐料、腌菜基料及佐饭拌菜。糍粑辣椒是将花溪辣椒洗净，再以清水浸泡，加入适量洗净的老姜、蒜瓣，用擂钵舂成蓉，因辣椒擂出了黏性而得名，糍粑辣椒通常用于制作红油和油辣椒，调成的辣椒蘸水辣而不猛、香气十足。

4.1 贵州辣椒蘸水市场与需求分析

作为媒体人，尤其是专业媒体记者，观察事物更为精准，中国食品报主任记者蒋梅的以上三段观察与问答和中国烹饪杂志记者江梅娟的亲历感想，一语切中贵州辣椒蘸水的现状，也道明了移民大省与当地少数民族杂居后所创造的黔菜融合后所凸显的重大特色，说详细点。这个只有600年建省历程的贵州，在辣椒出现在餐桌上仅仅400年历史长河中，因为历史地理和人文活动中，勤劳的人民硬是创造既适合外来人不能食辣可以不吃辣、少吃辣和本地人、逐步同化了的本地人仍然可以选择不吃辣、少吃辣、多吃辣、大吃辣，还可以自由用辣椒蘸水调节餐桌上不同人群对辣椒、辣椒品种、辣椒调味品类型和辣味辣度的选择权。

4.1.1 贵州辣椒蘸水的市场与需求

辣椒蘸水，一定是贵州人民魂牵梦绕的情结，无论是家庭用餐、家庭聚会或者接待外宾、商务宴请，还是背井离乡、外出旅游必须充分备足异地所需使用的辣椒蘸水的辣椒或辣椒制品，抑或找到方法加工、找到继续不断提供所需足量的辣椒蘸水需求。

固然有量的满足和越来越方便的便利交通和物流的不断提升而变得越来越简单，越来越便捷。但是千变万化的贵州辣椒蘸水是很难做出口味的，就算天天能吃到蘸水，但"鸡肋蘸水"随时伴随着你我他，是越来越多的好吃嘴纠结的大事、特事。

不断更新的辣椒品种、辣椒产地和出产的不同品质辣椒，要想具备贵州辣椒蘸水特有的香、辣口味和脆、酥口感，难度越来越大。好在不为人知的百年肠旺面选用辣椒比例被我们一帮黔菜好事者、黔菜折腾人和黔菜责任人不断的深挖和曝光，据传选用香味十足花溪党武辣椒、辣香适度遵义朝天椒、肉厚香脆大方皱皮鸡爪椒按照3：3：4的比例混合，炼制的油辣椒和提取红油是最能体现肠旺面的风格和口感的。

如果回头看贵州最具特点特色的辣椒制品糊辣椒面，采用的烧制方法和烧制程度以及原始手法手搓，传统方法竹筒竹篾块搅拌、石碓窝春蓉，到现代科技之电动机做苦力、不锈钢或铁器的摩擦破碎，事实上做成粉的原料，表面上是同一原理，但术业有专攻的是千年不变之理。

恰好与川滇湘赣等菜系等食辣区和如今火锅界差异的辣椒蘸水、辣椒蘸碟有不同之处的，则更多是他们因为变化不大，逐渐引导为自助蘸水、蘸碟，其实贵州历来就是这样做法，不论街边风格各异的饺子馆、大小火锅店和汤馆、快餐厅、大中小型酒楼，都给予食客极大的自主权，要么完全自行调配蘸水，要么店家调好主体，由自己添加折耳根、水豆豉和腐乳、小米辣、酥黄豆、酥花生米以及香菜等，最重要的是可以选择辣椒制品的种类，糊辣椒面、油辣椒、烧青椒、糟辣椒等的混用不在少数，常常上演"三个辣椒一个菜"才配贵州菜的贵州辣椒蘸水风格。

变换并不全等于是好事，对于不爱做菜的人来说，调配蘸水是完全没有概念的，胡乱的加上所有调料，是很难会好吃的，除了浪费，就是混合得一塌糊涂，表面上来说，不断尝试差异化更能体现个性化，但从专业角度来说，理应出现凯里酸汤鱼企业内那种蘸水模式，既有标准的糊辣烧椒木姜蘸水，也可以自行添加腐乳、水豆豉提香、增稠调味料。

就此对饺子馆、酸汤鱼店顾客就辣椒蘸水选用观察中，在对一个烹饪班学生就统一蘸水自身感受和专业取向中，分别得出几组数据。

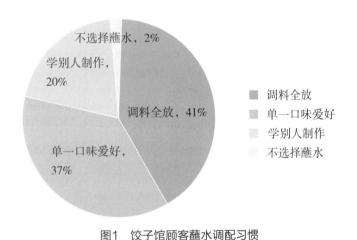

图1　饺子馆顾客蘸水调配习惯

（1）现场观察结果和数据分析显示，没有标准、没有配方，饺子馆调料浪费严重，顾客虽然具有较强的自主性，但表现出的表情并不好，有必要统一蘸水，或在统一蘸水基础上备料由顾客添加，达到差异化、个性化的要求。

（2）酸汤鱼店蘸水做法比较人性化，得到大多数人的认可，值得推广，有益借鉴，如果能推广几个口味，并加以说明更佳。

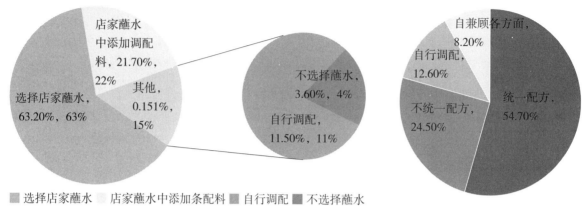

图2　酸汤鱼店蘸水选择　　　　　　　图3　烹饪学生认为统一蘸水必要性

（3）学生虽然以老师的引导有着很大的关系，但在无任何提示下做出的选择，对蘸水的见解和要求符合逻辑，有益研究。

4.1.2　贵州辣椒蘸水的生产与销售

除了可以直接作为蘸水使用的糟辣椒、辣椒酱和以老干妈为代表的企业生产的油辣椒系列几款辣椒制品外，目前无一厂家独立生产与销售贵州辣椒蘸水，就这几款辣椒制品在做蘸水时，大多也需要添加香葱、香菜等辅助配料。

4.1.3　民间与工厂加工与销售贵州辣椒蘸水

有着老干妈早期开餐厅时辣椒和蘸水制作得当，受顾客欢迎并要求打包的经历，经过30年的发展，出现不少菜市场辣椒摊点利用所在区域和自己的技术优势，开设有不少类似于当年老干妈状态的辣椒蘸水销售。

多数豆腐、豆花加工店则根据周边居民口味，调制单独豆花蘸水，配合豆腐、豆花的销售和略高价格销售蘸水。

餐饮店外卖必带辣椒蘸水，卤菜摊、饺子馆等外卖通常将辣椒蘸水分成干品、鲜品和汤品调料分装打包，顾客回家混合后调制食用。

民间加工与销售辣椒蘸水，多为制作者的嗜好，未作任何检测分析和科学配比，也未对顾客提出正式的建议和要求，难成气候。

据多方面调查，目前尚未出现直接加工与销售的贵州辣椒蘸水。

不过已有贵州雅园餐饮投资集团公司旗下新大新豆米火锅已与重庆某餐饮调料定制公司共同开发研究，调制出了适宜于新大新豆米火锅的煳辣椒面蘸水，并经过检测和实践，质量稳定、口味统一。贵州财富黔菜投资集团旗下赖师傅贵州菜馆、毛辣角酸汤鱼两家品牌数十家店也与重庆聚慧食品公司协定酸汤鱼等部分菜品的贵州辣椒蘸水研发和定制。

据可靠消息，两家企业和合作公司暂无全面放开贵州辣椒蘸水的大量生产。在与贵阳乡下妹食品有限公司老总和技术人员的一次专题座谈中，公司坚称已经在销售蘸水系列调料，也正在研发不用配兑就直接使用的贵州系列蘸水，凭借公司的销售平台进行全方位推广到餐饮企业和家庭使用。

4.2 贵州辣椒蘸水的发展现状与产业化发展推进中的问题

贵州辣椒蘸水具有悠久的历史和与人民生活息息相关、餐饮行业与食品生产行业产业化诸多关联，然而一直处于初级阶段，无法产业化发展，主要有以下障碍与问题。

4.2.1 贵州辣椒蘸水的发展现状

从某种意义上来说，极具独特风味的贵州辣椒蘸水，目前尚无涉及到产化发展的高度，但是消费市场又急缺贵州辣椒蘸水的产业化服务。

（1）没有切实可行的标准　长期的生活习惯导致制作贵州辣椒蘸水时随意添加原料调料适应口味，餐饮企业也因师带徒模式的"各师各教"，外来厨师在适应本地风味与原有口味、生活、工作的习惯等因素，一直处于较为特别的"差异化特色"。学院派人数较少，一时难以将理论与实践结合，尤其是实践中的理论依据并未及时梳理出来和宣扬出去，说直接点是没有真正意义上的科学依据和标准化。

从1981年开始出版《黔味菜谱》至今，约有30余个正式的黔菜出版物面市，就全国而言，品种太少，而对贵州辣椒蘸水的阐述就更少，只有少量专题文章发表在报纸杂志和出版物中，2016年、2017年最新出版的《贵州风味家常菜》《贵州江湖菜》里有专门的贵州辣椒蘸水篇章，供业内参考，同样未正式建立标准。

"没有规矩，不成方圆"，没有标准，就难以形成真正的风味体系，再优秀的风味风格也难以量化和量产。即使工厂要量产，也难以让人信服和接受，不过真正上市的、处于辣椒蘸水初级阶段辣椒酱系列市场接受度极高，稍微熟悉贵州辣椒蘸水风格的厨师或家庭，简单添加香辅料，就可以成为相应特色的辣椒蘸水。因此，亟须解决贵州辣椒蘸水标准问题。

（2）产业化、集群式产业化　微观经济的细胞与宏观经济的单位之间的一个集合概念"产业"，逐步发展为"产业化"，具有某种同一属性的企业或组织的集合，是标准划分的部分的总和。产业化是指某种产业在市场经济条件下，以行业需求为导向，以实现效益为目标，依靠专业服务和质量管理，形成的系列化和品牌化的经营方式和组织形式。

贵州辣椒蘸水已经在贵州人民日常生活需求和黔菜产业化发展独立形成产业，在消费观念转变和特色农产品电子商务线上线下交易当下，急需规范贵州辣椒蘸水产业化，实现市场需求和凸显黔菜特色风味，为人民生活服务。

在实现贵州辣椒蘸水标准化后，从纸媒到网络，再到大数据，对贵州辣椒蘸水风味体系，让消费者切实认识到贵州辣椒蘸水的特色和重要性，培育消费市场的形成；再通过食品加工与安全的研发和实践，将贵州辣椒蘸水工业化生产，实现社会价值与经济价值结合，利用多渠道的传统与现代商业模式，从专业技术到销售，完全形成产业链，将其品牌化、产业化发展。迄今为止，即使有诸多探索，但并未真正的开始着手贵州辣椒蘸水的深度研发与实践中来。

4.2.2 贵州辣椒蘸水产业化发展推进中的问题

产业与产业化发展中，需要在产业链上深挖和处理好各个环节中细节，切实落实从原材料选择、加工工艺，生产过程和市场销售，品牌打造与维护等细细规范与筹划。

（1）原材料的稳定　众所周知，辣椒品种繁多，且受地理环境与种植过程等诸多因素的影响，产品区域性极强，因此有特色辣椒之分，仅贵州名椒就数十种之多，其辣度、香味、口感等风味特色早已总结，黔菜制作中，早已对特色菜品的辣椒和辣椒蘸水原料进行描述，尤其是风味小吃系列对辣椒的选择更是总结出辣椒混合的比例等详尽资料，那么辣椒选择极为重要，甚至需要从源头上进行一系列的育种、选种、种植基地、种植要求、采收要求、烘干技术要求，保藏要求和加工要求，完善原材料的统一性，都是目前的问题所在。

（2）加工、生产、包装技术与设备的开发与稳定 就辣椒制品和辣椒酱制品而言，除了传统工艺外，大多数加工生产工具与设备都只是简单的改进后使用，比如舂制糊辣椒改用电动机替代收工用杵，糟辣椒则直接用绞肉机绞碎，传统工艺铁锅批量炒制等技术，除了制作困难，量产不大之外，许多产品实际上已经失去了本身的风味特色。

要改善这一现状，需要烹饪专业、食品加工专业与机械制造专业的学者、专家和专业人士共同研发加工、生产、包装技术与设备，保持产品特色与风味的同时，又能量产、高产。

（3）制定完善可行的销售模式 在理论上需求量极大的产品，虽有市场空间，但在标准化、产业化进行同时，需要积极调研市场，制定完善的营销模式，建立无缝对接的销售渠道，从商超渠道深入民间家庭市场，从行业集群中探寻餐饮企业市场，一炮打响。

5 贵州辣椒蘸水的发展策略

贵州省有数十万家餐饮企业，国内外拥有不下百万家涉黔餐饮企业，甚至三千九百万贵州人民，或因工作、差旅在全国的贵州人的一日三餐，都离不开贵州风味的辣椒蘸水。简单说来，除了家庭和黔菜企业，还有成长在贵州境内的数以万计的北方饺子馆、湖南面馆、江西煨汤馆、沙县小吃店和各类餐饮企业，都离不开地道而适应大众的贵州辣椒蘸水品种，如果研发几款具有共性的辣椒蘸水，为他们提供既可以直接使用，也能增加新鲜小料演变成其他格调的辣椒蘸水，势必能形成一个非常大的市场和极其可观的利润空间，关键还在于能够提升黔菜的影响力和丰富人民的生活，让更多的人轻轻松松品尝到贵州辣椒蘸水的精髓。这一工程需要一个有力的产业发展战略来武装，需要具有智慧和实力的食品企业与餐饮食品专家共同完成，同时也离不开政府的重视、引导和支持。在贵州辣椒蘸水产业发展进程中，既要产业化发展，更要集群式产业化发展。

5.1 地方政府对黔菜产业发展的重视

餐饮业和食品业在数十年发展中，经历了职能管理部门的变化和交叉管理、多重管理等现象，但是一直以来较为重视，特别是改革开放后第三产业得到长足的发展，从黔菜的重视中就可以看出领导的关怀和政府的重视。

5.1.1 改革开放以来领导关怀与政府的重视

黔菜，中国第一个官方概念菜系；黔菜，被公认为中国创新菜系的新兴菜系。在省委省政府的关心下，在被誉为中国黔菜总领军的王朝文老省长和老同志们的亲自指导下，在黔菜各界人士的共同努力下，经过近三十年的研发和打造，硕果累累，前程似锦。《中国黔菜大典》编撰委员会主任王朝文2013年6月14日在贵州日报发表《黔菜三十年——进一步做强做大黔菜品牌和黔菜产业化发展》和2015年6月5日发表《让贵州味道飘香天下——写在〈中国黔菜大典〉编撰之际》文中，详细记录和分析说明了省委省政府对黔菜发展的几个阶段，总结如下：

（1）1990年6月，贵州省首届风味小吃、名点评比会，王朝文省长为其题词"弘扬烹饪文化、振兴黔菜黔点"。后来得知，这个题词居然是首次正式提出"黔菜"概念，也是全国首个官方菜系声音。为后来挖掘整理、研究开发和宣传推广中国黔菜拉开了序幕。也就是这个黔菜概念，逐步打破贵州川菜、川黔菜、黔味菜等说法。更不同于传统四大菜系八大菜系由民间自然流传而形成新菜系。

（2）时任贵州省委书记的钱运录、栗战书、石宗源、赵克志、陈敏尔，省长石秀诗、林树森和一批德高望重的老领导田纪云、姜春云、布赫、顾秀莲、周铁农、孙孚凌、赵南起、洪虎与著名经济学家于光远、登月首席科学家欧阳自远等的关怀下；中国烹饪协会胡平、姜习、张世尧、苏秋成等老会长，中国食文化研究会老会长杜子端、中国饭店协会会长韩明的指导下；省委副书记曹洪兴，省人大常委会副主任杨序顺、副省长吴嘉甫、张群山、蒙启良、刘晓凯，老领导何仁仲、喻忠桂、王思明、程天赋、谢养惠、喻忠桂，以及时任省人民政府驻北京办事处主任马天云、省政策研究室主任王礼全、省旅游局局长杨胜明、傅迎春及九个地州市主要领导和老同志、相关局办、县乡相关部门，行业专家、大量厨师投入黔菜研究与黔菜编辑出版工作。

5.1.2 民间团体合力推进黔菜发展

（1）贵州省烹饪饭店协会　作为最早成立，推进饮食行业发展的半官方协会贵州省烹饪饭店行业会，原名贵州省烹饪协会，早期与贵州省饮食服务公司两块牌子、一套班子，由商业部门副厅级领导担任会长、公司领导作为秘书长、法人代表的行业协会，由中国烹饪协会作为上一级业务指导单位开展工作，拓展和指导市州烹饪协会作为下一级业务办理对接单位。

至今举办了三届全省烹饪大赛和一届餐饮博览会，组队参加全国烹饪大赛获得不菲成绩，出版《贵州烹饪》杂志和贵州烹饪信息，自1981年起与贵州人民出版社联合出版《黔味菜谱》《黔味荟萃》《黔味菜谱》续集、《黔菜图谱》《黔味小吃》《民族风味》等图书，举办厨师培训与鉴定，组织有贵州省烹饪技师委员会和协会技术委员会。

（2）二十一世纪以来，在王朝文老省长的关心和推进下，2003年成立的贵州美食科技文化研究中心和2004年成立的贵州省食文化研究会，在中国食文化研究会支持下，提出"明确黔菜概念，确立黔菜地位，打造黔菜品牌，开发黔菜系列"的理念，提出"振兴中国黔菜"的要求，出版《中国黔菜·理论卷》《中国黔菜·贵阳卷》《中国黔菜·遵义卷》《中国黔菜·安顺卷》《中国黔菜·六盘水卷》和《中国黔菜·毕节卷·赫章篇》，编辑《贵州美食》期刊、中国黔菜通讯、中国黔菜大典通讯和出版《中华食文化大辞典·黔菜卷》（原《中国名菜大典·贵州卷》），联合《中国烹饪》《东方美食》《四川烹饪》杂志和中国食品报、贵州日报、贵州内参等做中国黔菜专题。2013年启动升级，修典编撰《中国黔菜大典》。举办多次"中国黔菜研讨会""中国黔菜新春研讨会"，提出"依托贵州植物王国优势，打造中国黔菜特色品牌"的设想，明确提出"黔菜出山"的理念。举办"中国烹饪王国游贵州首游式暨中国国际美食文化节""中国黔菜高层论坛""中国食文化墨宝精品展""中外烹饪艺术表演""中国食文化研究会会长会议""国酒茅台杯中国首届伊尹奖中华烹饪技术创新大赛"，承办在六盘水市举办了首届中国黔菜美食文化节，中国饭店协会专门在贵阳召开黔菜研究开发表彰颁奖大会。

（3）贵州省黔菜文化研究会、贵州省餐饮商会　贵州省黔菜文化研究会由贵州省社科联主管、贵州省餐饮商会为贵州省工商联主管，均处于第一届，分别开展相关业务工作，重在黔菜文化和餐饮企业正常化发展方面做服务性工作。

（4）各市州县区烹饪饭店商协会　贵州九个市州均有烹饪协会，贵阳市还有饮食行业服务商会，全省县区大多成立了烹饪协会、厨师协会、餐饮商会、餐厨行业公会等，一直承担着当地餐饮、烹饪方面的各类美食赛事、餐饮调查、厨师调查的工作，以及挖掘、收录、出版相关美食作品的工作。

各类商协会和相关媒体都积极研发贵州辣椒蘸水的制作方法，推广贵州辣椒蘸水的传承和创新，也积极推进贵州辣椒蘸水的发展，只是因社团改革，近年来略微暂缓，相信待新的社团政策落实，将进一步得到落实。

5.1.3 恰逢其时的贵州特色农产品风行天下风向

2017年，中央一号文件明确农业需要进行供给侧改革，农产品有效需求不足；贵州结合省情，正在进行精准推进扶贫攻坚、推动贵州农产品"风行天下"，推动"黔货出山"。各单位和媒体均积极行动，全方位推进辣椒产业和黔菜产业发展，作为人力密集型的种植业和餐饮服务业，恰逢其时引来好时机，做好顶层设计，同步规划贵州辣椒蘸水产业化发展、集群产业化发展，为扶贫攻坚注入新的模式和推进发展。同时在贵州"十三五"期间，重点打造黔酒、黔茶、黔药、黔银、黔绣、黔珍、黔菜、黔艺、黔织、黔景、黔节等11个"黔系列"产业品牌，初步塑造具有贵州特色的民族文化产业品牌体系中的"黔菜""黔珍"两大品牌。

5.2 贵州辣椒蘸水的产业化推进建议

黔菜，是对贵州各地、各族风味流派总和的一个统称。黔菜，是以贵州本土特色资源为原料，用原生性工艺基础上的创新技法烹制，具有"辣、酸、鲜、野"地方风味和民族特色的贵州菜。具有独特地方风味和民族特色的黔菜，是在贵州少数民族创造的特殊烹饪工艺的基础上，又在不断吸收中原及毗邻省区优良的烹调技艺的过程中逐步形成的，黔菜独特的地方风味、民族风味，主要体现为原生态的品种、无污染及不可替代的原料和原生性的工艺；既有鲜明的地域、民族个性，又有普及性和适应性，具有辣、酸、鲜、野的风格特色，并以其精湛的烹调工艺、丰富的菜品菜式、美观的组合格局、独特的地方风味著称。

从以老干妈为龙头的辣椒酱企业推出的上百种各类产品，可以让企业和家庭简单而快捷的配制贵州辣椒蘸水，虽然不够标准，但恰好形成了更为广泛的风格，只要经过专业人士的研发、专门工厂的生产或专业书刊媒体的推广，将典型的贵州辣椒蘸水传播出来，将如老干妈辣椒酱一样，快速形成产业，尤其是辣椒酱企业增加辣椒蘸水产品，会一举成功，事半功倍。

5.2.1 成立贵州辣椒蘸水产学研基地

贵州大学相继成立了白酒与食品工业学院、茶学院，结合之前已经开办的食品科学学院、农学院等，可在贵州大学相关部门成立黔菜研究院、时机成熟时可成立黔菜学院，研究院或学院可独立设置贵州辣椒蘸水研究中心，聚集相关学院人力资源开展贵州辣椒蘸水产业发展规划，形成产学研一体化的基地。

除了极具优势的贵州大学，已成立烹饪专业的贵州轻工职业技术学院已经开设烹饪专业，结合轻工化工系、机电工程系等相关专业专家、教师队伍，结合合作企业，在正在筹建的黔菜研究院下设贵州辣椒蘸水研究中心，全面规划贵州辣椒蘸水的相关事项，并在人才培养中，全面进行贵州辣椒蘸水产业的教学和培养一批可以在贵州辣椒蘸水产业化发展中探索和发展的人才。

除了高校，还有农科院辣椒研究所、调味品协会等都有相关专家和专业人士可以服务于贵州辣椒蘸水，要真正做好产学研一体化，直接成立省政府黔菜产业办公室，结合商务厅、农业厅和工商联等部门，从贵州辣椒蘸水入手，做强做大黔菜和贵州特色农产品风行天下、"黔货出山"，从产业链上做足文章，为精准扶贫夯实基础。

5.2.2 推进生产和加工贵州辣椒蘸水产品品牌化产业化发展

根据研究成果，结合已生产销售辣椒酱和立志于发展贵州辣椒蘸水产业的企业，分步研发执行诸如素辣椒蘸水、油辣椒蘸水、辣椒酱蘸水等品种，采用科学、合理、优质、可控成本下的生产、包装模式，逐步推出独具风味特色的贵州风味辣椒蘸水，虽有干湿分包，不同质地原料采用不同方法加工方法、杀菌模式和包装要求，成品食用前混制，尤其是汤料调配等诸多问题，但经研究，一定可以找到最佳的方法解决实际问题，攻坚难关，克服困难，做到美味又健康的贵州辣椒蘸水产品。

做好贵州辣椒蘸水产业，推进黔菜发展，遍地开花固然是好，但是贵州辣椒蘸水和黔菜要出山，求大求全只会浪费时间，甚至会间断性的停滞。要解决这一问题，就要打破前二十年的工作思路，必须创建、推广和塑造贵州辣椒蘸水名牌、黔菜品牌，这一系统性工作有鉴可借的，是完全可行的。不妨回过头来看看贵州食品工业的品牌成功之路，也就是领导与专家常提出的"茅台的黔菜伴侣是什么？""老干妈的黔菜伴侣是什么？"等问题，就从此处下手较为合适。

茅台酒这一贵州知名品牌，带动了贵州乃至中国的酒产业，老干妈辣椒的国际市场也不仅仅是贵州辣椒食品产业受益。那么，为何不能塑造一个或几个名牌、几个品种的知名辣椒蘸水品牌呢？就天时地利人和而言，恰逢其时，在黔菜学院、黔菜教材的准备工作期间，集大众力量，用三到五年时间，塑造一个或者三五个实体与贵州辣椒蘸水产业相结合的品牌，带动已有的黔菜馆和贵州食品企业跟进，有何不可？又何乐而不为？

再回看茅台酒、老干妈两家企业的产品，他们也并不是包罗万象，样样精通，他们也完全是靠他们的一款产品为主。贵州辣椒蘸水、黔菜也应该如此，黔菜馆里的菜品，顾客多数人只能记住一款，多则三五款，何不一个企业重点推出主打产品而为之？辅以其他品种，再用些力量另辟蹊径，走黔菜之贵州辣椒蘸水等食品产业化发展之路，开发相应的食品，用食品反过来促进餐饮的发展。开发宫保"万能调料"满足全世界餐饮企业烹调宫保鸡、宫保系列菜，做贵州"酸三品"让全球来黔旅游者将贵州酸食带回家与亲友共享，"黔糯集萃""苦荞荟萃"等人类忘记不了中国贵州的那点小蘸水、小食品……

5.2.3 建立贵州辣椒蘸水销售渠道和产业联盟

黔菜尤其是贵州辣椒蘸水因为家常而闻名，但又因辣椒加工品过于独特，大多手工加工才能完全保存其风味特点，导致贵州辣椒蘸水贵州人食用和前来贵州时品味地方特色者居多，相对于诸多贵州老干妈牌油辣椒、豆豉辣椒以佐饭、蘸馒头为主的使用方式，四川富顺美乐牌豆花蘸水的普及率要小一些，但是以香料著称的云南单山蘸水都能普及。贵州诸多辣椒蘸水是可以做成标准化、产业化产品的，而且正值《中国黔菜大典》出版发行，北京黔菜协会成立、《中国烹饪》杂志连续三年刊登黔菜辣道、酸道、香道专栏等大好时机，从宣传上造势，并与诸多类似产品对比，完全原生态、健康绿色有风味凸显的贵州辣椒蘸水只要做好规划与策划，筹划一系列的营销网络和营运实施方案，定能一炮走红，杀出一匹黑马来。

建立一套以大数据、电商和商超渠道、餐饮专业供应商联盟等渠道的综合销售模式，并借助贵州辣椒产品、辣椒酱产品已成熟的销售渠道，在全省上下齐心推进贵州特色农产品风行天下、"黔货出山""黔菜出山"的好形势下，将贵州辣椒蘸水作为新产品形成新的资助推广，有利于相关产业的发展，形成新的产品支柱，做到社会效益、经济效益双丰收。

5.3 贵州辣椒蘸水发展策略的建议

贵州辣椒蘸水一直处于手工式、作坊式加工和少量的、简易的销售模式，自然有它需要现场调制的局限性，需要如同面馆面条和调味发展成为方便面一般深入研究，利用现代科技技术，不难对产品进行研发和推广，重点在全面的规划和战略。

5.3.1 从原料到加工着手研发，保障产品质量

决定产品标准化、品牌化的重要因素是原材料的品质和稳定性，以及加工过程的高质量和生产成本，保障各个环节的利益，从而稳定持续发展。

（1）培育新的辣椒品种，丰富辣椒调味品和保障贵州辣椒蘸水品质　黔菜和贵州辣椒蘸水引以为自豪的莫过于品种繁多、绿色生态、风味独特的贵州辣椒，分别具有色红、香味、辣度和口感分别凸显优势的品种如遵义辣椒、花溪辣椒、大方和独山皱皮辣椒等特色品种。但近年来品种研发更新慢，导致品质和特色单一、品质不稳定和生产成本居高不下等原因，导致成本较高的同时，无法保障种植户的实际收入和致富心理。

虽有农科院辣椒研究所和相关科研院校或机构的不断研发和推广，但仍然保障不了个头大小一致，辣椒籽过多，潮湿气候和生态种植病虫害多，成熟时间间隔期长、不断增加采收人力物力资源等因素，被完全不能与贵州辣椒种植品质媲美的北方辣椒冲击市场，究其原因在北方辣椒品种改良快速，生长和成熟时间快而短，并采用机械化一次性采收等原因，以价差冲击市场。又因为辣椒种植研究未与辣椒使用的厨师与工厂对接，"闭门造车"型为种植服务，导致辣椒难以满足餐饮与食品加工需求。造成辣椒种培育、辣椒种植与辣椒使用不相匹配，直接影响好产品没有好用途，餐饮和食品加工方面只能多种辣椒产品混用等繁复并不稳定的运用，严重影响风味特色的形成和标准化生产。

如果产学研结合，加强育种、种植与使用人群或专家进行联合开发，从培育品种到种植，再到使用一体化，大大减少中间环节误差，培育出适合贵州辣椒蘸水和整个餐饮业所需色红稳定、香辣突出、辣度合理、肉质肥厚、肉籽协调、多糖足量稳定成品浓稠等方面的产品，将大大提高产品价值和附加值，并形成产业链上的生态发展，保障产业链上利益，形成贵州辣椒的品牌价值。对贵州辣椒、贵州辣椒蘸水等系列黔珍、黔菜品牌的快速化发展起着至关重要的积极作用。

（2）加工方法与设备研发，推进贵州辣椒蘸水工业化进程　在传统工艺基础上，采用现代化工艺，研发适宜即保留风味特色，又能达到高效产能的现代化生产工艺设备，是贵州辣椒蘸水工业化、品牌化和产业化发展的助推手。

虽然贵州辣椒制品风味多取决于传统工艺的制作方法形成，但以电动产能代替手工业生产加工是必然的过程，传统工艺豆腐制作可以进化到电动机带动传统石磨运转，电动磨浆机也可以在磨盘上选择优质石材替代，那么同理可以用电动机带动辣椒制品的加工，贵州辣椒蘸水配料调料的制作，配合现代各种烘干、冻干等食品加工工艺，再运用现代杀菌包装方法，研制、定制一批适合于贵州辣椒蘸水生产加

工的设备机械，是当前并不困难的工作，重点同样需要产学研一体化。

5.3.2 培养科研人员与生产技工，保障产业发展

发表在中国食品报和贵州日报的《整合资源培养人才推进黔菜出山》一文，提及到餐饮企业的竞争，核心在人才。黔菜的发展，离不开优秀餐饮人才的科学培养。诚然，要建成一支黔菜研发队伍，进行黔菜研发，实现黔菜产业化发展，是全社会的大事。要将有关方面的专家、学者以及学生、工人、大众百姓等热爱黔菜和贵州辣椒蘸水的人士组织起来，在大学、中高职院校开设黔菜烹饪专业、贵州食品加工专业和相关产业链上的专业，尤其是综合性重点大学贵州大学已经有贵州辣椒蘸水产业链上各相关专业，培养科研人员；贵州轻工职业技术学院也能从职业教育角度培养产业链上的高级技工。时机成熟时还可以成立中国黔菜研究院，研究黔菜产业、贵州辣椒蘸水产业化发展，并逐步增加专业方向，组成烹饪系，再联合旅游服务、酒店管理等系部，组织成黔菜系或黔菜学院，择时扩大学习内容和优化专业，完善为黔菜文化学院；学院不仅要搞学历教育，更要及时的推出企业急需的黔菜高层次人才提高班的短期培训、函授学习等工作，甚至全面指导和参与下岗工人再就业与农村富余劳动力专业培训工作，刻不容缓。只有教育平台搭好了，贵州特色农产品风行天下、黔货出山、黔菜出山才有希望。

也只有这样的教育和持久的培养，才能将黔菜和贵州辣椒蘸水研发工作广泛地开展起来，有必要时还要建立专门的研究机构和行业协会，从黔菜和贵州辣椒蘸水相关的自然生态、特色资源、营养科学、科技含量、历史文化、民族风俗、人文精神和原料组合、工艺流程，技法特征、成菜机理、味型特点以及饮食文化、餐饮经济、市场营销、企业文化、人员培训等多方面进行科学、系统的研究、论证和教育，人才方可一代一代的延续下去；黔菜研发和贵州辣椒蘸水市场所需的管理与服务工作人员才能得到保障，贵州旅游、贵州食品乃至整个社会经济发展才能平稳的过渡与进步，说大一点，才能共同同步建成小康社会。

5.3.3 开发贵州辣椒蘸水教材与黔菜书刊出版，保障产业持续发展

虽然早在1981年，饮食服务公司就在新中国成立前安顺厨师李兰亭手稿《黔味菜谱》基础上，编辑出版了《黔味菜谱》，并逐步出版《黔味荟萃》《黔味菜谱续集》《吃在贵州》《黔菜图谱》《民族风味》《贵州小吃》《美食贵州》和《中国黔菜·理论卷》《贵州美食》杂志、《中华食文化大辞典·黔菜卷》《中国黔菜大典》等工具书、贵州初中学生劳动技能教材《烹饪技术》等书刊，但较全国而言，不仅品种和门类较少，更没有标准的黔菜教材，贵州辣椒蘸水的介绍就更是鲜为少见，是不适应当今社会发展需求的，必须以中国黔菜研究院、黔菜学院与相关科研机构为基础，联合黔菜研究的相关机构和有志之士，深入研讨和论证，尽快形成以《贵州辣椒蘸水》教材，并以此为代表的一套完整的黔菜理论和实践教材，并采用报刊《黔菜》的形式、黔菜报等形式实时优化和深化，让黔菜规范且与时俱进，满足学院发展需要，更要指导、引导制定黔菜长期发展战略规划。

6 结论

众所周知，餐饮是关联最为广阔的产业，与各行各业均紧密的链接在一起，能将餐饮产业链连接好，前途不可限量，也将成为地区经济社会发展与稳定的大好前途。在研究中，曾经有一出版家在评论《整合资源培养人才推进黔菜出山》一文时说的"要有前瞻性的市场判断力，眼下虽然需求不旺，但熬

过黎明前的黑暗前景光明的话，你的产业将成为权威热门。但更多时候，二者常陷入恶性循环。市场的培育很艰难，对于这一点，仅凭个别协会的微弱话语权，在短短的几年里很难实现"。故还建议要有核心的精英坚持，要有持续的研究成果；要去做得好的地方考察"取经"，深入对比剖析；更要政府出台整体方案，这点虽然最虚，但恰恰最有力，比如韩国政府挖空心思包装韩国泡菜，就是很好的例子，推广了韩国文化，再影视作品、机场等等随处可见这些软广告。

在贵州辣椒蘸水的现状调查后发现，只有通过打通全产业链，采取产学院一体化的全面规划和筹划，从贵州辣椒蘸水最重要的食材辣椒着手，从育种、种植、加工等研发开始，延伸产品研发、品牌建设、销售渠道建立，再到人才培养、技术持续化延伸与记录推广，方可形成一体化的全面的规划，走产业链发展之路；产学研协力共进，推动产业化、集群产业化的发展。

总之，一步一步的脚踏实地的干下去，推动贵州辣椒蘸水品牌化、产业化、集群产业化发展与贵州农产品风行天下、"黔货出山""黔菜出山"相互促进发展。尤其是与贵州旅游、贵州食品一道，成为贵州的支柱产业，服务贵州经济社会发展，为同步建成小康社会是具有极大现实意义的。

参考文献

[1] 汤庆莉, 吴天祥. 贵州省苗族发酵型酸汤中特征性成分的初步研究[J]. 食品工业科技, 2005,(9):165-166.

[2] 吴天祥, 田志强. 品鉴贵州白酒[M]. 北京: 北京理工大学出版社, 2014.

[3] 陈小林, 吴茂钊主编. 手工美食DIY[M]. 重庆: 重庆出版社, 2008.

[4] 白露露, 胡文忠, 姜爱丽, 刘程惠, 刘易伟. 辣椒加工工艺及其设备的应用现状《食品工业科技》, 2014, 35(15).

[5] 郭国雄, 张绍刚, 龙明树. 贵州省辣椒产业现状及发展对策.《长江蔬菜》, 2008(1):3-5.

[6] 胡明文. 贵州辣椒产业现状与发展策略[J].《贵州农业科》, 2005(s1):98-100

[7] 洪维, 吴茂钊等. 贵州江湖菜[M]. 重庆: 重庆出版社, 2004.

[8] 江梅娟. 黔菜无辣不成菜 蘸水是必备[J]. 中国烹饪, 2013.(9):36-40.

[9] 蒋梅. 黔菜因蘸水而美[N]. 中国食品报, 2013-12-08(002).

[10] 赖卫. 贵州辣椒产业发展的现状、问题与对策思考. 全国辣椒产业大会暨北票市辣椒产销经贸洽谈会专集, 2008:8-10.

[11] 李义波. 一种辣椒蘸水及其制作方法.CN, 2012.

[12] 李琼梅, 李逢发. 一种蘸水调味料.

[13] 李亭钢, 李再新. 一种凉菜调料及其制作方法: 中国, 201310416898.6.2013-12-18.

[14] 刘洋, 龙应霞. 辣椒研究现状及发展策略.《黔南民族师范学院学报》, 2009.29(3):39-43.

[15] 彭诗云. 贵州省名优辣椒产业化经营现状与持续发展战略.《耕作与栽培》, 2001(6):53-53.

[16] 戎军. 贵州辣椒产业的发展战略研究. 贵州大学, 2005.

[17] 童斌斌. 如何配制贵州辣椒蘸水.《餐饮世界》, 2004(9S):88-88.

[18] 涂祥敏, 杨红, 韩世玉. 贵州辣椒产业的优势、问题及发展对策.《湖南农业科学》, 2008(5):121-123.

[19] 沈瑾, 赵毅, 蔡学斌. 贵州辣椒资源利用及加工产业发展策略.《农业工程技术: 农产品加工》, 2007(12):48-53.

[20] 吴茂钊. 贵州民族菜概述[J]. 扬州大学烹饪学报, 2003,(2):37-39.

[21] 吴茂钊. 贵州的辣椒蘸水[J]. 四川烹饪, 2003,(9):12-13.

[22] 吴茂钊. 美食贵州[C]. 贵阳: 贵州人民出版社, 2004.

[23] 吴茂钊, 陈小林. 火锅菜[M]. 重庆: 重庆出版社, 2006.

[24] 吴茂钊. 贵州辣椒蘸水的制作方法[J]. 辣椒杂志, 2007, 01:29-31.

[25] 吴茂钊. 贵州农家乐菜谱[M]. 贵阳: 贵州人民出版社, 2008.

[26] 吴茂钊. 贵州酱食的历史与未来[J]. 饮食文化研究, 2008,(4):87-91.

[27] 吴茂钊. 千滋百味贵州菜[J]. 烹调知识, 2010,(12):50-55.

[28] 吴茂钊. 黔辣是一坛突然打碎的陈年老酒[N]. 中国食品报, 2012.07.24(002).

[29] 吴茂钊. 贵州的辣椒蘸水[J]. 四川烹饪, 2013(1):22-27

[30] 吴茂钊. 贵州辣椒蘸水风味长[J]. 中国烹饪, 2015,(1):80-81.

[31] 吴茂钊. 续说贵州经典辣椒蘸水[J]. 中国烹饪, 2015,(3):78-79.

[32] 吴茂钊. 黔菜的辣道(1-8)[J]. 中国烹饪, 2015,(5-12):78-79.

[33] 吴茂钊. 贵州辣椒蘸水的现状调查与发展战略[R]. 北京: 中国轻工业出版社, 2017.

[34] 吴茂钊. 黔之味, 跟着大厨吃贵州[M]. 台北: 赛尚图文有限公司, 2016.

[35] 吴茂钊. 贵州风味家常菜[M]. 青岛: 青岛出版社, 2016.

[36] 吴茂钊. 贵州江湖菜(新版)[M]. 重庆: 重庆出版社, 2017.

[37] 王永平, 张绍刚, 张婧, 何嘉. 做大做强贵州辣椒产业的对策思考. 贵州农业科学 [J], 2009, 37(7):129-133.

[38] 王华书. 贵州辣椒产业链的发展现状及对策探讨. 贵州农业科学, 2011, 39(6):193-196.

[39] 汪智慧. 贵州香辣酱的生产工艺[J]. 中国调味品, 2000(1):23-23.

[40] 杨金花. 浅述贵州辣椒制品的加工与利用. 农技服务, 2007, 24(2):107-108.

[41] 尹敏, 陈应富, 乔兴, 姜婷婷. 糍粑辣椒制作辣椒油的影响因素及特色研究. 中国调味品, 2010, 35(8):62-65.

[42] 袁修美. 贵州的八种食辣法. 餐饮世界, 2010(12):66.

从"武定壮鸡"看滇味特品的标准
及其消费诱惑

朱和双　刘祖鑫

（楚雄师范学院 学报编辑部，云南　楚雄　675000）

摘　要： 晚清民国时期，以昆明城为中心在改造各地美食的基础上最终形成的滇味特品（诸如过桥米线、汽锅鸡和凉鸡等）不仅要取决于特殊的烹饪技艺，还应该归功于滇产食材的举世无双，让著名散文家汪曾祺念念不忘的"武定壮鸡"（尤其是骟母鸡）就是其中最具有代表性的绝唱。换句话说，源自滇南的民间饮食流传到昆明与滇中北部特有的"壮鸡"相遇，这对提升滇味的整体优势产生了重要影响。在模仿"江南味道"和四川菜的基础上，凭借着传统的"食贵生"、"食贵盐蒜"，滇味迎来了她自己的黄金时代。

关键词： 武定壮鸡；滇味特品；整体优势；美食证据；消费诱惑

引言

　　1987年4月30日，著名散文家汪曾祺（1920—1997，江苏高邮人。1939年进入国立西南联合大学就读，至1946年离开昆明）撰《建文帝的下落》（收入《蒲桥集》，北京：作家出版社，1989年）说："武定出壮鸡。我原来以为壮鸡就是一〔般〕肥壮的鸡。不是的。所谓'壮鸡'，是把母鸡骟了，长大了，样子就有点像公鸡，味道特别鲜嫩。只有武定人会动这种手术。我只知道公鸡可骟，不知母鸡亦可骟也！"稍后（即1993年1月13日），汪曾祺还写过一篇《昆明的吃食》（原载《随笔》1993年第3期）说："过桥米线、汽锅鸡，这似乎是昆明菜的代表作，但是〔已〕今不如昔了。原来卖过桥米线最有名的一家，在正义路近文庙街拐角处，一个牌楼的西边。……这一家所以有名，一是汤好。汤面一层鸡油，……专营汽锅鸡的店铺在正义路近金碧路处。……中国人吃鸡之法有多种，其最著者有广州盐焗鸡、常熟叫花鸡，而我以为应数昆明汽锅鸡为第一。汽锅鸡的好处在哪里？曰：最存鸡之本味。汽锅鸡须少放几片宣威火腿，一小块三七，则鸡味越'发'。……为什么现在的汽锅鸡和过桥米线不如从前了？〔因为〕从前用的鸡不是一般的鸡，是'武定壮鸡'。'壮'不只是肥壮而已，这是经过一种特殊的技术处理的鸡。据说是把母鸡骟了。我只听说过公鸡有骟了的，没有听说母鸡也能骟。母鸡骟了，就使劲长肉，'壮'了。这种手术只有武定人会做。武定现在会做的人也不多了，如不注意保存，可能会失传的。我对母鸡

作者简介： 朱和双（1976—　　），男，云南保山人，历史学硕士，法学（民族学）博士，楚雄师范学院学报编辑部副研究员，主要从事历史人类学、概念史与滇省汉籍的整理研究。

　　刘祖鑫（1963—　　），男，云南禄丰人，楚雄师范学院学报编辑部主任、编审，主要从事金沙江民族走廊与楚雄地域文化的调查研究。

能骗，始终有点将信将疑。不过武定鸡确实很好。前年在昆明，佤佤族女作家董秀英的爱人，特意买到一只武定壮鸡，做出汽锅鸡来，跟我五十年前在昆明吃的还是一样"。[1]时隔近半个世纪的光阴，汪曾祺仍能对他吃过的"武定壮鸡"念念不忘，说明滇味特品[2]的消费诱惑确实难以抵挡。

1 "武定壮鸡"的概念溯源

新中国建立以后，就像是善意地将"夷族"改作"彝族"那样，"武定壮鸡"的说法应运而生，并最大限度地取代了晚清民国时期通行的"线鸡"、"阉鸡"和"骟鸡"，应该是嫌这些约定俗成的说法不够"文雅"。其实，这些概念早在宋元时期就已相当流行。宋戴复古撰《石屏诗集》（清乾隆四十七年文渊阁四库全书本）卷第二《五言律》之《常宁县访许介之途中即景》有"区别邻家鸭，群分各线鸡"句。宋周去非撰《岭外代答》（清乾隆四十七年文渊阁四库全书本）卷六《器用门·笔》说："广西多阉鸡，羽毛甚泽。人取其颈毛，丝而聚之，以为笔，全类兔毛，一枝值四五钱。"宋周守忠纂集《养生类纂》（明成化十年谢颍校刻本）卷第十五《羽禽部·鸡》引《琐碎录》说："阉鸡善啼〔者〕，鸡〔肉有〕毒。"贾铭（字文鼎，自号"华山老人"，浙江海宁人。据说历经了南宋、元代至明初，享年106岁。生前好饮食养生，甚有心得）撰《饮食须知》（江西省图书馆藏清学海类编本）卷七《禽类·鸡肉》说："……阉鸡能啼者，并有毒，食之害人。"李时珍撰《本草纲目》照搬此说。按：阉鸡善啼者，民间俗称"阉假"，指公鸡的睾丸没有被摘除干净。滇省的骟母鸡育肥壮后会发出一、二声短小如"咕！咕"的啼叫声，卵巢未摘除干净的骟母鸡还会产下小蛋。

表1 武定县属环州乡土司李自孔及其土署头目苛派所辖夷村情况表（以鸡为例）

村名	夷民户数	按年杂派项		本年因讼敲磕项
		该土司李自孔之苛派	该土署头目之苛派	
哈莫下村	二十余户	公母鸡三十二只	管夫鸡二只	
骂拉左村	八户	公鸡二只	小鸡十二只、管鸡谷二斗	
扯米曲村	六户	善（骟）鸡二只、小鸡十二只	公鸡二只、上马鸡一只、青草鸡一只	
阿卓卧村	十余户	大小鸡十八只	上马鸡一只、青草鸡一只、管鸡谷一斗	
阿各卧村	十余户	大小鸡十只	鸡一只	
法不典村	十余户	大小鸡二十五只	公鸡共六只、管鸡谷一斗	
典莫村	十余户	大小鸡十七只	青草鸡一只	
崩必里村	十余户	大小鸡十二只		
乍赊村	八户	大小鸡十四只	鸡一只	
他古村	十余户	大小鸡十四只		
其立古村	十余户	大小鸡二十三只	大公鸡一只	
千则古村	十余户	大小鸡二十四只	上马鸡一只、管马鸡一只、青草鸡一只	吃用鸡二十二只
糯古村	三十余户		鸡一只	
德怕村	十余户	大小鸡三十只	公鸡一只	鸡八只
阿绿遮村	四户	年索折鸡钱八百文		

续表

村名	夷民户数	按年杂派项		本年因讼敲磕项
		该土司李自孔之苛派	该土署头目之苛派	
木赊固村	十余户	大小鸡十七只	公鸡一只	
安姑村	廿余户	善（骟）鸡五只		
千堂达禄村	十余户	大小鸡二十只	鸡酒一付	
旧卡村	八户	年派大小鸡十一只		
北海村	十余户	公鸡三只		
沙吐密村	十余户		青草鸡一只	
咨□村	二十余户	大小鸡一百四十只		
大雪坡村	三十余户	大小鸡卅六只	青草鸡一只	
小雪坡村	十余户	大小鸡十八只	青草、上马鸡酒各一付	
木咨老村	六户	公鸡二只		
和尚村	八户	年索公鸡四只	上马、青草鸡酒各一付	
普占村	七户	草鸡十六只	各头目公鸡四只	
达卧村	十余户	折鸡牌酒谷二石八斗八升		
法他村	十余户	鸡一只		
问可见村	二十余户	公鸡七只	小鸡十六只	
水口村	十余户	鸡蛋一百个		
木立古村	十余户	大小鸡二十二只		
黑姑村	十余户		大小鸡十三只	
禾罗别村	五户	大小鸡六只	公鸡一只	
面乾村	十余户	鸡十六只	公鸡二只	
罗海古村	七户	母鸡二只	公鸡二只	
米里谷村				杀鸡三只
他贞村	六十余户			吃用鸡十只

据《大元大一统志》（辽阳金毓黻、沈阳安文溥同辑本）说："武定路领州二，州领四县。和曲州领县二：南甸县、元谋县；禄劝州领县二：易笼县、石旧县。……四维千里，削壁悬岩，水甘草茂，最宜畜牧。"著名的《马可波罗行纪》（冯承钧译，北京：商务印书馆，2012年，第259页）说：渡此河后，立即进入哈剌章（Carajan）州。州甚大，境内致有七国，……从前述之河首途，西（南）向行五日，见有环墙之城村甚众，是一出产良马之地；人民以畜牧耕种为生，自有其语言，颇难解。行此五日毕，抵一主城，是为国都，名称押赤（Jacin）。按："此河"、"前述之河"就是金沙江；而"押赤"就是昆明城。毋庸置疑，按照当时的交通路线，从元谋的姜驿渡过金沙江到达昆明城的这片广阔区域恰好就是武定路，其居民以畜牧耕种为生（耕种者即傣族先民）。明李贤等修纂《大明一统志》（明天顺五年内府刻本）卷之八十七《云南布政司·武定军民府》说："四维削壁（《元志》四维千里，削壁悬岩，水甘草茂，最宜畜牧），东颓绖，西姚哀。……男女混杂（《郡志》男女好浴，混杂不为耻）。"这些"好

浴"的族群应该就是今天仍分布在金沙江河谷地带的傣族先民,他们将鸡称作"该",是最早驯化野生原鸡的世居族群,禄劝县残存的少量"直鸡"应该就是他们保留下来的优良种鸡(参见图3)。康熙《武定府志》、光绪《武定直隶州志》都有"物产·羽之属"提到过鸡,但缺乏具体描述。刘盛堂(云南会泽人)编《云南地志》(北京中国国家图书馆藏清光绪三十四年石印本)卷上《物产三·动物》说:"家禽,如东川、武定、澄江之鸡鸭,亦供省用。"按:澄江府以产鸭闻,则昆明食用的鸡肉主要源自云南北部的东川府(辖今东川区、会泽县和巧家县)、武定直隶州(辖今武定县、元谋县和禄劝县)两地,这是外部世界对"武定鸡"留下的最初记载。云南省档案馆藏《民国时期云南省内务司档案》有《武定环洲乡村民请愿书》(1913年8月)说:"无论何村,养有良畜,随其所取。"还有《环洲乡土司苛磕乡民等清折》(收入《民初武定环州乡民备受土司苛派档案》,载《云南档案史料》1989年第3期)很好地反映出晚清民国时期武定县属环州乡夷民饲养鸡的情况(参见表1)。

丁文江(1887—1936),江苏泰兴人。民国三年从昆明到武定县境内进行矿产资源考察,撰《漫游散记(十四)》(载《独立评论》第三十五号,1933年第35期)说:"〔环州〕最重要的神叫作土主。我从富民到武定的路上已经看见过。……神座前面满地的鸡血迹。神身上满贴得是鸡毛。这是敬神的时候重要的礼节。"他还提到糯氏(环州土舍李自孔之妻)在"一个多月前,……叫人煮了鸡子酸菜〔汤〕吃饭",不料被情敌派女仆投毒致病的恶性事件。云南省图书馆藏《武定〔县〕地志资料》(民国十二年七月武定县知事葛延春、劝学所所长陈之俊呈送钞本)之《山脉》有《云南武定县名山形势表》说:狮子山特产种类有"茯苓、阉鸡、板栗、松子、松毛菌"。又《商业》说:"武定僻处边隅,路不通衢,因此商情冷淡,商货以……猪、鸡为出口大宗。"民国《续云南通志长编》(云南省志编纂委员会办公室排印本)卷七十四《商业二·贸易》有《云南各县出入口货值概况表》说:"武定出鸡,〔颇〕有名,〔且〕为数不少,但此无报告。"[3]郭垣编著《云南省之自然富源》(重庆:正中书局,民国二十九年八月初版)第五章《牧场》说:"肉用鸡,可用本国狼山种,……改进其肉质及增重率,或选用本省良种,逐渐改良。……云南良好畜种,所在恒有;如……武定之鸡,俱属名产。故越南曾选购交配[4]。如再输入外国良种,改良繁殖,则滇省牧业,更冠他省矣。今畜牧改进所已注意及此,并已实行,最近之将来,即将有优良之成绩,见示于社会也。"然而,滇省的家禽饲养终究还是处于小群封闭状态,尤其是武定鸡放牧混养的传统模式很难被替换。基于此,民国《续云南通志长编》卷七十二《农业志四·畜牧》说:"云南气候温暖,山岳纵横,土质肥沃,草场丰富,牧畜事业例应发展。按之实际,除家禽鸡、鹅、鸭、鸽,家兽若猪等相当维持清末时之产量外,马、牛、骡、驴类皆逐年递减其产额。"

表2　民国《续云南通志长编·农政草稿》所见滇省各县牧畜产额表(以鸡为例)[5]

年产额	出产县别(按年产额递减顺序排列)		
叁拾余万只内	永仁县(约叁拾余万只)	腾冲县(贰拾柒万只)	顺宁县(约贰拾叁肆万只)
	楚雄县(贰拾余万只);	宁洱县(约贰拾余万只)	建水县(贰拾万只)
	景东县(约贰拾万只)	大姚县(约贰拾万只)	个旧县(拾伍万捌仟只)

续表

年产额	出产县别（按年产额递减顺序排列）		
拾伍万余只内	罗平县（约拾伍万余只）	保山县（拾贰万伍仟玖佰只）	陆良县（约拾贰万余只）
	永平县（拾万零玖佰伍拾壹只）	镇南县（拾余万只）	镇沅县（拾余万只）
	云县（约拾余万只）	鲁甸县（约拾万余只）	寻甸县（约拾万余仟只）
	马关县（拾万只）	邓川县（拾万余只）	禄丰县（约拾万只）
	姚安县（约拾万只）	景谷县（约拾万只）	
捌万伍仟只内	曲溪县（捌万伍仟只）	江川县（柒万余只）	沾益县（约陆万捌仟只）
	蒙自县（约陆万只）	盐丰县（约陆万只）	双柏县（约陆万只）
	嵩明县（约伍万叁仟余只）	牟定县（伍万余只）	安宁县（约伍万只）
	大理县（肆万玖仟壹佰只）	西畴县（叁万余只）	广通县（叁万余只）
	呈贡县（鹅鸡鸭共约十余万只）	河西县（壹万肆仟壹佰柒拾捌只）	中甸县（叁仟叁佰肆拾只）

明代养生家宋诩撰《竹屿山房杂部》（清乾隆四十七年文渊阁四库全书本）卷三《养生部三·禽属制》说："鸡，骟者、稚者良。……蒜烧鸡，取骟鸡挦洁，割肋间去脏。其肝肺细切，醢同击碎蒜，囊盐酒和之，入腹中，缄其割处。宽酒水中烹熟，手析〔之〕，杂以内腹用。"惟滇省之骟鸡不独指公鸡而言，杨洪生撰《武定骟母鸡》（载《科学之窗》1982年第2期）说："在我国的南方，特别是云、贵、川等省，群众都习惯把公鸡骟了，经过催肥后再宰吃，这是众所周知的。但是，古往今来，骟母鸡催肥却属罕见。就在我省楚雄州的武定、禄劝等地，却有骟母鸡的习惯。骟鸡体大肥壮，肉质特优，被誉为'武定壮鸡'，运销楚雄、昆明等地，销路很好，供不应求。"在现代品牌意识出现之前，"武定壮鸡"特指骟鸡而言，滇省掌故前辈罗养儒撰《纪我所知集》卷十一有《武定之□（骟）母鸡》说：

云南省治，北近川南，两下郡县，大都以金沙江为界。云南之元谋县、禄劝县、武定州、寻甸州俱在金沙江边。此四处之农产物却不多，惟鸡壮大，滇人俱名此四处之鸡为大种鸡[6]，亦果然大倍于他处也。有一只□鸡能重至十四五斤者，其肥大可知矣。武定□鸡在滇中尤为驰名，又不特公鸡可□，而母鸡亦可□，且能使雌鸡化雄，顶冠而鸣。且□母鸡者，亦惟武定能有之也。究其所以然，此实关于地土之所出也。在武定境内有斑鸠河[7]一条，由城西而过城东，曲折而入禄劝县治，又曲折而流入金沙江。河流虽不甚长，然亦回旋至八九十里，河之两岸多居民，村寨自稠密。村人则善于养鸡，而又长于□鸡。在此一河两岸之鸡极易肥大，凡鸡子出窠后，只须四阅月，即能重至一斤，六个月后，即至二斤以上，此则取其什之七、八而□之。□公鸡只取出腰子两枚，三日内绝其水饮，头上冠子自缩，尾上毛便渐次抽长。此则易肥易壮，三年后无不重至七、八斤乃至十斤上下。□母鸡，是将母鸡肋胁划开，将公鸡之腰子纳入母鸡腹内，母鸡有此一对腰子后，头上冠子便能渐次长大，能作长声而鸣，是为□母鸡[8]。换言之，是使雌鸡化雄也。□母鸡，要就斑鸠河一带取此河旁之鸡，而用此种手续□之，鸡乃不死；若不在斑鸠河一带而作此播弄，鸡又无不死也。故□母鸡一物，惟武定之斑鸠河一带始有此出产，若元谋、禄劝、寻甸等处，虽有十斤以上之大□鸡，究无一□母鸡产于其间也，顾此实属水土之关系[9]。

尽管如此，罗养儒并没有使用"武定壮鸡"的概念。1950年8月，中央访问团第二分团访问武定期间，调查了解到第五区环洲土司对傈僳族征收的门户捐多而重，其中就包括"阉鸡"[10]。据说，每年"至八月十五或十六日，〔环州〕土司以'献神'为名，又要全村农民缴驴一支、白毛鸡一支、红毛鸡一支、黄牛一头"[11]。1952年，著名学者缪鸾和（时任云南大学历史系教师）撰《禄劝县民族调查（附富民县）》（收入《云南史料丛刊》第十三卷，昆明：云南大学出版社，2001年，第434—462页）有《土特产·鸡》说："有名的武定壮鸡，大部分出产在禄劝的二、三、四区。根据我们看见的〔情况〕，以撒营盘为例，每街由私商挑运出口的约三十挑，每挑平均约二十只。但大批的养鸡的（户）却没有，这也是少数民族地区的重要副产品之一，他们对于猪、鸡贷款也是普遍的要求（他们把猪和牛、羊一道放在山上）。我们对发展农业生产这方面，曾和禄劝的农林工作队交换意见，他们认为培植竹林养鸡，也是解决少数民族地区经济方法之一。"缪氏说的"武定壮鸡"除阉鸡外还泛指普通鸡。据《武定万德区万宗铺村彝族社会历史调查》说："肯机村在万德西北只有一公里远，是傣族聚居村，……无论新来户或旧居户如需田耕种时，可以向安家或其代理人'伙头'……献一支膳（骟）鸡、一斤酒和几块钱请领田地。本地傣语称……'鸡'为'该'。"[12]今西双版纳、德宏两地的傣族仍称鸡为"盖"，似乎只有声调差异。1960年8月，"楚雄彝族自治州概况编写小组"完成的《楚雄彝族自治州概况》（封面标注"内部稿，勿外传"字样）第2页说："在〔自治州的〕山冈、河谷、森林里，还有一块块水草丰茂的牧场，放牧着成群的牛马和猪羊。村内鸡、鸭、鹅、兔难以数算。'武定壮鸡'体重肥壮，远近驰名。"[13]

2 "武定壮鸡"的流传范围

作为云南省最负盛名的雉科家禽品种，"武定壮鸡"的历史还能够追溯到南诏大理国时期的"大鸡"。民国《新纂云南通志》（北京中国国家图书馆藏民国三十八年铅印本）卷五十九《物产考二·动物二·鸟类》说："〔大种〕鸡属鹑鸡类，滇中畜养之家禽也。种类甚多，最普通者即俗称之九斤鸡，原产山东，其后输入长江流域。今云南亦盛行饲养之，以武定产者为尤著，故亦名武定鸡[14]。〔惟〕保山大鸡重十余斤，嘴距劲利，得名又较武定鸡为早。此鸡体壮大，性驯良，足部较高，亦云'高脚鸡'。腿足均蔽毛，色有种种，红黄、黄黑诸色较多，白色较少。体重有至九斤以上者，故外间又云'九斤黄'或'黑十二'。"[15]

民国《新纂云南通志》的编者为什么会将武定鸡同著名的"九斤黄"混淆起来呢？这是因为两者都具有"大种鸡"的普遍特征（即体大、肉多）。换句话说，"武定鸡"这个概念在汉籍中第一次出现，绝对是用来指称酷似"九斤黄"这样的滇产"大种鸡"，因此武定县（包括禄劝县及其他邻县）境内饲养的各种鸡并不能都称作"武定鸡"。这也就是说，坝区饲养的"小种鸡"并不能算作是"武定鸡"，而仅是茶花鸡的变种。实际上，将坝区饲养的"小种鸡"归入"武定鸡"的范畴，始见于谢璞（云南农业大学教师）撰《武定鸡》（载《中国家禽》1980年第3期，这是对历史上形成的"武定鸡"概念的篡改），该文强调说："按其体型外貌及分布，当地习惯将它划分为大种〔鸡〕和小种〔鸡〕两类型。"这里的"其""它"指的是"武定的鸡"而不是"武定鸡"，因为将所属辖区内饲养的鸡分作大、小两种类型或大、中、小三种类型，在整个云南都非常普遍。遗憾的是，这种对"武定鸡"的误解被不断地复制，《云南省家畜家禽品种志》（昆明：云南科技出版社，1987年，第235页）说："武定鸡具有体大、易肥，肉嫩、味鲜等特点，有大种、小种之别。主产于云南省楚雄彝族自治州的武定、禄劝两县。两县为近邻，出产的鸡历来多通过武定市场转销昆明，习惯上称为'武定鸡'，鸡种即由此得名。"[16]就连《中国家禽品种志》（上海：上海科学技术出版社，1989年，第55页）亦说："武定鸡是云南省楚雄彝族自治州的地方良种肉用鸡，素以体大著称，以肉质肥嫩鲜美闻名。主产于该州的武定、禄劝两县。该鸡有大小型之分，前者多分布在山区，后者多分布在坝区，而以大型的占多数。禄丰、双柏、富民、安宁县及昆明市郊也有分布。据1981年云南省畜牧局调查统计，主产区武定鸡的饲养量达90万只，该州收购家禽数居全省首位，主要运销昆明市。……武定、禄劝县境内有三台山和拱王山盘踞，并有普渡河通过，地形复杂，立体气候明显，可分为山区和坝区两种生态环境，而武定鸡多分布在高寒和气候冷凉的山区。"还有《中国家禽地方品种资源图谱》（北京：中国农业出版社，2003年，第34页）说："武定鸡……产于云南省楚雄彝族自治州的武定、禄劝县。"以上这些不顾"武定鸡"的历史维度而随意拼凑、照搬的说法亟待有识者准确地给以甄别。

武定鸡 A　　　　武定鸡 B　　　　武定鸡 C

四川米易鸡　　　凉山崖鹰鸡　　　普定高脚鸡

图1　武定鸡雄性与金沙江流域所见"大种鸡"的外貌特征具有相似性[17]

武定骟母鸡　　　武定鸡 A　　　　武定鸡 B　　　　武定鸡 C

图2　普通雌性武定鸡与骟母鸡（摹绘图）的外貌特征有较大差异[16]

近代以来，随着省会昆明饮食消费水平的快速提升，滇中北部的武定、禄劝及其邻县成为云南养鸡业最发达的地区，而在这片广袤的丘陵地带普遍分布着毛脚的"大种鸡"及其多个变种。武定鸡规模化养殖取得的经济效益，对其周边县市的广大农村具有明显的引领作用，新编《富民县志》（昆明：云南人民出版社，1999年，第184页）说："1982年前，坝区养鸡多为自养自食，出售较少；山区养鸡大部分出售。鸡属武定鸡种品系，体型高大，肉蛋兼用，适宜散养。"新编《元谋县志》（昆明：云南人民出版社，1993年，第191页）说："鸡，有高脚鸡和矮脚鸡两种。"所谓"高脚鸡"就是武定鸡。又《昆明市农业志》（昆明：云南大学出版社，1995年，第134页）说："昆明市农村养鸡历史久远，一直是农户家庭的一项重要副业，……长期以来，农户饲养的鸡，都以各地〔的〕地方品种为主，……地方品种中，以禄劝县所产'武定鸡'最著名，素有'武定壮鸡'之美称，肉嫩味鲜，是驰名省内外的地方良种之一，属卵肉兼用型。武定鸡分大、小种两个类型，大种鸡分布〔在〕东山区，小种鸡分布较广，山区、坝区均有，但坝区最多。此外当地苗族还专门饲养一种名为'苗家鸡'的稀有品种，同属武定鸡系，肉卵兼用型，性格机警，飞跃力强，体高脚长，骨骼粗壮，脚上长有羽毛，头型有凤头和毛头两种，冠峰明显，毛色以黑麻、黄麻、灰麻为主，且习惯放养，喜栖息树上，全市仅20000余只。"新编《官渡区志》（昆明：云南人民出版社，1999年，第162页）说："本地鸡属云南武定鸡系，……产蛋少，肉蛋兼用，肉味鲜美。……生长较慢，……小哨金钟山有'苗家鸡'，体高脚长，飞跃力强，一部分为乌骨鸡。"新编《安宁县志》（昆明：云南人民出版社，1997年，第120页、第758页）说："80年代以前，安宁养的〔鸡〕多为土鸡，（武定壮鸡）分大小两种。土鸡适应性强，抗病力强，耐粗饲、肉味鲜美，但成熟晚，产蛋少"；"本地土鸡具有武定鸡〔的〕特点，味道鲜美、营养价值高、耐粗饲、抗病力强、觅食力强，但土鸡生长期长，不适宜大规模饲养"。新编《晋宁县志》（昆明：云南人民出版社，2003年，第210页）说："1938年，县内引进武定鸡饲养，在农村与本地鸡形成自然杂交。"新编《嵩明县志》（昆明：云南人民出版社，1995年，第135页）说："境内……蛋肉兼用型的品种有武定鸡、芦花鸡等。"新中国建立以后，武定鸡被云南省内其他县（市、区）引进作为良种鸡饲养的情况相当普遍，比如《宣威市志》（昆明：云南人民出版社，1999年，第290页）说："从1958年开始，逐年引进武定鸡，……60年代初选育本地品种苗族大种鸡。"新编《官渡区志》（第257页）说："云波养鸡场，1978年昆明市供销社拨款2万元由龙泉供销社和云波大队联办，从武定、禄劝引入武定鸡1260只，因缺乏科学饲养知识，遇温（瘟）病鸡死大半而停办。"又《临沧县志》（昆明：云南人民出版社，1993年，第156页）说"1950年以后引进……武定鸡"；还有《云县志》（昆明：云南人民出版社，1994年，第156页）说"1978年引进武定鸡10只"改良本地鸡。

3 "武定壮鸡"的推陈出新

毫无疑问，明代中后期玉蜀黍等农作物的传入极大地改变了"武定鸡"的养殖规模。在辛亥革命前，武定直隶州（辖武定、元谋、禄劝三县）的优质大种鸡已销售到昆明。如果不是故意扭曲事实而是针对原始材料进行分析，我们就有理由相信，晚清至民国时期转销昆明的"武定鸡"源自禄劝县的份额要远远超过武定县。因为云南省图书馆藏《禄劝县地志资料稿》（民国间钞本）有《天产·动物》说："膳鸡，产各区，大者每只重十斤。割而食之，肥美异他〔处〕产〔者〕。产额年约三万六千只。

用途〔为〕运销省城作食品。……将来惟有养鸡一项，〔如〕果能于荒山、破箐中仿育虫饲鸡法，实业求食，最有希望者莫如此。"1924年，何毓芳（云南省第一区实业视察员）撰《视察禄劝县实业报告（民国十二年份）》（载《云南实业公报》第二十三期）说：禄劝"以田少地多，年产之玉蜀黍、黄豆、荞麦，其量亦广。人民多用以饲养鸡、豚，故该县鸡、豚最肥，为出境一大宗。……县属牧业最为发达，其种类则为牛、马、骡、驴、羊、豕、鸡等项。其出口者，尤以豕、鸡为大宗。其鸡体质肥大，与武定同为各县之冠，年出口者约计不下十二万头（只），如四五两区多以养鸡为生活，产量颇多。……均运销省垣"。另附《农产状况表》说：禄劝县玉蜀黍（俗称苞谷、玉米）的旧额数量"约二万四千余石"，新增数量"约六百余石"，每石价额为"十八元"，其销路为"本地"；又附《牧业现状表》说：禄劝县鸡的总产额"约三十万余头（只）"，单价"每只平均五角"，经营牧业人数"约一万二千余户"，其著名牧场所在地则填"各区"。按：禄劝县在前清时划分为六乡，民国改为六区，四区位置在崇礼乡，五区位置在尚智乡。

武定、禄劝民间素有"三只骟鸡能抵一头猪"的说法。曾昭抡（1899—1967，湖南湘乡人。抗战时期任国立西南联合大学化学系教授）著《滇康道上》（桂林：文友书店，民国三十二年）第一编《团街逢街子》说：禄劝县"团街距鹧鸪河滨约九华里（俗称十五里），距拖梯约四十八华里（俗称四十五里），属于第三区卓干乡。……来到团街，已经是下午一点二十分。……此处街子，竟是意想不到的热闹。……卖鸡的很不少。街子附近，一块木制的大布告板上，贴了一张赵乡长署名的布告，说明鸡捐是抽来补助学校经费的。"又《龙海堂》说："此处人家，大半喂有鸡和猪，我们因此买得一只鸡来。……夜间所炖的一大锅鸡，早上已经炖得很透。"还有《石板河》说："以为在石板河买不到吃的东西，到此方知不然。……鸡三元五角一斤，鸡蛋二元五角十个，……在昆明、会理间的驮运道上，已算比较地贵。……石板河的人，善于做生意，我们黑夜于极端疲劳中到此，……马上就有人知道。歇下不久，……卖鸡的，卖蛋的，……接踵而来，弄得我们忙于应付。……第二天一早起身，又吃了……青菜炖鸡和一大碗炒鸡蛋，总算舒服。我们在此，不免有点太阔绰，以至为人垂涎。……吃饭的时候，发现鸡少去一对大腿。再问主人，他说腿子烧烂了，所以找不到。这事我们到底不能相信，于是终于在马槽里面发现鸡大腿。"还有《攀枝得》则说："在此（距高沟两里余）遇见守攀枝得的哨兵。一个乡下人，挑着一担鸡走过去，哨兵拦着他要哨钱，气势汹汹。"最后那篇《白云山》说："因为要赶到金沙江边，抢先渡江，我们在板桥的那夜，……特别买来一只鸡，请店主人炖给我们吃。正和在石板河的经验相似，鸡拿上来，一对大腿又不见了。此处主人更狡猾，问他硬行抵赖，去找又找不到，只好作罢。临走算账，昨夜谈好的价钱，都不承认，故意将价钱抬高。对付这种人，没有别的办法，只好威吓他，说把他送到县政府去，结果物价便又回跌。这一带的汉人，如此可恶，还不如夷人天真可爱。"

图3 民国《禄劝县地志资料稿》所见"直鸡""膳鸡"与南宋"养鸡女"石刻的比较[18]

表3 《云南禄劝县商品表》(民国十一年)所见大宗货物的相关情况

类别	进口		过境		出口		附记
	数量	价值	数量	价值	数量	价值	
洋纱	三十包	三千七百八十元	八十包	九千六百八十元			
洋油	三百六十箱	一千四百四十元	四百箱	一千六百元			
纸烟	九十箱	六千六百元	四十五箱	三千三百元			
米					七百石	一万四千三百五十元	
土纸			五百驮	五千元			土纸分两种，河外每驮价十元，河内每驮价八元
麻布			八万斤	六千四百元			
猪					四千口	六万元	包大猪小猪在内
鸡					二万斤	五千元	禄劝献（线）鸡最肥

　　在改革开放以前，作为商品销售到昆明的"武定鸡"绝大多数来自禄劝县（而不是武定或其他邻县）。因为民国三年丁文江漫游武定县境时并没有对"武定鸡"耗费笔墨；随后的马学良、张传玺等人

却没有遇到"曾昭抡说的麻烦事"。根据缪鸾和的调查，"有名的武定壮鸡，大部分出产在禄劝的二、三、四区。"李宜滨、朱春贤撰《乌骨鸡》（载《禄劝文史资料》第三辑，1995年4月）说："因明清以来，禄劝隶属武定府（州），故畅销昆明的禄劝乌骨壮鸡，被称为'武定鸡'。省畜牧局在地方鸡品种普查时也将其归属武定鸡。据〔说〕1992年〔武定、禄劝〕两县的100多万只鸡中，禄劝就有82万余只。1990年禄劝畜牧局统计：年末鸡存栏数为734395只，其中乌骨鸡146879只，占20%。"尽管如此，"武定鸡主要产于武定、禄劝，邻县也有分布"的说法很快便被抄袭[19]，这种站在"楚雄彝族自治州"或武定县的立场进行的"望文生义"，同禄劝县脱离传统政治环境的"出走"（即脱离楚雄州）有非常密切的联系。1983年9月9日，经国务院批准，禄劝县划归昆明市管辖，不同利益群体对"武定鸡"的争夺就此拉开帷幕。1987年2月，昆明市人民政府经济研究中心、昆明市经济研究所编《昆明市情》（第51页）创造性地使用了"禄劝壮鸡"的新概念。随后，《禄劝彝族苗族自治县概况》（昆明：云南民族出版社，1990年，第15页）说："禄劝壮鸡，又名'武定壮鸡'。因禄劝自明、清以来隶属武定直隶州，故名。禄劝壮鸡以个体大、肉质细嫩、味道鲜美而著称。尤其是白毛乌骨壮鸡，可入药，药用价值较高，有健体强身之功。"时至今日，本是同根生的这两种"壮鸡"都蜕变成"自恋的美食神话"。为了掩盖彼此的尴尬，最新修订的《禄劝彝族苗族自治县概况》（北京：民族出版社，2007年）推出了"乌骨壮鸡品味最佳"的新战略[20]，紧邻的元谋县则将"凉鸡"固定成自己的美食品牌。

4 "武定壮鸡"的消费诱惑

滇省过度倚赖肥嫩壮鸡的嗜好能够追溯到"食贵生"的较久远年代，过桥米线完全可以被视作此种旧俗的部分延续[21]。著名的《马可波罗行纪》（冯承钧译，北京：商务印书馆，2012年，第259—260页）说："押赤……颇有米麦，然此地小麦不适卫生，不以为食，仅食米，并以之掺和香料酿成一种饮料，味良而色明。……此地之人食生肉，不问其为羊、牛、水牛、鸡之肉，或其他诸肉，赴屠市取兽甫破腹之生肝，归而脔切之，置于热水掺和香料之酚料中而食。其食其他一切生肉，悉皆类此。其食之易，与吾人之食熟食同。"按：哈剌漳州居民食生肉之法，剌本学本第二卷第三十九章作"脔切肉为细块，先置盐中醃之，然后用种种香料调和，是为贵人之食。至若贫民，则将脔切之肉置于蒜制之酚料中而食。其食之易，与吾人食熟食同。"元佚名撰《群书通要》（民国二十四年商务印书馆影印清宛委别藏影写元至正本）壬集《方舆胜览中·州郡门》有《云南等处行中书省·中庆路·风土》说："食贵生，……和以蒜泥而食。"明李贤等修纂《大明一统志》（明天顺五年内府刻本）卷之八十六《云南布政司·云南府》说："风俗……食贵生，猪、牛、鸡、鱼皆生醃之，和以蒜〔泥而〕食。"明曹学佺撰《蜀中广记》（清乾隆四十七年文渊阁四库全书本）卷三十六《边防记第六·下川南道》说："白人……食贵生，如猪、羊、鸡、鱼皆生盐之，和以蒜泥而食。"清顾炎武辑《天下郡国利病书》（清光绪五年蜀南桐花书屋薛氏家塾修补校正足本）卷六十九《四川五·下川南道》照抄说："白人……食贵生，如猪、牛、鸡、鱼皆生盐之，和以蒜泥而食。"清毛奇龄撰《蛮司合志》（清乾隆年间刻西河合集本）卷八《云南一》、清万斯同撰《明史》（清钞本）卷四百十一《土司传·土司三》均说"大抵诸夷风俗与中国大异，……俗无礼仪。男女矍捷，……食贵生"。此外，诸本《皇清职贡图》还说"乾猡猡，唐时隶东爨部落。今与黑、白二种散处云南、曲靖、东川三郡，……食贵盐、蒜，……不通华言。"由此可见，唐宋时期南诏大理国乃至明清时期居住在横断山地带的滇人（包括汉化族群）普遍有"食贵生"的现象（现在仍乐此不疲），他们对肥嫩壮鸡的癖好恐怕与"食贵生"有相关性！

除了汪曾祺那样难忘的回忆外，张佐撰《老昆明的年夜饭》（收入《昆明百年美食》，昆明：云南美术出版社，2011年）说："循规蹈矩的老辈昆明人，对吃年夜饭的大事特别注重和讲究。腊月三十这一天，……鸡……是无论贫富都不能缺少的。……鸡要买肥壮的武定骟鸡，烹饪之前不能砍切成小块，必须整鸡白煮。"张佐撰《滇味名店东月楼》（收入《昆明百年美食》）说："昆明滇味名店东月楼位于绥靖路（后改称长春路，今人民中路）南廊与护国路交界附近，老板姓刘，……民国末年，刘老板将东月楼传给儿子刘希圣经营。……出名的菜肴主要有：酱汁鸡腿……除中餐、晚餐卖饭菜外，其余时间还卖鸡肉米线……东月楼最被食客称道的酱汁鸡腿，烹饪时，先用特殊的香料漕煮，然后再卤，卤熟后其味独特香浓且十分可口，凡吃过一次酱汁鸡腿的人都想再吃，因此点这道菜的食客特别多，每天都供不应求，来晚一些的食客就只能馋涎欲滴地望着别人吃了。为尽量保证冲着酱汁鸡腿而来的食客都能吃到酱汁鸡腿，东月楼只好规定每位顾客只供应一只鸡腿，十人一桌的十只，八人桌的八只，以此类推。……东月楼的汤水特别好，他家的汤水用筒子骨、武定鸡、乌鱼、宣威火腿，使用文火精心熬制而成，不放味精却鲜甜无比。……〔当〕听到来得晚的顾客抱怨没能吃上酱汁鸡腿，他考虑再三之后，便作出了两个决定：一、尽量增加鸡腿的供应量，二、对鸡腿实行定量供应。这样，便保证了每个顾客都能吃到鸡腿，让顾客都高兴而来，满意而归。"姜一鸥撰《滇味餐馆东月楼及昆明风味小吃》（载《昆明文史资料选辑》第十六辑，1991年1月）说："〔东月楼〕选料特别认真，对……鸡、肉，不好的宁肯不用，……还有羊市口专卖武定壮鸡的小馆子，也是昆明有名的'风味小吃'。所卖的鸡，确实是派人去武定选购，精心喂养肥壮后才杀。这家铺子卖的鸡汤饵块，是原汁汤，味香可口，品尝〔后〕全都赞不绝口，〔故〕生意兴隆。"史崇贤采录的《昆明的饮食经济与饮食文化》（收入《五华经济史话》，昆明：云南大学出版社，2007年）说："真芳园凉鸡馆，地址在昆明市南通街，回族经营，所卖的凉白鸡，又香又沙又壮，其味之鲜美，早就蜚声昆明。这个馆子专宰武定或昭通地区的阉鸡。宰鸡的方法与汉族不同，……所以煮出的鸡特别香，……每日要卖数十只。"在武定鸡的原产地自然也会少不了各种美食旧闻，邓华山撰《解放前武定的风味小吃》（载《武定文史资料》第一辑，1995年12月）有《王奉谦的面条》说："王奉谦，四川人，几代人在武定县城卖面食。由于他家的面条出名，人称'王擀面'。……再说他家的菜，只卖武定壮鸡。鸡肉都是剔骨的凉鸡，大小匀称，佐料齐备。人们都说他家的凉鸡鲜嫩酥香，别具特色。鸡汤下面条味美可口。因此'王擀面'家店门一开，顾客云集。顾客中有官吏士绅，也有平民百姓。但他家的生意，生人熟人一样对待，早买迟买都是同样数量质量。"

民国时期，武定鸡与"滇南汽锅鸡"在昆明的相遇影响深远，最终成就了武定鸡的华丽转身。李嘉林撰《建水汽锅鸡昆明培养正气》（收入《昆明百年美食》）说："1947年，建水人包宏伟夫妇在昆明福照街（今五一路）首开专营汽锅鸡的'培养正气馆'，把建水汽锅鸡传入昆明。……后来，包宏伟夫妻用武定鸡来做汽锅鸡，肉质汤汁更好，夫妻俩改变了以前舍近求远，鸡原料都从建水进货的经营思路，直接用武定鸡来蒸汽锅鸡，使包氏的昆明汽锅鸡味道更佳，名气更大。"还有"风之末端"撰《硝烟战火中的鼎鼐飘香——1937年至1945年抗战期间的昆明美食》（收入《昆明百年美食》）说："来自滇南的建水人包宏伟夫妇二人北上昆明，在昆明开设了一家'建水汽锅鸡馆'。相传汽锅是清代乾隆年间建水人杨沥所创，……包宏伟夫妇来到昆明后，选料上就近选用了距昆明附（较）近〔的〕武定县出产的骟鸡。古老的武定骟鸡十分独特，是用母鸡阉割而成，肉质优良。又经过与昆明中医的探讨，利用昆明是全省物资集散中心的便利，在汽锅鸡里加入〔了〕文山出产的三七、昭通出产的天麻、中甸等地出产的虫草等名贵云南药材，推出'三七汽锅鸡''天麻汽锅鸡''虫草汽锅鸡'，……当时'昆明无人不食汽锅鸡'，朋友见面，相约同去吃汽锅鸡，都以'培养正气'四个字代指，可见影响之大"。据余少川撰《五华山盛大宴会庆解放》（收入《昆明百年美食》）说：1950年2月21日（农历大年初五），为了欢庆解放军进入昆明，云南临时军政委员会决定在五华山举办规模空前的盛大宴会，当时准备的滇味菜肴就有"武定凉鸡"。

表4　新中国建立初期至改革开放以前武定县商品鸡的收购价格情况表[22]

时间	品名	体重规格	县城及郊区收购价	骟母鸡提高的百分率
1958年	骟母鸡	1.5千克以上	1.22元/千克	—
	公鸡	1.5千克以上	0.86元/千克	41.86%
	母鸡	1.5千克以上	1.10元/千克	10.91%
	骟公鸡	1.5千克以上	1.16元/千克	5.17%
1977年	骟鸡	1.0千克以上	1.44元/千克	—
	母鸡	1.0千克以上	1.40元/千克	2.86%
	公鸡	1.0千克以上	1.20元/千克	20.00%

自1969—1980年间，杨洪生（云南农业大学牧医系教师）曾先后三次到武定、禄劝等地调查骟母鸡的情况，他得出的结论是："云南省楚雄彝族自治州的武定、禄劝等县，不仅出产闻名的武定鸡，而且历来有骟母鸡和骟公鸡催肥的习惯。骟鸡体大肥壮，肉质优良，〔被〕誉为'武定壮鸡'，久已闻名"；"骟母鸡育肥快，……肉脂品质好，经济价值高。特别是年老寡产和赖抱的淘汰母鸡，经骟割育肥后，肉脂增加，肉嫩味美，食用价值大为提高"；"云南武定、禄劝等地的骟母鸡、骟公鸡，历来〔被〕誉为'武定壮鸡'，尤以骟母鸡为其特产，名不虚传"。[23]时至今日，"武定壮鸡"在昆明的销售价仍是普通放养土鸡的两倍。

结语

毫不夸张地说，"武定壮鸡"是提升滇味特品的大功臣。近几年来，随着时代的发展进步和人民生活水平的不断改善，武定、禄劝两县及其临近的周边地区瞄准了"壮鸡"的市场前景，都将它作为重点发展的优势产业来抓，"武定县委、县政府……组织农民大力发展武定壮鸡。2001年出栏商品鸡106万只，产值达2400多万元；2002年1~9月份，全县约有51000户农户饲养武定壮鸡，存栏4.5万只，出栏91万只，产值已达2000多万元。武定县委、政府通过调研制定了新的发展规划，决心通过5~10年的努力，把武定壮鸡培育成为产值达亿元的县域经济支柱产业"[24]。2012年，武定壮鸡更是荣登云南省"六大名鸡"评选之首的宝座。就技术创新的角度说，云南农业大学的研究团队和武定县科委合作，"为保持和开发本地禽种资源，经过家系和个体选择，闭锁群繁殖，运用数理遗传理论，选育了'武定鸡农大Ⅰ系'。现已建立七个世代71个家系，基础母鸡群700余只，遗传性能稳定，体型外貌基本一致，并提高了早期生长速度，……在全国同类地方鸡种中居先进水平"[25]。在农村因鸡种近亲繁殖而不断退化、生产技术和水平较低的情况下，推广生长较快、肉质更好、适应性更强的"武定鸡农大Ⅰ系"及其杂种鸡，保障了武定壮鸡产业的可持续发展。

参考文献

[1] 民国时期作为学生的汪曾祺"没有听说母鸡也能骗"、"不知母鸡亦可骗"纯粹是他个人的见识不够广，因为著名哲学家金岳霖（1895—1984）撰《回忆录》（收入《金岳霖全集》第四卷，北京：人民出版社，2013年）说："关于鸡我要提出一个问题。解放前和解放后，我都主张所谓线鸡。……线过的公鸡，即令属于柴鸡种，也可能长到六七斤，甚至更大些，吃起来又肥又嫩。这种处理鸡的办法，……黄河以北，好像都没有。笼统地说，广大的北方没有。……我小的时候，只看见过线公鸡。……云南有线母鸡的。线了的母鸡没有什么好吃，连头上都长了一层厚厚的黄油。"他对武定骗母鸡的评价确实非常人所道。

[2] 在汪曾祺的散文中好像并没有提到昆明的"凉鸡"或"清真（回教馆）壮鸡"，因为这是另一种选取"武定壮鸡"制作而成的滇味特品，如黄丽生、葛墨盦编著《昆明导游》（民国三十三年中国旅行社铅印本，第196—197页）说："凉鸡为滇味中〔的〕特品，本地人所最崇拜者，以原在铁局前巷口的老王家为第一，其鸡之嫩，脍炙人口，……因住房纠纷，由原址迁至光华街〔与〕兴隆街口井畔，又被炸退街，于是改设小摊于土主庙上社会处门前，继之始得租一双门面于对门，老主顾趋之若鹜，口碑载道云。"接着又说："本市回族较多，滇味之回教馆亦颇足一述，……包回席食馆以真芳园、西域楼较佳。肴馔精致，多用鸡油煎炒，……对鸡之烹调最出色，真芳之壮鸡，名震遐迩，香嫩肥硕，堪与老王家媲美也。"

[3] 民国时期，武定鸡运销省城昆明的情况，倒是有很多间接证据。赵宗朴撰《昆明电影放映事业四十年史话》（载《云南文史资料选辑》第二十一辑，1984年6月）说："民国十九年（一九三〇），龙云主持滇政时期，……新创立了光华影戏院。地址在金碧公园内的'洋船亭'里面，……旧社会中，兵痞流氓，蛮不购票，看白戏、白电影的层出不穷，金碧游艺园……请了戒严司令部的卫兵，站在园门口负弹压之责，曾发生伤兵与卫兵冲突，卫兵开枪当场打死伤兵一人，还殃及老百姓，住公园隔壁陈姓（售武定鸡）的儿子，因在旁看军队打架械斗，被流弹打死。"

[4] 惟武定鸡被越南"选购交配"的情况仍需补充证据。在二战以前，越南作为法国殖民地难免有欧洲改良鸡种的引进。据《国外畜牧业概况》（北京：科学出版社，1975年，第305页）说："越南北方养禽业较发达，有许多优良地方品种。分布最广的鸡种为小型本地鸡，抗病力强，但生长较慢，……越南的'东康'鸡属肉用鸡，成年公鸡3.5～5千克，母鸡3～4千克，年产蛋90～120个……现正扩大繁殖。"

[5] 资料来源于云南省图书馆藏《续云南通志长编·农政草稿》（封面署刘楚湘编纂）之《畜牧概况》，原稿中鸡的单位常被误写作"头"，今据改。惟云南省志编纂委员会办公室排印的简体字版《续云南通志长编》下册（玉溪地区印刷厂承印，1986年6月，第326—334页）将汉字转为阿拉伯数字，有误。

[6] 民国时期社会各界已普遍接受"大种鸡"的概念，除前面提到的"西康大种鸡"外，还有"中国的大种

鸡"。庄瑞清撰《现代养鸡事业的发展》(载《申报》第二万一千零零二号《本埠增刊》之《社会消息》,民国二十年九月二十二日,第三页)说:"养肉用鸡的人,大概以养大种鸡如巴拿马(Brahma)、交趾鸡(Cochin)或中国的大种鸡为多,因为这种鸡的体格硕健,肌肉丰嫩。在售卖上,人们乐于购买,且巴拿马鸡由小至育肥期(育肥学名词),所食不过一元四角左右,而肉重则有九至十二磅之谱,故其利益不问而知有一倍以上了。"按:巴拿马(Brahma)鸡在民国旧籍中通常被译作"婆罗门鸡",今改译作"布拉麻鸡"。

[7] 即掌鸠河,亦作"鸠河"。民国《武定〔县〕地志资料》有《河湖泉》说:"鸠河水低,易于扎坝,尤便灌溉。此鸠河不但有利于武定,而且有利于禄劝。"民国《禄劝县地志资料稿》作"掌鸠河"。

[8] 实际上,晚清至民国时期对于"骟母鸡"的误解绝非偶然,这恰好能证明该项独门绝技鲜有外人知晓。清陈坤(1821—?,浙江钱塘人。官至潮阳知县)著《岭南杂事诗钞》(清光绪二年广东省城艺苑楼刻本)卷八《文昌鸡》诗云:"阴化阳生五德禽,苍苍海气感来深。雄飞雌伏寻常事,饕餮何劳用苦心。"其附《注》说:"〔琼州府〕文昌县属有一种鸡,牝而若牡,肉味最美。盖割取雄鸡之肾,纳于雌鸡之腹,遂不生卵,亦不司晨,毛羽渐殊,异常肥嫩。以其法于他处试之,则不可。故曰文昌鸡。"由此推测,这种"劳苦用心"最终成就的骟母鸡在清代的岭南地区亦盛行过,但进入民国以后却很快便失传了。1927年,佚名撰《中国家禽之种类及其豢养法》说:"骟鸡之术,中国自古有之。其利益颇大,盖雄鸡割去其睾丸,则长育倍速,体躯倍大,且肉丰满而味优美,故中国养鸡家多畜骟鸡,尤以广东为盛。粤人有精通骟鸡术而事为专业者,常携骟具巡行乡曲,或都市中,就养鸡家以施行骟术,每羽取值甚微,养鸡家多便之。其器具甚简单,即削刀、镊子、弹钩、镰匙、马尾毛、圆管等。每骟一鸡,需时仅约五分钟,且极为稳妥,百无一失。"以上这段文字并没有说到"骟母鸡"的情况。在1969至1980年间,杨洪生(云南农业大学教师)先后三次到武定、禄劝调查发现武定"骟母鸡的工具与骟公鸡的相同,主要有骟割刀、扩创器(鸡绷子)、勺子、套签、鼠齿镶子和冷水一碗",其步骤分"保定""切口""摘除卵巢""切口的处理"。

[9] 罗养儒撰.纪我所知集.李春龙整理.昆明:云南人民出版社,2014,283~284.

[10] 中共武定地委会、中央访问团二分团联络四组调查整理:《武定县第五区民族关系及租佃关系的调查》,收入《中央访问团第二分团云南民族情况汇集》(下),昆明:云南民族出版社,1986年。此外,张传玺撰《武定彝族地区的封建领主所有制及其破坏》(载《文史哲》1962年第2期)说:农民必须向领主提供各种实物纳贡,著名的"阉鸡"则被列入杂派的物品。朱崇先著《彝文古籍整理与研究》(北京:民族出版社,2008年,第166页)指出:彝文古籍中有表示阉割睾丸的语词,如阉鸡被说成"掐"。

[11] 中国科学院民族研究所云南少数民族社会历史调查组、云南省民族研究所编:《云南彝族社会历史调查》(彝族调查材料之一),一九六三年五月内部印行,第48页。

[12] 中国科学院民族研究所云南少数民族社会历史调查组、云南省民族研究所编:《云南彝族社会历史调查》(彝族调查材料之一),一九六三年五月内部印行,第5页。

[13] 在推行农业集体化前,武定鸡的养殖规模仍相当可观。据一九五六年云南省委农村部、财贸部《关于武定鸡猪生产和运销调查报告》称,一九五四年共收购武定鸡十一万二千二百零五斤(参见段启文、宋允恭撰《武定壮鸡》,载《楚雄方志通讯》1985年第1期)。后来,由于政治运动的折腾,在"左"的思想影响下,曾一度把农民养鸡、卖鸡,视为资本主义,严重地挫伤了农民养鸡的积极性。在纳入派购的时

期，实际收购到的，也只是一些还不肥壮的"架子鸡"。直到改革开放，武定鸡的养殖才又步上正轨。

[14] 惟楚雄彝族自治州地方志编纂委员会编《楚雄彝族自治州志》第三卷（北京：人民出版社，1995年，第248页）说："《云南通志·土产考》称'武定鸡为全省优著'。……被誉为'武定壮鸡'。"

[15] 民国时期，张鸿翼编纂《云南物产篇》（收入云南省图书馆藏《新纂云南通志·物产草稿》）有《云南动物篇·鸟类》说："……保山大鸡重十余斤，嘴距劲利（见樊绰《蛮书》，〔谓〕'大鸡，永昌出'），……故俗又云'九斤黄'。"按：樊绰《蛮书》亦名《云南志》，惟其原文作"大鸡，永昌、云南出"。

[16] 从1983年9月开始，禄劝县就不归楚雄彝族自治州管辖，惟《云南省家畜家禽品种志》照抄旧说致误。毫无疑问，"武定鸡"的概念首先是昆明的食客或餐饮界"叫"起来的，因为在原产地使用的是"阉鸡""线鸡""骟鸡"和"直鸡"等概念，该地最初并没有"武定鸡"的品牌意识，充其量是将"大种鸡"作为良种在民间普遍饲养。换句话说，转销到昆明的绝对是以"大种鸡"居多数而不是相反。在民国以前，这些鸡就来自武定直隶州，所以被外界称作"武定鸡"，禄劝的鸡似不会通过武定市场转销昆明。

[17] 图片来源于《云南省家畜家禽品种志》、《中国家禽品种志》和《中国家禽地方品种资源图谱》。虽然武定鸡的外貌稍有些不同，而《四川家畜家禽品种志》和《中国家禽地方品种资源图谱》所收的"米易鸡"的外形也有细微差异，但这些鸡的共同特征是喙、胫黑色，绝大多数都有较发达的胫羽、趾羽。就外形而言，武定鸡A、武定鸡C很容易同其他鸡种相混淆，比如《金岳霖全集》第四卷《回忆录》（第783页）就说："到了昆明之后，我有一个时期同梁思成他们住在昆明东北的龙头村。他们盖了一所简单的房子。我们就在这所房子里养起鸡来了。……我仍然买了一只桃源的黄色毛腿公鸡。它也是油鸡，不算大，可是比起柴鸡来还是要大的多。"推测这只"桃源的黄色毛腿公鸡"就是武定鸡，因为"桃源鸡"无胫羽。普定高脚鸡的外貌特征酷似武定鸡，贵州省农业厅畜牧局编《贵州省畜牧志》（1996年7月，第101页）说："高脚鸡：属中型肉用鸡种。主产于贵州省普定、六枝、织金等县（特区）的边缘山区。紫云、望谟、水城、盘县等县也有分布。……高脚鸡头大、单冠、肉髯大而红润，骨骼粗壮，胸深宽而前突，背腰直而短平。公鸡全身羽毛红黄色，腹、翅羽黑色，尾羽墨绿色，镰羽短。……早期生长缓慢，幼雏的羽毛生长迟缓。有的要120日龄后，颈、胸、背、尾及翅才逐步长齐。体重生长高峰要在150日龄左右。……性成熟较晚，一般要在8月龄才开产。年产蛋量50～60枚，……产肉性能良好，肉质纤维较细，贮脂力强。"

[18] 清郭柏苍著《闽产录异》（清光绪十二年福州郭氏刊本）卷五《羽属·鸡》说："水村鸡早鸣，山村鸡晚鸣。……重七斤始鸣者，为斗鸡，〔其〕脚长，不善抱卵。"武定鸡外形酷似斗鸡，遗传学的证据也表明它很可能就是茶花鸡（或藏鸡）与西双版纳斗鸡杂交培育的后代（参见张廷钦等撰《茶花鸡的血型及蛋白质多态研究》，载《云南畜牧兽医》1992年第1期）。值得注意的是，在重庆市大足县境内的宝顶山石刻中，就有一名妇女喂养三只斗鸡的形象。中国美术家协会四川石刻考察团编《大足石刻》（北京：文物出版社，1958年，第39页）说："另一组刻着一个养鸡妇女，从面孔上现出了相当于愉快的表情，两手掀开鸡笼，一只雏鸡正伸着头要爬出来，在笼外还有两只大鸡，正用嘴争夺着一条蚯蚓。……整个作品里充满了新鲜的生活气息。"据此推测，南宋时期四川境内普遍养殖的鸡种酷似禄劝县民间饲养的"直鸡"。

[19] 谢璞撰《武定鸡》说："原产地是楚雄彝族自治州的武定、禄劝两县，分布在罗次、富民以及与这些县接壤的安宁县、双柏县、昆明附近等地区。"而《云南农业地理》（昆明：云南人民出版社，1981年，第247页）则说"武定鸡主产于武定、禄劝一带"。更有甚者则绝口不提禄劝，如《楚雄风物》（昆明：云

南人民出版社，1988年，第213页）说："武定壮鸡，是武定县农民在长期饲养过程中，由'九斤黄'发展而形成的一种良种鸡。"又《新编楚雄风物志》（昆明：云南人民出版社，1999年，第257页）改称："武定壮鸡，是武定县各族农民在长期饲养过程中，由优良品种'九斤黄'培育出来的一种良种鸡。"

[20] 如前所述，禄劝县饲养的乌骨鸡仅占该县武定鸡总数的20%，武定县大概要低于这个标准。

[21] 民国时期，"过桥米线"流传到昆明以后的消费情况，云南通讯社编《滇游指南》（民国二十七年九月三十日初版）第四章《食宿游览·昆明市之食》附有《著名滇味食品烹饪法》说："昆明正义路仁和园之过桥米线，每碗售国币一二角，其食法颇类北平之涮羊肉，用鸡鸭沸汤一大碗，汤汁至浓，上罩浮油一层，可保持高温，生鱼片、生肉片及腰片一碟，豆腐皮、韭菜一碟，滑米线或滑面一碗（滑米线为未加料之净米线），外有酱油、薄荷、葱花、芫荽、辣子、盐等，另置一处。以上各物，陈列桌上，任客采食。食时先将鱼片，或肉片，放沸汤中（腰片滇人多不喜食），次将米线加入，再加各种配料食之，味极鲜美，昆明各食馆，均有售卖者，惟仁和园所售者最佳。"该书第六章《云南特产·食品》更是渲染说："过桥米线为昆明之唯一食品，味鲜质嫩，但调和须得其法。"据此推测，过桥米线是对"食贵生"旧俗的改良。

[22] 资料来源于杨洪生撰《云南武定骟母鸡的调查和研究》（载《畜牧与兽医》1982年第3期）。

[23] 杨洪生撰《云南武定骟母鸡的调查和研究》，载《畜牧与兽医》1982年第3期。

[24] 参见王建平等撰《武定县武定壮鸡产业发展报告》（收入赵俊臣主编《2002—2003云南经济发展报告》，昆明：云南大学出版社，2003年，第225—236页）。该文还说"万德乡可称之为武定壮鸡（阉母鸡）的发源地"，"发窝乡是武定壮鸡的最大出栏地"，"田心乡是武定壮鸡的主要产地之一"，"九厂乡是武定壮鸡的又一个主要产地"，"近城镇以营销武定壮鸡为主"，"全县十三个乡（镇）都普遍养殖武定土鸡"。

[25] 国家教育委员会科学技术司编.中国高等学校科技成果及产业要览.北京：中国科学技术出版社，1996，1147.

试论宋代新化水酒的构造成因
——宋代新化水酒的酿造者、储存条件、成色、饮酒方式及其消费群体

方八另　陈善雄

摘　要： 宋代是新化水酒的关键时刻，远古的谟瑶古酒到宋神宗熙宁五年就结束了，崭新的新化水酒在具备了酿造者、储存条件、成色、饮酒方式及其消费群体之后，从古老的谟瑶古酒中脱颖而出，成为一种崭新的新化水酒流传至今，奠定了今天新化水酒的基础。

关键词： 宋代；新化水酒；酿造者；储存条件；成色；饮酒方式；消费群体

新化在宋神宗熙宁五年（1072）才置县，取"王化之新地"，隶属邵州。南宋宝庆元年，邵州改为宝庆府，新化属宝庆府。

在新化县置县之前，新化属于古梅山的一部分，《宋史·蛮夷传》载："梅山峒蛮，旧不与中国通。其地东接潭，南接邵，其西则辰，其北则鼎、澧，而梅山居其中。"[1] "东起宁乡县司徒岭，西抵邵阳白沙砦，北界益阳四里河，南止湘乡佛子岭。籍其民得主客万四千八百九户，万九千八十九丁：田二十六万四百三十六亩，均定其税，使岁一输。乃筑武阳、开峡二城。诏以山地置新化县，并二城，隶邵州。自是，鼎、澧可以南至邵。"[2] 古代梅山包括现在的常德、桃源、益阳、湘潭、株洲、辰溪、安化、新化、冷水江、涟源、娄底、双峰、邵东、新邵的全部和湘乡、宁乡、溆浦、隆回、沅陵的一部分，即洞庭湖以南、南岭山脉以北，沅水、湘江之间的资江流域的雪峰山区，其中新化、安化是其腹地。

新化位于资水中游，雪峰山东南麓。多山丘盆地，属中亚热带季风性湿润气候，环境宜人，大概七千平方公里。新化的水酒诞生了很久，一直没有文献明确记载。直到宋神宗熙宁五年，宋廷派出湖南转运副使范子奇、蔡烨、判官乔执中、经制章惇等人对梅山进行安抚，才让新化归于王化。也是这批进入梅山的朝廷要员，用他们的诗文记录了新化的古酒。

本文就宋代的谟瑶古酒、新化水酒的酿造者、储存条件、成色、饮酒方式及其消费群体等内容展开论述，进行比较分析。

作者简介：

方八另（1979—　），男，笔名巴陵，湖南新化人，中国作家协会会员、中国科普作家协会会员、湖南省作家协会会员，中国文字著作权协会会员、中国食文化研究会民族食文化委员会理事。

陈善雄：（1956—　）男，湖南新化人，新化县政协原副主席，现任新化县水酒产业协会理事长、新化县关心下一代工作委员会常务副主任，曾任新化县田坪区区长、新化县农业局局长、新化县农村工作办公室主任、新化县纪委常务副书记、监察局局长。

1 宋代新化水酒的酿造者

宋神宗熙宁五年是谟瑶古酒和新化水酒的一个分界线。在熙宁五年之前，新化境内以及梅山境内出现的水酒，准确的说法应该叫做"谟瑶古酒"，他是少数民族的始祖——谟瑶民族的杰作。熙宁五年之后，大量汉人涌入新化，新化境内出现的水酒不再是纯粹的谟瑶人在酿造、品饮，成为中原民族的水酒，这样的酒叫新化水酒。主要的区分环节在于其酿造者和品饮者。

熙宁五年之前的水酒酿造者主要是梅山的土著即梅山峒蛮，也是一些学者所说的梅山主户，他们是古老的蚩尤部落和南越民族，世代生活在这个地方，逐渐分离出许多南方的少数民族。梅山主户包括有左甲首领苞（扶）汉阳、右甲首领顿汉凌等梅山峒蛮首领及家属，还有梅山峒蛮的峒丁、峒人、峒兵等底层人员，即新化古老姓氏的扶、苏、向、蓝、青、田、赵、卜、包、舒、毕、励、史等。熙宁五年之前迁入新化的汉人不多，1996年版《新化县志·姓氏》统计：有白水邹氏邹瓒于后唐同光三年（925）避乱迁入白水溪；洋溪邹氏宋初在新化任判官的邹世守长子邹希可迁至洋溪。鹅塘村陈氏于后唐庄宗同光二年陈百万驻军鹅塘，并有子孙家眷和军队，为军队驻守失去联系，后改为屯田开垦。方氏为唐宣宗大中十三年（859）方秉忠迁至圳上。[3]

熙宁五年之后，新化的水酒酿造者完全发生了改变。在新化置县之后，进入新化的军队首领及士卒和迁徙来的汉人对梅山峒蛮等土著进行大肆屠戮和编入军队，梅山峒蛮土著迅速减少，甚至消失。没有被屠戮和编入军队的梅山峒蛮，用三种方式隐藏起来。一种是进入新化及新化周边的深山老林躲避灾难；一种是继续迁徙，往南边或者西边迁徙离开梅山到更偏远的五岭地区和武陵山脉去生活；三是与汉人通婚改用汉姓寻求汉人庇护。

朝廷从江西等地迁徙了大批汉族移民进驻新化，新化的汉族人口急剧增加，并且占据了绝对优势。汉人利用他们庇护的梅山峒蛮为其酿造水酒，并且亲自或者组织人员向梅山峒蛮学习山地种植技术和水酒的酿酒技术。很快，这些汉人就学会了梅山峒蛮的水酒酿酒技术，水酒的酿造者中汉人占有绝大多数。据1996年版《新化县志·姓氏》统计：有建隆初年（960—963）刘玉盛迁到邵州其子刘远迁至茅坪村，元丰八年（1085）刘文斌迁至邵阳斛木山其子刘吉蕴迁至坪底，熙宁五年（1072）刘现迁至城南五里，熙宁七年曾泰谕携子永强、福寿迁至横阳山清水塘（孟公月塘村），皇祐年间罗云飞迁至新化，建隆年间罗一松迁至横阳山柘木岭，宋末李嗣松与表兄袁光三郎、袁光五郎迁至侯田，熙宁年间张通义居麻溪，熙宁年间评事伍昌隆迁至三塘，大观年间广西签判杨维圣迁至槎溪，隆兴年间吴和迁至邵阳转安化后到鹅羊塘，元丰八年王明远迁至隆回再迁金凤山，南宋末年肖世郊迁至辇溪，宋中谢六郎迁至城东青山；麻罗谢氏南宋末奉调迁至七都严村（下垅）后到麻罗，元丰八年澧溪周氏官授评事迁至高平古塘，祥符九年（1016）彭才库迁至温塘，元丰八年廷尉戴千胜迁至县西芭蕉山。[3]这些前来的汉人家族，或多或少的学习了谟瑶民族的酿酒技术，成为新化水酒的酿造者。

2 宋代新化水酒的储存条件

新化水酒是一种有着无限生命力的酒，古老的新化水酒的酒曲发酵剂是野生薄荷。野生薄荷古称拔，生长在潮湿肥沃的土壤里，对环境需求就是高山（海拔）和寒冷两个条件的并合。野生薄荷的繁殖和生长极其旺盛，可以遍地只长它这个物种，即使是土壤贫瘠，也生长得很好。新化水酒的一生要经历三次发酵，第一次是与糯米的糖化，第二次是酒酿，第三次是从酒酿到水酒，在形成水酒之后还在不停的生长发酵，从嫩水酒到老酒无限期的生长。

宋代新化的环境和地理条件是极其有限的。熙宁五年之前，新化是万仞摩星躔、十步九曲折的鸟道，地广谷深、高山峻岭、绳桥栈道、猿猱上下。有当时的亲历者章惇《梅山歌》为证："开梅山，开梅山，梅山万仞摩星躔。扪萝鸟道十步九曲折，时有僵木横崖巅。肩摩直下视南岳，回首蜀道犹平川。人家迤逦风板屋，火耕硗确多畬田。"吴厚居《梅山十绝句》为证："梅山地广谷深，高山峻岭，绳桥栈道，猿猱上下。"晁补之《开梅山》为证："其初连峰上参天，峦崖盘崄阁群蛮。南北之帝凿混元，此山不圮藏云烟。跻攀鸟道出荟蔚，下视蛇脊相夤缘。相夤缘，穷南山。南山石室大如屋，黄闵之记盘瓠行迹今依然。"当时梅山峒蛮的住居条件有两种：一是"石室"；一种是"板屋"。当时的梅山土著为梅山峒蛮，"峒"并非是山洞的意思，还是山与山组成的盆地、小盆地或者小山窝，相当于自然村落。谟瑶人有住石屋的习惯，一般是临石壁而建或者临山而建，墙壁全部用石片磊起，片石的间隙用草浆泥（黄泥巴里加有韧性的草段，踩成有糯性和韧性的泥浆）浇灌，屋顶用大石片或者树皮盖起，冬暖夏凉，与石洞有一样的效果。也有谟瑶人借用天然的石洞和溶洞作为自己的居所。板屋多在向阳坡，那里没有石洞和溶洞，砌石屋很难找到片石，木材却繁多，用原木做屋架子，柱子之间用木板连接就是板屋，很干爽、清新，多为峒主所有，一般多栋板屋坐落在一起，或者组成一个大的院落，或者成为一个自然村落，远远看去板屋相连。大部分的谟瑶古酒保存在山洞、溶洞、石屋，进行原地储存，冬暖夏凉，起到一个恒温的作用，通风效果好，促进水酒的生长。板屋虽然冬天有点寒冷，但是板屋的储藏室与灶屋连接。有的板屋还挖有地窖，它也可以保持室温20℃，不影响水酒的生长。还有水酒本身具备自我调节的功能，夏天酷热的时候它挥发酒精和水分来给自己降温；冬天寒冷的时候水酒促进酵母菌继续发酵提高酒体本身的温度，达到温度的平衡。

熙宁五年之后，新化的交通条件发生了根本性的改变。章惇《出梅山诗》云："出梅山，乘蓝舆，荒榛已舒岩已锄。来时绝壁今坦途。来时椎髻今黔乌。扶老抱婴遮路衢，为谢开禁争欢呼。"晁补之《开梅山》云："檄传傜初疑，叩马卒欢舞。坦然无障塞，土石填溪渚。"这只是给水酒的运输提供了方便，水酒的储存条件还是没有发生明显的变化，因为谟瑶人的居住条件基本维持原样，谟瑶发生改变。还有迁徙来的汉人，多采用梅山峒蛮的峒主的居住方式，建造板屋为住所。

3 宋代新化水酒的成色

新化水酒的颜色有一个由浅色向深色转化的过程，大体有这几种明显的颜色，一月的酒酿为乳白色，加水浸泡一个月的初水酒为透明色，一年的嫩水酒为米黄色，三年的细水酒为浅黄色，五年的处水酒为琥珀色，十年的成年水酒为浅褐色，十五年的健水酒为暗褐色，二十至三十年的壮年水酒为血琥珀色，五十年以上的精水酒为糖黑色，一百年的老水酒为黑糖色。

宋代的文献关于水酒的颜色描述的比较少，唯一有一篇是毛渐的《此君亭歌》："芳筵列时果，璀璨间青红。羊肋细软蟹螯丰，兵厨酒美琥珀浓。褫带就坐约烦礼，幅巾相向聊从容。晤言与心契，至乐非丝桐。"道出了酒的颜色为"琥珀浓"，也就是比较琥珀的颜色还要深，由此可以看出他们喝的水酒最少是五年以上的好酒。从另外一个角度来说，梅山峒蛮懂得藏酒的秘诀，知道怎么去储存水酒。也就可以看出，梅山峒蛮对谟瑶古酒有一些深入的了解：一是把谟瑶古酒作为战略物资长期储存起来，在外来势力入侵的时候拿出来犒劳军士，鼓励军士参加战斗；二是梅山峒蛮已经发现谟瑶古酒是一种具有生命力和在不停生长的酒，生长期越长，谟瑶古酒的价值就越显示出来；三是梅山峒蛮发现储存期长的酒的口感和味道比储存期短的水酒更好喝；四是梅山峒蛮已经开始大批量的储存谟瑶古酒了。

4 宋代新化水酒的饮用方式

一种酒的出现和风行，随之而来的就会有一套完整的饮酒方式，随着时间的流传，就会形成一种当地的风俗习惯，也被叫做酒礼。随着谟瑶古酒的出现，也出现了一套梅山地区完整的酒礼。

吴居厚的《梅山十绝句》云："迎神爱击穿堂鼓，饮食争持吊酒藤。莫道山中无礼乐，百年风俗自相承。"道出了梅山峒蛮在喝谟瑶古酒的时候，他们有持壶给客人倒酒、敬酒、添酒的习惯，还有为客人倒酒、敬酒、添酒等各个环节有不同的细节和礼数，在梅山峒蛮中已经形成了一套完整的喝谟瑶古酒的风俗习惯，他们在迎接宋廷军队和首领的时候，能够在酒桌上应用自如，连中原的官吏都感叹——"莫道山中无礼乐，百年风俗自相承"。这是迎宾酒席，要大摆酒宴招待贵客。

章惇的《梅山歌》云："长藤酌酒跪而饮，何物爽口盐为先。白巾裹髻衣错结，野花山果青垂肩。"这首诗道出了宋廷军队和首领入乡随俗的饮酒方式，客人不是坐在餐桌边，还是来到他们的酒库或者储存酒坛的地方，站在酒坛之前，因为酒坛没有人这么高，人必须蹲下来。作为武将的章惇，他们身披铠甲，无法蹲下来，只能跪地靠近酒坛，主人拿来长藤，一头放在酒坛里，一头交到客人手里，对着酒坛伸出的吸管吸，酒就沿着长藤的空心源源不断的流进客人的口里，客人可以放开嗓子牛饮。从这里可以看出梅山峒蛮的酒量和豪迈。

吴致尧的《开远桥记》载："食则燎肉，饮则引藤；衣制斑斓，言语侏离；出操戈戟，居枕铠弩；刀耕火种，摘山射猎，不能自通于中华。"这是对梅山峒蛮的直接描述，真实反映梅山峒蛮的原始生活状态，他们边吃烤肉边喝谟瑶古酒，喝酒就是用长藤，一头放在酒坛里，一头拿在自己手里，每人喝一口酒，这个人喝完交给下一个人，轮流着喝，也可以空出时间来大口吃肉。这种方式虽然原始野蛮，但是那给自足的生活方式，他们还是很满足和自我陶醉的。

郭祥正的《立夏》："岁旦辞江国，炎天克瘴乡。浴陂群鸟白，含露野梅黄。恨别山随眼，消愁酒满觞。残魂终易断，回首只茫茫。"《狄倅伯通席上二首》："梅山曾共听蛮鼟，又看汀州白鹭飞。一榼琼浆要我醉，不忘交旧似君稀。"这是到梅山来任职的官吏的喝酒方式，目的有一个，就是把自己喝醉，喝醉的目的是消愁。郭祥正从江国来到瘴乡梅山，梅山地区到处是风景，他嫌这风景烦躁。只有喝谟瑶古酒才能消除愁苦。郭祥正离开梅山后，他对梅山生活和谟瑶古酒的怀念。说明谟瑶古酒好，一榼就可以把郭祥正喝醉。

5 宋代新化水酒的消费群体

熙宁五年之前，新化的交通极其闭塞。万仞摩星躔、十步九曲折的鸟道，地广谷深、高山峻岭、绳桥栈道、猿猱上下。时有僵木横崖巅，其初连峰上参天，峦崖盘嵚阁群蛮，南北之帝凿混元，此山不坯藏云烟，跻攀鸟道出荟蔚。极其险恶。谟瑶古酒完全是自给自足，自新化置县，章惇《出梅山诗》："田既使我耕，酒亦使我沽。"道出了新化水酒可以在市场上销售和交易，成为梅山峒蛮的生活必需品和梅山客户的喜好品。

谟瑶古酒的消费群体比较狭窄，主要是梅山峒蛮和熙宁五年之前迁徙到新化的客户。梅山峒蛮包括左甲首领苞（扶）汉阳、右甲首领顿汉凌等首领及家属和峒丁、峒人、峒兵等，即新化古老姓氏的扶、苏、向、蓝、青、田、赵、卜、包、舒、毕、励、史等人。熙宁五年之前迁徙到新化的邹瓒、邹希可、陈百万、方秉忠等人的家属[3]。

熙宁五年之后的新化水酒的消费群体，就有所放大，梅山主户即梅山峒蛮逐渐减少或者逃离，甚至编入军队，只有很少的一部分人留下来。梅山客户即迁徙而来在新化境内定居一段时间。一是军队首领、地方行政长官及军队，有湖南转运副使范子奇、蔡烨、判官乔执中、经制章惇，潭州知州潘夙，益阳知县张颉，武安军节度推官吴居厚，邵州防御判官、武冈知县郭祥正，安化知县毛渐、吴致尧，新化知县杨勋、蒋允济、史靖白等，还有邓处讷、翟守素、田绍斌、黄诰、李师中、李绚、石熙载、王佚、李则允、常延信、石曦、刘元瑜、张庄、僧颖诠、僧绍铣、刘次庄等，还有一些人新化水酒穿肠过，没有用文字去记录。二是为了避兵乱、奉朝廷迁徙、屯田等情况迁入新化的陈、邹、刘、罗、颜、毛、潘、李等姓氏，有刘远、刘吉蕴、刘现、曾泰谕及子永强、福寿、罗云飞、罗一松、李嗣松、袁光三郎、袁光五郎、张通义、伍昌隆、杨维圣、吴和、肖世郊、谢六郎、麻罗谢氏祖、澧溪周氏祖、彭才库、戴千胜等人的家人[3]。

宋代的新化水酒在具备了酿造者、储存条件、成色、饮酒方式及其消费群体之后，从谟瑶古酒脱颖而出，成为新化特有的新化水酒，一直流传至今，并且成为特产。

参考文献

[1] 脱脱等著.宋史·蛮夷传.北京:中华书局,1977.

[2] 脱脱等著.宋史·蛮夷传.北京:中华书局,1977.

[3] 新化县志编纂委员会.新化县志·姓氏.长沙:湖南出版社,1996,156-158.

潮汕地区食文化论略

郝志阔　郑晓洁

（广东环境保护工程职业学院，广东　佛山　528216）

摘　要： 潮汕地区具有悠久的饮食文化，美食资源十分丰富，其形成和发展独具地方风味特色。本文阐述了潮汕地区的饮食特色、烹饪原料、粿文化、粥文化以及茶文化。

关键词： 潮汕饮食特色；烹饪原料；粥文化；粿文化；潮汕工夫茶

　　潮汕，古称潮州，由于近代汕头市的兴起，"汕"与"潮"共荣，故习惯上称为"潮汕"。

　　潮汕属粤东沿海地区，东北边与福建省交界，西北与梅州市相邻，西接汕尾市，东南濒临南海，从行政区划上看，广义的潮汕地区包括潮州、汕头、揭阳、汕尾以及大浦、丰顺地区。狭义的潮汕地区仅指清朝的潮州府地区，即"潮州三市"：潮州、汕头、揭阳。境内有三大江河，分别是韩江、榕江和练江。这里三面背山，一面向水，美丽富饶，冬无严寒，夏无酷暑，被誉为"南海明珠"。

　　潮汕地区历史悠久，很早就有先民在这里生活。目前该地区人口密集，是具有浓郁地方文化色彩的著名侨乡。据文献记载，现代潮汕人的祖先来自于中原地区的汉族。年代上可追溯到大约公元前214年的秦朝时期，秦灭六国之后，发起统一百越的战争，派兵分五路向南越进军，平定南越之后，置南海郡，潮汕地区就隶属南海郡，这被认为是中原汉族从中部地区移入潮汕地区的开始。中原汉族移民以各种方式渐进地影响着南部的土著居民。但中原文化在潮汕地区得以迅速地传播并产生较大影响是在隋唐时期，当时中原地区有大量的官民士庶相继来潮，并带来了隋唐时期的中原文化，至今，潮汕地区的风俗还保留了许多隋唐时期中原文化的遗风。一直到宋末元初，潮汕地区的土著居民几乎被中原汉族同化。饮食文化即是潮汕文化中的一朵奇葩!

1 潮汕地区的饮食特色

　　潮州菜源于广东潮州（今潮汕），简称潮菜，已有数千年的历史，与广府菜（广州菜）、客家菜（东江菜）并称为粤菜。潮州菜特色十分明显，选料广博、用料讲究、注重刀工、注重生猛清鲜、讲究原汁原味、菜肴口味清醇等，极具有岭南文化特色。主要烹调法有：炆、炖、烙（煎）、炸、灼、烧、炊

作者简介：

郝志阔（1983—　），男，河北省灵寿人。广东环境保护工程职业学院食品工程系副主任，从事于饮食文化与高等烹饪职业教育研究。

郑晓洁（1986—　），女，广东省汕头人。广东环境保护工程职业学院食品工程系教师，从事于餐饮管理与饮食文化研究。

注： 本文曾刊登在《南宁职业技术学院学报》2013年第四期。

（蒸）、炒、泡、扣、清、淋、卤等10多种方法，其中炆、炖及卤水的制品与众不同。护国菜、明炉烧响螺、潮州豆酱鸡、潮州卤鹅、返沙芋头等都是潮味十足的名菜。

2 潮汕地区丰富的烹饪原料

潮汕地区濒临南海，属于亚热带海洋性气候，自然条件优越，烹饪原料种类繁多，食品资源丰富。据蓝鼎元《鹿洲全集·初集·物产小序》（康熙辛丑端阳版）记载："潮处南服，霜雪罕到，四时皆春，草木敷荣，禾种山巅者有之。果蔬之类，出非其时；海错繁多，……"韩愈被贬潮汕时写的一首诗《初南食贻元十八协律》反映了唐代潮人宴请客人的食物种类之多及选料之广泛怪异，可见潮菜特色之一的"选料广、重海鲜"源远流长，与潮汕自然地理环境密切相关。

2.1 水产类原料丰富

由于潮汕地区有着漫长的海岸线，为冷暖洋流和咸淡水交界水域，水质肥沃，海产资源广博。俗话说"靠山吃山，靠海吃海"，海区内有鱼类700种，其中近海鱼类471种，主要捕捞的经济鱼类有100多种，包括经济价值较高的马鲛、绍鱼、笆鱼、带鱼、海蟹、石斑鱼等；还有甲壳类（主要是虾、蟹）、贝类、棘皮动物、爬行类和藻类等，其中，贝类就有117种[1]。同时，潮汕地区水网密集，山塘水库面积广阔，淡水鱼产品丰富，如四大家鱼、鳗鲡、鲈鱼等。因此，潮菜有一特色，即以烹制海鲜见长，原料讲究新鲜生猛，而且菜肴中总少不了海鲜，如一般的宴席中，十道菜中约有一半或以上是海鲜品。

2.2 蔬菜瓜果品种多样

由于潮汕地区属于冲积平原，土地肥沃，四季如春，雨量充沛，适宜栽种多种作物，一年四季瓜果飘香，蔬菜种类繁多，常见的蔬果近八十多种，其中有许多是名优特产，如：饶平香米、冬种大芥菜、潮阳东家宫刺瓜（学名黄瓜）、河浦金笋（学名胡萝卜）、澎菜（学名紫菜）、胪岗荷目豆（学名豌豆）、澄海县南畔洲菜头（学名萝卜）、芫蔚（学名益母草，常用于做早点）、普宁船埔番梨（学名菠萝）、狮头油甘、橄榄、血李（学名芦塘李）等。潮汕饮食中善于制作素菜和汤菜，为避免素菜过于清淡乏味，潮菜在制作过程中常"素菜荤做"，如加入排骨汤、鸡汤或肉汤一起烹制素菜，"荤素结合"使果蔬肥而不腻，香味浓郁，令人回味无穷。潮汕地区盛产蔗糖，潮汕人民在很早以前便掌握了一套制糖的方法，并且善于制作各种甜菜。如选用燕窝、哈士蟆、鱼胶、鱼脑等动物性原料，或选用南瓜、冬瓜、芋头、番薯、姜薯、莲子、豆类、柑橘、菠萝等植物性原料制作各种各样的甜菜。

2.3 调料品种繁多

潮汕菜所用的调味品多达五十多种，品种之多往往出乎外地食客的意料。如常用的调料有豆酱、鱼露、酱油、甜酱、橘油、梅羔酱、白醋、陈醋、沙茶、芥末、辣椒酱、豆油、麻油、川椒油。这些调料，咸、甜、酸、辣、香五味俱全，可以根据需要配搭上席[2]。许多菜肴与调料的搭配已约定俗成，如虾枣搭配桔油，牛肉丸搭配沙茶，清蒸鱼搭配豆酱或酱油，卤味搭配蒜泥白醋、烧鹅必配梅膏等。潮菜在烹制中常将一些菜肴和佐料分开，让食客根据自己的喜好搭配佐料。

3 粿文化

粿，米食也，凡是用米粉、面粉、薯粉等加工制成的食品都称为"粿"。早先，潮汕先民从中原南迁到潮汕，按祖籍的习惯，祭祖要用面食当果品。由于南方不产小麦，只能用大米来做果品，由此产生了"粿"这一食品。如今，在潮汕饮食文化中，粿和粿文化占据了重要的地位，它不仅色香味俱全，而且蕴含了本土文化色彩。每逢过节，潮汕民间都有制作粿来祭祖拜神的习俗，进而寄托人们美好的愿望。民谚有云："时节做时果"，粿品种类繁多，不同时节做不同的粿品，如春节做"鼠曲粿"，是用潮汕田野生长的鼠曲草拌糯米粉加工制成的；正月初四老爷落地，家家户户备有红桃粿，寓意"开门红"；元宵节要做甜粿、酵粿（发粿）、菜头粿，即"三笼齐"，取其甜、发、有彩头之意；清明节做朴籽粿（又称碗酵桃），传说先人在饥荒年，采朴籽树的叶子充饥度荒，后人为不忘过去，便在清明节采此树叶，和米舂捣成粉，发酵配糖，用陶模蒸制成朴籽粿，有梅花型及桃型两种；端阳节做栀粿，用糯米、栀子和铺姜制作而成，食用时喜用纱线牵拉切成一小片一小片，盛放于白瓷盘上，用白砂糖蘸粘着食用，甜润爽口，凉喉解渴；中元节要做"碗糕粿"（即笑粿）；八月十五中秋节要做"油粿"来祭拜神明，有弯月形或圆锥形两种。

粿品除了用于过节祭神拜祖、寄予美好的愿望外，潮汕民间还流传许多有关粿文化的谚语和故事。如谚语有"贤做雅粿"（雅粿即好看的粿）形容工于心计、善做表面文章的人；"歪鬃资娘做无雅粿"（资娘即女人）形容某些女人仪表不整，手工不佳，有不贤惠之意，也体现粿品要求精工细作；"乞食丢落粿"（乞食即乞丐）比喻那些异想天开、绝无可能的事；"咬破粿"指事情弄糟露了馅；"软过菜粿"（菜粿柔软可口）喻人软弱无能。关于粿的故事也有许多，如"甜粿"制作费时费精力，但糖分高、耐储存，以前潮汕人迫于生计，坐船背井离乡，告别妻儿外出谋生一段时日，因此行前各自炊一笼甜粿，以备船上充饥，于是有了"无可奈何舂甜粿"之说，比喻万不得已才做甜粿。潮汕的粿不仅仅是满足口福的食品，而且凝聚本土色彩的民风民俗，值得我们探索和传承。

4 粥文化

潮汕人喜食粥，甚至一日三餐以粥为主食，过去潮汕人喝粥是由于粮食不足，喝粥既能节省米粮又能充饥，如今喜食粥更多的是与当地的气候和长期以来的饮食习惯有关。潮汕地区夏季较冬季长，气候湿热，容易上火，而粥较清淡，有降火、养胃、生津的功效。潮汕粥与其他地方的粥不同，一般用米较多，水米按一定的比例要求下锅，当米粒煮到圆鼓鼓后即可关火，隔十几分钟后即可成为又稠又黏又香的粥，潮汕人称粥为"糜"。按照潮汕人的饮食习惯，粥主要分为两种，一种是"白糜"（白粥），一种是"芳糜"（即香粥、咸粥）。一般潮汕人早餐习惯喝白粥，搭配几样腌制的小菜，如橄榄菜、腐乳、咸菜、炸咸豆腐、萝卜干等。午餐或晚餐则根据各人喜好稠稀程度不同，有时则加入其他原料煮成香粥，如加入鱼片、虾蟹、鱿鱼片等原料煮成"海鲜糜"；或加入排骨、瘦肉或肉丸煮成"肉糜"；用地瓜或蔬菜切碎和米同煮，称为"番薯糜"或"菜糜"；或用糯米熬成粥，称为"秫米糜"（即糯米粥）。潮汕人煮香粥也有讲究，可细分成两种，分别是潮汕泡粥和潮汕砂锅粥。泡粥是用煮好的白饭来煮泡的粥，例如生蚝肉碎粥、鱿鱼肉碎粥等，通常用料在两种以上。潮州砂锅粥则用生米、砂锅、明火煲粥，粥七成熟时，放原料再加配料煮成。经典的粥品有砂锅鱼片粥、砂锅虾蟹粥等。

如今，粥文化在潮汕人的饮食习惯中仍占据着重要地位，其养生食疗的功效在各地颇受欢迎，虽然现在粮食充足，但不少人仍保留喝粥的习惯，甚至粥还出现在宴席上，这是极为罕见的，也许这就是潮汕人特有的"恋粥情结"[3]。

5 茶文化

潮汕茶文化主要指的是潮汕工夫茶及潮汕人的茶文化情结，在潮汕地区，几乎家家户户都有工夫茶具，不管是工作之余、饭后空闲、招待客人，人们总是围坐在小茶几边，起炉候汤，聊聊家常，细细品味工夫茶，气氛很是融洽。即使是居住在外地或移民海外的潮汕人，仍然保留着品茗工夫茶这一习俗。所谓工夫茶，即泡茶工夫细致考究，集潮汕人饮食文化的精髓，无论是茶具、茶叶、用水、冲泡都十分讲究，尤其在"茶具"和"冲泡"上。例如茶具有孟臣罐（宜兴紫砂壶）、若琛瓯（茶杯）、玉书碨（水壶）、潮汕烘炉（酒精炉，现多为随手泡）、赏茶盘、茶船等。以孟臣罐为例，讲究"小、浅、齐、老"为佳，壶嘴、壶盖头、壶柄三者应成一条直线，俗称"三山齐"。但工夫茶最见工夫的还是"冲泡"，归结为"高冲低斟、春风拂面、关公巡城、韩信点兵"，"高冲"的作用是使开水充分激荡茶叶，使茶汤滋味浓郁；低斟是指巡茶时茶汤不易外溅，同时不使香气过多散失；"春风拂面"即刮去茶沫；"关公巡城、韩信点兵"指循环斟茶，使茶汤均匀地斟入各个茶杯中，余斟应一点一滴平均分注，目的在于使杯中茶汤浓淡一致，并将茶汤中的精华全部倾出。总之"潮汕工夫茶"体现了历代潮汕人长期养成的高雅的文化素养。

品工夫茶是潮汕地区很出名的风俗之一，它已成为当地人们生活中不可或缺的一部分，婚、丧、喜、庆，无一离得开茶，如结婚之日，新郎新娘须向双方长辈敬茶；有亲人从远方归来，家中的晚辈及媳妇如第一次见面则需捧茶扣跪行礼；祭祀拜神时一般也要"清茶三杯"。可以说，潮汕工夫茶已成为潮汕文化中重要的内容，它是人们日常生活中的一种交际礼尚，一般泡工夫茶是潮汕人以茶待客的一种优良传统之一，"寒夜客来茶当酒"，通常以对客敬茶当做一种好客之道，这些礼俗也体现出了潮汕人热情好客的特点。

6 结语

潮汕饮食文化是岭南文化的有机组成部分，以其独特的民风民俗和饮食特点闻名中外，它的形成既有历史文化的影响，也有独特的地理环境因素。潮汕饮食文化经过千百年的历史锤炼，在百越之族与中原文化的交汇中孕育而成，它既是潮汕文化宝库中的瑰宝，也是中国饮食界的一朵奇葩。

参考文献

[1] 吴波等. 潮汕百科全书[M]. 北京: 中国大百科全书出版社, 1994.

[2] 江东勤. 潮州菜形成、发展的文化脉络[J]. 广东职业技术师范学院学报, 1999, 3:96-101.

[3] 苏英春, 陈忠暖等. 论地理环境对潮汕饮食文化的影响[J]. 云南地理环境研究, 2004, 4(16):61-64.

[4] 吴二持. 略论潮汕美食的特色[J]. 韩山师范学院学报, 2008, 29:30-34.

食文化与教育

日本广泛深入持久地推进"食育"宣传普及活动

张可喜

（新华社世界问题研究中心，北京　100803）

摘　要：在《食育基本法》和《推进食育基本计划》的指导下，十多年来，日本以"食育月"和"食育日"为主，深入持久地开展关于食育的宣传普及活动，积累了颇为丰富的经验。

关键词：食育；《食育基本法》；《推进食育基本计划》；"食育月"

　　引言：自2005年7月制定和颁布《食育基本法》以来，日本虽内阁几经更迭，但政策的连续性却丝毫不受影响，以"食育月"为主，连续不断、深入持久地开展全民性"食育"宣传普及活动，体现了一种坚持不懈、细致认真的行政作风。

1 政府部门分工合作

　　《食育基本法》制定之后，日本内阁设立了推进食育会议，由首相担任会长，委员中有两名内阁府特命担当相，分别负责食育和食品安全问题，此外，还有内阁官房长官、总务相、法务相、外务相、财务相、文部科学相、厚生劳动相、农林水产相、经济产业相、国土交通相、环境相等11名有关阁僚及13名各界有关人士。

　　第一个《推进食育基本计划》是2006年制定的。实施这项计划的主要部门是内阁府、农林水产省、文部科学省、厚生劳动省等，它们分工合作，并号召各地方政府及有关机关团体参加，形成了一种全民参与的宣传普及运动。

　　食育是关于食生活、食文化的教育，因此农林水产省首当其冲，成为推进这一全民运动的主要部门之一。文部科学省是主管教育的部门，在各级教育部门开展食育宣传普及活动是它重要业务之一。厚生劳动省主管医疗、妇幼保健等工作，它的食育活动主要是为促进青少年的健康成长而展开的。内阁府则是关于食育宣传普及活动的总管部门，负责协调各有关部门之间的行动。

　　农林水产省的工作重点是主办每年的"食育月"活动。该省2016年度的"实施纲要"确定的"重点事项"与迄今相比是大同小异：

　　（1）通过食生活促进情感沟通　在享受进食之乐的过程中，以学习包括烹调技术、礼仪、食文化在

　　作者简介：张可喜（1939—　　），男，江苏镇江人，新华社世界问题研究中心研究员。毕业于北京大学东方语言文学系，1968年进入新华社工作，曾任新华社《世界经济科技》周刊主编、世界问题研究中心副主任等职。

内的饮食习惯和知识，通过家庭一起用餐等饮食场所的食生活而促进情感方面的沟通。

（2）形成应有的生活节奏　通过实践"吃早餐和早睡、早起"等活动，养成青少年的基本生活习惯，确立生活规律。

（3）有益于延长健康寿命的健全食生活　为延长健康寿命，要通过普及《食育导向》及《食生活平衡导向》等知识，促进健全的食生活实践——减少盐分等以及预防和改善代谢综合征、肥胖、瘦身、低营养等，提倡有助于营养平衡的"日本型食生活"等。

（4）培养饮食循环和环境意识　通过体验农林渔业、体验食品烹调等活动以及饭前饭后礼仪的习惯化等，认识粮食从生产到消费的食物链，对于自然的恩惠、得到生产者等许多与食有关人员种种活动的支持怀有感谢之心，加深对包括粮食问题在内的关于食物链的理解，同时以"勿浪费"的精神，通过国家、地方政府、食品加工制造业界和消费者等各相关方面的合作，开展减少食品浪费现象的国民运动。

（5）加深对传统食文化的关心和理解　利用传统食材等地方农副产品的乡土膳食和用餐方法及烹调技术等，加深对本国丰富的传统食文化的关心与理解，推进对它们的保护与继承。

（6）关于食品的安全性　为提高关于食品的安全性的意识与关心程度，同时让国民充分地理解和运用关于食品安全性的信息，对消费者提供关于食品中的放射性物质的准确而通俗易懂的风险信息等以及关于食品信息制度的普及和固定化。

文部科学省在2008年修改了《学校给食法》，在"立法的目的"一项中，明确地把食育置于"学校要推进食育"的地位，关于学校给食的目标，新增加了如下内容：

①涵养关于食品的适当的判断能力；

②理解传统食文化；

③通过食生活，涵养尊重生命和自然的态度。

关于通过营养教谕利用学校给食加强对食育的指导的问题，该法也明确地规定：学校给食就是进行"食育"活动的时间，以此推进各地指导食育的实践活动。为充实食育活动内容，文部科学省从2014年度起开始实行名为"超级食育学校"工程，目的是与有关机关团体合作，在食育方面构筑示范典型，内容包括：关于通过食育活动所要达到的增进健康、理解食文化、推进地产地销等多方面的效果，将事先设定具体的评估目标，并在此基础上，根据科学的数据，进行检验，通俗易懂地显示成果。

厚生劳动省于2004年制定了《关于保育院食育的指针》。指针说，"用餐不单是为了果腹，而且是奠定人与人之间的信赖关系的行动。实践食育活动是重要的——少儿在接受身边成年人的援助的同时，通过与其他少儿的交往，积累丰富的食生活的体验，通过享受饮食乐趣而培育对食的关心，以确立关于食能力的基础"。

保育院的食育以《关于保育院食育的指针》为根本，以培养关于食能力的基础为目标，规定在实施食育的时候，要加强家庭和社区的合作，在家长的协助下，应用保育员、调理师、营养师、护士等所有职员的专业知识，共同推进。

从"食育指针"的如下目录，可以了解日本在保育院推进食育活动的概貌：

第1章　总则

食育的原理

食育的内容构成的基本方针

第2章　少儿的发育、成长与食育

第3章　食育的目的及其内容

　6个月未满的少儿的食育的目的及其内容

　6个月到1岁3个月未满的少儿的食育的目的及其内容

1岁3个月到2岁未满的少儿的食育的目的及其内容

2岁少儿的食育的目的及其内容

　3岁以上少儿的食育的目的及其内容

"饮食与健康"

"饮食与人际关系"

"饮食与文化"

"生命的成长与饮食"

"烹调与饮食"

第4章　制定食育计划的注意事项

对保育计划与指导计划的定位

长期指导计划与短期指导计划中的食育计划的制定

3岁未满少儿的食育指导计划

3岁以上少儿的食育指导计划

计划的评估与改善及职员的合作体制

第5章　食育中的给食

食育中保育院的饮食的定位

保育院的营养管理与对适应成长阶段的饮食内容

为提供饮食而把握实际情况

菜谱的制定、烹调、配餐

卫生管理

向家庭报告少儿的饮食情况

对饮食的评估与改善

第6章　适应多样化的保育需求

对身体状况不佳少儿的对应之策

对食物过敏少儿的对应之策

对残疾少儿的对应之策

对延长保育、夜间保育和暂时保育的对应之策

第7章　为推进食育而实行合作

保育院职员的进修与合作

与家庭的合作

与地区合作的食育

第8章　在食育方面对地区有子女家庭进行指导

2 全国上下开展"食育月"活动

日本政府在制定《推进食育基本计划》时，把每年6月定为"食育月"、每月19日定为"食育日"。这一举措成为在全民之中年复一年开展食育宣传普及活动的基本保证，也是政府高度重视食育工作，讲求实效、不走过场的具体表现。

以2016年为例，"食育月"期间举办的活动主要有：

（1）召开推进食育全国大会——6月11日及12日，在有关省、厅的合作之下，由农林水产省、福岛县及第11届推进食育全国大会福岛县组织委员会在福岛县共同主办了第11届推进食育全国大会。这一活动是每年"食育月"期间最重要的活动。

（2）有关省厅、地方政府及有关机关团体，在全国范围内，以食育为主题，举行研讨会、讲习会、展览会和体验烹调和生产等活动。

（3）运用各种宣传媒体等——有关省厅、地方政府及有关机关团体，在运用电视、广播、报纸、杂志、网站、社会网络服务（social networking service，SNS）等各种宣传媒体的同时，还根据不同年龄层，运用提示具体方法的《食育向导》等，实施关于食育的普及和启发活动。

（4）利用日常的活动场所——有关省厅、地方政府及有关机关团体，要积极地利用各自的日常活动（特别是教育、保育、医疗、保健、农林渔业、食品加工等活动）场所和机会，实施有关食育的普及和启发活动。

内阁府每年都要就该年度的食育活动征集"食育标语"。全国各地的中小学校还举行"食育标语竞赛"，获得优胜者得到表彰，入选作品被印制成为广告和小册子，应用在关于食育的宣传活动中。

2008年，在12月28日至2月29日之间从77659名中、小学生中征集到90452幅标语。经过审查，内阁府选定如下几幅为当年度的标语：

"快乐地与亲人和朋友同桌进餐，重视会话与交往！"（创作者：諏訪瞳，埼玉县春日部市立八木崎小学校6年级学生）

"传播当地充满地区性的传统食文化和多样的味觉！"（创作者：会泽美空，茨城县常陆太田市立北中学校3年级学生）

"掌握关于饮食的知识与判断力，选择和利用正确的信息！"（创作者：大城绫花，大阪府立岸和田高等学校1年级学生）

内阁府提出了"食育的主人公就是你、我、他"的口号。为了宣传食育，内阁府食育推进室编印了各种出版物，如《年度食育白皮书》《食育向导》及其英文版 *A.Guide.to.Shokuiku*《给父母与子女的食育读本》《表彰推进食育义工事例集》，宣传小册子《为了思考食育》和《为了大学生思考食育》、《为着推进食育——制定"食育基本法"》，活页文选《第2个推进食育基本计划》和《我们支援家庭里的食育》

《食育推进基本计画》，DVD《话说食育》《关于食育基本法的10个Q&A》。《年度推进食育的宣传广告》则是为宣传"食育月""食育日"、推进食育全国大会、"食育标语"制作的广告集。

在第一个《推进食育基本计划》（2006年3月31日由推进食育会议决定）中，作为"食育的国际贡献"，日本政府提出"要在海外开展食育活动"："鉴于这是世界上值得自豪的思想，在海外推广食育，促进其实践也是有意义的"，"为此，就食育的理念和实践向海外发布信息，争取让食育（Shokuiku）一词成为通用语言，同时，通过这些活动，增进国际社会对我国食文化的理解"，为此目的，出版了题为 *What We Know From Shokuiku The Japanese Spirit -Food and Nutrition Education in Japan* 的读物。

中央政府如此高度重视食育，47个都、道、府、县地方政府乃至市、町、村等各级基层行政单位也不怠慢。

在新潟县，参与食育活动的团体涵盖了社会各方面：公益社团法人新潟县营养师会、改善食生活推进委员协议会、农村地区生活顾问联络会、一般社团法人新潟县齿科医师会、一般社团法人新潟县调理师会、北陆农政局经营和事业支援部地区食品科、新潟县农业协同组合中央会、新潟县小学校长会、NPO法人新潟县消费者协会等。

兵库县出台的2015年度《"食育月"活动实施纲要》说，"为了推进食育，要求每个县民都要培育关于'食'的判断力和实践力，也让整个社会思考'食'的问题，创造实现更好食生活的环境。县政府为提高县民对食育的关心程度和实践能力，通过食物感受收获的季节，培养对农作物恩惠的感谢之心，特把10月定为'兵库食育月'，县、市、町、村和有关团体等有重点地、有效地开展食育活动"。该县设定的"重点事项"是"享受'日本型食生活'，增进健康！"其具体内容有：

（1）县政府举办食育绘画比赛并进行表彰和宣传活动；对食育活动实施问卷调查；通过大众媒体开展"食育月"的宣传活动；制作关于食育的宣传广告；支持市、町、村及有关团体的食育活动。

（2）市、町、村与有关机关团体等密切进行合作，利用大众媒体等，积极地进行相关的宣传活动，同时开展与食育有关的各种活动。

冈山县仓敷市立西阿知小学校2014～2015年度被文部科学省指定为"超级食育学校"工程的试点之后，决定制定和实行学校的推进食育计划，并建立实施和评估机制。这项活动是在营养教谕和教职员的合作体制下进行的，主题是"学校、家庭、社区加强合作，共同学习，我们的饮食和健康"，以下面三点为支柱开展实践活动：

（1）关于食育的授业实践　关于食育的指导，是根据各年级学生身体的发育情况进行的，它与每天的食生活（学校给食、家庭饮食）有机地结合起来，在6个年级有系统地推进食育活动。各个年级的具体内容是：1年级的年级活动，主题是"和食物交朋友"；2年级，在生活科里，讲授"太阳啃菜——我想栽培蔬菜"；3年级，在社会科里，讲授"在仓敷市工作的人们——商店售货员的工作"；4年级，在体育科（保健领域）里，讲授"成长着的身体和我"；5年级，在家庭科里，讲授"精神饱满的每一天和食物"；6年级，在体育科（保健领域）里，讲授"生活习惯的预防"。

（2）活用名为"精神饱满身体健壮大战"的生活状况记录卡　以改善饮食习惯和生活习惯为目标，儿童自身要回顾在"精神饱满身体健壮大战"周期间的努力情况，认识取得的成绩和存在课题，进一步提高自我管理能力。

（3）活用"仓敷市版健康状况判断软件" 在该市的小学和中学校里，都采用了一种"内容管理系统"，学生在因特网上输入了自己一天的饮食情况，就能够进行饮食诊断。力争通过把这一软件运用到食育方面，培育"了解自己的食生活，进行健康管理的学生"。学生输入了在家庭科和年级活动等场合的饮食状况的数据，可以回顾自己的食生活。此外，还可以通过《食育通讯》《年级通讯》和网页等向家长提供信息，帮助他们在家里就饮食进行调配。

以该校为中心，通过加深在题为《学校、家庭和社区加深合作，共同学习，我们的饮食和健康》的研究课题里的合作，向家庭和社区扩大食育的活动范围。

根据地区的实际情况对饮食内容进行改进：利用当地的农产品，采用乡土食品和传统（行事食）食品；利用儿童栽培的农作物；实行任儿童选择食谱和吃大锅饭等给食方式；按照儿童的希望制定食谱。

儿童家庭和社区的合作：实施关于食生活等情况的调查；制作和散发《给食通讯》等关于饮食的广告宣传品；开展给食品尝会、亲子烹调教室、与饮食有关的演讲会等活动；举办关于饮食指导的公开讲课和研究报告会等活动；散发给食烹调技术资料；活用地区人才。

在日本，除了教育、医疗保健、社会福利以及农林渔业等行业外，企业，特别是食品制造及流通业、炊具业、餐饮业、旅馆业等，也积极地参与到食育实践活动中来。作为社会贡献的具体行动，许多企业举办关于食育的实践活动，如工厂参观、农业体验、设立烹调教室等。不过据分析，企业参加食育活动的最大意义，在于"增加本公司商品和服务的销售额"——通过食育活动，获得顾客对本公司商品和服务的信赖，其结果，就增加了本公司商品和服务的销售额。

3 培养专业知识人才

《食育基本法》第十一条规定，"从事关于教育、保育、看护及其他社会福祉、医疗、保健等职业的人员以及教育等相关机关团体在增进关于食育的关心和理解方面应发挥重要作用"，要求它们"努力根据基本理念，利用各种机会和场所，积极地推进食育活动，同时努力对其他人推进食育的活动提供合作"。第一个《推进食育基本计划》就把"培养和活用掌握专业知识的人才"作为一项重要工作："为了使每一个国民具有和亲自实践关于食育的知识，要设法培养具有关于食育的专业知识的注册营养师、营养师、专门厨师和厨师等人才，同时，要与学校、各种教育机关等合作，在推进食育活动方面，依靠这些人才及其团体开展多方面的活动"。

十多年来，随着食育的重要性被人们广泛地所了解、所认识，有关食育的各种资格和协会也应运而生。社会人通过一定期限的学习，经过考试，获得由协会设定的资质，即从业执照，就可以到相应的单位任职。可以说，食育也因此创造了许许多多的工作岗位，增加了就业。

除了厨师、营养师和注册营养师等传统的职称，"基本法"和"基本计划"催生了许多为开展食育活动所需要的专业人才，如食育顾问、食育食谱设计者、食育专家、食育教师、高级食育指导员、膳食协调员、食育信息专家、护理用餐顾问、药膳协调员、国际药膳食育师、发酵食品专家、宏观生命技术治疗师、健康与美容美食顾问、食生活顾问、内在美节食顾问等等。

在这些人才中，有代表性的是食育顾问和食育教师。前者是一般财团法人日本能力开发推进协会（JADP）认定的职称，要学习的内容包括关于食育、食品的安全性、消化吸收的机理、食育活动等的基础知识；后者是非营利活动法人（NPO）食育专家协会认定的职称，学习的内容，除了食育顾问学习和掌握的知识外，还需要学习食生活的礼仪、日本食生活的实际情况和粮食的自给率等。

食育指导员也是日本能力开发推进协会的认定资格，是能够掌握关于"食与健康"的正确知识，通过食育向从儿童到老人的各年龄层宣传普及食育意义的人才。目前已经有1万多人获得了食育指导员的职称。高级食育指导员则是具有更高知识水平的专门人才，是各地推进食育活动的领导者。他们还需要学习儿童心理学、法律、社会学、食品功能乃至食文化等广泛的知识。

食育专家是根据《食育基本法》而制定的新的技术职称。它由特定非营利活动法人日本食育专家协会认定的，有资格担任食育的领导者。

食育食谱设计者是非营利活动法人大家的食育和职业训练法人与日本技能教育开发中心合作新设立的技术职称。

食育协调员是一般社团法人日本食文化协会认定的一种技术职称，职责是掌握基本的食育知识和实践能力，能够制定和实践关于食育的策划方案，从事关于食育的实践活动等。

除了上述那些有认定资格的团体，还有许多与食育有关的协会，如：

非营利活动法人日本食育协会，2004年5月设立，宗旨是"对于肩负未来的儿童及其家长、承担日本经济的成年人，进行关于食育的启蒙和知识普及活动，对建立健康的社会基础作出贡献"。

一般社团法人日本内美节食协会提倡和普及"内美节食法"的团体。所谓的"内美节食法"，就是一种"为自身充满幸福感和美丽，要从身体的内侧（肠和心脏）开始做起的可持续的食物疗法"。

一般社团法人日本儿童食育协会的宗旨是"为儿童的将来奠定基础"，即创造良好的环境，以利于让儿童懂得饮食的重要性，学习正确的食文化知识、礼仪和饮食平衡等。"儿童食育"包含如下五点内容：1）有兴趣和积极地的进食；2）感谢制造食物的人们；3）了解饮食对自己的身体和能力是重要的；4）了解一定的做饭方法；5）能够用自己的语言表达和转达饮食的重要性。

日本健康食育协会、全国高龄者食育协会、分子整合医学美容食育协会、国际食育士协会、日本食育信息协会等也都是在食育活动中应运而生的团体。

更有趣的是，在日本还出现了"宠物食育协会"（英文名称为"Alternative Pet Nutrition Association"，简称APNA）。这个团体是2008年成立的，其宗旨是"要对日本食文化的发展做出贡献"："不拘流派，普及必要的信息，让宠物饲养者学习关于宠物的营养学和食的知识，具备有信心地选择宠物饮食内容的判断能力"。该协会还设立了"宠物食育指导员"等资格，应试者必须通过严格的考试，并且遵守所谓的"伦理规定"等。

4 结束语

"食育"的概念发源于日本。它不仅是一种健康长寿法，而且还体现了一种民族精神——全民参与，深耕细作，持之以恒。这或许就是日本这个岛国在经济上和科学技术上跻身于世界前列的原因之一。

中国"食育"研究发展现状及对策分析

吴 澎

（山东农业大学食品科学与工程学院，山东 泰安 271018）

摘 要：本文总结了中国食育研究历史、现状，分析了当前"食育"中存在的问题，对比国外的实践经验，提出了有的放矢的对策思路。

关键词：食育；问题；对策

自1896年日本著名的养生学家石冢左玄在他的著作《食物养生法》中提出"食育"一词，迄今已有120年了。这期间中外学者对其概念、对象、内容、形式都进行了探讨和研究，世界各地的幼儿园、学校、机关、企业乃至政府也就其实施的具体模式进行了不同程度的探索。

1 中国食育研究历史、现状

1.1 食育的概念

现代"食育"的概念在中国提出的非常晚，2006 年中国农业大学李里特教授自日本留学回国后，针对现代人的生活方式、疾病、食品安全、食物生产与资源环境、食品传统与文化继承等问题日益受到关注的状况，提出有必要在提倡"德育""智育""体育"的同时提倡"食育"，由此引入了"食育"的概念[1]。

十年间，从最初李里特老师提出"食育就是良好饮食习惯的培养教育"到后期越来越多的学者不断拓展食育的概念[2]。有人提出将这种饮食教育，延伸到艺术想象力和人生观培养上。有人提出食育包括吃什么、吃多少、怎样吃三个维度[3]。中国疾病预防控制中心营养与食品安全所所长马冠生总结："食育是指饮食教育以及通过饮食相关过程进行的各方面教育。其目的不仅仅是促进儿童少年的饮食健康，还要促进他们德智体美劳等全面发展，培养他们保持健康的能力、日常生活能力、独立处事能力、爱的能力等。[4]"

北京师范大学沈立博士进一步总结"狭义的食育即饮食行为教育，是指对孩子进行包括饮食观念、膳食营养知识和饮食卫生安全等一系列营养学的教育。广义的食育通过各种饮食观念、营养知识、饮食安全、食文化等知识教育和多种多样的烹饪、栽种等体验，获得有关"食"的知识和选择"食"的能力，培养出有人与、自然、环境和谐相处的意识、有传统食文化理解力的、有良好饮食习惯的能过健康食生活的人。[5]"

中国食文化研究会原副会长施宝华先生更是提高了一个层次从国家的角度概括食育"就是对全体民

作者简介：吴澎（1972— ），女，山东农业大学食品科学与工程学院副教授，研究方向饮食文化、食育、功能因子提取、功能食品研发等。

众进行持续的饮食卫生、饮食安全、饮食营养适量平衡的知识和技能教育，使民众树立饮食安全理念，掌握饮食安全化、科学化、文明化的知识技能，养成饮食安全、科学、文明的食德、食知、食风和行为习惯，实现饮食安全，达到改善民众体质、减少疾病、提高民众素质、增强国家软实力的目的。[6]"

1.2 食育对象

从最初食育对象仅仅是面对孩子，慢慢扩大到老师、父母及至学校、家庭、企业、社区、到如今食育对象发展到了全社会，我们开始呼吁政府通过立法和政策引导，这确实是我国食育研究的一个进步。

1.3 食育内容

就食育的内容来说，中国早已有之，这些在《黄帝内经》《齐民要术》《备急千金要方》都有记载。我们在此论述的现代食育是从最初提出的单纯培养科学健康的饮食习惯到如今灌输食品常识、烹饪知识、食文化、营养与健康知识、食品卫生安全等知识；学习烹饪、饮食、栽培等技能；培养环保、节约、对大自然负责任的态度；培养良好的就餐情绪及和谐的餐桌氛围；锻炼体验快乐、品味幸福的生活意识和能力，食育内容已经由点及面扩展到了全方位、多维度[7-8]。

1.4 食育实践形式

我国的食育实践是从2010年正式开始的，主要是在北京、上海、青岛等地的中小学将"食育"引入课堂。后来是一些民间组织开始筹建食育培训场地、举办食育管理研修班，通过实践体验、观赏食育纪录片、参观食育工坊与食育讲座等形式培养食育教师人才；有些先进的幼儿园建设了中国早期的食育教室；2013年中国第一本电子食育刊物《食育》正式出版；近年来高校建立食育课程体系的呼声也越来越高，南京农业大学甚至在自主招生面试中设计了食育环节。

从政府层面实行食育立法及政策宣传从2015年才刚刚起步，我国每年5月的第三周被定为"全民营养周"。值得庆幸的是政府已经关注到这个问题并开始行动。我们也在此呼吁热切盼望能够有机会设立关于全国性的食育研究课题以推进食育实践有系统全方位的发展，而不仅仅局限于民间组织的自发行为。

2 他山之石

食育在国外受重视由来已久，很多国家以立法的形式进行食育全民教育，并辅助以课程、运动、设立了"营养日""营养周"或"营养月"的活动，收到了显著的效果，有很多国家的成功经验值得借鉴[1]。

2.1 日本

我国现代食育的概念最初就是从日本引进的，日本于2005年颁布了"食育基本法"，将其作为一项全民参与运动，目的是"通过食育，培养国民终生健康的身心和丰富的人性"。日本从0岁孩子就进行食育，以家庭、幼儿园、学校，等为单位，在日本全国范围进行普及推广，提倡与实践结合，从播种、耕耘、收获到烹饪，发动学生全程参与，通过对食物营养、食品安全的认识，以及食文化的传承、与环境的调和，对食物的感恩之心等，将营养教育纳入教育体系中。

2.2 英国

英国政府和民众长期重视食育，"食育"是英国国家课程的一个部分，对于5~14岁儿童来说是必修课程。英国实行校园菜园计划（Kitchen Garden Project），提倡学校拥有自己的菜地和可以让学生参与烹饪的厨房，使孩子可以在学校中学习到如何种植、加工、烹饪食物。2002年，英国卫生部拨款设立"英国食品两星期"活动，同时规定公立中学必须开设烹饪课，总学时不少于24小时，课程学分纳入个人总成绩，与毕业直接挂钩。英国民众也积极参与食育，比如著名厨师菲尔·威克里瑞就向英格兰全部11岁儿童免费赠予一本健康饮食食谱 *Real Meals* 以指导学生和家长健康烹饪。

2.3 美国

为从根本上培养公众健康的饮食习惯，美国政府连续推出了多项食育措施。美国前第一夫人米歇尔·奥巴马发起通过营养和运动改善儿童健康的"让我们行动起来"运动。在这个项目中，校方成立健康委员会，将营养教育融入到教学中。中小学都开辟一块菜地，教孩子种菜、了解营养知识。为学生烹调的厨师们，向学生们教授健康菜肴的烹饪方法。活动还倡议家长以身作则，坚持健康饮食，并多和孩子一起准备健康晚餐。

2.4 德国

在德国，中小学都有"公共厨房"，也就是培养中小学生健康饮食习惯的饮食课堂。德国学校的食育课正是借助"公共厨房"来进行体验式教育的。让孩子通过菜市场、超市认识健康食品，通过做菜学习营养知识，通过种植认识有机蔬菜等。

在"公共厨房"教室外，德国各个学校还开辟了菜地，学生在植物专家和菜农的指导下学习种菜，特别是学种有机蔬菜。学校还邀请家长和政府部门代表参加"公共厨房"活动。学校认为，只有父母、政府和学校都负起保证孩子健康饮食的责任，才事半功倍。

3 中国食育研究中存在的问题及对策

我国现代食育起步晚，步子迈得也不大，相关理论还未成体系，实践活动仅限于星星之火，尚未成燎原之势。食育研究迫切需要解决的问题及对策主要体现在以下几个方面。

3.1 政府

政府在专家们的呼吁下已经注意到食育的重要性，但是尚未引起足够的重视。我们2015年修订了《食品安全法》，然而还缺乏最基本的食育系列法律法规如《营养法》，中小学乃至高校都缺乏相应的课程体系，没有相关的国家级研究课题。我国的食品行业缺乏营养指导和监管，不利于我国走向科学、安全、文明的饮食之道。

这就需要政府根据形势制定国策，规划全局，有针对性有步骤地加大食育投入，狠抓弱势的营养科学，明确相关法规，掀起全国范围的食育研究高潮。关于此点，施宝华先生以拳拳爱国之心写下了《食育：亟待制定的国策》这一发人深省的论文，提出了实施食育国策的八大建议，从战略、管理体系、试点、法治、教育、专业人才培养、科技研发和公共传媒等八个方面提出良策，体现了老一辈专家心系天下、智慧明理的高风亮节[6]。

3.2 专业人员

我国一方面存在食育专业人员奇缺、无法满足十几亿人饮食教育需要的状况，一方面又存在营养专业毕业生找工作难、食文化研究偏重于文字考据难与实际生活结合、起不到推动食品工业发展作用的局面。

高校教师专业队伍仅起到在学校教书的作用，还没有更充分地利用专业知识去指导、培训并科学监督民众的饮食健康安全。

当然单有高校教师队伍还远远不够，我们应该大力培训食育教师队伍，充实到幼儿园、中小学、大学课堂，真正让专业人才起到教育、指导的作用。

我们还需要有专业人才进行高层次的食品科技研发及食品安全研究，以为我国食品行业向现代工业化迈进保驾护航。

3.3 公共传媒

一是媒体人要有成为宣贯食育中坚力量的责任心，及时报道、解读党和政府的食育法规政策，传播食育知识，宣传食育的重要性，成为社会舆论的先导和主导。

二是专业人才要充分利用各种媒介抵制目前流行的各种伪科学，宣传督导食育工作，教育引导大众掌握健康正确的饮食理论知识。

三是个体在传媒（微信、QQ空间、微博等）中有意识地学习、传播食育。

3.4 全社会

我国目前的食育完全没有达到全社会参与的规模，甚至有些食品专业老师都没有听说过这个词，更不用说社会上一些盲从虚假流行伪科学段子的普通消费者了。

我们应该充分借鉴国外多年实行食育的经验，又不能全盘照搬照用，只能有效借鉴、取长补短。从幼儿少年就开始食育普及，有食品专业的高校应该建立食育课程体系。成人尤其是父母的食育普及也非常重要。

食育是一种参与度很高的教育，食育研究应该以政府、社区为主导，通过立法或政策引导，让食育引起足够重视；以学校为开展食育的主渠道，以必修课和选修课的形式让学生接受各种不同方式的食育；以家庭作为食育重要的支撑，父母身体力行，与孩子一起接受食育，获得相关知识、体验技能，养成良好的行为习惯和意识。

中国的食育研究才刚起步，任重而道远，只有国家各级政府部门、家庭、学校、社区、企业、媒体等社会各界都行动起来，全体公民各尽其职，都积极地参与食育，随时随地进行食育，才能真正达到我们前述的目的。

"食育"功在当代、惠及子孙，让我们每个人都从今天开始行动起来！

参考文献

[1] 纪巍, 毛文娟, 代文彬, 于大吉. 关于我国推进"食育"的思考. 教育探索, 2016, 2 :38-41.

[2] 国民素质的新课题——食育, 李里特, 农产品加工, 2010, 5:71-75.

[3] 刘春光新浪博客, 食育教育 功在千秋.

[4] 马冠生. 学生营养食育做起[N]. 中国食品报, 2015-06-09(01).

[5] 施宝华. 食育: 亟待制定的国策[J]. 食品工业科技, 2015(1):18-23.

[6] 王瑜, 黄程佳. 我国幼儿食育必要性及其促进策略. 陕西学前师范学院学报, 201604:15-19.

[7] 万升洋. 隐秘而伟大的"餐桌教育"—"食育系"的新玩法. Future出国, 2015, 12.

[8] 郑思思, 王长辉, 程景民. 日本《食育基本法》对构建我国食育法律体系的启示//中国食品科学技术学会第十二届年会暨第八届中美食品业高层论坛论文摘要集, 2015.

高职烹饪教育存在的困境及发展对策探析

周占富

（重庆商务职业学院，重庆 401331）

摘 要：本文从高素质技能型人才培养的角度阐述当前我国高职烹饪教育存在的主要困境，并提出高职烹饪教育以"三维价值"为定位模式，健全烹饪学科体系，强化烹饪教师的科研服务能力，引导学生正确融入"双创"理念，采取有效的烹饪教学体系，提升学生质量水平，甩脱当前高职烹饪教育舍"高"姓"职"的帽子，增强高职烹饪教育的吸引力。

关键词：高职烹饪教育；困境剖析；发展对策

2016年高职教育质量年度报告显示，5年以来，高职学生毕业三年后月收入增长到5020元，增幅为83.8%，增速明显高于城镇单位在岗职工的平均水平，具有较好的发展潜力；高职毕业生自主创业群体不断扩大，2015届高职毕业生毕业半年后的自主创业比例为3.9%，且创业存活比例不断提升；高职院校农家子弟比重逐年上升，已经达到53%，高等职业教育成为农村孩子接受高等教育的重要途径[1]。目前高职烹饪教育随具有一定的规模，但在全民贬"高职烹饪教育"的观念尚未完全改变的情况下，如何聚焦高职烹饪教育的内涵建设，提升高职烹饪学生的"双创"能力？就应瞄准目前高职烹饪教育存在的困境，深化改革创新。本文把高职烹饪教育存在的困境作"靶向"，有针对性提出解决问题的对策，进一步健全烹饪学科体系，彰显高职烹饪教育的内涵和特色，提升高职烹饪师生服务餐饮企业的能力。

1 存在的现状困境

1.1 高职烹饪学生被"歧视化、标签化"

当今社会上的厨师大多学历低，多为"黑领匠人"而非"金领技师"，普遍认为烹饪就是一门单纯的手工技艺，没有什么了不得的学问，不值得研究，当然厨师也没必要接受高等教育的熏陶，还不如在行业里拜一个师傅，跟着师傅学习厨艺来得快。当高职烹饪学生步入餐饮行业顶岗实习时，由于技能不娴熟往往受到厨师的隐性歧视，从而导致高职烹饪学生被社会"标签化"，即知识素养比本科生低；专业技能比中职生差。

1.2 高职烹饪教师被"固定化、误导化"

高职院校烹饪教师的来自渠道以固定模式为主，即采用考核招聘和客座外聘两种形式构成。考核招聘形式以应聘者的学历文凭为主、讲课说课为辅，多数高职院校考核招聘缺少技能测评环节，招聘的烹

作者简介：周占富（1984— ），男，甘肃正宁人，重庆商务职业学院餐饮旅游学院烹饪专业教师，讲师、中式面点高级技师、SYB创业实训指导师，主要从事烹饪高等教育、面点工艺与制作技术教学和面点保健食品研发工作。

饪教师无法胜任实训课程教学，理论课程教学多采用读研究生时导师教学方法教授高职学生；客座外聘形式以客座教授或外聘者的荣誉称号为主、注技创能为辅，高职院校客座外聘缺少立德文化测评环节，有的烹饪客座教授和外聘教师荣誉称号多以野鸡协会颁发为主，无含金量，高职院校又以"聘来就用"的原则，从而使实训课程教学演变成了简单的技能培训课，切断了课程之间连续、衔接功能，失去烹饪教育的高等性，磨灭了学生对大学的憧憬，扼杀学生的创新能力。

社会上普遍认为高职是专科，老师教好书足矣，不需要也搞不好科研；加之烹饪风味又缺失科学原理，烹饪学科不够健全且又被社会边缘化，烹饪学术地位较低且不被学界重视，从而误导了高职烹饪教师搞科研的能力，导致高职烹饪教师丧失搞科研的信心，直接剪断了服务带动区域产业的能力。

1.3 高职烹饪教学被"走样化、偏移化"

当前高职烹饪教育舍"高"姓"职"，多数高职院校没有很好地理解高等职业教育在文化与技术上对学生的要求，过度削减甚至取消必要的理论课程，只追求对学生注技强能的提升，缺少对学生立德素养的培养。由于高职烹饪教育的走样，迫使教学侧重点及办学层次向中职教育偏移，将直接导致多数高职院校烹饪毕业的学生知识积累过于简单化，思维和逻辑训练严重不足，缺少创新创业理念，造成了高职烹饪教育资源的严重浪费，这些将直接影响烹饪学科的建设和发展。

1.4 高职烹饪择业被"高端化、虚拟化"

在全民贬"职"的观念尚未完全改变的情况下，加之烹饪又属于"一看就会、一做就砸"且不受国民重视的职业，部分高职院校为了招生，凸显烹调工艺与营养专业的特色和优势，制定的烹饪人才择业领域高大上，例如国内外高星级酒店；国际豪华游轮公司；大型连锁餐饮企业；大型食品类企业；烹饪专业大中专院校和社会职业培训机构；高校后勤集团和医院、军队、政府等膳食机构；烹饪餐饮类行业协会组织；烹饪餐饮类学术期刊杂志社和出版社；政府和企事业单位；自主创业等。待大多数烹饪毕业生择业时才发现自己身价仅值个小厨师，与当初填报志愿时看到的大厨、营养师、管理者等职位背道而驰，自己心中期望的择业岗位虚拟，求职的欲望重新估量，导致多数高职烹饪毕业生改行从事其他职业，造成高职烹饪教育徒劳无功。

2 解决的对策分析

学生的德技、能力、素养是高职烹饪教育的根基；教师的教学、科研、服务是学生能力质量提升的前提；院校的定位、制度、扶持是教师区域服务带动的保障；企业的互融、接纳、培养是高职院校烹饪教育的支撑。

2.1 阐明高职烹饪教育定位的价值逻辑，健全烹饪学科体系

如何体现高职烹饪教育的价值逻辑，首先要厘清高职教育的核心，即培养高素质技能型人才，发挥引领作用。其次要阐明高职烹饪教育定位，采用"三维价值"定位模式，培养高素质技能型人才。"立德树人"价值，定位之魂，旨在培养学生的德行涵养和道德担当，提升学生做人的品质。引导学生选对路，走好路，体验"立德树人"的价值，感悟德行的境界，以此激扬生命的正能量。"正能强技"价值，定位之基，旨在解决学生谋生的本领，激发改造事物的能力。学生应对现代烹饪技术的特点、形成规律、发展趋势有清晰的认识，同时训练学生分析烹饪技术问题的方法，培养解决烹饪技术难题的本事，

为学生的可持续发展奠定扎实的烹饪技术基础。"接地创新"价值，定位之根，旨在解决如何服务餐饮企业的问题，即方法路径。院校应瞄准服务地方餐饮企业发展的突破口，在校企两个主体上实现教学过程的实质性突破，从源头上解决合作的利益共赢链，让餐饮企业"有利可图"，实现校企合作一加一大于二的育人效应和服务效益。最后要让学生了解健全的烹饪学科体系，正确认识烹饪学科，才能真正地发挥行业引领作用。所谓的烹饪学科体系[2]一般包括烹饪学（饮食文化、烹饪科学技术、烹饪艺术）、烹饪史、烹饪化学、食品微生物学、烹饪原料学、烹饪工艺学（饮食器械设备、烹调工艺学、面点工艺学）、烹饪营养学、烹饪卫生安全学、烹饪美学及烹饪美术、饮食企业经营管理学。

2.2 引导学生重新认识烹饪的内涵，疏导学生对烹调工艺与营养专业产生的误区

中国历史上第一部烹饪专业辞书《中国烹饪辞典》对"烹饪"词义为加热做熟食物。广义的解释为：烹饪是人类为了满足生理需求和心理需求把可食用原料利用适当方法加工成为直接食用成品的活动。它包括对烹饪原料的认识、选择和组合设计，烹调法的应用与菜肴、食品的制作，饮食生活的组织，烹饪效果的体现等全部过程，以及它所涉及的全部科学、艺术方面的内容，是人类文明的标志之一。国外从近代科学的基础上作出"烹饪"简单的定义为食物进行热处理，以使食物更可口、更易消化和更安全卫生。简而言之，烹饪既是技术，又是科学，带有与生俱来文化特征，只有引导学生不断对烹饪内涵的认识，产生对烹饪兴趣，激发学生内在学习的动力，借助科学的手段对烹饪技术不断创新，高职烹饪教育才能培养社会急需的高素质烹饪人才。

通过调查发现，学生对高职烹调工艺与营养专业产生的两大误区，一是部分学生高中报读时认为自己大学毕业后就是一名大厨，就读时思想过于浮躁，终日把厨艺抛之脑后，幻想明天自己就能成为大师泰斗，扬名厨界；二是部分学生家长不同意报考，认为孩子读了这么多年书，考上大学，学习烹饪，毕业后成为厨子，让亲戚和朋友看不起；学生以该专业"营养"二字说服家长报考，但始终有一种自卑心理潜藏在学习过程中。针对以上误区学生和家长应正确的认识高职烹饪教育，大厨不是从学校"培养"出来的，学校只能进行一般教育，为学生的从厨之路打好基础，这样今后发展的"后劲"才足。专业课老师要经常开导和介绍餐饮业的发展，让学生安心学习，课堂上是他们的"老师"，课后是他们的"师傅"；做他们的"知心人"，为其排忧解难，让学生走出困惑的池沼，轻松快乐地学习烹饪，这样才能为提高高职烹饪教学质量做保障。

2.3 以"现代学徒制"教学模式补强高职烹饪师资，助推高职烹饪教师区域服务、带动能力

高职烹饪教育要培养创新人才，牵涉多方面的因素，但最关键的还是烹饪教师。以"现代学徒制"教学模式在餐饮企业、行业聘请技术能手和烹饪大师充补高职烹饪师资，虽聘请技术能手和烹饪大师实践能力很强，但因为没有受过系统的教育规律认知和教师素质养成的训练，教学能力相对欠缺，要实施创新教育就更加困难。所以，高职院校在前期聘任时应增设立德文化测评环节，聘任后应注重职业教育理念和教学方法的培训，制定长效机制的外聘师资培训计划，同时建立相关烹饪技能大师工作室。高职院校考核招聘的烹饪教师，虽学历较高，但由于实践能力较弱，缺乏高职的教育理念，整体创新能力不足。所以，高职院校应对招聘的烹饪老师采用"以老带新"培养模式，让招聘的烹饪教师不断学习职业教育方法，强化高职教育理念；同时并要求烹饪教师每人要联系一个餐饮企业，每学年不定期到餐饮行业挂职锻炼，使烹饪教师一条腿在教学课堂上，另一条腿在顶岗实践中，既培养了烹饪教师的双师素

质，又提升了烹饪教师的技术创新能力。

在高职院校，不重视科研或没有科研能力的"教书匠"是没有后劲的。高职烹饪教师正是囿于"烹饪是一门手工技术"和"职业"这两个紧箍咒，以反复实践去替代和遮蔽科研。这种自我满足、并自我降格的教学模式既不可能优于"私人定制"式的学徒制，也无法给社会提供高水平的服务。所以高职院校要强化烹饪教师的科研能力同时，既要有相关的制度支持，又要有实验实训室（食品理化检验、营养配餐、食品感官检验等）和科技设备（嗅辨仪、脂肪测定仪、色差仪等）保障。只有这样才能不断地提升烹饪教师科研能力，解决高职烹饪教育眼前的现实问题，一是课程开发，消化国家统发的课堂教学和编写实训实习教材；二是人才培养，提供高水平的服务给学生；三是技术创新和产品设计，给餐饮企业及时提供帮助；四是承担课题和成果转化，让项目产生经济效益和社会效益；五是烹饪内涵建设，紧跟新常态，适应新常态，引领新常态，增强高职烹饪教育的贡献率、知名度、美誉度。

2.4 采取有效的烹饪教学体系，提升学生质量水平

高职烹饪教学体系要以学生为本，以职业岗位需求为导向，随时代发展的步伐进行人培、课程、教学模式的改革，确保高职烹饪教育的人才培养质量和创新研究、服务社会的多样化功能。

人培模式采用"六位叠加"，即：厨德心修+注技创能+营养卫生+文化品位+核心素质+创新创业。六位要素逐层叠加，增强学生的择业能力。

课程模式采用"八大模块"，即以公共基础、职业素质、职业技能、职业方向、职业拓展、职业选修、专业讲座和综合实习及资格考证。八大课程模块夯基础、扬长项、补短板，健全高职烹饪课程体系，拓展学生的知识能力。

教学模式采用"五段递进"[3]，即：认知（第一学期）→基础（第二学期）→跟岗（第三、四学期）→轮岗（第五学期）→顶岗（第六学期）。利用寒暑假一个月时间（除第五、六学期），让学生去企业跟专门指派的师傅进行相关职业技能的学习，完成层层递进训练，让课堂教学与学生参加校外实习有机结合，让课堂教学变得"有用、有趣、有效"，培养学生具有创新能力。

2.5 "双创"理念变通，加快高职烹饪教育的发展

在"大众创业，万众创新"国家战略的背景下，高职院校要引领学生树立正确名利观，不以创业率论英雄，着力打造创新创业教育生态化体系，变通"双创"理念，把创新创业贯穿于高职烹饪人才培养全过程，引导学生强化创新精神，培育创业意识；挖掘学生的创造潜质，训练创造能力，使"双创"理念在高职烹饪教育中形成面上覆盖和点上突破[4]。所谓"面上覆盖"，是通过开展通识课、举办创业计划大赛等，使学生收获终身受用的创新精神和创业意识。而"点上突破"，是通过提供独具特色的创业课程、创业导师团的指导，以及创业苗圃的预孵化和资金支持，培养部分具有强烈创业意愿的学生，使他们成为大学生创业的种子选手和未来的餐饮企业家。只有这样，高职烹饪教育才能加快发展，培养烹饪毕业生才能在社会餐饮领域里出类拔萃。

3 结语

"君子病无能焉，不病人之不己知也。"孔子这句话的意思就是，不要抱怨别人不了解你，误解你，重要的是你有没有能力和实力。有了能力和实力，别人自然会认识到你的价值。高职烹饪教育要摆脱目

前的困境，其出路既不在于和本科院校比知识素养，也不在于和中职学校比技能，而是要把工作重心放在培养出合格的、有活力的"学生"。所以，必须健全烹饪学科体系，以"三维价值"作为高职烹饪教育定位模式，采用"六位叠加"人才培养模式、"八大模块"课程模式、"五段递进"教学模式；高职院校应加大实训设施设备的投入、社会餐饮企业应多一点的互溶和培养、烹饪教师应多付出"工匠精神"、学生应正确融入"双创"理念，高职烹饪教育才能真正地形成高素质技能型人才成长的"立交桥"，才能为新常态的经济社会提供更多地引领餐饮行业的烹饪人才。

参考文献

[1] 炼玉春.高职毕业生收入增速超过在岗职工水平[N].光明日报.2016-07-17.

[2] 季鸿崑.烹饪学基本原理[M].北京：中国轻工业出版社，2015.

[3] 周占富.高校烹饪工艺与营养专业体系改革探究[J].江苏调味副食品.2016（02）：41-04.

[4] 万玉凤.创新创业教育不是创业的"速成班"[N].中国教育报.2016-06-15.

学习长征食育的几点启示

王光霞

（长江大学马克思主义学院，湖北　荆州　434023）

摘　要：2016年是中国工农红军长征胜利80周年，"弘扬长征魂、同筑中国梦"，长征的故事撼人心魄，长征是中国共产党和中国革命事业从挫折走向胜利的伟大转折点。民以食为天，以毛泽东为代表的长征先辈志士，在漫漫的长征路上吃什么?长征食育给我们哪些启示呢? 本文从理想信念的视角，传承弘扬长征精神，对长征食育进行几点思考，促进树立健康向上的人生目标和理想信念。

关键词：长征食育；理想信念；人生目标

早在2006年10月，习近平来到浙江省图书馆，参观"伟大的长征——浙江省纪念中国工农红军长征胜利70周年图片展"时强调，回望长征，我们可以更加清晰地看到，长征不仅是一次人类精神和意志的伟大远征，也是一段中国共产党领导中华优秀儿女寻求中华民族复兴的伟大征程。历史也给了长征崇高的评价。从食育的视角，重温这段历史，我想还是很有意义的。

1 长征志士的高尚情怀激励着后人不断奋斗

红军长征，他们面临的两大难题：一是国民党重兵拼命追剿，二是什么吃的东西都没有了。"长征组歌"里有"风雨侵衣骨更硬，野菜充饥志愈坚"的歌词。实际上并不是沿途所有的野菜都能充饥食用的，这就造成部队的重大伤亡。

办好中国的事情，关键在党。比如从湘鄂西出发的贺龙领导的红二方面军是最后过草地的部队。在路上，连能吃的野草根、树皮根都让几天前刚走在前面不远的红四方面军吃完了。为了求生只好将目光对准野菜，二方面军许多战士就饥不择食，所以，面对饿得动弹不了的战士，这时，共产党员组成的"试吃小组"就出现了，"试吃小组"不惜牺牲、奋不顾身，在"试吃"的过程中，许多人中毒倒下了就再也没有站起来。草地上的野菜并非都可食用，有些含有毒汁，这些烈士的事迹，今天读来，仍令人动容。"试吃小组"发扬视死如归、大义凛然的革命精神和爱国情怀，"他们的崇高精神永远铭记在亿万人民心中"！

我们党是否坚强有力，既要看全党在理想信念上是否坚定不移，更要看每一位党员在理想信念上是否坚定不移。 正如胡锦涛所言，中国共产党领导红军将士完成了震惊世界的长征，开辟了中国革命继往开来的光明道路，奠定了中国革命胜利前进的重要基础。这一伟大历史事件，是中国共产党人的骄傲，是人民军队的光荣，是中华民族的自豪。

作者简介：王光霞（1971—　），女，汉族，湖北汉川人，现任职于长江大学马克思主义学院思想理论课部教师，长江大学楚文化研究中心兼职研究员。

2 毛泽东提倡人民公仆精神可以为后来者镜鉴

人民立场是中国共产党的根本政治立场，是马克思主义政党区别于其他政党的显著标志。1930年9月9日，中共决定成立中华苏维埃共和国，毛泽东担任中华苏维埃共和国主席自称人民公仆，提倡以人民为本位。

据当时担任周恩来警卫员顾玉平的回忆，长征途中，只有李德有专配的炊事员，其他领导人与士兵吃的都一样。官兵一致，这对于中国自有阶级社会以来的官场政治，对于过去官僚高高在上、自居"老爷"、视民众为"奴仆"的上下尊卑观念，是革命性的突破。全党同志要把人民放在心中最高位置，长征中大家吃的是"包子饭"，就是按定量每人一包，菜也是一份。周恩来和他吃的都是同一种菜，一样的分量。党与人民风雨同舟、生死与共，始终保持血肉联系，是党战胜一切困难和风险的根本保证，正所谓"得众则得国，失众则失国"。

毛泽东的公仆精神与廉洁自持，是毛泽东也是长征留给后人的珍贵政治和精神遗产。中央红军在长征途中，前有堵截，后有追兵，天天行军打仗，供给完全自筹。党的根基在人民、党的力量在人民，坚持一切为了人民、一切依靠人民，充分发挥广大人民群众积极性、主动性、创造性，不断把为人民造福事业推向前进。

3 长征为近代中国孕育了一批新型政治家

方向决定道路，道路决定命运。胡锦涛在讲话中指出，20世纪30年代初，我国正处于内忧外患的严峻境地。在那个风雨如磐的年代，我们党团结带领人民在艰难困苦中奋起、在艰辛探索中前进，百折不挠地为改变中国的面貌和中华民族的命运而斗争。

毛泽东从井冈山斗争以来，一直非常重视培养干部。在党和红军面临生死存亡考验的紧急关头，党领导红军进行战略转移。1936年四五月间，部队行军至西康炉霍县境，部队供应困难，富有野战经验的朱德总司令询问当地的翻译和老百姓，获知了许多可吃的野菜的形状和名称，亲自和炊事员、警卫员等共十余人去采野菜。黄克诚大将回忆说，红军进入黑水、芦花等藏民居住地时，由于得不到当地群众的支持，当时设法弄到了一批青稞，但没办法磨面，就只好发动战士们用手搓脱粒，然后把青稞粒炒干了吃。还有1936年6月20日，在懋功胜利会师后，朱德、周恩来、王稼祥专门为食物的问题通电各个军团，电报规定了各军团的筹粮地区，规定了战士的食量，还要求部队"每天改成两餐，一稀一干"。

一个政党的衰落，往往从理想信念的丧失或缺失开始。这场惊心动魄的远征，历时之长，行程之远，敌我力量之悬殊，自然环境之恶劣，在人类战争史上是罕见。郭林祥上将在回忆录中记载："走出草地的前一天，我带的干粮就吃完了，肚子饿急了。好不容易找到前面部队杀牦牛吃后丢下的一块皮，我捡起来，把毛烧掉再烤，半生不熟的，洗一洗就吃，一边咀嚼还一边吱吱地响，靠这块牛皮维持了一天。"杨成武还在《忆长征》中写道：红军在毛儿盖筹粮时，还曾用喇嘛寺用面粉做成的泥塑烙过饼充饥，这些生动再现第一代领导集体的朴素本质。

革命理想高于天。长征胜利保留了中国共产党人的革命火种，如同中国共产党的早期领导人陈独秀、朱德、董必武、吴玉章、毛泽东、林伯渠等都是参加或者经历了辛亥革命过程而逐渐走向共产主义的。中共中央第一代领导集体也都是直接参加长征或者经历长征锻炼的。陈毅元帅当时他因为负伤身体不能参加长征。但领导南方八省游击战，从而成为中国革命的又一个战略支点。这些先烈们作为中国民主革命的先行者，至今仍为我们纪念。

4 毛泽东构想的国家建设蓝图仍然具有现实意义

中央红军到达陕北两个月后，1935年12月27日，毛泽东在瓦窑堡党的活动分子会议上作了《论反对日本帝国主义的策略》的政治报告，对刚刚完成的长征的意义作了高瞻远瞩的评价。尤其值得注意的是，毛泽东在这个报告中首次提出"我们有权利称我们自己是代表全民族的"【《毛泽东选集》第1卷，人民出版社1991年版，第159页】，这应是他在长征路上得出的对革命人生的理解。

长征精神为中国革命打开了胜利局面，长征途中最大的困难莫过于吃的问题。俗话说："人是铁，饭是钢，一顿不吃饿得慌。吃完了皮带，吃草鞋，还有野菜。冬苋菜、马齿菜、苦菜、灰灰菜、大黄叶、野芹菜……吃到嘴里都是菜"。说实话，饿极了什么都能填肚子！只有从长征中走出来的人们才能发出气壮山河的豪言壮语："我们中华民族有同自己的敌人血战到底的气概，有在自力更生的基础上光复旧物的决心，有自立于世界民族之林的能力。"【《毛泽东选集》第1卷，第161页】才会拥有"红军不怕远征难，万水千山只等闲"的从容不迫风度。在以后的岁月中，共产党人战胜一个又一个困难，推翻压在中国人身上的三座大山，取得反帝反封建的彻底胜利等等辉煌的成就，并将继续开出更加鲜艳的花朵、结出更加丰硕的果实。

胡锦涛指出，今天，我们可以满怀豪情地说，红军长征向世界宣告的革命理想已经变为现实。在长征中战士们表现出来的团结互助、诚实守信、不怕牺牲、勇往直前、百折不挠、攻难克坚的精神，完整地穿透了80年的历史。如今红军长征播下的种子已经开花结果，让我们在中华民族复兴新长征的征途上更加紧密地团结起来，"保持和发扬革命战争时期的那么一股劲、那么一股革命热情、那么一种拼命精神"，不断描绘中华民族伟大复兴的壮丽图景。

此外，辛亥革命提出中华民族概念和民族团结主张为共产党人处理长征途中的民族关系提供了参考与借鉴。红军三大主力主要活动在西南、西北地区，这里是我国少数民族的聚居地区，"不论汉族、苗族、布依族；不论各民族人口多少，都一律平等。"实现中华民族大团结，民族团结和民族平等的观念，"各族人民千方百计筹集粮草、盐巴、药品等物资支援红军"，建设统一的多民族国家是长征留给现代中国人的宝贵遗产，今天沿着建设中国特色社会主义道路，继续把革命前辈开创的伟大事业推向前进，在中国历史上具有非常积极的意义。

5 结语

传统的食文化是历史留给我们巨大的精神财富，"谁知盘中餐，粒粒皆辛苦"，中华民族一向重视传统美德的德育优势。从食文化的角度，推出彰显中华文化精神的优秀成果，为更好构筑中华民族共有精神家园，也为中华文明提供了重要内容。

参考文献

[1] 习近平. 弘扬伟大长征精神 推进和谐社会建设.2006年10月23日http://cpc.people.com.cn/GB/64242/64253 /4945095.html

[2] 胡锦涛在纪念红军长征胜利70周年大会上的讲话2006-10-23 http://www.china.com.cn/authority/txt/2006- 10/23/content_7266944.htm

[3] 习近平. 在庆祝中国共产党成立95周年大会上的讲话.2016年7月1日http://news.xinhuanet.com/politics/2016- 07/01/c_1119150660.htm)

民 族 食 文 化

"哈俩里"认证及培育清真食品产业发展研究

刘 伟

（宁夏社会科学院回族伊斯兰教研究所，宁夏 银川 750021）

回族在我国人口较多、分布较广，目前有1000万人左右。分布以宁夏回族自治区为主，在甘肃、陕西、贵州、青海、云南、北京、天津等省、市、自治区也有大小不等的回族聚居区。回族有严格的饮食习惯和禁忌，回族讲求食物的可食性、清洁性及节制性，回族在饮食文化上受伊斯兰饮食习惯影响很深，因伊斯兰教在我国历史亦称清真教，故回族食品称清真食品。回族饮食已成为一个品种繁多、技法精湛、口味多样、风味独特的庞大饮食体系，是中国清真饮食的代表，在我国食坛上，具有举足轻重的地位。回族与其他少数民族穆斯林创造和发展了中国清真饮食文化。

1 "哈俩里"认证和清真标志

1.1 清真标志的内涵

"清真"一词，作为一个汉语词语在中国自古有之，随着伊斯兰教的传入，元代穆斯林学者借"清真"二字概括表达伊斯兰教本清则净、本真则正的思想含意，自此以后"清真"二字相习成俗地被固定为伊斯兰教的一个专用名词。伊斯兰教宋元时期在中国尚未有固定的译名。后来穆斯林学者根据伊斯兰教信仰安拉、崇尚清洁的教义，纷纷借用汉诗里清真、清净等词语译释伊斯兰教和清真寺。始建于唐代的西安大学习巷清真寺最初就称清净寺。到了元代赛典赤·赡思丁上奏朝廷，恳请改清净寺为清真寺。在明太祖洪武元年（1368年）题金陵礼拜寺《百字赞》中亦有教名"清真"一语，这足以说明"清真"一词在当时已经被教门内外广泛使用，成为回汉两族人民对伊斯兰教的一种通称。明末清初，华夏大地出现了一大批经汉两通的穆斯林学者，他们全面系统地诠释了"清真"二字的含义，使"清真"所指更具体、更生动。

"清真"作为回族人对自我信仰及生活方式的汉语表达，是回族人在伊斯兰教中国本土化历程中自我文化和族群定位的一个象征符号。如今，在回族人民群众经营的饮食店铺门前，几乎每家都挂着清真饮食或清真食品招牌或旗幌，它具有法的性质，不仅仅是餐饮、食品的专用招牌和旗幌，而是从名誉到实质都必须合乎伊斯兰教法教规的要求。

广大穆斯林群众必然遵从《古兰经》和"圣训"中关于饮食禁忌的规定，在我国习惯上把回、维吾尔、哈萨克、柯尔克孜、乌孜别克、撒拉、东乡、保安、塔塔尔、塔吉克10个信仰伊斯兰教的少数民族穆斯林能够食用的各类食品统称为"清真食品"。"清真食品"即"符合伊斯兰教法规定的、伊斯兰教法允许的可食用的食品"。1996年，在联合国粮农组织和世界卫生组织共同举办的第24届食品标签法典委员会会议上，对《清真术语使用指南草案》进行了讨论。草案中明确提出：清真食品意为被伊斯兰律

作者简介： 刘伟（1964— ），男，回族，宁夏社会科学院回族伊斯兰教研究所副所长，研究员。

法许可并且不含有或没有不符合伊斯兰律法的物质组成；没有被不符合伊斯兰律法规定的用具或设施处理、加工、运输和储存过；在处理、加工、运输和储存中没有接触过不满足以上条件的食品。

1.2 哈俩里清真认证标准和要求

halal，即哈俩里食品，حلال 是阿拉伯语的汉语音译，在国际上通用的意思是：合乎伊斯兰教教法的食物，泛指与伊斯兰教饮食相关的场所、原料、用具。与之相反的对应词是哈俩目食品，即：不合乎伊斯兰教教法的食物。泛指与伊斯兰教饮食相关的场所、原料、用具。

我们平时所说的清真食品译为阿拉伯语应是泰阿姆伊斯兰。其实，如果仅从饮食、食品标志的角度讲，将"清真"二字译释为阿拉伯语的哈俩里更确切些。伊斯兰国家清真食品的标志都是哈俩里。清真饭店或清真食品的外包装上都有明显的哈俩里标志。哈俩里是阿拉伯语合法的意思，是相对于哈俩目（禁止的、非法的）而言的。这里所说的法就是伊斯兰教的教法教规，也就是说清真饮食要完全符合伊斯兰的教义、教法、教规。

伊斯兰教法规定合法事物与非法事物，是为了规范每个穆斯林在个人生活及社会生活中的一切行为，使穆斯林能享受真主为人类创造的美好事物和佳美的食物，享受真主对我们人类的恩惠，同时远离那些危害人类自身和人类社会的行为与事物。

1.3 清真食品认证渐与国际接轨

在回族饮食里所有用于生产食品的原料必须经哈俩里认证，所有用于生产过程中的原料都必须经哈俩里认证，产品或原料必须在较高的清洁和卫生标准下加工、生产和包装。如果产品或原料被任何非哈俩里被物质污染或交叉污染的话，就绝对不能使用在生产过程之中。

对于穆斯林来说，只要是吃的食品必须是哈俩里食品，全世界有超过15亿的穆斯林，由于宗教原因必须每天食用哈俩里食品，而那些并不信奉伊斯兰教的人选择哈俩里食品是因为它的卫生、纯净和健康，所以说世界上每四个消费者中就有一个哈俩里食品消费者。

2014年全球清真产业年产值已经突破3.2万亿美元，其中清真食品年贸易额已经达到5000亿美元，2018年全球清真产业年产值将增长至6.4万亿美元。面对如此巨大的市场商机，作为世界第一贸易大国的中国却发展相对滞后。哈俩里认证已成为食品出口商进入欧美及东南亚穆斯林食品市场，争取更多市场份额的有力手段。

"一带一路"战略构想提出以来，得到沿线各国和其他相关国家的积极参与。特别是"一带一路"沿线有17个伊斯兰国家，人口超过20亿，是全球穆斯林人口主要的聚居区域，目前该区域80%的清真食品依赖进口，市场庞大，将对国内清真产业的发展起到有力的带动作用。目前国内外环境为清真产业的发展提供了千载难逢的机遇。甘肃临夏、宁夏银川、吴忠等西北少数民族聚集地区首先受益，它们既有古丝绸之路重要节点的地缘优势，又与阿拉伯、东南亚等伊斯兰国家和地区有着习俗相近、宗教相同、人文相通的天然联系，同时又具备西北地区重要畜产品集散地的资源优势。清真产业已成为当地经济发展新的增长点或特色产业。而当前，微小的市场份额与庞大的市场需求之间形成了巨大反差，而正是这巨大的差距极大地刺激着我国清真产业必须寻找新契机、探索新思路以实现加快发展。

伊斯兰教中除了以下六种食品外，其余则可视情况申请哈俩里。一是酒精和毒品；二是血液（液体或固体的）；三是食肉的动物和鸟类；四是死去的动物和鸟类（指自然死亡）；五是祭祀用的食品；六是猪及其衍生产品。

宁夏作为中国最大的回族聚居区，为发展清真食品产业，已经与马来西亚、泰国等国家的认证机构达成了相互认证协议，公布了《宁夏回族自治区清真食品认证通则》。这些措施为中外清真食品和穆斯林用品的交流合作创造了条件，加快了宁夏清真产业发展以及与国际接轨的步伐。

2 发展壮大清真食品

2.1 发展清真食品有广泛的市场

清真食品兼收并蓄，在食物结构上全面继承了中华养生"五谷为养、五谷为助、五畜为益、五菜为充"的文化传统。同时，其食律、食规、食忌、食礼和哲理源自伊斯兰教。它以饮食惟良、必慎必择、严格卫生、讲究营养和注重保健而自成体系，是世界文化宝库中的瑰宝。改革开放以来，清真饮食业有了一定发展，市场呈现活跃趋势。中国有10个信仰伊斯兰教的少数民族，人口2300余万，其中回族人口1000余万人，回族主要经营饮食业。清真食品因具有悠久的历史性、严格的禁忌性、差异的地域性、吸纳的兼容性、品种的多样性、食用的广泛性等特点，而具有鲜明的民族特色和地域特色。目前，全国2300多个市县有清真食品，企业经营户估计12万多户，其中专门生产、经营清真食品的企业约有6000多家。就食品行业门类而言，主要有粮油、肉类、乳品、糕点、制糖、罐头、调味品、豆制品、淀粉、制盐、蛋制品、添加剂、酵母、制茶、儿童食品、保健食品、果蔬加工、速冻食品、冻干食品等门类。

中国拥有生产清真食品的优势，有10个少数民族穆斯林生产食用清真食品，中国穆斯林根据各自民族的传统烹饪技术，创造出了许多独树一帜的具有民族饮食特色的清真食品。如：西北回族的手抓羊肉、羊肉泡馍、盖碗茶，北京、河北的烤鸡、烤鸭，内蒙古的乳制品，云贵高原的清真米线和牛干巴等，闻名遐迩。再有，我国中西部地区拥有牧源辽阔的畜牧业基地，如果我们能引导生活在这些地区的穆斯林群众把清真食品发展成产业，建成具有一定规模的公司加农户型的清真食品生产的龙头企业，把养殖、屠宰、皮毛加工、肉食品、生物制品深加工等结合起来，形成产业链，提高科技含量，树立科学发展观，或者政府有意识地政策倾斜扶持，招商引资，与中东阿拉伯伊斯兰国家签订供求协议，形成订单生产，那么既可以促进中西部地区以农业为主的少数民族发家致富，又可以促进该地区的民族经济全面发展，带动其他产业协调发展。

以"饮食惟良、必慎必择、严格卫生、讲究营养、注重保健"的特点而自成体系的清真食品，与特有的民族文化信仰和饮食文化习俗紧密相连，不仅是穆斯林群众日常生活中的必需品，而且也深受非穆斯林消费者的喜爱，来自于不同种族及其宗教的人群对清真食品具有更高的要求和依赖性。

发展清真食品产业要依托自身的文化、资源优势，着力培育更多知名清真食品品牌，并借助国际化会展尽快融入国际清真食品市场的准入、认证体系，我国的清真食品产业才能在容量巨大的国际清真食品市场上博得一席之地。

2.2 清真食品产业发展的前景

（1）发展空间广阔　从发展的空间看，随着经济快速增长和居民生活水平的提高，城乡居民消费趋势在快速经历了数量型阶段和质量型阶段之后，开始进入了以"优质、营养、安全、方便"为标志的营养型阶段，清真食品和穆斯林用品将更加受到国内外穆斯林以及其他民族人民的喜爱，需求量将大幅度增长，具有世界性大市场和固定而巨大的消费群体和广阔的消费市场，市场前景良好。

（2）发展潜力巨大　从发展的潜力看，清真产业虽然基础规模相对较弱，但发展清真产业具有资源优势、品牌优势和文化优势，发展潜力巨大。特别是随着清真产业基地建设成效的显现，将会促进清真产业向纵深发展。

（3）发展环境良好　从发展环境看，西部地区尤其宁夏回族自治区，发展清真食品和穆斯林用品有着人文、地利优势，近年来，宁夏回族自治区政府把清真食品和穆斯林用品产业定为宁夏重点发展的优势特色产业来抓，在政策、资金等方面给予了大力的扶持，为清真食品和穆斯林产业的发展创造了良好的发展环境。

2.3 清真食品产业参与国际市场竞争的优势

由于受全球各地穆斯林地区经济社会发展不平衡的影响，阿拉伯联盟的22个成员国和东南亚地区仍然是清真食品最大的消费市场，也是我国清真食品的主要出口目的地。目前，我国与东盟、阿拉伯国家都处于一个经济快速发展的时期，其特点主要表现为发展速度快、产业升级快、经济规模扩张快和外向化程度高，在这样的背景下，巨大而迅速的变化过程所释放出来的经济贸易机会陡然增多，这为中国清真食品产业扩大与这些地区的合作和交流提供了新的机会。

我国拥有超过2300万的穆斯林人口和1200多年的清真食品生产历史，广大的穆斯林聚居区，浓郁的穆斯林传统文化氛围和丰富的资源等诸多有利条件，是我国的清真食品产业开拓国际市场最大的优势，具体表现在四方面。

（1）穆斯林传统文化氛围浓厚　按伊斯兰教教法，清真食品是指伊斯兰教法所允许的可食用的食品，其原材料的选择以及制作、生产、加工、运输、储存等过程都必须遵循一定的宗教禁忌和民族习俗。由于我国穆斯林群体居住相对集中，又得益于我国一贯的宗教信仰自由政策，我国穆斯林地区具有浓厚的穆斯林文化氛围，我国的清真食品生产容易得到国际市场的认可。

（2）资源优势　天然无污染的青藏高原、内蒙古草原、东北草原等丰富的天然牧场资源，是我国发展牛羊肉产业的先天优势。由于这些地方都盛产世界上最优质的草料，这里出产的清真牛羊产品及其附属产品完全能够达到国际清真食品认证机构的认证要求。

（3）合作方式多样　近几年来，借助经济快速发展的大好时机和国际化的清真食品用品展览会，我国的清真食品生产企业不仅已经获得了一定的资本积累，而且也激发了他们积极参与国际市场竞争的意识，我国清真食品产业与世界伊斯兰国家之间的合作领域更加宽广，合作形式越来越多样化。

（4）阿拉伯联盟和东南亚等地区的伊斯兰国家对中国清真食品产业的认可　阿拉伯联盟和东南亚等地区的伊斯兰国家在与中国不断拓展经贸合作的过程中，逐渐了解和认可了我国的清真食品产业市场。

2.4 清真食品产业参与国际市场竞争的劣势

我国清真食品产业参与国际竞争面临前所未有的机遇，在资源、市场等方面的优势是非常明显，但不容忽视的是，也有不少的不利因素客观存在，这些问题有些属于全球化经济所带来的普遍问题，有些则是我国清真食品这个特殊产业在发展中必然会遇到的问题，阻碍我国清真食品产业国际化发展。

（1）品牌意识较为模糊，区域品牌和企业品牌竞争力不强　国际市场对清真食品的要求非常高，而我国清真食品生产企业的发展受地区经济、地理位置的限制以及传统保守观念的影响，总体水平不高，企业战略观念模糊，大多都缺乏走出国门、开发国际市场的勇气和能力，目前能获得国际市场认可的品牌太少，大量清真食品还处于自然销售状态。由于清真食品技术含量相对较低，产品易于模仿，加上部分企业忽视知识产权注册和商标保护，产品被其他企业模仿、商标遭侵权的现象时有发生，这些都直接影响集群品牌竞争力。

（2）竞争意识不强　我国大多数的清真食品企业基本上都是家族企业，企业文化水平普遍较低，经营者的经验主义严重，企业与企业之间、企业与市场之间缺乏沟通和良性竞争，与参与国际市场竞争的要求仍然相去甚远。没有多少企业用自身形象来宣传清真食品的优势，只顾眼前利益，对于这种情况大多数人只是口头指责，没有挺身而出，身体力行，更没有积极支持那些坚持做真正的清真食品的企业，帮助他们，使他们走入良性循环的轨道，更不用说阻止、打击一些有损清真食品的害群之马了。

（3）资金、技术、人才和信息要素跟不上　目前大多数清真食品用品生产企业处于小规模的分散生产经营状态，其制作过程还很不规范，主要以粗加工和低层次产品为主，资本积累速度缓慢，基本上都存在融资困难，更无暇顾及到技术、人才和信息要素的跟进。与此同时，政府对清真食品产业的扶持力度也不够。由于生产设施落后，技术水平不高，企业集约化生产程度低，加工产品延伸增值能力弱，产业链条得不到应有的延伸，产品多是初加工，在包装、生产、品种等方面都很难与国内外同类企业竞争，生产效益得不到有效提高。

（4）国际清真食品市场缺乏统一的标准认证体系　清真食品的统一认证问题是一个国际性的问题，目前，还没有一个所有伊斯兰国家都能够接受的统一认证体系，但各国普遍比较认同由马来西亚国家制定的清真食品认证标准，我国亟须在这方面取得突破。

（5）清真餐饮管理和服务水平不高，制约了食品档次的提升　目前，清真餐饮业虽然发展速度很快，但其管理和服务水平还相对处于落后水平，在稍具规模与档次的饭店，清真餐饮管理人员和服务人员经过正规专业培训的比例不高，各企业自行组织的岗前培训、岗中考核不仅培训内容不规范，而且不能满足中短期市场需要，而部分规模较小的清真餐饮经营单位，管理人员和服务人员几乎没有受过任何岗位知识和技能的培训与学习，一些企业还是家庭式的管理模式，管理不规范，制约了清真餐饮业档次整体提升。

（6）"清真食品泛化""清真食品不清真"等问题　随着市场经济和商品流通的快速发展，清真食品管理方面还存在着一些比较突出的困难和问题，包括"清真不清"、擅打或滥用"清真"品牌的问题和现象在个别地区时有发生；一些地方在行政审批制度改革过程中对清真食品生产经营的事中事后监管不到位等。这些问题在一定程度上影响了少数民族群众的生产生活需求，侵害少数民族风俗习惯、伤害少数民族群众感情，在有些地方甚至成为引发影响民族团结事件的重要隐患，引起了社会各界的高度关注。

2.5 规范清真食品

清真食品在中国已有上千年的历史并成为中国餐饮文化中一朵奇葩。经过几十代人的努力开发挖掘和研究发展，已经成为被市场所接受的饮食文化体系，它需要做如下规范。

（1）加强宣传，提高认识　打出品牌，走向世界。当前要大力宣传什么是清真食品，清真食品对人们身体的有益之处，让人们了解清真食品不仅是穆斯林所食用的，其他兄弟民族也是其主要消费者；宣传伊斯兰所禁忌的或限制的食物，让人们知道是与非；同时，应看到目前出现不伦不类的清真食品，实际上是自己砸自己的饭碗。清真食品产业集群的产品花样少，独特品牌少，知名品牌更少，使那些假冒清真食品钻了空子，影响了清真食品的声誉。目前当务之 急是依托专业市场逐步形成具有竞争力的集群品牌，通过品牌联合，发挥清真食品的区域品牌促销和品牌作用，吸引外部投资，带动群内企业和配套 服务的发展，使清真食品成为响亮的金字招牌。

（2）充分发挥社团作用，形成全国核心 依靠当前国家好的形势、好的政策，充分发挥社团作用并与世界伊斯兰国家有关部门建立网络，分设各省分会并与各地政府协调合作、指导、监督、帮助企业逐步走向规范的清真食品市场。先使一部分符合清真食品规范的企业成为协会会员，享受一定的优惠。另外在媒体上大力宣传这些企业的形象，帮助企业申请贷款融资，介绍与国外企业合作，推荐其产品参加各种展览会并逐步打入国际市场，让其他企业也自愿要求加入并达到清真标准。

（3）形成规模效益，打出品牌，提高清真食品的整体形象 中国的牛羊养殖大多在青海、新疆、内蒙古，目前能够形成规模的真正清真食品企业屈指可数。如果中国有几个或者十几个大中型企业进入清真食品行业，除能获得较好的效益外对清真食品乃至整个民族是一个重大贡献，因为只有在源头上把好清真关，才能合理而巧妙地利用天然优势。

（4）从清真食品标志牌到清真食品VI设计的过渡 中国清真食品不只是中国2300余万穆斯林专用的，也是全国各族人民乃至世界人民喜爱的。因此，清真食品作为享誉海内外的一个行业，为其进行统一的VI（视觉识别系统）设计对整合清真食品业，提高清真食品档次，树立清真食品形象，扩大清真食品影响都是非常必要的。同时，VI（视觉识别系统）的设计与管理也能去伪存真，维护清真食品品牌的合法权益，得到法律的保障。

2.6 发展清真食品，突出特色

清真饮食有讲洁净、严选择、求适度、重节俭、戒酒倡茶等特点。千百年来，在我国"烹饪王国'"的大环境里熏陶、发展，生根、发芽、开花、结果，色、香、味、形俱求，以味为核心，食物结构上也以五谷为养，五果为助，五畜为益，五菜为充。中国清真食品业（包括餐饮）将在这样的物质和技术的高起点上发展独具特色的食品。以加工食品而言，主要有以下几大类。

（1）传统食品 面食是唐宋以来中国清真食品中有特色、有风味、最具优势的食品之一，随着烹饪技艺的现代化，含高附加值的食品不断投放市场，烹饪科学与食品科学有机地结合。具有营养均衡、质量标准、风味独特、安全卫生、制售快捷、价格低廉、服务简便等特点的清真快餐业，在有远见卓识的企业家的投入下，异军突起，餐饮业从传统的烹调技艺向现代技艺转变，更讲究营养合理，科学配置合理，紧跟时代步伐，菜肴品种成倍增加，色、香、味、形中更注重其灵魂——味。老字号、名店效应充分发挥，培育出一支壮大的清真餐饮企业队伍。

（2）方便食品 随着我国民族地区社会和经济的发展、农村城镇化步伐的加快，方便食品需要量越来越大。方便食品有方便、卫生、安全、便宜、可口和保鲜期长等特点，清真方便食品主要包括：一是方便面、方便米粉、麦片、粥、玉米片等主食，各种肉禽蛋蔬等熟食制品以及调味品。二是速冻食品，如饺子、包子、面条、春卷、烧卖、馒头、花卷以及一些具有地域特色的小吃等。三是方便半成品，如加工成不同风味的肉、禽、蛋、米、面等供烹饪用的半成品。

（3）肉食制品 肉食业是中国穆斯林的传统行业之一，它包括生、熟两大部类，新中国成立后，在党的民族政策的照耀下，至今各地相继建起清真牛羊肉专用的大小冷库约几百个。清真熟肉食制品市场打破酱牛肉、牛肉干和散装品百年一贯制的局面，开创了一个多风味、小包装、新兴菜肴，牛羊肉、禽、水产、野味综合开发以及药膳食品等俱有的丰富多彩的局面。

（4）营养保健食品　此类食品也叫功能食品，泛指低热量、低脂肪、低胆固醇、低盐和纤维含量较高的食品。国内外保健食品市场前景都较广阔。中国穆斯林具有注重保健又善于经营保健食品的传统，早在1000多年前，"用香药配制的药茶甚至一度成为社会生活中的时尚，皇权贵族之间也视药茶为馈赠佳品"。如今的盖碗茶是其传承和发展，西北有"金茶银茶甘露茶，不如回回盖碗茶"之美誉。在市场经济大潮中，近年加工八宝盖碗茶之点林立。按穆斯林祖传秘方特制的西安"咏真"牌健身蜜及"绿潮"牌枸杞鲜汁类的营养保健食品将逐步增多。

3　清真食品的管理

3.1　我国历来重视清真食品的管理

中国已经制定了多个关于清真食品管理方面的地方性法规、规章等规范性文件，这些立法可谓是各具特色，但法律效力的层级相对较低。为切实保障信仰伊斯兰教民族的风俗习惯，维护民族团结，中国正在制订专门的《清真食品管理条例》，从而把清真食品的管理纳入法制化轨道。

尊重穆斯林民族的风俗习惯，重视清真食品问题，一直是党和国家民族政策的重要组成部分，是民族平等和民族团结的重要内容。在《共同纲领》和历届宪法中都有明确的国家相关法律规定，如《民族区域自治法》《消费者权益保护法》《食品安全法》《商标法》《广告法》《反不正当竞争法》以及《监狱法》等，都有关于各民族要互相学习，互相帮助，互相尊重语言文字、风俗习惯和宗教信仰，以共同维护国家的统一和各民族团结的条款。其中的一个重点就是保障穆斯林群众食用清真食品的权利。1978年，财政部、国家民委、国家劳动总局在发布"关于妥善解决回族等职工的伙食问题的通知"时指出，对少数民族长期历史发展中形成的生活习惯，应予以尊重，而不能有任何歧视，并要求有吃清真食品的少数民族职工的单位应设专灶、食堂或备有专门灶具，以解决他们的膳食。1980年，商业部发布"关于回族等食用牛羊屠宰加工问题的通知"要求：应当尊重少数民族的风俗习惯，更好地贯彻落实党的民族政策和宗教政策，他们食用的牛羊肉应由阿訇屠宰。1989年，中国民航、交通部等相继发布了关于做好对信奉伊斯兰教的各少数民族旅客用餐工作的通知。2000年，教育部、国家民委联合发布了关于在各级各类学校设置清真食堂、清真灶有关问题的通知及地方性法规等规范性文件，如《宁夏回族自治区清真食品管理条例》《南京市清真食品管理条例》《齐齐哈尔市清真饮食管理规定》等。此外，中国部分省市所制定的少数民族权益保障条例或散居少数民族权益保障条例也对此作出了概括性的规定。

3.2　加强清真食品管理的法制建设

国务院1993年颁布实施的《城市民族工作条例》专门对清真食品管理和服务做出规定。一些地方陆续出台了清真食品管理的地方性法规和规章，加强对清真食品的规范管理。各地颁布实施的清真食品管理法规和规章，在市场准入方面，许多地方建立了清真食品生产经营许可制度，从生产经营条件、从业人员资格、管理制度等方面进行审查或备案；在日常监管方面，对清真食品的招牌、标识、名称、包装以及生产经营场所、运输、储藏工具等，明确规定禁止有禁忌的内容；在监督检查方面，有的地方立法明确了民族事务部门及工商等部门的监督检查权利，以及对违法行为给予责令改正、吊销营业执照、处罚等措施。此外，各地应该建立完善清真食品管理体制机制，明确各部门在处置因清真食品引发、诱发的矛盾纠纷中的分工职责，为政府依法监管清真食品工作提供了法律依据。

参考文献

[1] 刘智著. 天方典礼. 郑州: 中州古籍出版社, 1993.

[2] 刘智著. 天方至圣实录. 北京: 中国伊斯兰教协会印, 1984.

[3] 周瑞海著. 清真食品管理概述. 北京: 民族出版社.

[4] 季芳桐. 刘智伊斯兰饮食理论初探. 中国回商文化(第二辑), 2009.

[5] 白剑波编著. 清真饮食文化. 西安: 陕西旅游出版社, 2000.

[6] 刘伟主编. 宁夏回族历史与文化. 银川: 宁夏人民出版社, 2004.

[7] 马石奎口述. 中国清真菜谱. 北京: 民族出版社, 1982.

[8] 勉维霖主编. 中国回族伊斯兰宗教制度概论. 银川: 宁夏人民出版, 1997.

[9] 杨怀中, 余振贵主编. 伊斯兰与中国文化. 银川: 宁夏人民出版社, 1995.

[10] 吴俊著. 清真食品经济. 银川: 宁夏人民出版社, 2006.

侗族饮食结构与食品加工科技探析

曹 茂

（云南农业大学马克思主义学院，云南　昆明　650201）

摘　要：侗族是中国古老的一个少数民族，他们在长期的生产生活实践中形成了独具特色的饮食科技文化。文章分析了侗族饮食结构、传统食材种类以及特色食品加工制作科技等主要内容，对侗族的食生产和食生活蕴含的科技文化进行了比较全面的梳理。

关键词：侗族；饮食结构；食品加工科技

侗族主要分布在贵州、湖南和广西毗连地区，湖北恩施也有部分侗族。侗族属于骆越支系[1]。今天侗族地区的古代居民，据史书记载，秦时称为"黔中蛮"，汉代称为"武陵蛮"或"五溪蛮"，魏晋南北朝及唐称"僚"。自宋以后，这一地区民族的称谓更复杂，分别被称为"仡伶"或"仡佬"、苗、瑶等。至明清才被称为"峒人""峒蛮""侗家"等，或泛称为苗[2]。新中国成立后将这些地方的居民统称为侗族。

1　饮食结构

侗族大部分地区都是一日三餐。早餐以吃油茶居多，因此早餐称为茶饭。午餐则称为早饭。湖南通道等地则一日四餐，即两饭两茶：早餐油茶，中餐米饭，晚餐油茶，夜餐米饭。

1.1　主食

侗族主食稻米，适当辅以玉米、小米、小麦、高粱、荞麦、红薯等杂粮。侗族将各种米制成白米饭、花米饭、光粥、花粥、粽子和糍粑等。

侗族喜欢食用糯米，基本都是蒸食，很少煮食。他们喜欢吃新脱壳的糯米，总是当天脱粒、舂净，当晚就用水浸泡，次日早晨上甑子蒸熟。这样做出来的糯米饭，色泽油润，柔软清香。食用时，不用筷子，先洗净手，用手将饭捏成团食用，称为"吃抟饭"或"抓饭"。饭团用青菜叶包着，再以手帕捆扎于腰间（也有用饭盒的），清早带着出门，待到中午时，于树荫或凉亭间食用。因此，柳宗元有诗云：青箬裹盐归峒客，绿荷包饭趁虚人。《大清一统志》载："伶人……俗最陋简，以手搏饭，和以炸鱼，为上食，以之宴客。"侗族一般习惯于清晨做好一天的饭菜，带上山去食用。香禾稻做成的"抟饭"尤为甘美。糯米饭有膨胀的特点，因此以半饱为宜。吃时特佐以腌鱼为菜，吃一口饭，喝一口茶。也有将糯米饭浸泡茶水中，待其膨胀后慢慢吃下的。

糯米还可以做成各种食品，例如糍粑、粽子和粥等。通道三江等地的侗族喜欢喝粥，一般在正餐前

作者简介：曹茂（1973—　），女，副教授，云南农业大学马克思主义学院副教授，中国农史学会理事，中国少数民族科技史学会会员。主要从事少数民族科技史、食文化研究推广工作。

食用。这种粥是用糯米舂成粉后加各种汤熬成的。肉粥、鸡粥和鸭粥都是要用煮肉和鸡鸭的汤来熬煮。鱼粥则用鱼肠子熬成。谁家煮鱼粥都要请亲友来品尝，请而不到的，还要送去一份。

1.2 副食

（1）肉类　肉品主要是猪、牛、鸡、鸭、鱼肉等，吃法与汉族差别不大。侗族鱼鲜包括鲤鱼、鲫鱼、草鱼、鳝鱼、泥鳅、小虾、螃蟹、螺蛳、蚌之类，可制成火烤稻花鲤、草鱼羹、鲜炒鲫鱼、吮棱螺、酸小虾、酸螃蟹等风味名肴。鱼虾既可鲜食，也常常酸食。

野味包括鼠、蛇、蝌蚪、四脚蛇、幼蝉、幼蝗、土蜂蛹、石蛙、穿山甲、囡囡鱼、麋鹿、梅花鹿、麂子，以及吃松果长大的松香鸡和松香猪，侗族均能巧加利用。

（2）蔬菜　侗族日常栽种的蔬菜十分丰富，有辣椒、白菜、香葱、萝卜、大蒜等，除鲜食南瓜、苦瓜、韭菜外，大部分腌成酸菜。

侗族地区森林资源丰富，还出产木耳、香菇、竹笋（玉兰片）、柑橘等食材。

侗族地区食用的豆类蔬菜有大豆、豌豆、豇豆、刀豆、四季豆和红腰豆等多种豆类。

菌类方面松菌是常用食材，而最美最鲜的鸡丝冻菌，白嫩味鲜，有如炖鸡，是菌中的上品。还有可制粑粑与粉丝的藤根、葛根，水田生长的细微苔丝，随处可见的竹笋。

（3）水果　水果有黑老虎（长寿果）、刺梅、猕猴桃、乌柿、野杨梅、野梨、藤梨、饱饭果、刺栗、大王泡等。黑老虎，被侗族苗族地区视为珍宝，原生于湖南、广西、四川、贵州、云南海拔1500～2000米的原始森林中，果实成熟时可食。果肉像葡萄，浆多、味甜芳香；肉色如荔枝乳白细腻；果香如苹果，馥郁可人。

1.3 饮料

饮料主要是家酿的米酒和"苦酒"，以及茶叶、果汁。

（1）酒　侗族通常以饮酒来消除疲劳，很多成年男子晚餐都要适量饮酒。侗族各种节日喜庆、社交往来等都是以酒为礼、以酒为乐！

侗家特色酒有女人酒、姑娘酒和姜酒等。

在侗家人的心目中：糯米饭最香，甜米酒最醇，腌酸菜最可口，叶子烟最提神，酒歌最好听，宴席上最欢腾。

（2）茶　侗族人民喜爱喝茶，主要有油茶、豆茶、苦茶和水茶等。

油茶，它是用茶叶、米花、炒花生、酥黄豆、糯米饭、肉、猪下水、盐、葱花、茶油等混合（有的地方还加菠菜、竹篙）制成的稠浓汤羹，既能解渴，又可充饥。打油茶，是侗族生活中不可缺少的习俗。一天之中，不分早晚，随时都可以制作。油茶待客是侗族的重要礼俗。在侗族地区无论到哪家，请你喝油茶，你不必讲客气，太客气了，是对主人的不尊敬。喝茶时，主人只给你一根筷子，如果你不想再喝时，就将这根筷子架到碗上，主人一看就明白，不会再斟下一碗。如果不是这样，主人就会陪你一直喝下去。

侗家人爱吃油茶由来已久，成了他们的传统习惯。有的地区，侗家人一日两餐油茶，天天不断。侗家的油茶具有香、酥、甜等特点，能提神醒脑，帮助消化，是侗族人民喜爱的食品。

油茶的吃法，一般分为两种：平时早餐和晌午吃的油茶，比较简单，盛上大半碗冷饭，放一把糯米花，泡上滚烫的油茶汤，全家大小围桌而吃；比较讲究的吃法是先将糯米用碓舂烂、过筛，加上稻草灰拌水做成汤圆，再放进油茶汤里煮熟，舀到碗里吃，称为"粑粑油茶"，多在民族节日，或有远方来客时，才做来吃。

侗族的豆茶可分清豆茶、红豆茶、白豆茶三种，各有吃法。清豆茶一般在节日里饮用；红豆茶在办喜事时饮用，由主茶的老者分舀给参加茶会的人；白豆茶是在办丧事时饮用白豆茶一般由丧者的子女向前来吊孝的客人敬献。凡是饮了白豆茶的人，都要在饮完茶后，封一些钱在碗底，回赠给主人，作为答谢，侗族人称为"茶礼钱"。

2 食品加工

糯米、油茶、腌酸和鱼是侗族人民非常喜爱的食品，对这些食品的加工制作体现出了侗家风味的特色。

2.1 主食加工

（1）糯米糍粑　糯米糍粑是节日的必备之物。春节的糍粑五颜六色、大小不一。打制春节糍粑不是辛苦的劳作，而是侗族青年男女的一种娱乐和享受。糍粑制作要先打糯饭，由小伙子负责，捏糍粑则由姑娘完成。春节前几天，侗家民居堂屋中摆放着一个用一段两人合抱粗的大枫木挖成的大粑粑槽。屋里烧着炭火，摆上制作糍粑的案桌。打制是要关紧门户，以保持室内温度。打糯饭的小伙子们光着膀子，手执长槌，等热气腾腾的糯米饭入槽后，便争分夺秒地绕着粑槽槌打。粑坯出槽后，忙送到涂满黄蜡的案桌上，姑娘们飞快地把粑坯制成粑团，再压制成粑粑[3]。

糍粑一般做成碗口大小，送亲友或贵宾的会做得稍大一些。一些地方还用萝卜刻成各种吉祥图案，涂上颜料，印在糍粑上。

在贵州黔东南苗族侗族自治州，糍粑还被做成侗果作为祭祀上的常用贡品，或者待客的茶点。在黔东南每年农历的"三月三"节里，侗果是当地的必备之食。通常在节前，侗家妇女们便开始三五成群地加工侗果。加工侗果必须用当地野生植物的甜藤作为增甜剂，是为了使侗果具有藤的自然香气。《本草遗拾》中有甜藤"调中益气，主五脏，通血气，解诸热、止渴、除烦闷"[4]的记载。

侗果制作原料：糯米1000克、甜藤汁、茶籽油、红糖、酥黄豆面、熟芝麻等适量。制作步骤：①秋收后取藤，将之割碎后反复锤打，脱去外层皮毛，再用重锤锤烂后，以石碓舂至泥状，取出用清水浸泡一夜，过虑取汁。②米淘洗干净，浸泡一夜，蒸熟成糯米饭。③边舂糯米饭边加甜藤汁，直至成甜藤糍粑。④糍粑在簸箕内晾一两天，至半硬半软状态，将之切成指头大小的丁状，拌上黄豆面，摊晾在室内通风干燥处阴干，用坛子和塑料密封贮存。⑤干糍粑丁在油锅中炒至半胀，放入茶油锅中炸至膨胀，几秒钟后，如白石头子似的干糍粑丁纷纷飘浮，胀至状如猕猴桃大小，色呈酱黄时，捞出沥油。⑥红糖与水3∶1比例入净锅，小火熬化，边搅边熬，熬至糖液起丝，将上述炸制原料分批入锅，铲动翻滚，俗称"穿糖衣"。取出料，放在备有熟芝麻的簸箕上，迅速翻转滚匀，使之表面均匀粘上芝麻，即成侗果。⑦侗果冷晾后用坛子或塑料筒密封贮存，随吃随取，保持酥脆。

（2）粽子　侗族用糯米包的粽子有长方形和三角形的。可以包成白水粽、灰汤粽、饭豆粽、糖粽、清明菜粽等品种。通道有些侗寨把五月初五称为粽粑节或祖婆节，要包粽子。包粽子有一套庄严神秘的程序。先由家中女主人带领媳妇沐浴洗发，然后上木楼恭敬地包12个抱妹粽（把两个长形粽合扎在一起，象征祖婆抱子孙），再包12个三角粽，才可以坐下来接着包。锦屏圭叶寨包粽子也很讲究。每家都由年纪最长的妇女来包粽子，不准其他人动手，也不准数粽子的个数。粽子煮熟后先要祭供蛇神和祖先，才能食用。

2.2 副食加工

（1）腌酸　侗族也嗜酸，有"三天不吃酸，走路打倒窜"的俗语。

侗族的腌酸制品包含蔬菜和肉类。侗族菜中，酸味的菜很多，不仅有汉族熟悉的酸黄瓜、豆角、蒜苗之类，还有少见的酸螺丝、酸小鱼、酸小虾、酸螃蟹之类。除"卤酸"外，还有"甜酸"，即用甜酒糟腌制而成。有一种甜酒糟腌制的小虾，是侗族人最爱吃的。

相传侗族腌酸菜始于宋代，但其实早在北魏时期腌酸就已经在《齐民要术》中有记载，被称之为作酢和作菹，可见腌酸食品加工有着悠久的历史。制作腌酸菜主要是坛制，坛制是指将淘米水装入坛内，置于火塘边加温，使其发酵，制成酸汤，然后用酸汤煮鱼虾、蔬菜，作为日常最常见的菜肴。

侗族的肉类腌酸制品中有代表性的是腌鱼和腌肉。腌制的酸肉酸鱼是侗族的四大名菜之一。腌鱼、腌猪排、牛排及腌鸡鸭以筒制为主。筒有木桶和楠竹筒两种。制作腌鱼以入冬最佳，腌鱼时将鱼剖开，除去内脏，抹上一层食盐，腌过三四天，用糯米饭、辣椒粉、姜末、花椒、蒜泥、料酒、食碱等加水拌成糟料，填充鱼腹。然后一层鱼、一层糟料，堆放在腌桶内，上盖芭蕉叶或粽叶，四周用禾草密封，剩余的糟料装袋亦压在上面，桶上灌以清水，使之隔绝空气。一般40天以后即可食。腌制时间越长，味道也越好。经腌制鱼肉中的细菌已被杀灭，故取出即可食。腌鱼肉质红润松软，味道酸香可口，腌肉的制法相同。

很多侗家人有小孩以后，家里会腌好几大坛的酸肉和鱼。当他成亲或者生子的吉庆日子就会拿出来大宴宾客。在他去世的时候举办丧礼，晚辈也会从地下挖出酸肉酸鱼坛子，在葬礼的宴席上招待各方来的亲友。

（2）鱼　侗不离鱼，鱼类可以进行如下加工：

①烧鱼：鱼虾除大量酸食外，亦常鲜食。侗族以水产为美味。烧鱼历来是侗族同胞喜爱的一种佳肴。每逢插秧以后，便把一桶桶两指长的小鱼放入禾田，到秋节长成巴掌宽的红尾鲤鱼。这时候，侗寨家家包着糯米饭，带上食盐、辣椒，上坡去摘"侗禾糯"。吃饭时，就在田边燃起一堆堆篝火，再从田里提来一笼笼的活鱼，剖洗去鳞后用折来的树枝条穿到鱼嘴里，在火上烧烤。然后全家人围着火堆，打开竹篾编织的饭兜，手撕着烧鱼，蘸着盐、花椒粉和辣椒粉，就着香喷喷的糯米粉，开怀大嚼。

②鱼生：鱼生也是侗族的四大名菜之一，侗族历来流行吃鱼生和肉生的习俗。侗族鱼生还有专门用来蘸浸的酸汤汁，生鱼片在这酸汤里泡几分钟后，鱼片爽甜，入口鲜美无比。鱼生的制作方法是先将1500克以上的野生河鱼（草鱼或鲤鱼）的鳞刮净，除去内脏，切成薄片，然后以适量茶油、酸菜汁或醋与玉米粉、花生粉、酸菜等配料拌调，味道微酸，清甜可口，多吃不腻。肉生的做法和鱼生相同，味道却略逊于鱼生。

（3）紫血　紫血，侗族四大名菜之一，是侗族待客的顶级菜品！做法是：猪头皮、猪心、猪肝、猪肚、黄喉等猪杂，用铁锅小火烤熟（不用油盐，也不能烤得太过火，九成熟或八成熟为最佳，这个状态最鲜嫩）烤好后全部切薄片、加上捣碎的察喇（音译，三江侗族最特色的调味料）、胡椒粉、盐、鱼腥草碎叶，再淋上一小碗生的猪心血拌匀。一定要用刚宰杀的猪心里的血，那么多的猪血只能用这个部位的，只有这样的猪血做的"紫血"，吃了才不会拉肚子。

（4）羊瘪汤　羊瘪汤也叫百草汤，侗族的四大名菜之一。山羊吃百草。宰杀山羊之后，将羊肚、小肠内正在消化或已经消化的食物（也就是草汁和胃液的混合体）滤取绿色的液体，草渣是肯定过滤掉的。瘪就是大便的意思。羊瘪汤主要用料为羊的内脏，即羊的肠、肚、血，羊肝也可。将羊宰杀后剖腹，然后取出肠、肚冲洗干净，但不能将羊肠里的脂肪全部除去。将肥肠编制成辫子状（俗称"羊辫肠"），如果肠子里的脂肪越多，羊辫肠就越鲜美。煮时视用量的多少配水，最好是用深井水，一般一只羊的内脏用15千克～20千克水即可，把羊内脏放到冷水锅中，然后放适量盐，待煮开后再放入羊血，等到后放的羊血熟后即可全部捞出。将煮熟的内脏切细或者剁碎，另放一个盆装，编成辫状的那节肠子千万不要剁碎，可切成4～5厘米长的辫肠节。汤水留在锅里保持一定的热量，粗加工完成。然后把热锅里的汤水舀到盛有肉料的盛器内，再加上侗家的各种特色作料，羊瘪汤就制作完成了。可以说，胃液＋草汁＋羊杂＋羊肉片＋察喇＋指天椒＋姜＋香菜＋蒜＋花椒等东西煮汤，就是羊瘪汤了。夏天可以做成汤，而到了冬季，亦可将此做火锅的锅底，加以苦瓜片或者南瓜嫩苗、牛羊杂等，味道同样鲜美。

（5）生姜　侗家能用生姜制成各种酱菜。可加工成腌姜、豆豉姜、糖姜、五味姜、油姜、姜酒等进行销售。

2.3 饮料加工

（1）酒　侗族喜饮酒，也善于酿酒。侗族家家都会自酿自烤土酒。酒多以糯米酿成，也有以玉米、红薯等杂粮酿制的。侗家最具特色的就是以糯米酿制的"苦酒"。这种酒醇香清苦，越苦越是上品。

侗族酿酒的历史久远，用来酿酒的谷物里的淀粉质需要经过糖化和酒化才能酿成酒。侗族先民很早就发现利用酒曲使淀粉质糖化和酒化结合起来同时进行的酿酒方法。从侗族的《酒曲之源》《酒之源》等古歌中可以找到侗族先民酿酒技术的一些线索。至今，侗族民间仍用甑蒸法酿酒。先把粮食煮熟放凉，拌以酒曲，放在木桶或坛中捂严实。5～7天后，桶（坛）内发酵，香气外溢，就可以蒸烤了。把酒坯置于锅里，上面盖上木甑，在甑的半腰开一孔，斜架一槽，槽下安放一竹管，引至瓦坛内。木甑顶部放一口大锅（天锅），锅内储满清水，经常换水，以保持温度凉爽。灶烧大火，使酒坯锅里的水蒸气上升，遇到天锅底部的低温就凝结成酒水，顺着槽流出甑外，引入坛中，等到酒色变清停止烧烤。

①女人酒：独一无二的气候环境，独一无二的黑糯米，独一无二的天然水质，独一无二的配方酿造了独一无二的侗家女人酒。女人酒有其独特的酿制方法，在不一样的气候条件下，运用不一样的黑糯米，再加上不一样的天然水质酿造而成。女人酒富含能量阳原子，能及时补充人体细胞营养，排除体内毒素，利用独有的排补、食疗作用，调节生理规律，长期服用，具有祛病强身、美容养颜、促进健康之功效。

②姑娘酒：侗族和苗族都有酿制姑娘酒的习俗，即姑娘出生时，马上为她煮一坛甜酒，将其窖在地下或埋藏在池塘底，待姑娘长大成人后的婚嫁之日，才开窖启用，与江南地区酿造的"女儿红"异曲同工。姑娘酒由于长期窖藏之故，酒液高度浓缩、色泽绿中透红、酒香浓郁持久，酒味甘甜醇和，是极好

的佳酿美酒。

③苦酒：侗族地区特制的苦酒通常作为饮料来招待到访的客人。味道甜中带苦。

侗乡有九月九重阳节喝苦酒驱邪的习俗，据说在这天开坛的苦酒能经久不酸。侗家苦酒制作离不开糯米，首先是蒸糯米，拌上民间秘方酒曲，在酿制出低浓度米酒后，密封保存，使其继续发酵，最后再配入侗乡山寨特有的山泉水酿制成甜中带苦的苦酒。苦酒甜中带苦，呈乳白色，酒精度十余度左右，入口清凉、醇和、回味悠长，即使没有酒量的人也能喝上一大杯。

（2）茶

①打油茶：侗族打油茶是把事先煮熟晒干的糯米（又称阴米）下油锅爆炒好倒进茶碗里，再向碗里放一些熟芝麻、油炸花生米、葱等配料，然后将茶叶、油放入锅内爆炒并不停地用锅铲轻轻敲打，最后加水煮沸，滤出茶渣，把热茶汤冲入茶碗内即成打油茶。侗族有首民谣说：早上喝碗油茶汤，不用医生开药方；晚上喝碗油茶汤，一天劳累全扫光；三天不喝油茶汤，鸡鸭鱼肉也不香。可见他们对打油茶的酷爱程度。

②豆茶：豆茶是用米花、包谷、黄豆、炒米等经过特别加工后和茶叶一起入锅煮制而成，喝之香甜可口。豆茶又分"清豆茶""红豆茶"和"白豆茶"三种。

清豆茶其原料由主办村寨负担或大家一块凑。将各自自制的豆茶原料献出，放在铁锅中清煮。

红豆茶用猪肉熬汤，再加入炒米花、包谷和黄豆及茶叶，由新郎新娘将熬好的茶敬献给客人。

白豆茶用牛肉熬汤，加入炒米花、包谷和黄豆及青茶叶一起煮成。

③苦茶：侗家"苦茶"别有风味，煮茶时先将粳米妙成褐黑色，盛在碗里，再将茶叶放在锅里炒焦，揉成粉末状，然后把炒过的粳米倒进去。掺水一起煮，待粳米涨开了，加入青菜、萝卜、甘薯和别的香料煮熟即可食用。其味醋苦，食之，可以调胃，还可以止泻。侗族地区因为气候潮湿、烟瘴多，容易得腹痛、痢疾等疾病，喝苦茶可以增强预防能力和抵抗能力，所以侗族同胞多嗜食苦茶[5]。

④水茶：侗族"水茶"的主要原料是当地出产的节骨茶，这种茶生长在大山的溪沟山阴处，叶和茎都可以入茶，茶味醇香扑鼻，一般是将它放在瓦罐里煨食。节骨茶有去渴生津，舒筋活血，提神醒脑的功效。

3 结语

侗族人民在长期的生产生活中，依靠他们的聪明才智，形成了独具特色的民族饮食结构及食品加工科技文化。他们食材用料广泛，常见食材不少于五百种。侗族无菜不酸，主要是与他们的生存环境紧密相关。因为侗族聚居区气候潮湿，多烟瘴，流行腹泻、痢疾等疾病，嗜酸吃辣不但可以提高食欲，还可以帮助消化和止泻，去湿除痛。侗族嗜食糯食，喜欢将糯米制成各种糯质食品，成为节日或待客的佳品。侗族喜欢喝茶，颇知茶道，食用的方式、制作的方法多种多样。一日三餐或四餐必有一至两餐是以茶为食，即使是农忙季节也不例外。侗族人民的饮食文化极大地丰富了中华民族的饮食文化宝库。

参考文献

[1]《侗族简史》编写组,《侗族简史》修订本编写组. 侗族简史[M]. 北京: 民族出版社, 2008.

[2]《侗族简史》编写组,《侗族简史》修订本编写组. 侗族简史[M]. 北京: 民族出版社, 2008.

[3] 杨权等. 侗、水、毛南、仡佬、黎族文化志[M]. 上海: 上海人民出版社, 1998.

[4] [唐]陈藏器.《本草拾遗》辑释[M]. 尚志钧辑释. 合肥: 安徽科学技术出版社, 2002.

[5] 秦秀强. 侗族饮食习俗及其在当代的变迁[J]. 民族研究, 1989(6):54.

漫谈藏族的饮茶习俗及传统饮食

岗　措

（中央民族大学，北京　100081）

摘　要： 人类为了适应环境，产生了相应的劳作方式和生活方式，风俗习惯的形成就是一个文化交融、积累、沉淀的过程。所谓传统饮食，也是文化交融的产物，是相对而言的民俗事项。藏族聚居的地区被业内称之为"五省藏区"，具体居住在青海、甘肃、四川、云南和西藏等区域内，五省藏区主要分布在中国的西北和西南，以海拔高低又区分为纯牧区、纯农区、林区和半农半牧区，多数居住在海拔三千米以上的高原，不同的区域就形成了藏族各不相同的饮食习俗。

关键词： 藏族；青稞；酥油茶；青稞酒；饮食习俗

　　中国是茶的故乡，中国人最早发现了茶的用途，发明了种茶、制茶技术，讲究茶艺、茶道，有着十分丰富的茶文化。唐代陆羽的《茶经》是茶典中的代表，而种类繁多的茶俗更是中华饮食文化的精髓。

　　历代文人对饮茶十分重视，深知其中奥妙，为它写诗、著书，形象、生动地描绘了茶对人体的功效，充分体验茶的怡神醒脑、消食解腻、升清降浊、疏通经络的药用功能。他们把饮茶作为很高的精神享受，并把茶带入文化领域，赋予它以哲理与思想。"在政治家那里，茶是提倡廉洁、对抗贵族奢侈之风的工具；在词赋家那里，它是引发文思以助清兴的手段；在道家看来，它是帮助炼'内丹'、轻身换骨、修成长生不老的好办法；在佛家看来，又是禅定入静的必备之物。甚至茶可通'鬼神'，人活着要喝茶，变成鬼也要喝茶，茶用于祭祀，是一种沟通人鬼关系的信息物，这样一来，茶的文化、社会功能已远远超出了它的自然使用功能。"[1]与此同时，茶又是中原统治阶级与边疆民族进行贸易的物品，也是把边疆民族牢牢控制在中央集权下的手段之一。

　　藏族是中国各民族大家庭中的重要一员，早在隋唐时期就与中原汉民族建立起密切的交往。吐蕃王朝时期，先后有两位唐朝公主远嫁吐蕃赞普，随她们带入高原的除医药、历算、工艺、建筑等封建社会的先进文化技术外，还有各种茶叶和唐王朝的饮茶方法。藏民族从事的主要是逐水草而居的牧业生产，喜食肉类、奶制品及奶油制品，它十分适合人们在高寒、缺氧环境中的生存和劳作，能抗寒并保持体内热量。但是，终日食油、食肉，难免会引起滞物、油腻等不良反应。茶的最大功效就是"通利""解腻"。于是，茶的传入迅速被藏民族接受，并将本民族文化融入其中，形成了独具特色的高原饮茶习俗。

　　《明史》中载："番人嗜乳酪，不得茶，则困以病。故唐、宋以来，行以茶易马法，用制羌、戎，而明制尤密。"千百年来以茶易马的"茶马互市"制度，有利地推动了茶文化的迅速传播。从唐朝以来在边疆各地建立了专门机构——茶马司，并且还制定了一整套严密的互市制度，这在客观上促进了茶叶的

作者简介： 岗措（1960—　　），女，藏族，博士，中央民族大学藏学研究院副教授，主要研究方向为藏族文学史、藏族民间文学、藏族民俗学、藏语文等。

流通。

1 "茶马互市"

古老的丝绸之路是唐蕃兵家必争之地，安西四镇是唐蕃的边界，即：汉文化和藏文化的接触点，中原的茶就是从这里源源不断地进入青藏高原，汉人称之为"边茶""藏茶"，交换回马匹和土产，民间的"茶马互市"就开始于此时。到了宋朝，由于宋与辽、金连年征战，需要大量马匹，而中原又供不应求，于是想法从蕃人手中换马，为保证供给，特设"茶马司"，专门管理边茶换马事宜，使民间的"茶马互市"更加繁荣。

元朝建立以后，西藏纳入中国版图。忽必烈为了加强与藏人的关系，特立西藏萨迦派领袖贡嘎坚赞的侄子八思巴为国师，先后在西藏进行了三次人口普查，分西藏人口为十三万户，将统领十三万户的权力赐予八思巴，巩固了萨迦派在西藏的统治地位。这一时期藏传佛教的两个教派，即：萨迦派和噶举派，为了得到元中央的支持，频繁派使臣联系，元朝廷也十分重视他们在西藏的势力，大力扶持他们，给他们封官加爵、赏赐钱帛和茶叶，并大修驿道，使往来于中原与西藏间的道路更加畅通，有利地推动了"茶马互市"的发展。

至明朝，中央政府不但沿用了宋以来的茶马司制度，而且进一步规定了"纳马数量、易马数量、易马时间、茶马比价等，当时茶马司的马分三等：上等马给茶一百二十斤、中等马给七十斤、下等马给茶五十斤。"

清朝基本沿用了明朝的一系列茶马互市规定。英帝国主义武装侵略西藏后，妄图以印茶取代内地的茶市，从而控制西藏。但几百年来的传统习惯和人们对品质优良的内地茶的认可，使侵略者的目的没能得逞。人们依然沿着古道干线，用皮毛和马匹换回茶叶。

民国时期，边茶的经营权牢牢掌握在政府手中，以茶制边是这一时期治理西藏的主要手段之一。西藏和平解放以后，为了满足西藏人民对茶的需求，国家把物美价廉的茶叶从川藏、滇藏、青藏公路源源不断输入藏区。同时，在西藏各地进行能否种植茶叶的调查，先后在察隅、林芝、墨脱等地种上了茶树。如今，在林芝的易贡湖畔生长的茶叶已经出现在市场上，成为人们馈赠的佳品。

2 藏区的茶俗与茶礼

藏族人民喜爱喝茶，一日三餐离不开茶，迎客送亲离不开茶，探亲访友离不开茶。有多种多样的饮茶习俗，有茶颂、茶歌、茶会，茶在藏族人民生活中形成了独具特色的地域文化。

一提起藏族的茶，人们都会异口同声地提到酥油茶，但酥油茶在不同的藏区有不同的喝法。

首先让我们认识一下酥油。酥油实际上就是黄油，是把十几斤牛奶或羊奶注入高一米多，直径约80厘米的木桶里，用一个带活塞的木柄，上下提拉几十次后奶油与奶水自动分离，然后将奶油捞出拍打成型，放入冷水中凝固，最后装入羊肚或牛肚中缝合，晾干肚子表面的水分后存放或出售。在牧区从事这一劳动的通常是妇女。

同样叫酥油茶，甘青的酥油茶和西藏的酥油茶尽管成分一样，但制作方法不同，所形成的词汇也不一样。首先介绍西藏的酥油茶，它的制作需要专门的木桶和一端带十字架形的活塞，将茶倒入木桶再放入一小块酥油、少许盐，然后用活塞上下提拉搅拌，让茶和油充分融合，再从木桶倒入茶壶，从茶壶倒入碗中，浓香、温暖的酥油茶是高原最好的早餐饮品；其次说一说甘青地区的酥油茶，先将清茶倒入碗中，再放一小块酥油，然后端起碗，边吹面上的油花，边喝茶，最后剩的茶和油用来拌糌粑或掰一块锅盔（一种饼子）蘸着酥油吃。

很显然：一种是经过搅拌融合的酥油茶，一种是没经过搅拌融合的酥油茶，汉语中都称为酥油茶。此两种喝法西藏都有，但方言对这两种喝法的称呼不一样，前一种叫"恰苏玛"，后一种叫"颇玛"（远途野外劳作时的简易酥油茶）。酥油茶有普洱茶香和奶香味，给生活在高原的人以足够的热量和抗高原反应的抵抗力，另外还可以防止嘴唇开裂，一举多得。

藏族喝的茶除了酥油茶，还有奶茶、清茶和甜茶。奶茶是许多民族爱喝的传统饮品，特别是游牧民族。

（1）首先将砖茶熬好，然后加牛奶加盐，即可饮用，不仅制作方便而且易于消化，比喝纯牛奶要容易吸收。

（2）甜茶是清朝时期从印度传入西藏的一种饮品，据说最早是英国人的饮茶习俗，此习俗传到印度，而后又传到了西藏。甜茶选用上好的红茶制作，在熬好的红茶汤中加入牛奶再加少许糖就是甜茶了，在西藏它就像咖喱饭一样是舶来品，逐渐成为了西藏民众酷爱的食品。

（3）最后再说说清茶，它是最容易制作且最经济实惠的茶，将砖茶熬出茶汤加少许盐就是清茶了，浓淡以个人喜好来调整，可以随时随地饮用，也是许多民族喜爱的饮品。

由于茶是藏区人民群众生活中必不可少的物品，所以，用茶做礼品赠送亲朋好友是最流行的习俗。在甘、青一带，一般登门拜访，都要拿一块砖茶、一条哈达。这是最朴实的礼品，不必为拿什么礼品而烦恼。为儿女提亲说媒，除了要给女方家的父亲带酒以外，还要带一块砖茶，说是给老人或母亲熬茶喝的；新娘子入门的第一件事儿就是要熬好茶侍奉公婆；妇女坐月子时，将酥油熬化加红糖和细奶渣，用清茶调成糊状，食用起来又好喝又补身子，茶渗透到藏族人民生活的方方面面。

在藏区人们串门或做客，主人家都会给客人倒茶，汉族有"茶七分、饭八分、酒十分"，"茶倒满了是撵人走"的说法，但在藏区无论是茶、饭，还是酒都要倒满盛满，否则会觉得小气，大有"倒不满、心不诚"的意思。茶碗放在客人面前，客人自己一般不会主动拿起来就喝，而是由主人一次又一次地向客人敬茶、倒茶，直到客人坚持说"不喝了、不喝了"为止。在西藏喝酥油茶时，不能发出"吸溜、吸溜"的声音，最后不能将碗里的茶全喝完，否则会认为没教养。

茶碗，藏族民众喜爱用木碗和瓷碗。木碗一般会选用质地坚硬的桦树、桐树或桑树，用树瘤做的碗是上乘的。林木较多的西藏林芝地区和山南地区、云南的香格里拉地区，均有制作木碗的传统基地，如：林芝的察隅、山南的加查、阿里的普兰和云南的香格里拉上桥头村等，都是做木碗有几百年历史的地方。有一首古老的歌谣唱出了藏族民众对木碗寄予的情感："丢也丢不下，带也带不走，情人是木碗该多好"，说明藏民有将木碗天天带在身上的习俗。

在家中，木碗是个人使用的，一般不拿给客人用，父亲用的木碗要用银子包里面和碗底，有的人家还用银质雕花高脚碗托，显示父亲的威严。招待客人用的茶碗一般是瓷碗，特别喜欢使用内地景德镇的瓷碗，大部分地区喜欢使用绘有龙图案和八瑞图的广口碗；而西藏的中心地区，即：拉萨、山南、日喀则地区的农牧民群众则喜欢小巧且造型别致的茶碗，尤其喜欢带把儿的茶碗，用来喝甜茶很优雅。八瑞图：金轮、双鱼、右旋海螺、妙莲、宝伞、法幢、宝瓶、吉祥结，是藏传佛教常用的八个瑞相图案，也是民众喜爱的吉祥图案。

3 具有民族特色的传统饮食

以牧业生活为基础的藏族，主要食用牛羊肉、牛羊奶、奶制品和酥油，形成了牧民主要的饮食结构。经过农牧业间的贸易，拓宽了牧业食品的种类有了青稞制成的糌粑，又经过文化交融接受了外来食物——茶，将本地的酥油和外来的茶很好地结合，形成了独具民族特色的酥油茶。牛羊肉、牛羊奶、糌粑、酥油茶、奶制品和青稞酒，是藏族饮食的基本元素，这些食品无论是牧区还是农区或林区都喜欢食用，这些基本食材在不同的区域内经过各种组合又衍生出各色食品。

（1）青稞　青稞是我国青藏高原耐寒性最强，适应性广的粮食作物，是藏族的主要粮食，藏语称之为"乃"。主要分布在我国西藏、青海、四川的甘孜州和阿坝州、云南的迪庆州、甘肃的甘南州等地区。也就是说，五省藏区都能生长青稞这种农作物。据考古发现和史料记载，青藏高原的青稞种植历史，可以推算到四千年以前，青稞的生产活动对青藏高原，尤其是藏族的生存环境产生了深刻的影响，由此构成了藏族文化的基础，形成了以青稞为载体的传统知识与民族文化。

在藏族传统的饮食中青稞是最重要的主食，对青稞的处理一般分两种：

①青稞脱粒磨成粉，用来做面块、烙饼子等；

②将青稞脱粒儿炒熟再磨成粉，藏语称其为"糌粑"。"糌粑"具有食用方便，饱腹感强、去油腻等特点，是能够成为主食最大的原因。

（2）糌粑　人们在长期的高原生活中，总结出糌粑面的各种吃法，通常流行的吃法是：先在碗里倒入适量的酥油茶放入糌粑，然后左手托住碗底，右手大拇指紧扣碗边，其余四指和掌心扣压碗中的糌粑面，自左至右使小碗在左手掌上不停地旋转，边转边拌直至捏成小团，进食时以酥油茶或清茶相佐（在西藏也有将糌粑放入牛皮或羊皮制的小袋子中，然后加茶、加糖、加奶渣等，揉一会儿就成糌粑坨坨了，与在碗里揉拌糌粑是同样的原理，这个袋子叫"淌库"，适合远途旅行时食用）。

藏区各地对捏成的糌粑坨坨，有不一样的称呼，按卫藏方言、安多方言、康巴方言的顺序依次为："粑""糌粑""阿洛"等，次方言中的叫法更多，嘉绒话叫"丝久玛"、香格里拉话叫"颇尔角"、甘孜话叫"巴粑"等等，其中还分农区称呼和牧区称呼。

自打有了"糌粑"，极大地丰富了藏族人民的生活，食用方法也很多：

（1）干吃糌粑，藏语叫"糌粑噶木"（发闭口音），就像服粉状药物一样，先将一小勺糌粑粉放在舌面，然后迅速喝一口茶吞下（通常年轻人喜欢）。

（2）将糌粑面调成稀一些的糊状加少许白糖、少许奶渣，通常早餐食用，类似内地的稀饭，藏语叫"炙玛"。

（3）青稞酒中放糌粑，然后加红糖、加奶渣一起煮类似醪糟，拉萨地区在大年初一的早晨喝，藏语叫"郭丹"。

（4）青稞酒中加糌粑加干酵粉，煮得稠一些，发酵后用类似给蛋糕做花边儿的挤压器，将糌粑挤压成小块儿，干了之后就是小点心，藏语叫"粑羌"（卫藏地区的小点心。）

（5）将糌粑、奶渣、红糖、酥油捏在一起倒入模子，扣成方形然后再用挤压器中的酥油挤压出吉祥图案，食用时用小刀切，是最受欢迎的糕点，藏语叫"推"。

（6）在文化交融的过程中，大米也成了食物中的佼佼者，增加了传统食品的种类。如：喜庆的时候食用的"卓麻折丝"（一种将大米煮熟加酥油、加白糖、加人参果、再加少许葡萄干的食品，类似八宝饭。）

（7）炒熟的青稞粒儿当作零食直接食用，食用时抓少许在手中扔进嘴里，显得潇洒、俏皮。

3.1 青稞酒

原料虽然都是青稞同样都叫青稞酒，但西藏的青稞酒和甘青的青稞酒，由于酿造方法不同，酒有本质的区别。藏语自古称酒为"羌"，但在卫藏方言中，对两种不同酿造方法酿造出的酒有不同的称呼，通过放发酵曲酿造出的酒用了固有的词汇——"羌"；通过蒸馏方式酿造出的酒（属于高度白酒）用了外来语——"阿热克"（来源于阿拉伯语）。

3.2 红糖

青藏高原不产甘蔗类的制糖的作物，但在传统食物中少不了红糖，经过分析发现西藏的红糖，基本都从印度、尼泊尔的贸易过程中输入，是藏族喜爱的食品添加剂，藏语称"布然木"（双唇闭口音）。

藏族传统食品的制作离不开酥油、糌粑、青稞酒和红糖。除了以上介绍的具有高原农业特色和牧业特色的传统饮食以外，地理人文环境是饮食习俗形成的最大客观因素。

4. 具有地域特色的藏族饮食

（1）西北藏区　青海和甘肃的藏区由于大环境饮食习俗的影响，同其他兄弟民族一样，以面食为主，从早餐的大饼子、馒头、花卷、锅盔、酥油茶、清茶、糌粑开始，午餐一般吃拉面、揪面片、肉包子等，佐以各种腌菜。饮食中有许多回族同胞的饮食元素，同样喜欢吃酿皮子、喝盖碗茶。

（2）西南藏区　四川有两个藏族自治州和一个藏族自治县，饮食上受川菜的影响很好理解。而西藏自治区的藏族也以川味为主，均爱吃米饭炒菜，学会了川菜制作方式中的腌、炖、煮的方法，最大限度地适应高海拔、低沸点的特点。川味中的酸萝卜这道菜，被拉萨百姓所熟知和喜爱，在藏语中仍然称为"酸萝卜"。另外，西藏的饮食受印度的影响，咖喱味非常受欢迎，诸如咖喱土豆、咖喱饭等，如今是西藏藏餐中的一道点击率很高的菜品。

接受印度风味的另一个例子是——卫藏地区的甜茶，原料是红茶和牛奶加白糖，典型的英国风俗。有了甜茶就有了拉萨的茶馆文化，茶馆中主要经营甜茶和酥油茶、清茶、面条。通常人聚多了除了吃和喝还要玩，茶馆中的娱乐主要是玩克朗棋，藏语称"吉让"（英语的音译）。克朗棋——由棋盘和支架、棋杆组成，在英国克朗棋是用棋杆将棋子击入四角的袋子中，传到拉萨变成了符合藏族习俗的盘腿坐，将棋盘放在矮桌子上，撒少许糌粑面以增加润滑度，用中指和食指叠加，然后弹出食指将棋子击入袋中。人们两两相对，边喝甜茶边玩棋十分悠闲，旧西藏时期作为禁忌女性不能出入茶馆（烟花女子除外）。

自从改革开放火车开通、大力发展旅游事业以后，拉萨的茶馆分内地人经营的茶馆和拉萨固有的传统茶馆。传统茶馆通常由拉萨当地的藏回经营（藏族中信仰伊斯兰教的一部分人被称为藏回），如今的传统茶馆中再也没有女性不得入内的禁忌。虽然旅游带来了天南海北的游客，但传统茶馆经营的主要还是甜茶和酥油茶、清茶，以及藏面或肉包子，变化不大。

西藏非常盛行酒宴，老百姓遇到节日或者喜庆事情，有举办酒宴的习俗，如今孩子考上了大学也成了酒宴的内容之一。西藏酒宴是主客各自坐在厚垫上，前摆餐桌分开进食。藏餐菜肴有风干肉、奶渣糕、人参果糕、炸羊肉、辣牛肚、灌肠、灌肺、炖羊肉、炖羊头等；主食有糌粑、奶渣包子、藏式包子、藏式饺子、面条和油炸面果等。随着时代的发展，汉餐和西餐西点也摆上了藏家酒宴。

酒宴主要饮料是青稞酒。酒用青稞酿成，制作方法较为简单，先将青稞洗净煮熟，待温度稍降时加入酒曲，用木桶或陶罐封好，让它发酵。两三天后，兑上凉水，再过一两天便可饮用。青稞酒色泽橙黄，味道酸甜，酒精成分较低。

喝青稞酒讲究"三口一杯"，即先喝一口，斟满；再喝一口，再斟满；喝了第三口，再斟满才全部干尽。一般酒宴上，男主人和女主人都要唱着酒歌敬酒，盛大宴会上专门有敬酒的女郎，藏语称为"冲雄玛"。她们身着最华贵的服饰，唱着最迷人的酒歌，轮番劝饮，直至客人醉倒为止。

西南藏区中的云南迪庆藏族自治州，居住着藏和纳西、白、傈僳、回、汉等民族，饮食习俗主要是云南的米线和饵块、炸乳扇等，极具云南各民族的特色，影响藏族食品的主要是用糯米灌的牛羊肠，这在其他藏区少见。

纵观全藏区总体来说，海拔高低不同的区域形成的劳作方式和畜牧养殖的品种不同，直接影响着饮食习俗的不同，大多数区域的藏族主要食用牛羊肉，不太喜欢吃猪肉和鸡鸭肉。但凡事有例外，著名的林芝藏香猪、墨脱石锅（猪或鸡）、云南香格里拉的尼西土陶鸡、俊巴村的鱼宴等都是历史悠久的菜品。虽然除了牛羊肉其他动物很少食用，但不是饮食禁忌，藏族真正的饮食禁忌在食肉方面，一般人只吃牛羊肉，而绝不吃马、驴、骡、狗等，有的人连鸡肉、猪肉和鸡蛋也不食用。鱼、虾、蛇、鳝以及海鲜类食品，除部分城镇居民（大多为青年）少量食用外，广大农区和牧区的群众一般不食。兔子肉部分地方可食，但孕妇不得食用，据说违禁食用生下的孩子会成豁嘴。即使是吃牛羊肉，也不能吃当天宰杀的鲜肉，必须要过一天才食。当天宰杀的肉称为"宁夏"（意为"日肉"），人们认为牲畜虽已宰杀，但其灵魂尚存，必须过一天后灵魂才会离开躯体。

随着时代的变化，藏族百姓的饮食结构正从单一向着多样化发展，蔬菜大棚的广泛运用，饮食中越来越多地增加了蔬菜的成分，逐步讲究有利健康的合理膳食，更好地促进广大农牧区人民的身体健康。

参考文献

王玲著. 中国茶文化. 北京: 中国书店, 1992.

食文化思想及历史

解析石毛直道成为研究食文化巨擘的历程

贾蕙萱

（北京大学国际关系学院，北京　100871）

摘　要： 本文旨在解析石毛直道研究食文化的历程，探讨他的研究优势，介绍其多种研究方法，展示其出类拔萃的研究成果，以及他对人类社会的巨大贡献，经解析得出石毛直道是位德艺双馨的学者，值得对其进行研究与弘扬其长处。

关键词： 石毛直道；食文化；田野调查；文化人类学；考古学；民族学；民俗学；自选著作集；食学

引言

石毛直道是日本研究食文化的一位巨擘，截至2016年问世的各种作品多达2850多件，其中仅著作就有96部，而且近年还出版套书12卷，即《石毛直道自选著作集》。至今他已走访110多个国家与地区，到访中国大陆最多，达17次，韩国次之。他拥有多学科知识，使用多种研究方法。

他温良恭俭让，很具亲和力，所以朋友遍天下，且颇具故事性。总之他是德艺双馨之学者，值得对他开展研究，以便弘扬其独有的长处。

1　石毛直道善于挑战的阅历

石毛直道（ISHIGE Naomichiいしげなおみち、恕以下简称石毛），1937年11月30日生于日本千叶县。其父是位小学教师，石毛经常随其父的工作调动而就学。他在上中学时，阅读很多文学著作，被称为文学青年，不过在其家乡千叶县，曾发现过弥生时代的居住遗迹，自此他便对考古学产生了浓厚兴趣。

石毛直道近照

一心想考入京都大学学习考古学的石毛，复读2年，于1958年4月如愿以偿，进入京都大学文学部史学科，但他只听考古课，并加入该校考古社团探险部，曾前往汤加王国考察。1965，考入京都大学研究生院文学研究科，但是其精力仍然用于考古学与文化人类学。石毛硕士研究生肄业后，到京都大学人文科学研究所当助教，加入著名民族学家梅棹忠夫主宰的社会人类学研究。期间多次参加探险队和日本万国博览会民族资料的搜集工作，走访了很多国家与地区，积累不少民族学知识。

作者简介： 贾蕙萱（1941—　），女，河北安国人，北京大学日本研究中心原副主任兼秘书长，教授。从事中日学术交流及比较民俗学、中日文化比较等研究。同时兼任中华日本学会副会长、世界良宽研究会会长、亚细亚国际民俗学会常任理事、副会长等20多个中日研究机构的职务。主要著作有《日本风土人情》《中日民俗学趣谈》《中日饮食文化比较研究》《以食为天——现代中国的饮食》(与石毛直道共著)《森田疗法——医治心理障碍的良方》等，发表文章、连载，共200余篇。

1971年，石毛就职甲南大学文学部，担任讲师，后晋升为副教授。1974年调入国立民族学博物馆，任副教授。1986年晋升为教授。此间，即1986年11月以"对鱼介类发酵食品的研究"论文获得东京农业大学农学博士称号。1991年兼任研究部長。1997年，石毛被推选为国立民族学博物馆馆长，虽然行政管理工作繁忙，但余暇时间仍坚持研究，不断有新的著作问世。石毛直道在国立民族学博物馆工作30多年，更多时间是从人类文化学角度进行食文化研究，发表了很多研究成果并荣获多种奖项。2003年退休，此后的石毛仍笔耕不辍，活跃在食文化研究的第一线。现系该博物馆与综合研究大学院大学名誉教授、日本吃货天堂首席理事。

好朋友们为其送了几个雅号（绰号）：大食轩酩酊、铁胃口、馋嘴、吃货、酒鬼等，这些他欣然接受，其雅号表明他研究食文化的乐趣与辛劳以及好人缘[1]。

2 石毛进入食文化研究的路径

石毛在孩提时代，父母曾问他长大以后想做什么？他回答："荞麦面馆的小伙计。"他的志向令父母有所失望。因为那时是日本侵华战争年代，军人得势、耀武扬威，很多孩子会选择长大以后想当陆军大将，或想当海军元帅。不过石毛不入俗套的回答说明他非常喜欢荞麦面，当时日本处于物质生活极端匮乏期，如偶尔能吃上一次荞麦面，都会给人留下深刻的印象[2]。

20世纪50年代初，石毛升入中学，那时日本曾发现弥生时代的居住遗迹，他受其影响便对考古学产生了浓厚兴趣。正在长身体时段的石毛，突显其食量很大，同学们羡慕他那健壮的消化系统，甚至将其消化功能比喻为"犹如下水道管子那样通畅。"可他哈哈一笑了之，从不与人怄气。

石毛学生时代以寄宿生活形式为主，用餐不方便时，就去旧书店购买妇女杂志或料理书籍，以便按照其烹饪菜谱学做饭菜。勤工俭学得来的钱，或钱包稍有宽余时，石毛作为饮食营养的一种补充，会到小摊上吃一次面条解馋。

石毛直道在横穿利比亚沙漠时用午餐之情景　　　　　田野调查中的石毛直道

1960年，在大学二年级时，出于对考古的热爱，他参加学生社团探险队，去汤加王国等地进行考查，不仅获得丰富的考古资料，而且接触各种各样的人，从而将兴趣转向文化人类学，并开始苦读。1963年，石毛撰写一篇考古与人类学巧妙结合的学士论文《日本稻作的系谱》，该论文从收获稻穗的刀具传播过程，佐证日本人种稻是从中国长江下游，传播到朝鲜半岛，再到日本南部的北九州。其论点新颖并有道理，颇受好评，被该校杂志《史林》破例刊载，显示出石毛颇有学者天赋。

1963年4月考入京都大学文学院文学研究科攻读硕士，不管涉足哪个领域，到哪里去考察，石毛都主动担当义务厨师，不辞劳苦，为大家烹饪可口饭菜，博得大家赞赏，这与平日喜欢烹调不无关系，也由此越发对烹饪产生兴趣。

学者们在异国他乡考察时，饮食水土不服是经常出现的，喜欢做菜的石毛就利用当地食材烹饪日本风味菜肴，大家赞不绝口。后来，他又克服各种困难，因陋就简，自制工具，为队员们做面条，不仅改善了大家的生活，同时历练了自己。

石毛因为喜欢烹饪，开始寻找饮食文化的资料与著述，但发现寥寥无几，他估计大家可能以为饮食无非是家常便饭，不予重视，但石毛认为饮食是反映文化的一面镜子，与每个人生活息息相关，所以他打算试着撰写这方面的书文。1969年石毛直道发表处女作《探求食生活》，一炮打响，很受读者欢迎，这便激发了他的研究兴趣。以下是一书两个版本的封面：

《探求食生活》　　《探求食生活》

石毛经常调侃使他走上饮食研究之路的一个原因，即"偿还酒债"之事。石毛在学生时代，读书疲劳之后，经常与同学去酒馆饮酒，日本酒馆对大学生是可以赊账的。也许老板认为他们有知识与教养，不会不还钱。不过日积月累，穷学生赊账越来越多，石毛便考虑到家庭妇女喜闻乐见的饮食文章易于刊登，便试着撰写些，欲挣些稿费"偿还酒债"。没想到文章备受青睐，便有了成就感，甚至后来他为结婚筹资，也采取此方便有效的方式。后来他陆续撰写不少著作，如《食物志》《食文化入门》等。

石毛直道 篠田　　石毛直道 郑大声共
统 大塚滋共著　　同编著

《食物志》主要介绍食物因土地而养育菜肴的独特风味。作者描述了世界各国的食物，作者捕捉到在中国土地上诞生的中国料理法与滋味，在日本土地上诞生的日本纤细的味道，食物的特异性也随时代的变迁而变化。《食文化入门》主要是介绍食文化基础知识，恕此不细述。

鼓舞是一种力量。上述的成功范例都鼓舞了他将更多精力投入研究食文化，不过石毛真正投入食文化研究应该是在1974年。是年，他调入日本国立民族学博物馆，该馆资料多、研究条件好，那里可以开展各种共同研究，石毛如鱼得水，从而不断发表研究食文化的文章与著作，换言之，这便是石毛进入食文化研究的主要路径。看来从兴趣到热爱，再由业绩引发成就感，是促使人选择正确前进方向之道[3]。

环境论 居住论　　石毛 直道、桂 小
米朝共著

3 石毛研究食文化拥有的优势

笔者认为一个研究学者能拥有出类拔萃业绩，定有他人不具备的多种条件，石毛研究食文化之所以硕果累累，确有其独有之优势。

3.1 石毛从青少年时期就喜欢考古

考入大学圆了考古梦，并拥有了考古学知识。要研究食文化离不开考古发现的资料佐证，也需要田野调查获取的第一手材料，这些都为他研究食文化打下良好的基础。以下的两部著作，都能体现石毛考古学的优势。

3.2 他拥有文学优势

他曾是大量阅读国内外文学作品的文学青年，后又在京都大学文学部攻读本科，虽说他偏爱考古学，但在文学部耳濡目染，也会增长文学知识。语言文学是人文学者基础之基础，易撰写出有质量生动活泼的书籍、论文。以下是石毛与中山時子共同撰写的《饮食与文学》的著作。

中山時子、石毛直道共著

3.3 石毛拥有农学知识优势

他获得过农学博士。众人皆知，研究食文化离不开农学，数不尽的食材大多是从农业获得，农学知识襄助石毛通晓浩瀚而繁多的食材，便于了解其性质与营养价值。另外，石毛的很多著作里均写到大米、小麦、大豆等食材的起源与传播，这些内容都离不开农学知识。如《初探文化面类学》一书就有其章节。

初探文化面类学

3.4 石毛具有民族学的知识

正如大家所知，文化人类学是研究人类各民族创造的文化，以揭示其文化的本质，为此对民族之中的人加以了解至关重要。石毛自身喜欢文化人类学，特别在1965年参加民族学大家梅棹忠夫主宰的社会人类学研究课题后，当是他吸纳民族学知识的大好机会。《馋嘴的民族学》及其很多著作，石毛均运用了民族学知识。

3.5 勤于学习而又勇于挑战

为了研究食文化需要走出去探查体验，即田野调查。研究食文化与其他领域不同之处，就是不仅需要考察而且必须亲口品尝、亲自制做。石毛勤于学习而又勇于挑战，他边记录边拍照边画图，还要创造条件动手烹制菜肴。为了研究其真

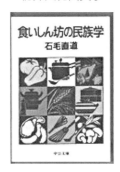

馋嘴的民族学

实味道，即使饱餐之后仍挑战主人端上的食物，对不洁净的食品也勇于品尝。他曾写到自己的遭遇："日本人是不习惯吃动物下水的，比其更为令人反感的则是遇到不干净的食物。"他言说："我遇到苍蝇趴在食物上一片漆黑，当伸手去拿时，苍蝇漫天飞舞。那时一只化脓的手递给我食物，在其上脓水就犹如抹过的调料，为研究那种食物明知不洁我也得吃下去。"

下图是石毛勤于学习而又勇于挑战的佐证，为搜集确切的资料，他除拍照外，还画图增加记忆[4]。

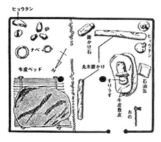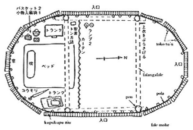

石毛直道田野调查时自画图

3.6 得到企业支持的优势

石毛因为研究业绩出类拔萃，加之性格温馨，企业家愿意与其合作。日本发明味精的企业，即味之素株式会社就曾多次与石毛直道共同研究食文化，而且在该公司成立有"味之素食文化中心"。与石毛合作开展的研究在本文后有较详细描述，此不赘述。

石毛拥有上述六大优势，为他日后研究食文化打下了坚实的基础，再加上石毛具有深沉专注之性格，对研究食文化情有独钟，能够使他在食文化研究的大路上迅猛前进，卓有成效。可以说在国立民族学博物馆，石毛获得了天时、地利、人和的研究环境。由他主办的食文化研究课题，吸纳来自各方的智慧，襄助他成就卓著，并使他颇具人气[5]。

看来博学助长成功，因为掌握的知识越多，越能运用自如，适时旁征博引，撰写出丰满而深邃的作品，石毛做到了。

4 石毛直道善用的研究方法

笔者在阅读石毛的著作与论文时，突出感觉到他运用多种研究方法，综合并全面展开对食文化的研究，主要有以下研究方法：

4.1 田野调查方法

诚如石毛所说："人不去的地方我去，目的是把资料带回。""人不做的事我有兴趣，以便实现我田野调查中心主义。"此言道破了他研究中使用的田野调查之重要方法[6]。

田野调查亦称现场调查，是直接最可靠搜集资料的好方法，也是研究工作开展之前，为了取得第一手原始资料的前置步骤。常言道，只有掌握真实的资料，才能得出正确的理论，从而制定行之有效研究体系。石毛从大学本科就开始参加考古队出国考察，迄今已经走访并进行田野调查近110多个国家与地区，有时竟一个人留在国外探险，甚至一次就长达10个月，好学加勤奋，使他已经掌握大量资料与感性认识，同时开阔了国际视野，为其后来的成功打下了坚实的基础，这实在是一般普通学者鞭长莫及的。石毛运用田野调查方法得来的资料撰写的著述很多，下图试举《面的文化史》《世界的菜肴》两部著作。

面的文化史　　　世界的菜肴

《面的文化史》主要描写了面的起源与传播。至于《世界的菜肴》读者一看就懂，恕在此不赘。

笔者欲稍微详细介绍与中国有关的一部书，即《您好！铁胃口中国漫游》（ハオチー！鉄の胃袋中国漫遊），内容是石毛的两次中国采访，分别在1982年与1983年，遍访上海、扬州、南京、重庆、北京、德州、广州、珠海等十几个城市。从上海豪华饭店红房子的西餐，到无线电工厂的职工食堂，乃至普通人家的家常便饭，从大葱蘸甜面酱到爆炒果子狸，以及在众目睽睽之下非常快乐地品尝露天摊贩小吃；调查体验了中国人的日常生活，并借机拍摄了很多当地人实际生活的照片。

石毛将"吃在中国"的经历，撰写为系列文章12篇，于1983年先在日本《太阳》杂志上连载，于

1984年结集成《您好！铁胃口中国漫游》一书出版。一个异国人记述了中国人的饮食生活，很有读者缘。他是较早研究中国饮食的学者之一。

下图就是该书封面。

再介绍一部石毛用田野调查的资料撰写的著述《日本的餐桌》，一书系两种版本。

您好！铁胃口中国漫游　　　　　日本的餐桌　　　　　日本的餐桌

石毛书中搜集了日本餐桌上各种食材，以民族学的宏观角度，探索写入各种食文化风貌，从日常见惯的食材到稀奇古怪食物，再到餐桌上的美食美器，婀娜多姿，包罗万象。将餐桌之上的食材渊源及历史，解析得清清楚楚。如栗子是日本战国武士出征前的祈运食物、菊花是日本饮食的美学代表等等。不仅该书，他那林林总总的著作，书写了犹如博物馆似的众多内容，该书实在反映出田野调查的硕果。而且该书写到饮食由果腹为目的之阶段逐渐向快乐阶段的过渡，揭示了日本餐桌不断演变的事实。

4.2 品尝方法

这里的品尝方法，指细致地辨别滋味，是研究食文化不可或缺的。石毛在多种场合和不少著作中谈及："吃是我的工作。"当人们议论从事食文化研究时，一般人都会以羡慕的口吻说："那是一份儿好差使，可以吃遍世界的美味佳肴，既有趣味又是对人健康有益的研究。""可是他们真不知道研究食文化并非一般人想象的那样惬意。吃饭时，不仅需要做笔记，还得拍照，更不能缺少品尝饭菜的滋味，简直无法悠闲地享用膳食的香甜可口。"石毛如是说。

他继续这样说："我是馋嘴并喜欢烹饪才深陷食文化研究的魔坑。在我选择研究食文化以前，也曾认为以食物为对象的工作，该是多么美好，随时都会有饕餮（tāotiè）大餐吧！然而当我真正进入研究食文化领域时，却感到以前之想法真是幼稚可笑。"石毛在其《吃是我的工作》的一书中，曾举例说明"食文化研究是健康的大敌。"在他前往中国云南西双版纳傣族民家调查访问时，那里的主菜是把生猪肉剁碎，撒上辣椒与香料，然后将生猪血浇于碎肉之上，使其凝固，作为招待宾客的宴会主菜食用。那时，我是主宾，我不容推辞地吃进肚中。据说政府曾劝导当地民众，不要生吃猪肉，以免寄生虫伤身，可是那是他们的传统大餐，不易改变[7]。

众所周知，吃得太多太好易罹患糖尿病，而且吃出来的病不属于劳动灾害保险。石毛就是为了研究食文化豁出命去尝试，因此罹患了糖尿病。虽然石毛说了研究食文化的弊端，但他还是喜欢并热爱食文化研究，他不仅敢于品尝，而且善于创新烹制。他曾清楚地说过："我愿到世界任何地方调查，我愿意

向任何人做调查。"笔者在石毛就职的日本国立民族学博物馆进修时，曾多次品尝过他亲手烹制的各种菜肴，吃过由他指导该博物馆餐厅烹制的世界各地有代表性的美食佳肴，如非洲套餐，该菜肴曾成为该博物馆餐厅一个品牌。正因为石毛勇于品尝与敢于创新，才有了独树一帜的研究业绩。这种研究方法如举例而言，其代表作当是《吃是我的工作》，该书生动、幽默，可读性强。

吃是我的工作

4.3 共同研究的方法

共同研究的方法是日本大学及研究机构经常使用的一种方式，在石毛就职的国立民族学博物馆，曾有数十个共同研究的课题组，石毛就是食文化共同研究的带头人，他至少领导过有关食文化的六个课题。由于他颇有领导才能，又因为性格非常和善，甚具亲和力和绅士风度。他对自己的性格定位是："我的味觉属辛辣类型，然而我的性格则属豁达型。"鉴此，在他领导的共同研究，来自四面八方与多个领域，而且大家都是以快乐的心境参与，这也是石毛组织活动的一大特点。换言之，在愉悦气氛之中观点碰撞，知识增长，见到成果。

共同研究一个课题的优势，在于可以吸收各领域感兴趣的人参加，每个人会从不同视角、不同层面看同一个问题，毋庸置疑，会带来丰富的知识，刺激参与者

的大脑广开思路考虑问题，这样集思广益撰写的文章就有深度与广度。石毛很多著作是在共同研究的基础上编写问世的。如由财团法人味之素食文化中心策划，达30多次的共同研究，名称为食文化论坛，共同研究之后整理编辑出系列丛书33部，其中16部都有石毛参与编辑，举其中一部为例：《外来的饮食文化》，不过对石毛而言，更有共同研究代表性的成果可为《鱼酱与鱼饭寿司的研究》这部书。

该书系石毛与同僚凯奈斯拉道鲁一同前往亚洲13个国家的200多个渔村、水产加工厂、市场、研究机构进行细致的田野调查，运用渔业生态学、民族学、烹饪学、历史学、人文地理学、语言学等实施跨学科研究，最终汇集成上述这部深邃厚重的著作，当是石毛之代表作。石毛将其中的一部分曾撰写成学术论文"鱼介类发酵制品的研究"，获得了农学论文博士学位。

4.4 跨学科研究方法

跨学科研究法是石毛得心应手而又常用的方法，这是因为他曾学习过多种学科，具有其学术功底才能驾驭、运用跨学科研究法，写出的著作丰满、具有知识性、可读性特点。

试举例而言：《日本食文化史》。

该书系近期出版的最新著作，其独到之处在于他依据日本饮食文化的变化分期，而不是按改朝换代的历史划分，其理论根据是，饮食习惯的改变是一个渐进过程，较之朝代更替要慢。他描述了日本从旧石器时代至现代日本饮食文化的变迁，并涉及文化人类学、道具学、语言学、民族学、民俗学、历史学、考古学、食品学、营养学、医学、农学、调理学、思想史等十数种学科。其中具体撰写了大米何时成为日本人的主食；寿司起源于何时；大酱及酱油是怎样普及的；佐料

文化始于那个年代等等，对日本食文化史中的一些基本常识，用通俗易懂的语言加以解析，让读者知晓日本饮食之变迁，进而了解日本饮食的魅力所在。该著作实在是石毛研究食文化之集大成的杰作，内容丰富，可读性很强，堪称日本未曾有的一部精辟的食文化通史[8]。

4.5 理论与实践有机结合方法

石毛是田野调查的一把好手，他搜集的大量资料与他在学校及研究机构学习的理论相结合，撰写的文章、书籍非常有深度。笔者与日本学者一起参加不少国际会议，当中国学者讨论日本学者治学与研究特点时，大多认为日本学者重视资料搜集并非常细腻，但多是提供丰富资料而提纲挈领总括理论欠缺一些，而中国学者与其相反，所以很有互补性。不过石毛因为有雄厚资料与广阔的视野，不仅资料翔实、细致而且有独特的理论。举例而言《饮食文明论》一书，就是既有翔实资料为基础又有能答疑解惑的理论。该书以国际视野写就，谈到食物的起源，谈到食与性，谈到单独一人用餐与多人一起进食的感觉不同等，由于既有趣味性又有学术性，才有再版10次的业绩。

4.6 国际交流的方法

日本国立民族学博物馆是一座拥有国际性跨学科的展示与研究机构，石毛与外国学者进行国际交流的机会很多，加之其学识渊博，性格豁达，不言而喻，他游刃有余地运用国际交流的方法，多次与外国人共同研究，也取得了可观的成果。仅对谈的著作就有8部。如他与韩国的人间国宝黄慧性对谈的一部书《韩国的饮食》，该书谈到韩国李朝时代的宫廷料理以及其传统、餐桌礼仪、泡菜的含义。证明了韩国丰盛的菜肴承载着韩国民族的历史。

此外，石毛与北京大学贾蕙萱教授对谈的一部书是《以食为天——现代中国的饮食》，该书以贾蕙萱的人生饮食阅历，谈及当代普通的一个中国人从小到大的饮食情况及其变迁。

食之文明论　　　中译本：饮食文明论　　黄慧性石毛直道对　　贾蕙萱石毛直道对
　　　　　　　　　　　　　　　　　　　　谈集　　　　　　　谈集

5 石毛直道的研究业绩与贡献

石毛的研究著作等身，而且著作类型多种，如书刊杂志发表的文章、对谈集、编著、翻译、电视电台发表的讲演稿、外文著述、被采访的记录稿等，据不完全统计，问世各类作品多达2850余件。其中著作及在书刊杂志发表的大量文章自不待言。据不完全统计，石毛单独撰写的著作42部、编著11部、共著9部、共编24部对谈集8部著，合计96部。2013年3月，其中部分业已整理出版为《石毛直道自选著作集》共12卷。每卷都有三四百页之厚重[9]。

仅就石毛已经出版的著作的前言与后记就被出版商整理出版过一部书，书名是《食前食后》。

12卷的石毛直道自选集　　　　12卷的石毛直道自选集广告资料

今后还会继续整理出版石毛的著述，以便丰富其套书。书籍是文明的载体，石毛的这些著作就是对社会文明的巨大贡献。

石毛规范了很多食文化中的概念问题。如"食文化"一词就是他首先提及的。他说："把饮食之事作为文化看待，就是饮食文化，即食文化。"鉴于食文化涉及文化人类学等十数种学科，所以石毛称其为食学。石毛在研究食文化时，经常有新理论写入书中，如文明论与文化论的界定，文化论是研究单个拥有个性与经历的民族文化的方方面面，而文明论则是超越个别文化差异，研究其普遍事项；还有烹饪的核心是火；人是烹饪动物；人是共食动物；生活是联系生命的活动；料理是联系生命的技术；饮食是联系生命祭祀等。

石毛治学严谨、勤勉好学、吃苦耐劳、亲力亲为、和善对人的精神更是难能可贵，是学者从事研究的典范，这当然称得上是贡献。

谈到他的贡献也可从其荣获的奖项作以佐证，至今他已荣获八种奖：

1971年荣获民族学奖·涩泽奖

1983年荣获日本生活学会研究奖励奖

1999年日本生活学会授予他"今和次郎奖"

1999年荣获大阪市民表彰奖

2003年大阪文化奖

2008年大同生命地域研究奖

2014年 第24次南方熊楠赏受奖

2016年日本春季叙勋瑞宝中绶章奖[10]。

以上内容可见石毛对社会与人类文明的巨大贡献。

6 世人对他的评价

当石毛直道自选著作集问世之后，曾有一百多名学者及好友为其发来贺信、贺电，其中不乏对他的高度评价，株式会社明光社把这些祝贺的信件汇集成《石毛直道与我》一书，作为出版纪念。试摘其中几例，以示说明：

日本著名小说家小松左京说："石毛直道有着大人风度，还具有肝胆相照且细致入微的魅力，他是位值得尊敬的食友酒友。"小松又谈及"大食轩酩酊"的雅号是我送给石毛的。

石毛的同事，研究茶文化的大家熊仓功夫教授这样评价石毛直道："第三代国立民族学博物馆馆长石毛直道，引领日本文化人类学奋勇前进。他之所以精力充沛从事研究，与其掌握田野调查的实际体验和准确无误的文献不无关系，二者相得益彰，才使他撰写出如此理论明快的大作。"

江原洵子名誉教授评价说："石毛直道以食文化的视野，涉足民族学、调理学、营养学、食育等多学科，所以拜读他的任何著作都感到愉悦，甚至产生亲手制作的冲动。"

在他手下工作多年的秘书福岛美莎贵女士这样告诉笔者："石毛先生是位非常厚道的太平绅士。我做他的秘书前前后后共有10年以上，但他一次也未呵斥过我，而且他从未说过别人的坏话，他对谁都是恭敬有加，这些都是我最为佩服之处。不过，为了他的健康，我希望石毛先生适量吸烟、饮酒。"

由于篇幅所限，允笔者择其经典评价记录如下：石毛先生是食文化的开拓者、先驱、牵引车；石毛是食文化研究的"人间博物馆"；"石毛先生胸怀坦荡，温馨对人""公平对人，磊落对事。""石毛先生总是和颜悦色""石毛先生是大人物，但从不摆架子。"很多很多好评，允就此止笔[11]。

7 小结

纵观上述内容，石毛直道实在是位研究食文化的巨擘，也是一位德高望重学长。有鉴于此，经多位中国专家学者提议，在中国食文化研究会民族食文化委员会麾下 成立了"石毛直道研究中心"（简称中民食石毛直道研究中心）。研究石毛直道先生严谨的治学态度、借鉴其丰富经验，以及学习他对事对人的好品格等，对我国研究食文化与发展食文化产业、襄助我国食文化申请世界非物质文化遗产等均具有重要意义。

参考文献

[1] 石毛直道. 石毛直道自选著作集: 第12卷. 东京: 日本株式会社多麦思(メドス)出版社, 2013.

[2] 石毛直道. 石毛直道自选著作集: 第3卷. 东京: 日本株式会社多麦思(メドス)出版社, 2012.

[3] 石毛直道. 年谱·人生·总目录·总索引. 东京: 日本株式会社多麦思出版社, 2013.

[4] 石毛直道. 石毛直道自选著作集: 第12卷. 东京: 日本株式会社多麦思(メドス)出版社, 2013.

[5] 有些图片取自日本雅虎网石毛直道介绍.

[6] 2003年春, 石毛直道退休讲演稿.

[7] 石毛直道. 石毛直道自选著作集: 第12卷. 东京: 日本株式会社多麦思(メドス)出版社, 2013.

[8] 石毛直道. 日本的食文化史——从旧石器时代至现代. 东京: 岩波书店, 2015.

[9] 石毛直道. 石毛直道自选著作: 第1卷. 东京: 日本株式会社多麦思(メドス)出版社, 2012.

[10] 从南方熊楠奖的宣传资料获取(2013年).

[11] 石毛直道. 石毛直道自选集. 东京: 株式会社明光社, 2013.

食品"抗氧化"机制的美学阐释

赵建军

（江南大学人文学院，江苏　无锡　214122）

摘　要：中国传统食品的制作、生产受文化生成机制的制约，体现出中国化特色的"抗氧化"机制及其蕴涵。科学的"抗氧化"问题，在中国食品文化中能发现很多类似的"逻辑"或"意蕴"，但毕竟人文生成的逻辑路线不同，因此，有关"抗氧化"概念的阐释主要从美学学科的角度进行认知与阐释，以期发现中国食品文化生成机制对当代食品产业的设计价值和可开发意义。本论文探讨中国食品的历史性文化生成逻辑，认为自古而今中国食品的代表性文化生成机制包括：（1）以偶对性为特征的和谐结构机制；（2）以精致性为特征的典型遴选机制；（3）以和合性为特征的异质同化机制；（4）以转换性为特征的生态优化机制。这些机制都具有切合特定历史本质与现实、未来美学的逻辑内蕴和发展意义。

关键词：中国食品；食品生产；文化机制；美学蕴涵

"抗氧化"是一个科学概念，指对食品不良化合的阻抗或抑制过程。在食品科学、微生物学、物理化学及医药学中应用普遍。"氧化"作为生命细胞的应激反应状态，本来是十分普遍的现象，但氧化容易导致生命细胞遭遇不可逆性损伤，使机体结被破坏，进而面临生命消解、毁亡的严重后果。因此，一旦氧化现象发展到不正常的危及生命的地步，便是目前科学也很难解决的大问题。而要解决这个问题，科学上主要从"抗氧化"角度予以预防或治愈。让食品具有抗氧化的功能，或者说开发含有抗氧化元素的食品最早始于20世纪90年代的养生保健品潮，到20世纪末，草本及动物食材受到推崇，及至今日，"抗氧化"已是食学界普遍关注的重要话题。

这里我们讨论的"抗氧化"是加引号的，意思是尽管抗氧化是自然科学面对的概念和问题，并不意味着所涉及的问题实质只有科学才面对，事实上，人文社会科学一直关注人的生命健康、幸福与安全等问题，因而"抗氧化"也是人文社会科学一直高度关注并给予了系统方案解决的重要问题。人文社会科学可以比喻性地理解"抗氧化"一词，但在现象、事实的指向上却十分明确，概指诱发人的生命机体，包括心理趋向严重恶化的状况、事实和因素，无论是物理性质的还是观念性质的，凡是容易导致人趋于危险境况者都属于"氧化"性质的威胁！而提出某种对治的观念、体系，或在社会结构、机制上形成对这种有害状况以积极抵制和消解的人文性的、社会性的活动，就都属于人文社会科学的抗氧化举措。相比于自然科学的"抗氧化"实验，人文社会科学的"抗氧化"研究显得非常的宽泛和不确定，但这并不等于人文社会科学的"抗氧化"研究没有自身的逻辑，就人的健康、幸福之于生命、社会的价值而言，人文社会科学揭露人类生存中可能遇到的"毒瘤"现象，将之放在不同学科的"显微镜"下观照，使

作者简介：赵建军（1958—　　），男，江南大学人文学院教授，博士生导师，主要从事中国饮食美学史研究。

之呈现出"颓废""冗余""赘疣""异化""畸变"的破坏性本质，可谓对人类具有不可或缺的价值和意义！

从美学角度阐释食品的"抗氧化"问题，无疑主要是从人文视界切入和展开。与一般的人文学研究不同的是，美学也可以与科学研究进行一定程度的结合，虽然这种结合最终要归结于美学的认知与阐释。从19世纪费希特的科学实验美学，到20世纪中叶托马斯·门罗的科学美学，都显示了美学也把科学问题当作美学学科问题的责任意识，在触及食品"抗氧化"这样的具体问题时，美学阐释的意义不在尝试性提出实验方案，美学并不进行实验研究，它所面对的是历史和现实问题，美学以观照和反思为食品生产的现状与发展提出认知、设计上的逻辑参照，以期裨益于当下中国食品产业的文化与技术化抉择！

1 偶对性：和谐性结构机制

英语"抗氧化"一词写作antioxidant。Anti（反）oxidant（有氧的，氧化的）组合起来就是对氧化的阻抗、对治。氧化是一种物理化学现象，指物质、生命遇氧发生化合反应。通常几乎所有事物遇氧都要被氧化，如石头被风化，水被蒸发等，但"抗氧化"针对的是一种无益氧化，即物质、生命遇氧产生机体细胞组织变异，进而生命发生逆向衰败的进程。这种氧化以损伤器官，破坏生命组织机构为特征，造成的严重后果是生命机体的功能逐渐衰竭直到死亡。科学家证明，无益"氧化"的破坏性来源于一种叫作自由基（free radical）的物质微粒。"任何包含一个未成对电子的原子或原子团，均称之为自由基"[1]，物质的"外层轨道上含有一个或一个以上未配对电子的分子、原子、离子或基团，氧分子轨道上有两个未成对电子，很容易转变为自由基和活性氧。"[2]"未成对"是"自由基"的结构特征。不成对的氧电子个性活跃，不受约束，在有害的环境或因素的诱发下会产生"超氧阴离子""氧化氢""羟基"等"自由基"变体，这些成分都含有"氧"电子，却不成对，它们进一步被误当为正常氧分子参与化合，从而导致物质、生命产生不正常化合反应，并且不可逆地广为扩散。科学家指出，污染、辐射、腐蚀等环境造成的"自由基"对物质、生命的损伤和毁坏非常惊人，在人类生存环境普遍恶化的今天，"抗氧化"是人类无法回避、亟待突破的科学难题。

食品成分、结构实现偶对性的有机整体，进而具有抗御疾病和灾难的功能，是人类很早就有的美学直觉。商代以前，原始人粗陋的"肉体想象"把任何疾病、灾难都与"食物"挂起钩来，认为是吃了不好的食物导致了疾病和灾难的发生。经过长期的社会实践，他们开始以审美直觉配备对治疾病的偶对性结构食物，或让动植物自身同时具备矛盾性的结构因素，或是让对立性的功能潜在地具备与动植物身上，当人吃了这些食物以后，就产生了超自然的抵御疾病和灾难的功效。《山海经》曰："其名曰鲑，冬死而夏生，食之无肿疾"；"有兽焉，其状如狸而有髦其名曰类，自为牝牡，食者不妒"；"有草焉，其状叶如榆，方茎而苍枣，其名曰牛伤，其根苍文，服者不厥，可以御兵。"；"有草焉，员叶而无茎，赤华而不实，名曰无条，服之不瘿"[3]。"鲑"能死而复生，所以能治浮肿这一恶疾；"类"自备雌雄两套器官，人吃了这种动物不会妒忌。这里偶对性的逻辑是非科学的，但在心理上是真实的。"牛伤草"治气喘估计与生活体验有关；"无条草"治肿瘤则有明确的对治目标……总之，除了个别的由生活经验获得，大部分偶对性的因素、功能配给多来自想象，在逻辑上他们把这种食物的功能看得很真实和神圣。偶对性成为中国人童年期食品生产的文化想象和认识逻辑。

商末周初时期，偶对性食品"抗氧化"想象机制被提升为观念化的卦象逻辑系统，在《易》的阴阳偶对性结构范式得到充分体现。"阴"与"阳"代表性质相反的两种宇宙力量，它们在文化性的美学模式创构中被认为可以达到和谐共生的效果。阴与阳的差异，在它们成为同一结构体的成分时转化为各显秉性、可以相互摩荡相生的生命能量。其中，"阳"代表主动和刚性迸射的力量，"阴"代表被动、柔和顺承的力量。阴阳相合如同雌雄结合，天地联姻则万物产生。《易》把偶对性结构范式当做一切物质和生命生成的元结构形式，凡合则生，不合则死，故有"孤阳""孤阴"均无生之理。《系辞下》云："乾，阳物也；坤，阴物也。阴阳合德而刚柔有体，以体天地之撰。"美学家王振复指出，阴阳合德的卦象符号属于一种宇宙图式，既揭示了"宇宙秩序的均衡之美"，也揭示了宇宙"吉凶之轮回、美丑之明灭、善恶之交替"。"损""凶""不利"等卦象都是有害的人文性质的氧化状况。《易》图式的"抗氧化"逻辑，体现出把对立性的偶对因素及其共存的结构，视为生命生成的逻辑原点。在这个图式里，单数性、不成对都被赋予负面的价值蕴涵。《易》图式的卦象逻辑反映到具体的卦象生成上面，以处一、三、五为主动位，二、四、六为守成位。其中二、五响应为吉，失对则凶。每一卦象都包含奇偶转化，偶对性结构千殊万状，或表面成偶，内里成单。而只要是单一性成分过度活跃，体现出类似"自由基"存在的结构可能，便预示着巨大风险和祸殃的降临。如"剥"卦，上六为阳爻，下皆为阴爻，坤下艮上，乃孤阳突进凶险之象，"阳气衰微，是破败衰颓之象"[4]，大凡无益氧化的"丑""病""破败""衰颓""屌丝"之类词语都可以用来描述它。相反，"晋"卦，下坤上离，离为火，坤为地，象征着太阳喷薄而出，大地在阳光映照下灿烂明丽，因而凡是积极健康的词语都可以用来描述它。《易》用类比性思维升华了偶对性的审美直觉，是中国最早建立的具有形上思维特征的文化生成范式。

这种偶对性范式、逻辑对食品生成的影响，在《周礼·天官冢》有明显的反映。在根据天象排定的百官次序中，"膳夫"的官职处于中等位置。"膳夫"之下又设各分级食官；"庖人"（厨师）、"内饔"（内侍食官，主管肉食割烹）、"外饔"（外侍食官，主管祭祀宴席的肉食割烹）、"亨人"（内外兼理的食官，并专司煮肉）、"腊人"（主制干肉）、"兽人、渔人、鳖人"（兽、鱼、龟鳖蛤蚌之类的供应）、"笾人、醢人"（上呈饭菜和保管醋品的食官）、"酒正、酒人、浆人"（掌管酒浆饮料以及负责卫生和上盐的）、"盐人、幂人"（覆盖盐和食物的食官）、"凌人"（主理食物冷藏的食官）……此外，还有"宫人""掌舍"（掌管清扫、执烛、炭火等杂务的食官）等。从食官的排列次序，可看出对食原料的合时精选、烹割的精细甄别，烹师与助工的配套，盐、醋等调味品的调适，防止污染、变腐和环境的清扫、整洁等防氧化处理，无不指向食品的安全和舒适宜人的享受，体现了很自觉的"抗氧化"意识。同时，对于食品本身的配备也十分讲究偶对，宣称"牛宜稌，羊宜黍，豕宜稷，犬宜粱，雁宜麦，鱼宜菰"，是说膳食配给要牛肉配稻饭，羊肉配黍饭，猪肉配稷饭，狗肉配粱饭，鹅肉配麦饭，鱼肉配菰米饭。《周礼·天官冢》对"吃什么""怎样吃"和"谁来吃"都有系列安排，食品等次、品质、功能和职官的身份、范围、专业性等自成差异性偶对，并与饮食之外形成关联关系，如"食"和"医"属依此排列，医官里又有"疾医""疡医""兽医"等差异性的偶对排列。

当时人们对食品的认识，注重的是偶对性的和谐、平抑的效果，这种意识方向凸显了效法自然的美学意识，朴素、健康，针对性明确，蕴含着早期中国人自觉抵御不安全的、负向性因素与可能的生命美学理念。而关于"食"与药的论述，更是充满了由实而虚的形上探索，超越了生活经验，达到了较高的概括水平。其曰："四时皆有疠疾：春时有痟首疾（头痛），夏时有痒疥疾（皮肤长洋疮），秋时有疟寒疾（伤寒），冬时有嗽上气疾（咳嗽，哮喘）。"不同时令有不同的无益氧化趋向，导致形成不同的疾病，因而提倡"以五味、五谷、五药养其病"，"凡药：以酸养骨，以辛养筋，以咸养脉，以苦养气，以甘养肉，以滑养窍。"[5]这里，明确以"食"为"药"，对治导致疾病的"自由基"分子的捣乱，酸、辛、咸、苦、甘、滑等性质、特征，是从人的价值出发形成的一种主观评价的效用，他们相信食品具有"抗氧化"、促进机体和谐平衡的品质和性能。

2 精致性：典型化遴选机制

进入诸子文化时代，《易》的美学偶对性和谐结构模式又被诸子的理性省思所超越。儒家、道家、墨家、法家等都提出文化生产的美学范式，但总体上评估各家主张虽有差异，认识问题却都比较注重切实有效，而这对食品的生产、储存、食用及其他作用来说，都是非常有针对性的，毕竟完成的食品是实物形态，对它的食用也是人的生活最重要的内容之一，因而诸子的食品观从"人"的角度考虑得更为真切，也更为细腻。但后人唯独对儒家食品观特别青睐，其中与儒家成为中国农业社会主流意识形态达两千余年之久不无关系，但除此而外，应该与儒家食品观体现了接近科学的"抗氧化"认识有很大的关系，儒家食品观体现了以中国化方式贯彻"抗氧化"的美学认知标准。

《论语·乡党》里，孔子说：

食不厌精，脍不厌细。食饐而餲，鱼馁而肉败不食。色恶不食。臭恶不食。失饪不食。不时不食。割不正不食。不得其酱不食。肉虽多，不使胜食气。惟酒无量，不及乱。沽酒市脯不食。不撤姜食。不多食。祭于公，不宿肉。祭肉不出三日。出三日，不食之矣。食不语，寝不言。虽疏食菜羹，瓜祭，必齐如也[6]。

这段话包含几层意思：（1）精致是食品质量的一种保证。"食不厌精，脍不厌细"表面看要求饭食精致，肉切得细则好，实际是强调主食、肉要吃得精致，稻米的质量要精优，肉的质量要纹理细密。（2）腐败就是食品变质，它是感官可以测定并且需要严防死堵的一道底线。导致腐败的一个重要原因是无益氧化，变色、味道发臭等都表明食品的机体结构被破坏，细胞生命面临死亡，抗氧化主要的一项任务就是防止误食腐败性的食品。（3）烹饪是使食品精致化的重要方式、手段，也是确保食品食用"抗氧化"的关键环节。食材的处理要切合时间点，肉食的切割不能随意，凡是不合精致典雅标准的都不能食用。（4）食礼是促进食用效果的重要保证。饮食欲望、饮食方式都通过食礼得到调节和表达，暴食、过量饮酒以及肉食和粮食食用不平衡，都可能引发无益氧化的后果，所以，即使是简陋的饭菜，也要遵循食礼，怀有恭敬蔼如之心。

孔子的精致化食品观凸显了"扶正祛邪"的抗氧化美学意识，强调把粗糙的、劣质的、变质的食材、食品从可食对象中排除，这是一种典型化的美学遴选机制，它使食品的生产、消费过程——从选材到加工、制作和享用——都遵循"去粗取精""去伪存真""去腐求新"的原则进行，达到萃集精优之食材和美食，享用于顷刻之愉悦、安适和康健。孔子的弟子孟子进一步以"养浩然之气"[7]完善孔子的主张，建议统治者体恤百姓的饮食欲望，让七十岁的老人吃到肉，食品纯正能量及时得到给养。

精致化遴选机制的"抗氧化"效果是多重的，除了食品本事的"扶正祛邪"功用之外，还对提振人的健康心志、情感有积极的美学价值。而在这方面，道家的美食观比儒家走得更远。道家认为"抗氧化"的最佳效果是人的精神结构的纯粹、平衡、宁一。这种精神的饮食滋养在于和自然中的精华食物建立对应关系，"人法天，道法自然"，含英咀华、饮风餐露，都可以吸摄自然精华到生命机体里去。道家在食品"抗氧化"养生方面有很多独特见解，充分肯定了精神构成与食品的对应关系，但作为一种理论，道家离开了饮食的现实基础，夸大了天然食材的有机性、抗氧性，是不无偏颇的认识。

总之，精致化遴选机制对于食品生产和享用具有重要的理论意义，它是中国古代食品美学观的基础和柱石。无论自然食材的精选优化，还是食品烹饪的精致化，都是食品"抗氧化"精致的核心内容。至于精神、心态的精致、纯一与食品精致化的关系，也应当从"抗氧化"的系统性、有机性的高度给予肯定。《黄帝内经》讲疾病来袭不外乎外感风寒内感忧患。当代医学也证明，导致癌症产生的一个重要原因就包括心情的忧郁、抑郁，长期的精神负方向自虐。那么，强调精神、心理的健康优化，就理应纳入"抗氧化"的观念价值系统，而食品的精致性遴选机制可以系统地推进人的机体和精神的"抗氧化"品质，其祛邪魅、匡正值的本质内涵，也是中国食品美学精华的一种体现。

3 和合性：异质性同化机制

两汉至隋唐时期，中国食品美学观在偶对性、精致化策略基础上，又发展并完善了和合性生成机制，使之成为激发和同化多元异质于统一体之重要的美学原则和观念机制。

和合观念肇始于战国"五行"说，但对食品观形成影响主要在两汉以后，并且分为两个阶段：一是汉代以偶对性观念为基础的"二元和合"为主的本土化美学同化机制；二是隋唐融合佛教缘起论的"多元和合"美学同化机制。

汉代和合观念以五行观为基础。"五行"指金、木、水、火、土，反映了对自然界物质多样性的认识，五行和合表达了"天人和合""人食和合""身心和合""食德和合"的美学意识。《白虎通义》说：

> 故春即祭户。户者人所出入，亦春，万物始触户而出也。夏祭灶者，火之主人，所以自养也。夏亦火王，长养万物。秋祭门。门以闭藏自固也。秋亦万物成熟，内备自守也。冬祭井。井者水之生，藏任地中。冬亦水王，万物伏藏。六月祭中霤，中霤者象土，在中央也。六月亦土王也[8]。

"门、户、井、灶、中霤"是五处祭神之地。类似于西方的"订立契约"，中国人就住所、出入和饮食等与自然神灵建立中国式的契约关系。其中灶位主祭饮食，饮食对人的意义很特别，从茹毛饮血到神农氏、燧人氏、祝融氏、五帝三代，每一次宗主的变易都标志着饮食方式的巨大革命。但饮食并非只有灶神可居，凡人所祭皆须食物，以食献神，才能神人和悦。因此，"勾芒食于木，祝融食于火，蓐收食于金，元冥食于水，勾龙食于土"[9]，"五行"各有不同的主食之神。神与自然、神与人、神与时令，乃至神与人的感官、脏腑，神与牛羊猪鸡犬和稻黍等食物，无不各显其独具的本质、特性，对于生命的护养人必须调动起多元和合的美学意识。"春言其祀户，祭先脾；夏言其祀灶，祭先肺；秋言其祀门，祭先肝；冬言其祀井，祭先肾；中央言其祭中霤，祭先心"[10]食物的多样性质和人体机能的多样需求、时令迁移的多样变化，在"天人合一"的本土观念中实现最佳契合，这是汉代食品"五行"和合观的美学蕴涵之所在。

必须看到，汉代的和合观虽然讲五行和合，讲天人合一，以自然的多元性和有机性抗御疾病、祸患、灾难的袭扰，具有系统的"抗氧化"意识和效果。但是，五行如何和合？其实仍然以"偶对性"观念为契机，只不过比之前的偶对性认识大进一步的是，汉代的五行和合，注重"二元互构"，即"相生相克"。这个观念很重要，它说明物质和生命的多样性是以肯定五行相互之间的对立、同一关系为前提的。物质元素两两相对，或生或克，皆为和合。不同的食材、不同的食味，当它们在同一环境下遇合时，发生的变化由它们各自的物性所决定，或"金生水，水生木，木生火，火生土，土生金"，或"金克木，木克土，土克水，水克火，火克金"，自然界的永生是在"二元互构"关系中实现的。汉代人把五行相生相克的道理应用于住宅、出入和饮食等，遂萌芽中国东南西北中不同的饮食风俗和食品谱系。此中由于汉代五行说以归复民间巫文化，即倡导谶纬文化为特点，士人理性孱弱，猜玄卜兆，附会成风，因而掺杂了太多的荒唐和迷信，但作为中国和合观发展的重要环节，汉代食品的和合多质性于一体，和重视物质特性、功能的相对性与互构性的意识，对抵御强调绝对文化的"氧化"态度和建设中国特色的食品美学体系，贡献可谓非常之大。

隋唐时期的和合观发展为成熟的文化生成观念或体系。隋唐以佛教缘起论为基础，"和合"之意与"空有"相通。汉代所理解的物质及其构成的多样性，开始向主体所理解的物性在消解中凸显其空性幻有转化，体现于食品生成方面，则以"食象""食味"的和合超越了此前的物性"五行相生相克"文化循环论，形成了主体高度自觉的"五味调和"饮食美学观。这里的"五味"之"调"，不是《吕氏春秋·本味》篇所指的"鼎中之变"[11]，它指食品在主体的精神调控下所实现的饮食美学境界。首先，"五味"含义受南北朝及隋代判教观念影响变得精神化了。《大涅槃经》谈"五味"说："众生佛性如杂血乳，血者即是无明行等一切烦恼，乳者即是善五阴也，是故我说从诸烦恼及善五阴得阿耨多罗三藐三菩提，如众生身皆从精血而得成就，佛性亦尔，须陀洹人斯陀含人断少烦恼佛性如乳，阿那含人佛性如酪，阿罗汉人犹如生酥，从辟支佛至十住菩萨犹如熟酥，如来佛性犹如醍醐。"[12]"五味"在这里表达佛性境界由浅至深的阶位。大乘佛教以"味"为食修道，唐僧人湛然说："烦恼为薪智慧为火，以是因缘成涅槃食"[13]。把精神的构成、功能本体化，进而视饮食之类都有精神性的韵味、品性溢出，越是美的食品就越有殊胜的精神意味授予人，故在佛教观念影响下，一切物质性的存在都以凸显精神性为其价值，像佛经里谈到的"衣服、璎珞、象马、车乘、华香、幢盖、饮食、汤药、房舍、屋宅、床座、灯炬"[14]等，都属于为增益法喜而施设之物，中国人的理解虽然没有印度人这样偏激，但经过魏晋玄学和隋唐佛教中国化的文化系统改造，追求食品特殊的精神化滋味、韵味，已经广为普及，遂使"和合观"成为唐代诗化生活的一个重要确证，有力地传达了唐代昂扬向上的精神气质和逐渐向虚旷绵远、淡泊宁静寻觅的美学情怀，而"五味调和"观恰恰印证了这样一种美学趋向在饮食生活领域的渗透。其达到极致者，则有晚唐司空图的"味外之旨"说："江岭之南，凡足资于适口者，若醯，非不酸也，止于酸而已；若鹾，非不咸也，止于咸而已。华之人以充饥而遽辍者，知其咸酸之外，醇美者有所乏耳。彼江岭之人，习之而不辨也，宜哉。"以全美为工，即知味外之旨"。司空图以味论诗，说明酸咸之味是具体的，诗味是形上的，精神性的，因而有"味外之旨"。我们注意到这是用饮食之味作比喻来论诗，反过来说，则食品的味外之旨是唐代人普遍理解并追求的。也因此缘故，唐代"食药同源""禅茶一味"的观念都很流行，孙思邈、陆羽等对食品的精神化和合从本草、茶的"味性"着眼进行深入探索，有力促进了"五味调和"对食品烹饪的"全美""味外之旨"意义。从此，中国食品的"抗氧化"意义，就获得比物质性更进一层的精神性价值，"美食"不单单要满足人的饥饿，充实人的机体之需，而且它对人的生命护养，还包括精神气息、韵味的注入和调理，这无疑使和合性的同化异质作用发挥到了极限。

4 转换性：生态性优化机制

隋唐以降，偶对、精致与和合性的食品生成，成为中国食品生产追求的常态，整体性、有机性和注重食品对人的机体、精神的滋养，深深地扎根于中国的士人知识分子和百姓的食品观念之中，有力推动了食品作坊与市民社会的共同繁荣。

中国食品的文化生成表明，食品的制作生产是历史性的。历代食品的物质条件不同，对自然界食材的发掘和利用都不尽相同，特别是南北朝以来，少数民族与汉族实现南北融合，不同的民族有不同的饮食审美追求，这种追求往往体现各民族最深层的欲望、嗜好和趣味，如果不是历史性的文化机制很难想象中国食品能够保留如此丰富多元的体系面貌。我们还可以从历史发展中发掘出其他的食品文化生成观念或机制，但作为基础性的观念和机制，大体上在唐代已经奠定完备。

但还存在贯通整个中国食品史的文化机制，即以生态性优化为目标的转换机制。转换机制的文化渊源是《易》理论。易理论从机制的整体优化着眼，从卦象及其组合推衍出新的范式。食品生成的机制转换，体现于生态优化有如下三个特点：一是食材的自然自足性。中国人相信来自自然的食材是自足充分的。人工、技术等，都依托于食材的自然自足性才能发挥其优势，否则加工生产的对象产品是不能食用的。二是具体食品的性质、功能是相对的。没有什么食品能够完备所有的营养基数。一定食品被产生出来只能体现有限的性质和功能。正因此缘故，才有生产满足多样需要食品的必要。具体食品的有限性，为多样化食品的存在和不断绽出提供了可能，也为食品完善自身的品质、增强抗氧化机能提供了可能。三是食品生产的目的最终是价值性的。人的观念、嗜好和品位意识等，是食品生产的真正驱力。对个体来说，食品的充饥抵饿是最基本的物理性能，但人类的饮食美学并不以此为逻辑起点，基于此，科学的营养观念虽然很实用，但不能满足人的价值性需求，从而也不可能成为中国食品的主导性生产机制。从人的价值需求出发确定食品生产的风味、品质、品位和格调，才能最大限度地调动食品创造的热情和欲望，提升食品的健康、卫生、营养、愉悦等契合身心状态的功能与机制，而贯穿中国食品从古至今的转换性机制，所要解决的恰恰是改善食品构成、结构，以使食品的品质、类型总是处于完善之中的历史和现实问题。

纵观古今，转换性机制体现于中国食品的文化生成，表现在：

（1）从自然味性到人文味性的转换　自然味性是中国食品的物质基础，自然界为人类提供了自然味性的无限可能性。在南北朝以前这个观念在中国人的意识里很牢固。但南北朝之后，逐渐地向食品的人文味性转换了。究其缘故，因为自然食材除少量水果、蔬菜可直接食用，大部分需要人力加工制作；同时，人并不满足于自然味性的原生味道，特别在注重感受与体验的中国文化传统中，对食品的味性能否合乎食者的口味和欣赏观念，是随着历史的发展必然要发生根本的转换的。因此，当中国食品根据人文味性形成其生产机制时，便意味着食品的本质、特性是人化的、价值性的，而非自然性的，也非科学性的。这个转换在中古时期发生，延续了相当长的历史时期，直到近代才有科学的生产观念和生产机制被吸收到食品生产的观念系统。就历史转换的基本形态而言，从自然味性到人文味性的转换，反映了中国食品历史转换的基本面貌和规律。

自然性味和人文性味都蕴藉着"抗氧化"的内涵。中国人通过生活经验发现动植物的自然性味，将之发掘为食材，并在认识理念上相当长的时期以自然性味为系统的追求目标，这种整体性的自然主义，以天地造化的完美为极致，无疑具有很强的"抗氧化"效用。但是，食材方面注重自然味性没有问题，涉及的食品的生成则问题复杂起来，毕竟自然物的性质及其在烹饪和其他加工方式中发生的变化，并不是都能通过感觉发觉的。所以，在这方面经验主义有很大局限性。西方在工业化兴起以前，主要靠理性认知有选择地把自认为有价值的食品资源挑选出来，这个过程很严格，有西方一整套的自然科学作认知基础。中国缺少这种理性化的学科体系的支撑，所以长期在自然味性的方面发展不起来，不得不让位于主观化的人文味性的探索性实践。大约在中国由自然味性转换为人文味性之后不久，西方的自然科学走入实验阶段，化学实验对物质成分的测定为抗氧化提供了坚实的数据，从而沿此方向巩固为我们今天谈论的科学"抗氧化"问题。而中国因为一直注重整体性、系统性的味性把握，注重感官的品尝、感受和生活实践的总结，在草本和动植物材料用为食材和根据加工工艺的变化，辩证把握食品的抗氧化机能方面，反而比西方拥有更丰富的知识积累和认识体验。一方面提倡食品的味性以淡为宜，另一方面有文人提出"物无定味，适口者珍"的理念，就真实地反映了中国古代在食品味性的把握与转换方面达到了高度的意识自觉，他们在追求食品供养人的生命机体、给人以精神上的滋养愉悦的同时，依然把自然作为永远不可企及的范本进行认知参照。

（2）从烹饪技艺到烹饪+技术化生产的转换　在近现代自然科学兴起前，技术化与技艺化、艺术化是很接近的概念，都指技艺、手段，类似"工匠"的含义。西方的逻各斯—语言系统把客观对象和人工操作都纳入概念化的模式系统，使之长期倾向于客观化一极；中国则在主观认知、审美体验方面比西方有更悠久的表达习惯，从而中国食品的生产很早形成烹饪工艺传统。近现代以来，西方食品认知和技术化系统对中国进行长期的渗透，导致技术化的食品生产，也在一定程度上被市场和食品生产公司所吸取，但总体看中国食品的生产方式依然是以传统的烹饪技艺为主导，只是在生产的结构机制上，已经开始实现技术化大面积推广的趋势，对此，只要考察林林总总的大酒店和食品公司的生产、经营模式就可以得到确认。

技术化纳入传统技艺占主导的系统，在抗氧化的功能、机制方面有何意义？对此，我们或许还要进行一段时间的观察，以期通过技术化因素在食品生产系统中所占比重，来分析、推断这种生产方式的变化、转换对人们食品认知和现实消费的影响。但有关生命机体的健康理念和食品给予人的体验，也可以通过人文性的典型化认知方式得出初步的概念。自20世纪90年代以来，"抗氧化"问题日益被食品科学、医学和生物科学等学科推到前沿，但如何透过现代食品的生产实现"抗氧化"的目的，在大量有关金针菇、茶多酚、虫草和蛇、龟、蛤等的科学测定中，出现了很多的具有延缓衰老、抵制"自由基"改写生命细胞的名单。由于有科学数据的支持，这二十年有关抗氧化食品的推介可谓一波又一波，连绵不断，但最终发现：一是所有关于抗氧化食品的推介，除了西方食品素如蛋白粉、植物精华素和归入西药类的"抗氧化剂"等之外，基本上没有超出古代食疗、食补的范畴，并且在食品理念上也没有超越自然味性的水准；二是人们发现，不论是什么，只要一经过科学研究这道程序，就似乎什么都变得"抗氧化"起来，而最终又是科学指导人们说这也不是，那也不是，似乎所有经过科学确认的"抗氧化"食品，都潜在的含有氧化的风险。科学的抽样分析和实验室模拟，脱离了真实的饮食环境，确实导致其中一些数据严重失真，而那些确实具有抗氧化功能的食品素或食品，人们又不无惊讶地发现还是要通过人为的认识来把控和操作的。因此，技术化在结合进传统的技艺格局之后，并没有展现出比传统的食品系统更有效的抗氧化职能，但从手段和目标的明确性上讲，这种转换确实比以前大大地朝前迈进了一步。

（3）向食品产业的人文技术化方向转换　中国食品的"抗氧化"机制，在未来应该向一个什么样的方向发展，这从食品制作、生产的现实来看，无疑是要企业家和大大小小的酒店、饭店经营者，甚至包括无数中国家庭共同来回答的。这是一个实践问题，譬如烹饪技艺的科学化、技术化，我在《中国饮食美学史》一书中表达过这样的观点："不可避免的，饮食美学科学化态势正在发生。这种饮食美学的科学化是渗透在传统饮食美学的各个环节的，包括食材的选择、烹饪加工、食用口味以及饮食产品的产出与销售等，都要在科学的引领下做精做优每一细节，使最终的产品可以根据科学化的手段得到精确的质量测定。"[15]但是，它同时也是一个理论问题。

在认识不自觉时，食品生产被现实惯性推着走；在认识自觉情况下，生产意识决定食品的未来形态与质量。在此，我们只能提出方向性建议，首先，从中国食品特色开掘与发扬这一基点上看这个问题，未来的"抗氧化"机制应该在产品的设计内涵上加强人文性的意蕴考量。抓住了这点，就回到了传统，也一定能凸显中国食品的特色；其次，对于技术化，应该在产品的生产与经营方面与最新的科技发展同步，不如此，就不能生产出满足现代化市场需要的中国食品，更无法使中国食品走向世界；最后，在烹饪技艺化方面，传统的工艺要很好的保持，鼓励提倡建立传统食品烹饪的工艺博物馆，以使中国食品的传统风味能够得到更好传承。但同时，要改造烹饪的技艺为主导的方式，尽可能利用技术化手段来向市场、向家庭和社会推广新的烹饪技术和手段，以使技术和技艺、情感实现现代方式的有机结合，真正凸显出中国食品美学的当代蕴涵与特色。

参考文献

[1] 赵保路. 氧自由基和天然抗氧化剂. 北京: 科学出版社, 1999.

[2] 郑裕国, 王远山, 薛亚平. 抗氧化剂的生产及应用. 北京: 化学工业出版社, 2003.

[3] 袁珂. 山海经校译. 上海: 上海古籍出版社, 1985.

[4] 王振复. 大易之美: 周易的美学智慧. 北京: 北京大学出版社, 2006.

[5] 徐正英, 常佩雨译注. 周礼. 北京: 中华书局, 2014.

[6] 《论语集解》"乡党第十", 台湾故宫博物院1960年影印元覆宋世彩堂本.

[7] 杨伯峻. 孟子译注. 北京: 中华书局, 1960.

[8] 班固. 白虎通德论. 上海: 上海古籍出版社, 1990.

[9] [清]陈立. 白虎通疏证. 道光壬辰年(1832)刻本.

[10] 班固. 白虎通德论. 上海: 上海古籍出版社, 1990.

[11] [战国]吕不韦著. 吕氏春秋新校释. 陈奇猷校释. 上海: 上海古籍出版社, 2002.

[12] 大般涅槃经//大正藏. 东京: 大正一切经刊行会.1922—1934, 571.

[13] 法华文句记//大正藏. 东京: 大正一切经刊行会.1922—1934, 339.

[14] 大方广佛华严经//大正藏. 东京: 大正一切经刊行会.1922—1934, 353.

[15] 赵建军. 中国饮食美学史. 济南: 齐鲁书社, 2014.

新大陆玉米在欧洲的传播研究

张　箭

（四川大学，四川成都　610064）

提　要： 美洲印第安人发现、"发明"、创造了玉米。哥伦布第二次远航美洲期间于1494年2月把大部分人员和船只打发回国，他们传回了玉米（粒），开始试种。由于玉米的诸多优点和明显优势，很快就传播开来。16世纪30年代西班牙的奥维多首次对玉米做了准确、系统、科学的描述。16世纪四十年代德国福克斯（Leonhard Fuchs）的植物志中出现了世界上第一幅印刷出版的玉米植株全图。耐寒的玉米的推广渐渐消解了欧洲传统的冬季休耕制度。玉米粒和玉米秸秆大大取代了牧草成为饲料。但过度依赖玉米引发了佩拉格拉病，到20世纪初才消失。玉米在欧洲慢慢发展为仅次于麦类（麦子）的第二大粮食作物，支撑起近代以来欧洲人口的快速增长，有助于欧洲领先世界约三个世纪。

关键词： 玉米；欧洲；传播史；认识史；佩拉格拉病；人口增长

1　起源和动态

　　玉米系禾本科玉米属一年生草本植物。其拉丁学名为*Zea mays* L.，英语为maize或（Indian）corn，别名有玉蜀黍、棒子、包谷、包米、包粟、玉茭、苞米、珍珠米，等等。其根系强大，茎秆粗壮，高1~4米；叶子长而大，线状披针形；花单性，雌雄同株异花，雄花顶生，雌花寄生叶腋间；花果期秋季，籽实比黄豆稍大。玉米起源于中美洲，在墨西哥高原最早得到驯化，是印第安人利用、培育、种植、发展成功的一种重要的粮食和多用途作物。考古发现表明，最早的玉米驯化和人工种植出现于墨西哥高原的巴尔萨斯（Balsas）河谷，距今已有8000多年的历史[1]。最早的被广为接受的考古证据是墨西哥中部普埃布拉州特瓦坎（Tehuacan）的洞穴积沉，这里考古发现的玉米棒长仅19-25毫米不等，有4~8（竖）行玉米粒，十分微小[2]。保存极其完好的考古发现文物提供了至迟从公元前3600年至公元1500年玉米在人工栽培选择干预影响下进化的完整系列标本。在这整段漫长的历史时期，玉米发展形成为栽培种，体量增大了十几倍[3]。而且在欧洲人到来前夕已与野生近缘植物墨西哥类蜀黍（teosinte）（自然）杂交，已基本定型为各种食用类型[4]。比如主要有甜玉米型、爆玉米花型、面粉型、凹齿型（dent）[5]和燧石型（flint）[6]。所以可以说美洲印第安人发现、"发明"、创造了玉米，对世界文明做出了重要贡献。到世界大航海地理大发现时代，玉米生产已遍布美洲各地，成为印第安人的最主要的农作物和主食。

　　作者简介： 张箭（1955—　），男，四川大学历史系教授、历史学博士、博士生导师。

　　注： 本文受国家社科基金重点项目"15—19世纪的全球农业文明大交流"（13AZD004）、中央高校基本科研业务费研究专项四川大学学科前沿与学术交叉项目（skqy201215，skzd201404）资助。

关于玉米在中国的发展传播史及其意义和影响等，已有不少的专著和论文予以研究、讨论和总结。著作方面荦荦大端者就有万国鼎、佟屏亚、唐启宇、王思明、宋军令、彭世奖、张箭、杨虎等人的著作或为之开辟的专章专编[7]；论文则难以枚举，不下二十几篇，分别讨论玉米（或玉米与某[几]种美洲粮食饲料作物）在中国的、或在某个省的、或在某个时段的传播史和作用等。但关于玉米在世界上的起源发展传播史及其作用影响等，则几乎还是个空白，没有一篇正规论文。有关的著作（比如上述各本）或者不涉及（这从书名就可以看出），或者很简略，语焉不详。所以学术的发展很需要研讨玉米在世界上的发展传播史了。在大力倡导和践行"一带一路"[8]宏伟发展战略的当今，就显得尤为必要。鉴于玉米是仅次于小麦、水稻的第三大粮食饲料作物，是美洲原产作物中最重要的作物，笼统地写诸如"玉米的世界发展传播史研究"一类的论文都显得很不够。鉴于此，笔者拟分大洲研究讨论玉米的发展传播史及其意义等，唯此庶几与玉米的重要性相称，与"一带一路"的战略部署呼应，把玉米史的研究推进一步。

2 初入欧洲的历程

公元1492年意大利航海家哥伦布率西班牙船队西渡大西洋探索去东方的新航路，抵达美洲加勒比海今巴哈马联邦的圣萨尔瓦多岛。从此开始了欧洲人探察、殖民、移民美洲的漫漫历程，也开启了美洲农作物向旧大陆传播的复杂过程。

哥伦布首次来到美洲后就发现了"玉米"。他在1492年10月16日的日记中提到玉米并称之为印第安谷物。他说"这个岛（指费迪南岛——今长岛）遍地葱绿，……他们全年都耕种和收获印第安谷物"（Indian corn）[9]。日记的俄译本这里的用词为проco，并夹注对应的西方语言paniza。意思皆为黍，稷。汉语中的"黍"指（黏）黄米，"稷"指或谷子（小米）、或高粱、或黍（黄米）。它们在前哥伦布时代均不存在于美洲。而当时美洲广泛种植的、在植株形态上又与高粱等接近的农作物便只能是玉米。例如，汉语说的"青纱帐"便指长得高而密的大面积的高粱、玉米等。如果说，哥伦布1492年10月16日日记中所提到的农作物还需要考证，那么11月15日记下的农作物就比较明白详细了："在那里（此时他们在古巴岛）有一片土地，种植着一种作物，结的果实有点像小麦，当地人称之为马西日（Mahiz，即后来西班牙语maiz、英语maize的词源，意为玉米）"。这种奇特的作物引起探险队员们极大兴趣。试着品尝后，哥伦布一行对它大加赞赏，因为它"味道既好吃，又能烤食、又能炒食、又能磨面"[10]。1493年3月探险船队回到西班牙。哥伦布带回了玉米（果实）[11]。在他献给西班牙国王和王后的礼品中，就有一包金黄的玉米粒。这是玉米果实初次传入旧大陆、传入欧洲。但最初西班牙君臣对这些作物种子不太重视，没有种植。

1493年9月，哥伦布在西班牙朝野的一致赞赏下率有17条船约两千人的庞大船队再次航渡美洲，企图扩大和发展探险成果并殖民移民美洲（当时他们误以为是亚洲东部的大印度地区）。但由于食品短缺、疾病流行，又没有找到想象中的那么多的金银财宝，再加上一部分人失望埋怨鼓噪，哥伦布只好将12条船近1500人于1494年2月打发回国，他们于3月初回到西班牙[12]。其中一个叫佩德罗·马提尔·德·安格勒利亚（Pedro Mártir de Anglería）的把一包老玉米粒和自己的手稿《在新世界的头十周》（*Primera década del Nuevo Mundo*）献给了他此次远行的资助人。从此，玉米开始在西班牙扩散[13]，很快就被好奇的人们在西班牙试种。而一试种，玉米本身的各种优点、优势就显示出来了，诸如耐寒、耐瘠、耐旱、高产、抗（病虫害）性强、生长期短（玉米为三四个月，小麦为九个月）、栽培管理收获加工简单、果实耐储存、食用时加工品种多样、营养和口感可以、粮菜饲料多用途，等等；而且还有观赏上的优点和特色。因为旧大陆以前的各种粮食作物即传统的"五谷（稻、黍、稷、麦、豆）和根茎块茎作物，果实（各种穗）均结在作物植株的尖端（黄豆荚结在主枝和分枝上）、或埋在地下，玉米的果实却结在植株茎秆各节（叶腋），有数苞，形成玉米棒（芯），棒上长满玉米粒，非常奇特。于是玉米很快就散播开来。此后三十年便传遍欧洲各地和北非，特别是法国、意大利、土耳其（当时统治着欧洲的巴尔干地区）[14]。

推动玉米在欧洲传开和较快发展的诸多因素中最重要的因素有两个，一个是自然因素。在玉米的诸多优点中，高产是最突出的优点。在中世末期近代早期，在盛行种小麦磨面粉吃面包的欧洲，玉米高产的优点便比旧大陆其他大洲更为明显。16世纪欧洲小麦的种收比仅为1：5，即种下一颗麦粒能收获五颗麦粒（因发芽率结穗率低）；而同时期玉米的种收比可达到1：25-100[15]。是小麦的10倍左右。今日种一粒小麦最多可收160颗麦粒。而今日种一颗玉米粒可收获2000—3000颗玉米粒，是小麦的15倍左右[16]。我们再看单位面积产量。今日小麦亩产一般也就500市斤，而玉米亩产可达1500市斤，是小麦的三倍。所以，玉米的节地增产效果十分明显。第二个是社会因素。玉米传入某国、某地区之初，各国和当地的统治者，包括国王、诸侯、领主、教会、教堂、各层等级议会、城市共和国的僭主寡头、自治市的首脑等，出于种种原因，往往没对玉米种植征税、收租、取赋、分润[17]，这也变相鼓励和刺激了农民、农奴、农场主、农业工人种植玉米。故玉米入欧后很快传开。

近年来在意大利罗马郊区法勒斯纳（Farnesina）别墅发现和辨认出，在著名画家拉斐尔（1483—1520）画的壁画周围的垂花饰（festoons）中，有画家达·乌迪内（G.M.da Udine）于1515—1517年画的几支玉米苞（棒）。别墅兴建于1505年，当时的主人是锡耶纳人银行家阿·基奇（A.Chiqi）。此外，在梵蒂冈宫中拉斐尔为教皇立奥十世设计的凉廊（Logge）的垂花饰中，也有达·乌迪内画的玉米苞（棒）[18]。人们推测这些玉米棒的写生原型或者是美洲生产进口的，或者是阿·基奇别墅的花园中种植的。不管怎样，玉米（种植）早在1494年就传入了意大利。前面提到的那个参加过哥伦布第二次远航的安格勒利亚系西班牙王后的神甫，他于1494年5月3日致信罗马教廷国务大臣红衣主教阿·斯福尔札（A.Sforza），信中谈到了玉米："岛民们也用一种小米容易地制成面包，该小米类似于米兰人和安达卢西亚人大量存在的那种。该小米棒比手掌略长，一头略细，约有手臂的上半部那么粗。该谷粒具有豆粒的形状和大小。当它们生长时为白色，……磨成粉时雪白。这种谷粒叫玉米"；"我的信使也将带给阁下一些他们用以做面包的那些种子"[19]。这封信表明玉米在1494年就传入了意大利。同样，参加了哥伦布第二次远航的葡萄牙水手也把玉米传入了葡萄牙[20]。玉米在16世纪初（1500—1509）已传遍意大利，成为大宗食品，一般做成玉米粥（polenta）食用。1532年玉米成为博洛尼亚大学植物园收集的一种植物，1535年已开始在威尼斯试种。而威尼斯和土耳其当时有着大量的贸易，玉米很可能从威尼斯传入土耳其，又从土耳其传回德国。因此德国一度称玉米为土耳其谷（Tükisch korn）[21]。直到18世纪上半叶，它的名称才固定统一下来。此时瑞典大植物学家林耐把它定名如斯——Zea mays L.（玉米/玉蜀黍）。zea出自希腊语，是谷物粮食的统称；mays出自泰诺语，美洲安德列斯群岛印第安土著的语言，意为生命赐予者[22]；L表示林耐（Carl von Linné）植物分类定名体系。

3 初步认识和继续发展

早在1494年12月，意大利学者尼科罗·西拉斯奥（Nicolò Syllacio）在帕维亚出版的一本小册子中就首次记载欧洲种有美洲谷类作物，并对它有所描绘，但未给它命名[23]。英国学者彼得·马特（Peter Martyr）在他1511年出版的《新世界的十几年》一书中较详地描述了玉米，但也没有取名。到1516出修订版时才予以命名即玉米/玉蜀黍。该书记载玉米种植已遍布从西班牙安达卢西亚到意大利米兰的广大地区[24]。长期居住在西属美洲的西班牙史家奥维多（G.F.de Oviedo）于1526年出版了他的《西印度自然简史》（*Sumario de la natural historia de las Indias*）、1537年又出版了《西印度自然通史》（*Historia general y natural de las Indias*）。在这两本书中，奥维多对美洲的自然环境做了大量介绍，都有专门章节描述玉米的种植和用途等[25]。奥维多是首位对玉米进行准确、系统、科学描述的欧洲学者。在16世纪的头二十年，在西班牙安达卢西亚地区玉米种植集中在水利灌溉地区。奥维多称他于1530年以前在西班牙的卡斯蒂尔的阿维拉（Avila）地区见过生长着的十掌高的玉米植株[26]。所以是西班牙人"发现"、带回、试种、传播、推广了玉米栽培。奥维多以后，记载、描述、研究玉米的欧人和著述渐渐增多。

法国植物学家让·鲁埃尔1536年编制的植物标本集已列入了玉米[27]。1539年德国博物学家杰若米·鲍克编纂出版的植物标本集再次记载和描绘了玉米，他称之为"异谷"（德语welschen corn，英语strange grain），其插图因出版商嫌成本昂贵而没能付印[28]。1542年，玉米图像以"土耳其麦"（Turkie wheate）之名出现在德国植物学家廖恩哈德·福克斯（Leonhard Fuchs）编纂的植物志中并得以印刷出版。该书收有几百幅植物图画。其中的玉米图是世界上第一幅印刷出版的玉米植株全图。画面为长在一窝的四根玉米，包括根须、秸秆、叶子、雄花穗；其中最大的一根在下部至中部的叶茎间（叶腋）结出了五个玉米苞，而且两个已成熟，上面约1/3长满玉米粒、头顶红缨子（花丝）的玉米棒已露了出来[29]。它由画家阿·米耶尔（Albrecht Meyer）直接画自生长着的玉米。画得写实逼真，惟妙惟肖；再由一位素描师把彩图转化为黑白线图；最后由一位雕刻师把它刻成雕版印出[30]。而为此书画的彩图成为欧洲第一幅彩色玉米植株全图并保存至今[31]，十分精美华贵。它们堪称艺术精品和绝品，具有植物学、农学、美术学、历史学、文物古籍等多方面的价值和意义。比如，福克斯的玉米植株系列图画显示，当时欧洲的选种栽培技术还处于中世纪水平。其玉米植株形态还介于近代栽培种与野生类玉蜀黍植物之间。因其植株有三根细茎分蘖，由地下部的腋芽发育而成，一般不结穗，农业上要求及早除去。近代以来栽培玉米均为只有一个主茎秆。福克斯植物志还记述："它现在生长在所有的庭院中，几乎到处都是"[32]。这就证实，玉米栽培到16世纪中叶已遍布德国各地的田野和庭院。1577年，西班牙美洲传教士、历史学家、语言学家贝纳迪诺·德·萨贡画出了欧洲新的玉米棒画像，且有两个不同的品种，也更加逼真和传神[33]。

法国航海家维拉扎诺（Verrazano）1524年探察北美，在佛罗里达北部的切萨皮克湾看到、品尝、记述了玉米，他说："他们的食物总体上由豆类构成，很充裕，其颜色和大小又不同于我们的。但很好和味美"[34]。维拉扎诺只是航海家探险家，不是农学家植物学家，故把玉米粒当成豆粒了。法国航海家卡提耶尔（J.Cartier）1534年和1535—1536年在北美探险考察时也见到、品尝、记下了玉米。并确认印第安人吃玉米面粉。但尚无法证实他们是否引进了玉米[35]。16世纪30年代末，玉米从西班牙和北美加拿大分头传入法国[36]，它在比利牛斯省周围的省份特别是西南部巴约讷（Bayonne）的郊区、朗德省和大西洋沿岸出现。另一个玉米引进的重点地区是法属地中海沿岸的加泰罗尼亚地区，由此玉米向朗格多省扩展。17世纪玉米在法国东南部的米迪地区站住了脚，它的产量超过了小麦，玉米食品已相当普遍[37]。

大约到1550年人们开始在意大利威尼斯平原规模种植玉米当作粮食，而不再是观赏等作物。玉米在西班牙和意大利这两个欧洲的中心相对独立地向周围扩散玉米。据载，1571年以前威尼斯人已开始食用玉米。到16世纪末人们已用玉米面、小麦粉还有其他谷类的粉混合烤制面包[38]。在威尼斯的乌迪内（Udine）地区有1586年以来持续不断的玉米价格纪录。17世纪上半叶，乌迪内地区的玉米价格在低于小麦价格20%～50%起伏[39]。17世纪玉米种植在威尼斯已十分重要，并向伦巴德、维罗纳方向延展。玉米在意大利基本用作人的粮食，玉米面粥、通心粉（pasta）和玉米饼在意大利中北部是日常饮食，而且常常是穷人的主食[40]。

大约1611年前后玉米栽培同时出现于与威尼斯邻近的克罗地亚和土耳其的伊斯坦布尔郊区。玉米从这两个较早的发源地出发，以扇形阵势向巴尔干地区扩展，到18世纪玉米在巴尔干地区已相当普遍[41]。

17世纪早期玉米从土耳其人统治下的巴尔干引种到俄国和周围地区。非斯拉夫人和斯拉夫人在喀尔巴阡山脉和高加索山区种植玉米。快到18世纪末时，玉米在乌克兰、库班低地和格鲁吉亚的斯拉夫人中传开。玉米渐渐取代了粟（小米），成了俄国部分贫苦居民的主食[42]。

由于玉米耐寒在一些地区可以代作冬季谷类作物进行栽培，欧洲多种作物的轮种开始推行，渐渐取代了传统的冬季休耕的农作制度。作物的复合种植方式大大改变了意大利的乃至西欧和欧洲的农田景观。玉米同时也大大取代了牧草成为饲料。玉米的饲料用途需做进一步的辨析。一方面是玉米果实即玉米粒作家畜家禽的精饲料；另一方面则是玉米秸秆叶子也可作牛马驴骡这些大型食草类动物——牲畜的粗饲料和青贮饲料，还可以喂猪[43]。这是人们长期习焉不察的问题。

4 佩拉格拉病和人口增长

玉米在欧洲的发展比较顺利，但也有所波折。1730年前后，西班牙医生噶斯帕·卡萨尔（Gaspar Casal）在西班牙的阿斯图里亚斯（Asturias）城地区行医巡诊。他在这里发现了一种奇怪的病。卡萨尔详述了它的症状，总结为三大点，即皮炎、痢疾（腹泻）和痴呆。卡萨尔细心地注意到患者的一日三餐主要是玉米[44]。其他的副食就是一点芜菁（蔓菁，turnip）、栗子、甘蓝（cabbage，四川话叫莲花白）、豆子和苹果。卡萨尔敏锐地意识到此病与吃玉米过多有关，并摸索出可以靠改变食物结构、改善食物品质来防治。通过给患者吃食牛奶、奶酪和出自牲畜的肉食品便可治愈这种病[45]。后来法国医生塞尔利（F.Thièry）整理了卡萨尔的医学手稿，1755年发表了卡萨尔最主要的研究成果，1762年出版了卡萨尔的研究专著[46]。如同玉米的得名经过了"土耳其麦/谷"的周折和过渡一样，该病的名称也经过一番演变。卡萨尔最初取名为坏玫瑰病（mal de la rosa），因为患者身上出现一块块像太阳晒黑般的皮炎/皮疹，像一朵朵玫瑰（今日术语称日晒红斑或蜀黍红斑）。稍后意大利北部的农民患者称其为玫瑰病。此病后来被西方人定名为佩拉格拉病（pellagra），就源自意语，即pelle + agra，意为"糙皮"（rough skin）[47]。现代医学名称之一便也为糙皮病。当时一些医界人士猜测该病因暴晒太阳过多而引起，但多数医生学者推测它因吃多了发霉的玉米（粥、饭、粒、粉等）而引起[48]。现代医学称其为糙皮病、蜀黍红斑、烟酸缺乏症（deficiency of niacin）等。此病其实吃好点就可避免，比如多吃肉蛋奶豆类花生绿叶蔬菜等。印第安人因豆类花生蔬菜吃得多，基本上不存在此病。18世纪的头1/3世纪，佩拉格拉病在意大利蔓延，流行于托斯坎尼地区和威尼斯地区的赤贫农民中间。这两地的贫苦农民主食吃玉米粥，以及很少的其他食品。贫苦佃农在当时意大利的收益分成租佃制度（意语mezzadria，英语sharecropping，即分成制）下就只能挣到这些低廉的食物果腹，极少能吃到肉。到19世纪伊始，该病在意大利某些地区达到流行病的严重程度，特别是在北部伦巴德地区，估计当时那里的发病率占了当地人口的5% ~ 20%[49]。以后随着生产的发展生活的改善和医学水平的提高才渐渐缓解。在法国，玉米从16世纪以来就开始种植，到17世纪晚期在一些地区已发展成大田作物，但到18世纪晚期19世纪初期发展成为法国南部和东部地区的主要粮食作物。糙皮病也就接踵而至在法国的赤贫农民中间发生[50]。法国医生茹塞尔（T.Roussel）为此呼吁改变膳食结构和农作物结构，减少对玉米的倚重来防治此病。政府也立法鼓励各种作物栽培和各种家畜饲养[51]。到20世纪初该病在法国被基本清除。20世纪第二个1/4年代（指1926—1950年）人们找到了治疗此病的有效廉价的方法，查明了病因，研发和工业化生产出便宜的特效药烟酸（niacin），大量投放市场[52]。以后，佩拉格拉病在欧洲慢慢消失。

尽管如此，因佩拉格拉病仅限于少数过分依赖玉米的赤贫农民。故仍不能阻碍玉米在欧洲的发展与普及。许多农民、贫民食用玉米，出售小麦。因为随着玉米单产和总产的增长，18世纪欧洲的小麦价格已是玉米的两倍[53]。其影响如同18世纪下半叶的英国旅行家贝尔（1691—1780）所说，"在17世纪，尤其是在18世纪，由于玉米充当了（欧洲）农民的主食，小麦就能提供大宗的商品粮"[54]。

近年来，史学研究还深入挖掘近代玉米/粮食与人口和政治的互动关系和影响。比如近代早期的希腊人、塞尔维亚人和瓦拉几人（Vlachs，居住在罗马尼亚等地）发现，新的作物玉米允许他们在高山河谷终年以此为生，不向土耳其人屈服。于是他们摆脱了平原地区的两大孪生灾祸——疟疾肆虐和土耳其征服者的严重压迫，巴尔干半岛的政治经济平衡开始变化，上述民族重新独立复国的希望慢慢成真[55]。因此可以说，在1700—1914年（"一战"爆发）期间，玉米对山区的希腊人和塞尔维亚人人口增长起到的作用，类似于美洲作物马铃薯对德国和俄国在同时期人口增长起到的作用，新的高产的粮食作物允许了它们的人口超过旧限大量增长，反过来提供了这四个欧洲民族（希、塞、德、俄）发展政治军事力量的人口基础[56]。最后希腊、塞尔维亚得以重新独立，德、俄成为世界列强。

由于稻米在欧洲栽培很少，故玉米在欧洲慢慢发展为仅次于麦类（麦子）的第二大粮食作物。它与从美洲传入的其他粮食饲料多用途作物马铃薯、甘薯一起，支撑起近代以来特别是工业革命以来欧洲人口的快速增长。玉米刚传入的1500年之时欧洲仅有8000万人口，到1600年欧洲人口增长到1亿。1700年欧洲人口达到1.2亿。1800年达到1.8亿。1900年欧洲人口发展到3.9亿，到1975年更膨胀到6.35亿[57]。475年间欧洲人口增长了7倍（相当于原来的8倍）。玉米无疑在其中起了至关重要的作用。玉米对欧洲人口增长的促进作用与其他大洲有所不同，分为两个有所差异的阶段。大体上说，16-18世纪玉米主要用作粮食供人直接食用，19—20世纪则成为高档饲料的主要支柱，供畜禽食用[58]。人们再吃畜禽的肉以及畜禽产出的二次食品奶和蛋。玉米使欧洲特别是西欧率先成为世界上最发达、最富裕、最领先、当时（18—19世纪）人口最稠密的地区（欧洲领土面积约为1016万平方公里），领先世界达三个世纪（至20世纪初叶）。

（后面有两幅珍贵的16世纪的玉米图画）

1542年出版的福克斯拉丁语《植物志》中的玉米植株图。取自J.Janick，G.Caneva："The First Images of Maize in Europe"，*Maydica*，Vol.50，2005，p.72.

Одно из первых изображений кукурузы. (Бернардино де Саагун，1577) 最早的玉米棒画像之一，由西班牙美洲传教士、历史学家、语言学家贝纳迪诺·德·萨贡1577年所画，取自 "Кукуруза сахарная"，载Википедии — свободной энциклопедии，https：//ru.wikipedia.org/wiki/Кукуруза_сахарная

参考文献

[1] cf.M.I.Tenaillon, A.Charcosset: "A European Perspective on Maize History"，*Comptes Rendus Biologies*,Vol.334, 2011,March,pp.221-228.

[2] cf. Edited by K.F.Kiple & K.C.Ornelas: *The Cambridge World History of Food*, Cambridge University Press, 2001,Vol.1,p.100, left.

[3] 近代玉米棒一般长15-25厘米, 比七八千年前长了七八倍；玉米粒竖行12-18行, 多了两三倍；重量则增大了十几倍。

[4] cf. Edited by K.F.Kiple & K.C.Ornelas: *The Cambridge World History of Food*,Vol.1,p.100, left.

[5] 又称马齿型, 玉米籽粒顶端凹陷呈马齿状, 故名。

[6] cf.James C.McCann: *Maize and Grace, Africa's Encounter with a New World Crop,1500—2000*,Harvard University Press,2007,p.1.

[7] 分别为: 万国鼎.五谷史话.北京: 中华书局, 1961; 佟屏亚, 赵国磐. 玉米史话. 北京: 农业出版社, 1988；唐启宇. 中国作物栽培史稿. 北京: 农业出版社, 1986, 王思明等. 美洲作物在中国的传播及其影响.北京: 中国三峡出版社, 2010；宋军令, 杜鹃, 李玉洁.黄河文化与西风东渐——黄河文明的历史变迁. 北京: 科学出版社, 2010；彭世奖. 中国作物栽培简史. 北京: 中国农业出版社, 2012；张箭.新大陆农作物的传播和意义. 北京: 科学出版社, 2014。此外, 还有佟屏亚.中国玉米科技史.北京: 中国农业科技出版社, 2000；杨虎.20世纪中国玉米种业科技发展研究.北京: 中国农业科学技术出版社, 2013。这些著作对玉米史也基本上是只谈中国, 不怎么谈世界。

[8] 指丝绸之路经济带和21世纪海上丝绸之路。

[9] см .Я .М .Света: 《 Путеществия Христофора Колумба, Дневники, Письма, Документы 》, Третье Издание, Москва, 1956, C.97.

[10] 均转引自Edwardson,J.R.: "Domestication of corn", 载*Encyclopedia Americana*, Chicago, 1980,Vol.7,p.807.

[11] 参星川亲清:《栽培植物の起原と伝播》, 东京, 二宫书店改订增补版, 1987年, 第39页。

[12] см. Магидович, И. П., Магидович, В. И., 《 Очерки по Истории Географических Открытий 》, Москва, 1956, Том 2, С .29.

[13] cf.Auturo Warman: *Corn & Capitalism: How a Botanical Bastard Grew to Global Dominance*, The University of North Carolina Press,2003,p.37.

[14] 参國分牧衛:《新訂食用作物》, 東京, 養賢堂, 2010年, 第232页。

[15] cf. Edited by K.F.Kiple & K.C.Ornelas: *The Cambridge World History of Food*, "Introduction" ,Vol.1,p.3, left.

[16] 一般1根玉米秆可结出3个玉米苞, 大的饱满的玉米棒可结出1000颗玉米粒。参同上, p.3, left.

[17]]cf. Edited by K.F.Kiple & K.C.Ornelas: *The Cambridge World History of Food*, Vol.1,p.961, right.

[18] cf.J.Janick,G.Caneva: "The First Images of Maize in Europe", *Maydica*,Vol.50,2005,pp.71-80.

[19] 均转引自Ibid.,pp.77-78.

[20] cf.Ibid.,p.78.

[21] cf.Ibid.,p.78.

[22] cf.Auturo Warman: *Corn & Capitalism: How a Botanical Bastard Grew to Global Dominance*, p.12.

[23] cf.Auturo Warman: *Corn & Capitalism: How a Botanical Bastard Grew to Global Dominance*, p.98.

[24] cf. Ibid., p.98.

[25] cf. Ibid., p.98.

[26] cf. Ibid., p.104.

[27] 参布罗代尔:《15至18世纪的物质文明、经济和资本主义》, 顾良、施康强译, 三联书店1992年版, 第一卷, 第191页。

[28] cf.Auturo Warman: *Corn & Capitalism: How a Botanical Bastard Grew to Global Dominance*, p.100.

[29] 见C.Rebourg等六人: "Maize introduction into Europe: the history reviewed in the light of molecular data", 载 *Theoretical and Applied Genetics*, March 2003, Vol.106, Issue 5,pp.895-903, 图载p.901. (见后面附图)

[30] cf.佚 名: "De Historia Stirpium Commentarii Insignes", https://en.wikipedia.org/wiki/De_Historia_Stirpium_ Commentarii_Insignes, 2016-07-30.

[31] 原图彩印版见F.G.Meyer, E.E.Trueblood, J.L.Heller: *The Great Herbal of Leonhart Fuchs*, Vol.1, *Commentary*, California, Stanford University Press, 1999, p.650, plate 67.

[32] 转引自C.Rebourg等六人: "Maize introduction into Europe: the history reviewed in the light of molecular data", 载 *Theoretical and Applied Genetics*, March 2003, Vol.106,Issue 5, pp.895-903, 图载p.901.

[33] см. "Кукуруза сахарная", 载*Википедии — свободной энциклопедии*, https://ru.wikipedia.org/wiki/Кукуруза_ сахарная,2016-03-15. (见后面附图)

[34] 转引自C.Rebourg等六人: "Maize introduction into Europe: the history reviewed in the light of molecular data", 载 *Theoretical and Applied Genetics*, March 2003,Vol.106,Issue 5,pp.895-903, p.902.

[35] cf. Ibid.,p.902.

[36] cf.M.I.Tenaillon,A.Charcosset: "A European Perspective on Maize History", *Comptes Rendus Biologies*,Vol.334, 2011,March,Fig.1.

[37] cf. Auturo Warman: *Corn & Capitalism: How a Botanical Bastard Grew to Global Dominance*, p.107.

[38] cf. Ibid., p.107.

[39] cf. Ibid., pp.107-108.

[40] cf. Ibid., p.108.

[41] cf.Auturo Warman: *Corn & Capitalism: How a Botanical Bastard Grew to Global Dominance*, p.108.

[42] cf. Ibid., p.109.

[43] cf. Edited by K.F.Kiple & K.C.Ornelas: *The Cambridge World History of Food*, Vol.1,p.108, left.

[44] cf.Auturo Warman: *Corn & Capitalism: How a Botanical Bastard Grew to Global Dominance*, p.132-133.

[45] cf. Edited by K.F.Kiple & K.C.Ornelas: *The Cambridge World History of Food*, Vol.1,p.961, left.

[46] cf. Edited by K.F.Kiple & K.C.Ornelas: *The Cambridge World History of Food*, Vol.1,p.961, right.

[47] cf.Ibid., p.961.

[48] cf.Ibid., p.961,right.

[49] cf.Ibid., p.961,left.

[50] cf. Edited by K.F.Kiple & K.C.Ornelas: *The Cambridge World History of Food*, Vol.1,p.109, left.

[51] cf.Ibid., p.109,left.

[52] cf.Auturo Warman: *Corn & Capitalism: How a Botanical Bastard Grew to Global Dominance*, p.145,p.150,p.169.

[53] 参布罗代尔:《15至18世纪的物质文明、经济和资本主义》, 第一卷, 第192页。

[54] John Bell: *Travels from St.Petersburg in Russia to various parts of Asia 1763*, Vol.1, p.216.转引自布罗代尔:《15 至18世纪的物质文明、经济和资本主义》, 第一卷, 第192页。

[55] cf. James C. McCann: *Maize and Grace, Africa's Encounter with a New World Crop, 1500—2000*, Harvard

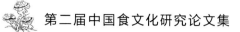

University Press, 2007, pp.40-41.

[56] cf. Ibid., p.41.

[57] cf. Auturo Warman: *Corn & Capitalism: How a Botanical Bastard Grew to Global Dominance*, pp.119-120.

[58] cf. Ibid., p.123.

西被与东渐：丝绸之路上传播的辛香料植物

金久宁　李　梅

（江苏省中国科学院植物研究所，江苏　南京　210014）

经济植物无疑是最早为人类发现、认识和利用的植物，芳香植物（香料植物）当是其中典型的一例。无论是本土，还是域外，有关香料植物的记载在古籍里随处可见，芳香植物（香料植物）时时刻刻都在影响着人们的生活。在欧洲，中古时期，人们对于香料的追逐和崇拜几近疯狂，并体现于资源竞逐、味觉享受、肉体感知、精神抚慰等诸方面。在中国，《诗经》《楚辞》《山海经》等先秦历史典籍里，就有不少香木嘉卉等芳香植物的记述；两汉时期的本草著作《神农本草经》亦有芳香植物供药用的记述。

本土与域外，本文从东西方利用芳香植物（香料植物）的文化背景、相关历史文献记述、丝绸之路上的芳香植物及药材交流、唐《海药本草》中的外来芳香植物及辛香料、明《本草纲目》草、木部、菜部以及果部所收载的芳香植物及辛香料等方面为题，逐一加以探讨。

1 东西方利用芳香植物（香料植物）的文化背景

本土与域外，古今中外，植物学知识的积累与传播，都有着各自的轨迹。

1.1 域外：欧洲植物学的缘起与发展

一般认为，植物学与许多自然科学一样，起源于古希腊，它的创始人是哲学家亚里士多德（Aristotle）（公元前384—前322）。亚里士多德在他的著述中，把他那个时代博学智者所知道的一切都记录在案，同时，又加入了自己的观察和认知。他的弟子泰奥弗拉斯特（Theophrast）的《植物生长的原因》和《植物史》存世，其中涉及植物的种子、生长和运动，还有土壤对于果实和后代的影响，植物的汁液和药效，以及各种植物物种。植物学的第一批专业术语亦是泰奥弗拉斯特（Theophrast）馈赠的。他区分了树皮、木髓和木材，果柄、果皮和种子，深根植物和浅根植物，包被种子的被子植物和裸露种子的裸子植物。后世有人把泰奥弗拉斯特（Theophrast）赞誉为"现代植物学之父"。

人们对于植物学的关注多半是从药用植物开始的。一部早年的关于药用植物的著作至今还享有盛名：希腊军医佩达尼奥斯·迪奥斯克里德斯（Pedanios Dioskurides）在公元60年左右撰写的五卷本药剂学说，书中详细描述了大约580种植物——它们的特征、用途、效果和各种名称。在中世纪的欧洲，简直就是药剂学和植物学的宝典。在没有印刷术的当时，这些画着精美插图的手抄本被传抄并流传下来，人们只是凭借个人的爱好复制描摹，完全不去观察自然景物，因此，中世纪的草药书籍里的图画简直就

作者简介：金久宁（1956—　　），男，江苏省中国科学院植物研究所高级工程师。主要研究领域：本草学及药学史，民族植物学，药用植物开发利用。

是稀奇古怪的幻想植物。

在很长一段时期内如何给植物命名和归类，成了植物学家们的首要难题。许多草本植物、苔藓类植物和树木在不同的国家和地区有着不同的名称，如果除此之外还能有一个明确的通用名称，那么大家彼此交流和沟通起来就会容易得多，如果有人发现了一种植物，那么就会按照它的特征将其归入已确定的一种植物门类。最早获得实现的分类体系是由瑞典人卡尔·冯·林奈（Carl von Linne）（公元1707—1778）提出来的。他在1735年发表了最重要的著作《自然系统》（*Systema Naturae*），1737年出版《植物属志》，1753年出版《植物种志》。建立了动植物命名的双名法，他所提倡的统一的植物名称一直沿用至今。

1.2 本土：我国动植物知识的积累和传播

我国动植物知识的积累和传播，缘于传世文学作品的作用。《诗经》应为典型的一例。子曰："诗可以兴，可以观，可以群。迩之事父，远之事君……多识于鸟兽草木之名。"《诗经》中出现大量动、植物，诠释中国古代动植物学知识，进而形成以研究《诗经》为代表的名物之学，绵延至今。

《楚辞》为我国春秋战国时期的政治家、文学家屈原及其弟子所作的一部诗赋集，其中借物咏怀，反映了屈原怀才不遇、政治主张不被重视、忠贞报国之心难为的心境。诗赋中引用了许多植物名，亦是药名，也可反映当时流行或熟识的药物情况。

此外，《山海经》据认为是我国春秋战国时的一部典籍，亦记载有药物约130种。

其他历史典籍：诸如《说文解字》《尔雅》等，《说文解字》中的植物名称、产地、以及一些种类形态和功效的描述，为后世的植物名称溯源、名实考订提供了有力的佐证。

2 我国芳香植物（香料植物）的历史文献记述

2.1 《诗经》之芳香植物

《诗经》作为我国第一部诗歌总集，收载有西周初年至春秋中叶的诗歌305篇，分为风、雅、颂三个部分。许多篇章反映了当时人民生活、社会风貌和劳动场景。《诗经》有关植物记述多见于风、雅部分，记载的植物有140余种之多。《诗·王风·采葛》云："彼采葛兮，一日不见，如三月兮。彼采萧兮，一日不见，如三秋兮。彼采艾兮，一日不见，如三岁兮。"

2.2 《楚辞》之芳香植物

《离骚》中述及的植物名称有"江蓠、芷、椒、菌桂、茝、留夷、揭车、杜衡、木兰、菊、蕙、芙蓉、艾、椴（吴茱萸）"；《九歌·云中君》中有"兰（泽兰）"，《九歌·湘君》中有"薜荔、杜若"，《九歌·湘夫人》中有"蘋、辛夷"、《九歌·大司命》中有"桑、麻、桂枝"，《九歌·少司命》中有"蘪芜、荪"，《九歌·山鬼》中有"女萝、葛、松、柏"。

此外，《山海经》据认为是我国春秋战国时的一部典籍，亦记载有药物约130种。《山海经》记载的植物，一般则说明产地、形状、特点及其效用。芳香植物有："薰草：麻叶而方茎，赤花而黑实，臭如蘪芜，佩之已厉。""杜衡：其状如葵，其臭如蘪芜，可以走马，食之已瘿。"并有"桂、蔓荆、白芷、芎藭、芍药、蘪芜"等，但并没有产地、形状的记述。

2.3 其他历史典籍

汉·许慎《说文解字》记载的植物归为草部、木部。《说文解字》草部中芳香植物有："芎䓖，香草也；蘭，香草也；蘺，江蘺蘪芜；蘪，蘪芜也；薰，香草也；"《说文解字》木部中有：橘，橘果，出江南；柚，條也，似橙而酢；樝，樝果似梨而酢；桂，江南木，百药之长；桔，桔梗，药名；檗，黄木也；枳，枳木，似橘；檵，枸杞，一曰坚木也；杞，枸杞也；柘，柘桑也；栀，黄木，可染者；……。《说文解字》中的植物名称、产地、以及一些种类形态和功效的描述，为后世本草学的药物名称溯源、名实考订提供了有力的佐证。

《尔雅》为我国古代的一部训诂学专著，又被列为儒家经典之一，据信约成书于汉初毛亨之前，经毛亨至郑玄，屡经增补才大体完成。《尔雅》的传世本主要为东晋郭璞注释、北宋邢昺疏解的《尔雅注疏》，并成为"十三经注疏"之一广为刊刻流行。

《尔雅》中的植物归为"草、木"卷，清末王国维《尔雅·草木虫鱼鸟兽释例》（上下篇）云："物名有雅俗、有古今，《尔雅》一书，为通雅俗古今之名而作也。其通之也谓之释，释雅以俗，释古以今，闻雅名而不知者，知其俗名，斯知雅也；闻古名而不知者，知其今名，斯知古矣。若雅俗古今同名，或此有而彼无者，名不足以相识，则以形释之。草木虫鱼鸟多异名，故释以名。兽与畜罕异名，故释以形"。

《尔雅》文中颇为重视动、植物的命名，以及名物的训诂，并以今名（当时习称）、俗名（地方名）释其古名、雅名（典籍名）。这不仅解决了当时由于古今名、书面语与口语、俗呼的不同存在的差异，为当时名物辨别带来便宜，亦为后世的名实探讨，同名异物、同物异名辨证提供了依据。此外，精细入微的动植物描述，亦是《尔雅》的内容特色之一。郭璞《尔雅注》对植物的叶、花、果实的术语描述相当精细。叶的术语有：细、小、大、圆、锐、圆锐、细锐、细而歧锐、狭而长、圆而歧、圆而厚、圆而毛等；花的术语多着重其色：白色、黄色、紫色等；果的术语或以色比，如：赤、白、紫等；或以形喻，如："如耳璫"，"如杷齿"，"如指头"，等等。

《尔雅》及郭注俗名、地方习称、形态的翔实记载，为探究动植物的产地及沿革提供了便利。基于上述"物名、物形"两方面，加以归纳分析，可间接考究出药物的产地。如：郭注所记述的俗名、地方名中，类似于"江东呼为……"的记述多处可见，这就明确指出了药物的出处，再辅之药物的形态描述，从而不难得出药物的产地，乃至于确定药物的种类。

2.4 唐宋时期历史典籍中的香料植物

2.4.1 唐《酉阳杂俎》之香料植物

《酉阳杂俎》，唐·段成式撰，中、晚唐时期的笔记体小说。书中包括志怪、传奇，也包括杂事、琐语，乃至于考证。本集二十卷，续集十卷。其中有关植物论述主要见于：卷十六·广动植之一、卷十七·广动植之二、卷十八·广动植之三、卷十九·广动植类之四，以及续集卷九·支植上、续集卷十·支植下。书内所记"一部分内容属志怪传奇类，另一些记载各地与异域珍异之物，与晋相类。其所记述，或采缉旧闻，或出自己撰，多诡怪不经之谈，荒渺无稽之物，而遗文秘籍，亦往往错出其中，故论者虽病其浮夸，而不能不相征引。"（《四库全书总目》语）

香料植物见于卷十八·广动植之三·木篇：

"龙脑香树，出婆利国，婆利呼为固不婆律。亦出波斯国。树高八九丈，大可六七围，叶圆而背白，无花实。其树有肥有瘦，瘦者有婆律膏香，一曰瘦者出龙脑香，肥者出婆律膏也。在木心中，断其树劈取之。膏于树端流出，斫树作坎而承之。入药用，别有法。

安息香树，出波斯国，波斯呼为辟邪。树长三丈，皮色黄黑，叶有四角，经寒不凋。二月开花，黄色，花心微碧，不结实。刻其树皮，其胶如饴，名安息香。六七月坚凝，乃取之。烧通神明，辟众恶。

阿魏，出伽阇那国，即北天竺也。伽阇那呼为形虞。亦出波斯国，波斯国呼为阿虞截。树长八九丈，皮色青黄。三月生叶，叶似鼠耳，无花实。断其枝，汁出如饴，久乃坚凝，名阿魏。拂林国僧弯所说同。摩伽陀国僧提婆言，取其汁如米豆屑合成阿魏。

胡椒，出摩伽陀国，呼为昧履支。其苗蔓生，极柔弱。叶长寸半，有细条与叶齐，条上结子，两两相对。其叶晨开暮合，合则裹其子于叶中。形似汉椒，至辛辣。六月采，今人作胡盘肉食皆用之。

白豆蔻，出伽古罗国，呼为多骨。形如芭蕉，叶似杜若，长八九尺，冬夏不凋。花浅黄色，子作朵如葡萄。其子初出微青，熟则变白，七月采。

荜拨，出摩伽陀国，呼为荜拨梨，拂林国呼为阿梨诃咃。苗长三四尺，茎细如箸。叶似戢叶。子似桑葚，八月采。

香齐，出波斯国。拂林呼为顸勃梨咃。长一丈余，围一尺许。皮色青薄而极光净，叶似阿魏，每三叶生于条端，无花实。西域人常八月伐之，至腊月更抽新条，极滋茂。若不剪除，反枯死。七月断其枝，有黄汁，其状如蜜，微有香气。入药疗病。"

2.4.2 宋《桂海香志》之香料植物

《桂海香志》，宋·范成大编撰，历史传本见于元·陶宗仪《说郛》卷六十二上。所谓"桂海"，古代指南方边远地区。

序：南方火行，其气炎上。药物所赋，皆味辛而嗅香，如沈笺之属。世专谓之香者，又美之所锺也。世皆云二广出香，然广东香乃自舶上来广，右香产海北者，亦凡品，惟海南最胜。人士未尝落南者，未必尽知，故著其说。

著录有：沈水香、蓬莱香、鹧鸪斑香、笺香、光香、香珠、思劳香、排草、槟榔苔、橄榄香、零陵香等多种香料植物。

3 丝绸之路上的芳香植物及药材交流

丝绸之路始于汉朝张骞的"凿空"西域。所谓"凿空"只是一种形象的说法，即将壁垒打破，形成一条狭长的走廊，经过西域、中亚以迄小亚细亚、地中海西岸，一条连接中国和欧洲、北非的丝绸之路逐渐成形。盛唐时期，中国的丝绸和茶叶输往波斯和罗马，西方的珍异植物（香料、水果、药材）等输往中国。唐宋以后，从广州、杭州、泉州等地经南洋抵达印度、阿拉伯海和非洲东海岸的海上"丝绸之路"也随之相继开通。

宋开宝四年（公元971年），宋置市舶司于广州，负责药物贸易。据《宋会要》记载：通过市舶司，由阿拉伯商人运往欧亚等国的我国特产药材有：朱砂、人参、牛黄、硫磺、茯苓、茯神、附子、常山、远志、甘草、川芎、雄黄、川椒、白术、防风、杏仁、黄芩等达60多种。元代时期，意大利人马可波罗在他的"游记"中介述了姜、茶、高良姜、大黄、胡椒、麝香、肉桂等中药材及香料等。

唐·李珣《海药本草》收载的多为外来药物，其中有许多芳香植物；明·李时珍《本草纲目》中，植物部分的草部有"芳草类"，木部有"香木类"，收载了许多芳香植物，其中有许多是外来药物，充分反映了明以前中外植物交流情况。

3.1 唐《海药本草》中的外来芳香植物

唐·李珣《海药本草》一部记述当时131种外来药物的著作，其中不乏许多芳香植物。《海药本草》卷第二·草部有："木香、兜纳香、阿魏、荜茇、肉豆蔻、零陵香、艾纳香、莳萝、茅香、甘松香、迷迭香、瓶香、藕（qie）车香"；卷第三·木部有："沉香、熏陆香、乳头香、丁香、降真香、返魂香、蜜香、安息香、龙脑、没药、天竹桂、必栗香、研药、诃梨勒、胡椒"。

3.2 明《本草纲目》草、木部所收载的芳香植物

明代以来，随着明王朝派郑和"七下西洋"，中外交流区域更加宽广。明·李时珍《本草纲目》著作中，植物部分的草部有"芳草类"，木部有"香木类"，收载了许多芳香植物，余者零星见于果部、菜部中，其中有许多是外来药物，充分反映了明以前中外植物交流情况。

《本草纲目》卷十四·草部·草之三，芳草类56种；有"当归、芎䓖、蘼芜、蛇床、藁本、蜘蛛香、白芷、芍药、牡丹、木香、甘松香、山奈、廉姜、杜若、山姜、高良姜、豆蔻、白豆蔻、缩砂密、益智子、荜茇、蒟（ju）酱、肉豆蔻、补骨脂、姜黄、郁金、蓬莪术、荆三棱、莎草、香附子、瑞香、茉莉、郁金香、茅香、白茅香、排草香、迷迭香、藕（qie）车香、艾纳香、兜纳香、线香、藿香、零陵香、薰草、兰草、泽兰、马兰、香薷、石香薷、爵床、赤车使者、假苏、薄荷、积雪草、苏、荏、水苏、荠苧"；

卷三十四·木部·木之一，香木类35种；有"柏、松、杉、桂、菌桂、天竺桂、月桂、木兰、辛夷、沉香、蜜香、丁香、檀香、降真香、楠、樟、钓樟、乌药、櫰（huai）香、必栗香、枫香脂、薰陆香、没药、麒麟竭、质汗、安息香、苏合香、詹糖香、笃耨香、龙脑香、樟脑、阿魏、芦荟、胡桐泪、返魂香。"

此外，卷二十六·菜部·菜之一，荤辛类有"生姜、干姜、胡荽、蘹香、莳萝、罗勒"；卷三十二·果部·果之四，味类有"秦椒、蜀椒、崖椒、蔓椒、地椒、胡椒、荜澄茄、吴茱萸、食茱萸"等。

4 东西方香料植物的应用与发展

本土与域外：中外香料植物的应用与发展，意趣虽相当，各有所不同。香在古代人们的生活中也有着广泛的用途。

4.1 域外

4.1.1 香料的竞逐

哥伦布、达·伽马、麦哲伦这三位大发现时代的开拓者在成为地理发现者之前实际上是香料的搜寻者。尾随他们而来的是那些不太出名的后来者，沿着他们在未知领域里的探索之路。航海家、商人、海盗直至欧洲列强的军队，开启了香料的竞逐。围绕着香料进行了一场场殊死争斗。

4.1.2 味觉的传递

古人饮食的口味：芳香物公元前11-公元前8世纪，今德国澳伯拉登镇附近，驻扎着当时日耳曼尼亚最大的罗马人军营。约在两千年以后，一群德国考古学家由于一时的兴趣到这里探访，他们在灶间废墟里发现了窖藏的丁香、芫荽子和黑胡椒。地中海民族食用香料的历史可追溯到公元前3000年晚期的古叙利亚马里（Mali）文明时期，当时的刻写泥板上记载着啤酒中添加孜然芹和胡荽调味的事实。一本流传下来的《烹调书》（De Re Coquinaria），据信为埃皮希乌斯（Apicius）所著，成书于公元1-2世纪。书中的468个食谱中，胡椒就出现了349次，胡椒被用于蔬菜、鱼、肉类、酒和甜食调味。其中的一种"香料盐"，是由黑白胡椒、百里香、生姜、薄荷、孜然芹、旱芹子、欧芹、牛至、番红花、肉桂叶、莳萝果和盐混制而成，有"助消化和蠕动大肠"的作用，且"极为温和，出人意料"。在现代人眼里，香料最明显的用途是制成各种沙司（sauces）调味酱，用于小山羊、羔羊、乳猪、鹿肉、野猪、牛肉、鸭、鹅、小鸡等各种肉类。另一方面，香料有防腐保质的作用。中世纪的欧洲人一直为他们吃的变质有味的肉所困惑。由于没有冷冻设备，肉和鱼往往容易腐坏变质，带来了饮食上的健康危险。香料的使用，除了改善口感外，无疑可以使得肉类和鱼保存的时间更长些，以减少食物陈腐所带来的风险。按当时的医学概念而言，香料有"加热""干燥"的作用，能抵制据认为是由于过多湿气引起的腐败。

4.1.3 肉体的感知

香料以疗疾：在中世纪欧洲人的心目中，香料和药是同一类东西，并非所有的药是香料，但所有的香料都是药。拉丁文中的香料（pigmenta）一词实际上与药是同义词。药剂师与香料师事实上也是同一类人，即"存有可供出卖的香料和各种药物所需的配料的人"。一本公元5世纪所编的《叙利亚药典》（Syriac Book of Medicines）中，列举了香料所具有的各种医药用途以及对其疗效的半宗教性的信念。仅胡椒就被当作似乎可治各种疾病的万能药。早期欧洲医学理论是由希腊-罗马的盖伦提出的，万物皆由热、冷、干、湿四种要素构成，表现在人体上的血液、黏液、黄胆汁和黑胆汁。保持一种适当的平衡，人体就健康。疾病是一种失衡。在这个体系中，香料起着一种维护健康平衡以及恢复被破坏的平衡的作用。

香料可助性：香料可以给人们带来肉体上的快感。康斯坦丁（1020—1087年）的所谓"春药"药方中几乎都有香料。用于阳痿的处方是生姜、胡椒、高良姜、桂皮和各种草药合成的干药糖剂，午餐和晚餐后少量服用。此外，一些香料酒亦有很好的催情助性作用。情欲功能障碍也被认为是平衡被打破的结果，性感缺乏为冷，情欲为热。香料是一种强有力的热效药物，因而也是一种催情药。许多传世的爱情诗篇中，香料都是一种能唤起人的丰富联想的象征物。香料和香水的联想往往诱发情欲。英语词典中有关香料（spicy）的定义：芳香的、有香气的、热辣的、刺激性的、有味道的、加作料的、扑鼻的、露骨的、不适当的、不庄重的、不文雅的、褪色的、下流的、淫秽的、丑闻的、蛊惑人心的、猥亵的、挑逗性的、不得体的。

4.1.4 精神的愉悦

神之食物：神烟：香料应用于宗教或魔幻，早于香料被食用的历史。香料通常是用来混入在宗教仪式过程中燃烧的熏香里或者加入寺庙火盆的火焰中。另一方法是将其掺入香水或油膏，涂于崇拜的偶像或拜神者本人的身上。这些异域的稀有和神秘之物是古时拜神中最被看重的物品。香料和熏香混在一起时，会释放出一种沁人肺腑的馨香。多神教是有气味的，香料、熏香和香水之气充溢于古代的宗教仪式之中。

4.2 本土

4.2.1 馨香之美德

中华民族是一个崇尚馨香之美的民族。《礼记·内则》云："男女未冠笄者，鸡初鸣，咸盥漱栉縰，拂髦总角，衿缨，皆佩容臭。"陈注：容臭，香物也，助为形容之饰，故言容臭，以缨佩之，后世香囊即其遗训。朱子曰：佩容臭为迫尊者，盖为恐有秽气触尊者。可见所谓的"容臭"即香包。朱熹认为，佩戴容臭，是为了接近尊敬的长辈时，避免身上有秽气触冒他们。《尔雅·释器》："妇人之祎，谓之缡。"郭璞注：即今之香缨也。《说文·巾部》："帷，囊也"段玉裁注："凡囊曰帷。"《广韵·平支》："缡，妇人香缨，古者香缨以五彩丝为之，女子许嫁后系诸身，云有系属。"这种风俗是后世女子系香囊的渊源。古诗中有"香囊悬肘后"的句子，大概是佩戴香囊的最早反映。魏晋之时，佩戴香囊更成为雅好风流的一种表现，后世香囊则成为男女常佩戴的饰物。

4.2.2 沐浴之香汤

《大戴礼·夏小正》有"五月蓄兰，为沐浴"之记载。《诗经》有"彼采萧兮，一日不见，如三秋兮。彼采艾兮，一日不见，如三岁兮。"等"采艾"、"采萧"采惙香药之记述。楚辞中《离骚》"扈江离与辟芷兮，纫秋兰以为佩"，"朝搴阰之木兰兮，夕揽洲之宿莽"。《九歌》中以桂木做栋梁，木兰做屋椽，辛夷和白芷点缀门楣，亦是用这些香木来驱邪。《离骚》《九歌》中记载了许多香料和香草，"一熏一莸"，屈原用比拟的手法借香草歌颂贤德，以莸草痛斥奸佞。

《尚书》云："至沿馨香，感于神明，黍稷非馨，明德性馨"。又云"妇人或赐茝兰，则受而献诸舅姑"。意为凡媳妇赐受白芷、佩兰等香药，每敬献给公婆。足见古时沐浴兰汤、赠送和佩戴香包已蔚然成风。

4.2.3 熏燃、涂敷之香料

熏燃之香：中国古代的达官贵人很早就注意到了香的妙用，通过熏燃香料来驱逐异味。

如：印篆之香：为了便于香粉燃点，合香粉末，用模子压印成固定的字型或花样，然后点燃，循序燃尽，这种方式称为"香篆"。《百川学海》"香谱"条中云："镂木之为范，香为篆文。"指香篆模子是用木头雕成，香粉被压印成有形有款的花纹。篆香又称百刻香，它将一昼夜划分为一百个刻度，寺院常为计时之用。

涂敷之香：此类香的种类很多。一种是敷身香粉，一般是把香料捣碎，罗为末，以生绢袋盛之，浴罢敷身；一种是用来敷面的和粉香。有调色如桃花的十和香粉，还有利汗红粉香，调粉如肉色，涂身体香肌利汗。

一种是香身丸，据载是"把香料研成细末，炼蜜成剂，杵千下，丸如弹子大，噙化一丸，便觉口香五日，身香十日，衣香十五日，他人皆闻得香，又治遍身炽气、恶气及口齿气。"

还有一种拂手香，用阿胶化成糊，加入香末，放于木臼中，捣三五百下，捏成饼子，穿一个孔，用彩线悬挂于胸前。

此外还有香发木犀香油，亦可为面脂，乌发香油，此油洗发后用最妙。合香泽法，既可润发，又可作唇脂。五代词《虞美人》"香檀细画侵桃脸，罗裙轻轻敛。"此处的"香檀"就是指的一种浅红色的化妆品。韦庄《江城子》"朱唇未动，先觉口脂香。"这儿的口脂香大概就是用某种香料调配而成的。

4.2.4 医用之香药

香料是中国传统中医药的应用于医疗实践的重要原料。如前所述，医书方剂和本草典籍中有许多芳香植物的记载。

明·李时珍的《本草纲目》中就有"线香"入药记载。云："今人合香之法甚多，惟线香可入疮科用。其料加减不等，大抵多用白芷、独活、甘松、山柰、丁香、藿香、藁本、高良姜、茴香、连翘、大黄、黄芩、黄柏之类为末，以榆皮面作糊和剂。"李时珍用线香"熏诸疮癣"，方法是点灯置桶中，燃香以鼻吸烟咽下。

清·赵学敏《本草纲目拾遗》中所载的曹府特制的"藏香方"，由沉香、檀香、木香、母丁香、细辛、大黄、乳香、伽南香、水安息、玫瑰瓣、冰片等20余气味芳香的中药研成细末后，用榆面、火硝、老醇酒调和制成香饼；称其有开关窍、透痘疹、愈疟疾、催生产、治气秘之作用。藏香燃烧后产生的气味，可除秽杀菌，祛病养生。

5 辛香料植物举隅

《本草纲目》卷三十二·果部·果之四·味类一十三种：秦椒、蜀椒、崖椒、蔓椒、地椒、胡椒、荜澄茄、吴茱萸、食茱萸、盐麸子、醋林子、茗、皋芦。

5.1《本草纲目》果部味类引述

蜀椒（《本经》下品）【校正】自木部移入此。

【释名】巴椒（《别录》）、汉椒（《日华》）、川椒（《纲目》）、南椒（《炮炙论》）、萧蓼（唐毅）、点椒。时珍曰：蜀，古国名。汉，水名。今川西成都、广汉、潼川诸处是矣。巴亦国名，又水名。今川东重庆、夔州、顺庆、阆中诸处是矣。川则巴蜀之总称，因岷、沱、黑、白四大水，分东、西、南、北为四川也。

【集解】《别录》曰：蜀椒生武都山谷及巴郡。八月采实，阴干。弘景曰：蜀郡北部人家种之。皮肉浓，腹里白，气味浓。江阳、晋康及建平间亦有而细赤，辛而不香，力势不如巴郡者。恭曰：今出金州西城者最佳。颂曰：今归陕及蜀川、陕洛间人家，多作园圃种之。木高四、五尺，似茱萸而小，有针刺。叶坚而滑，可煮饮食。四月结子无花，但生于枝叶间，颗如小豆而圆，皮紫赤色，八月采实，焙干。江淮、北土亦有之，茎叶都相类，但不及蜀中者良而皮厚、里白、味烈也。时珍曰：蜀椒肉厚皮皱，其子光黑，如人之瞳仁，故谓之椒目。他椒子虽光黑，亦不似之。若土椒，则子无光彩矣。

【修治】斅曰：凡使南椒须去目及闭口者，以酒拌湿蒸，从巳至午，放冷密盖，无气后取出，便入瓷器中，勿令伤风也。

宗奭曰：凡用秦椒、蜀椒，并微炒使出汗，乘热入竹筒中，以梗捣去里面黄壳，取红用，未尽再捣。或只炒热，隔纸铺地上，以碗覆，待冷碾取红用。

【主治】邪气咳逆，温中，逐骨节皮肤死肌，寒湿痹痛，下气。久服头不白，轻身增年（《本经》）；除六腑寒冷，伤寒温疟大风汗不出，心腹留饮宿食，肠澼下痢，泄精，女子字乳余疾，散风邪瘕结，水肿黄疸，鬼疰蛊毒，杀虫、鱼毒。久服开腠理，通血脉，坚齿发，明目，调关节，耐寒暑，可作膏药（《别录》）；治头风下泪，腰脚不遂，虚损留结，破血，下诸石水，治咳嗽，腹内冷痛，除齿痛。（甄权）；破症结开胸，治天行时气，产后宿血，壮阳，疗阴汗，暖腰膝，缩小便，止呕逆（大明）；通神去老，益血，利五脏，下乳汁，灭瘢，生毛发（孟诜）；散寒除湿，解郁结，消宿食，通三焦，温脾胃，补右肾命门，杀蛔虫，止泄泻（时珍）。

【附方】旧十二，新二十三。

椒红丸：治元脏伤惫，目暗耳聋。服此百日，觉身轻少睡，足有力，是其效也。服及三年，心智爽悟，目明倍常，面色红悦，髭发光黑。用蜀椒去目及合口者，炒出汗，曝干，捣取红一斤。以生地黄捣自然汁，入铜器中煎至一升，候稀稠得所，和椒末丸梧桐子大。每空心暖酒下三十丸。合药时勿令妇人、鸡、犬见。诗云：其椒应五行，其仁通六义。欲知先有功，夜间无梦寐。四时去烦劳，五脏调元气。明目腰不痛，身轻心健记。别更有异能，三年精自秘。回老返婴童，康强不思睡。九虫顿消亡，三尸自逃避。若能久饵之，神仙应可冀。

补益心肾：《仙方》椒苓丸：补益心肾，明目驻颜，顺气祛风延年。真川椒一斤（炒去汗），白茯苓十两（去皮）。为末，炼蜜丸梧桐子大。每服五十丸，空心盐汤下。忌铁器（邵真人《经验方》）。

虚冷短气：川椒三两，去目并合口者，以生绢袋盛，浸无灰酒五升中三日，随性饮之。

腹内虚冷：用生椒择去不拆者，用四十粒，以浆水浸一宿，令合口，空心新汲水吞下。久服暖脏腑，驻颜黑发、明目，令人思饮食（《斗门方》）。

心腹冷痛：以布裹椒安痛处，用熨斗熨令椒出汗，即止（孙真人方）。

冷虫心痛：川椒四两，炒出汗，酒一碗淋之，服酒（《寿域神方》）。

阴冷入腹：有人阴冷，渐渐冷气入阴囊肿满，日夜疼闷欲死。以布裹椒包囊下，热气大通，日再易之，以消为度（《千金》）。

呃噫不止：川椒四两，炒研，面糊丸梧桐子大。每服十丸，醋汤下，神效（邵以正《经验方》）。

传尸劳疰：最杀劳虫。用真川椒红色者，去子及合口，以黄草纸二重隔之，炒出汗，取放地上，以砂盆盖定，以火灰密遮四旁，约一时许，为细末，去壳，以老酒浸白糕和，丸梧子大。每服四十丸，食前盐汤下。服至二斤，其疾自愈。此药兼治诸瘵，用肉桂煎汤下；腰痛，用茴香汤下；肾冷，用盐汤下。昔有一人病此，遇异人授是方，服至二斤，吐出一虫如蛇而安，遂名神授丸（陈言《三因方》）。

历节风痛：白虎历节风，痛甚，肉理枯虚，生虫游走痒痛，兼治瘵疾，半身不遂。即上治劳疰神授丸方（《世医得效方》）。

寒湿脚气：川椒二、三升，稀布囊盛之，日以踏脚。贵人所用。（诸疮中风：生蜀椒一升，以少面和溲裹椒，勿令漏气，分作两裹，于灰火中烧熟，刺头作孔，当疮上罨之，使椒气射入疮中，冷即易之。须臾疮中出水，及遍体出冷汗，即瘥也）。

疮肿作痛：生椒末、釜下土、荞麦粉等分研，醋和敷之（《外台秘要》）。

囊疮痛痒：红椒七粒，葱头七个，煮水洗之。一人途中苦此，湘山寺僧授此方，数日愈。

手足皲裂：椒四合，以水煮之，去渣渍之，半食顷，出令燥，须臾再浸，候干，涂猪羊脑髓，极妙（《深师方》）。

漆疮作痒：谭氏方：用汉椒煎汤洗之。《相感志》云：凡至漆所，嚼川椒涂鼻上，不生漆疮。

夏月湿泻：川椒（炒取红）、肉豆蔻（煨）各一两，为末，粳米饭丸梧桐子大。每米饮服。

飧泻不化及久痢：小椒一两（炒），苍术二两（土炒），碾末，醋糊丸梧桐子大。每米饮服。

久冷下痢或不痢，腰腹苦冷：用蜀椒三升。酢渍一宿，曲三升，同椒一升，拌作粥食，不过三升瘥。

老小泄泻：小儿水泻及人年五十以上患泻。用椒二两，醋二升，煮醋尽，慢火焙干，碾末。每服二钱。

水泻奶疳：椒一分，去目碾末，酥调，少少涂脑上，日三度（姚和仲《延龄方》）。

食茶面黄：川椒红，炒碾末，糊丸梧桐子大。每服十丸，茶汤下（《胜金方》）。

伤寒齿衄：伤寒呕血，继而齿缝出血不止。用开口川椒四十九粒。入醋一盏，同煎熟，入白矾少许服之。

风虫牙痛：《总录》：用川椒红末，水和白面丸皂子大，烧热咬之，数度愈。一方：花椒四钱，牙皂七七个，醋一碗，煎漱之。

头上白秃：花椒末，猪脂调敷，三、五度便愈（《普济方》）。

妇人秃鬓：汉椒四两，酒浸，密室内日日搽之，自然长也（《圣惠方》）。

蝎螫作痛：川椒嚼细涂之，微麻即止（《杏林摘要》）。

百虫入耳：川椒碾细，浸醋灌之，自出（危氏方）。

毒蛇咬螫：以闭口椒及叶，捣封之，良（《肘后方》）。

蛇入人口：因熟取凉，卧地下，有蛇入口，不得出者。用刀破蛇尾，纳生椒二、三粒，裹定，须臾即自退出也（《圣惠方》）。

小儿暴惊，啼哭绝死：蜀椒、左顾牡蛎各六铢，以酢浆水一升，煮五合。每灌一合（《千金方》）。

舌謇语吃：川椒，以生面包丸。每服十粒，醋汤送下（《救急方》）。

痔漏脱肛：每日空心嚼川椒一钱，凉水送下，三、五次即收（同上）。

肾风囊痒：川椒、杏仁研膏，涂掌心，合阴囊而卧，甚效（《直指方》）。

胡椒（《唐本草》）【校正】自木部移入此。

【释名】昧履支。时珍曰：胡椒，因其辛辣似椒，故得椒名，实非椒也。

【集解】恭曰：胡椒生西戎。形如鼠李子，调食用之，味甚辛辣。慎微曰：按：段成式《西阳杂俎》云：胡椒出摩伽陀国，呼为昧履支。其苗蔓生，茎极柔弱，叶长寸半。有细条与叶齐，条条结子，两两相对。其叶晨开暮合，合则裹其子于叶中。形似汉椒，至辛辣，六月采，今食料用之。时珍曰：胡椒，今南番诸国及交趾、滇南、海南诸地皆有之。蔓生附树及作棚引之。叶如扁豆、山药辈。正月开黄白花，结椒累累，缠藤而生，状如梧桐子，亦无核，生青熟红，青者更辣。四月熟，五月采收，曝干乃皱。今遍中国食品，为日用之物也。

【主治】下气温中去痰，除脏腑中风冷。（《唐本》）；去胃口虚冷气，宿食不消，霍乱气逆，心腹卒痛，冷气上冲（李珣）；调五脏，壮肾气，治冷痢，杀一切鱼、肉、鳖、蕈毒（大明）；去胃寒吐水，大肠寒滑（宗奭）；暖肠胃，除寒湿，反胃虚胀，冷积阴毒，牙齿浮热作痛（时珍）。

【附方】旧二，新二十二。

心腹冷痛：胡椒三七枚，清酒吞之。或云一岁一粒（孟诜《食疗》）。

心下大痛：《寿域方》：用椒四十九粒，乳香一钱，研匀。男用生姜、女用当归酒下。又方：用椒五分，没药三钱，研细。分二服，温酒下。又方：胡椒、绿豆各四十九粒研烂，酒下神效。

霍乱吐泻：孙真人：用胡椒三十粒，以饮吞之。《直指方》：用胡椒四十九粒，绿豆一百四十九粒。研匀，木瓜汤服一钱。

反胃吐食：戴原礼方：用胡椒醋浸，晒干，如此七次，为末，酒糊丸梧桐子大。每服三、四十丸，醋汤下。《圣惠方》：用胡椒七钱半，煨姜一两，水煎，分二服。《是斋百一方》：用胡椒、半夏（汤泡）等分，为末，姜汁糊丸梧子大，每姜汤下三十丸。

夏月冷泻及霍乱：用胡椒碾末，饭丸梧桐子大。每米饮下四十丸（《卫生易简方》）。

赤白下痢：胡椒、绿豆各一岁一粒，为末，糊丸梧桐子大。红用生姜、白用米汤下（《集简方》）。

大小便闭，关格不通，胀闷二、三日则杀人：胡椒二十一粒，打碎，水一盏，煎六分，去滓，入芒硝半两，煎化服（《总录》）。

小儿虚胀：塌气丸：用胡椒一两，蝎尾半两。为末，面糊丸粟米大。每服五七丸，陈米饮下。一加莱菔子半两（钱乙方）。

虚寒积癖在背膜之外，流于两胁，气逆喘急，久则营卫凝滞，溃为痈疽，多致不救：用胡椒二百五十粒，蝎尾四个，生木香二钱半，为末，粟米饭丸绿豆大。每服二十丸，橘皮汤下。名磨积丸（《济生方》）。

房劳阴毒：胡椒七粒，葱心二寸半，麝香一分，捣烂，以黄蜡溶和，做成条子，插入阴内，少顷汗出即愈（孙氏《集效方》）。

惊风内钓：胡椒、木鳖子仁等分，为末，醋调黑豆末，和杵，丸绿豆大。每服三、四十丸，荆芥汤下（《圣惠》）。

发散寒邪：胡椒、丁香各七粒，碾碎，以葱白捣膏，和涂两手心，合掌握定，夹于大腿内侧，温覆取汗则愈（《伤寒蕴要》）。

伤寒咳逆，日夜不止，寒气攻胃也：胡椒三十粒（打碎），麝香半钱，酒一钟，煎半钟，热服（《圣惠方》）。

风虫牙痛：《卫生易简方》：用胡椒、荜茇等分，为末，蜡丸麻子大。每用一丸，塞蛀孔中。《韩氏医通》：治风、虫、客寒，三般牙痛，呻吟不止。用胡椒九粒，绿豆十一粒，布裹捶碎，以丝绵包作一粒，患处咬定，涎出吐去，立愈。《普济方》：用胡椒一钱半，以羊脂拌打四十丸，擦之追涎。

阿伽陀丸：治妇人血崩。用胡椒、紫檀香、郁金、茜根、小柏皮等分，为末，水丸梧桐子大。每服二十丸，阿胶汤下。时珍曰：按《酉阳杂俎》：胡椒出摩伽陀国。此方之名，因此而讹者也。

沙石淋痛：胡椒、朴硝等分，为末。每服用二钱，白汤下，日二。名二拗散。（《普济方》）

蜈蚣咬伤：胡椒，嚼封之，即不痛（《多能鄙事》）。

由上述可见，《本草纲目》"释名""集解"项分别论述了"蜀椒""胡椒"的名称来源、植物的形态特征和辨识要点。值得一提的是：作为外来植物的"胡椒"，李时珍有着更为详尽的论述。如：胡椒，外国原译名：昧履支。李时珍云："胡椒，因其辛辣似椒，故得椒名，实非椒也。"言其产地及形态特征，李时珍有"胡椒，今南番诸国及交趾、滇南、海南诸地皆有之。蔓生附树及作棚引之。叶如扁豆、山药辈。正月开黄白花，结椒累累，缠藤而生，状如梧桐子，亦无核，生青熟红，青者更辣。四月熟，五月采收，曝干乃皱。"之说，"今遍中国食品，为日用之物也。"之语，足以见得明代时胡椒已成为辛香料的寻常物。同时，作为外来药物，胡椒已经融入了中国本草体系，厘清其性味功效，并应用于医疗实践。

5.2 "椒"字解读

汉·许慎《说文解字》卷一艸部"茮"（jiāo），云："茮莍，从艸尗聲，子寮切。"清·段玉裁《說文解字注》："茮莍也。此三字句，茮莍盖古语，犹诗之椒从艸。《尔雅》、《本草》（指《神农本草经》）、《陆疏》（指三国·吴·陆玑《毛诗草木鸟兽虫鱼疏》）皆入木类，今验实木也，而《說文》正从艸。此沿自古籀者。凡析言有草木之分统言，则草亦木也，故造字有不拘尔。尗声，子寮切，古音在三部。"

"椒"字，某些词典解释为：（名）指某些果实或种子有刺激性味道的植物：花~｜辣~｜胡~｜秦~。

中医药有"四气五味"之说，所谓四气：寒、热、温、凉；五味：酸、苦、甘、辛、咸。椒属于"辛"味，典籍里最早的"椒"字应特指花椒一类而言，后世将引入的外来植物可用于调味，有"辛味"的都称为"~椒"。

菜系里"椒"字所指的植物来源也是宽泛的，亦如："椒盐"花生，这个"椒"应该是花椒，"黑椒"牛柳，这个"椒"应该是胡椒，"剁椒"鱼头，这个椒应该是辣椒了。

花椒Zanthoxylum bungeanum Maxim.，芸香科花椒属落叶灌木或小乔木，为我国原产植物；胡椒Piper nigrum L.，胡椒科胡椒属藤本植物，据认为唐宋时通过"丝绸之路"引入中国；辣椒Capsicum annuum L.，茄科辣椒属草本植物。据认为是明代末期引入中国。

6 结语

本土到域外，本文依据大量的史实记载，从东西方利用芳香植物（香料植物）的文化背景、相关历史文献记述、丝绸之路上的芳香植物及药材交流、唐《海药本草》中的外来芳香植物、明《本草纲目》草部、木部、果部、菜部所收载的芳香植物及辛香料等方面展开，初步阐述了丝绸之路上传播的香料植物对人类物质生活和精神世界带来的深远影响，并借此为日后的芳香植物及辛香料的深入研究和开发利用奠定良好的基础。

参考文献

[1] 薛愚主编. 中国药学史料[M]. 北京: 人民卫生出版社. 1984.

[2] 五代·李珣著. 尚志钧辑校. 海药本草(辑校本)[M]. 北京: 人民卫生出版社. 1997.

[3] 明·李时珍著. 刘衡如校点. 本草纲目(校点本)上下册[M]. 北京: 人民卫生出版社. 1982.

[4] [澳]杰克·特纳著. 周子平译. 香料传奇 一部由诱惑衍生的历史[M]. 北京: 生活·读书·新知 三联书社. 2007.

食品安全历史大事记

张子平

（北京二商集团有限责任公司，北京　100053）

人类存在肇始便产生了食物安全问题，保证食物安全的技术进步随着人类历史的演进从未停止过，人类对食物安全的逐步认识也是人类社会文明进步的过程。生物学、细菌学、微生物学等学科体系的建立是人们科学认识食物安全的阶段性结果，干燥、冷却、冷冻、罐藏、辐射等食物防腐技术是人类生活实践的技能标识，法律、规范、指南、办法是人类社会和谐相处、文化交流、伦理修行的制度安排。

1　距今400万—100万年前

在非洲东部活跃的南方古猿中的一支进化成原始人类（The Hominids），他们中最重要的是直立人（Homo Erectus），直立人懂得如何取火来烹煮食物。火的使用让食物在煮熟或烘烤之后更容易消化，肉食则可以减少寄生虫危害，变得更加安全。

2　距今8000—10000年前

人类从食物采集期开始进入食品生产期。技术的提高渐渐带来食物过剩现象，过剩的食物需要贮藏，贮藏的食物则出现食物腐败变质（food spoilage）和食物中毒（food poisoning）问题，各种食物保存方法和加工技术步入发展轨道。

3　公元前5000—4000年

中东地区居民在制陶时给陶器上釉，上过釉的表面能够封闭陶器，防止盛放的液体渗漏或蒸发，可以更长时间地存储谷物，更方便地烹调食物、存放油等液体。

4　公元前3500年

美索不达米亚的巴比伦人烘烤出面包，提高了人的食物消化能力，为保存肉类和鱼，人们已懂得干燥、烟熏、盐腌技术。巴比伦城的市场上出现了人类首次酿造成功的啤酒，酿酒实际是富余粮食的保存方法。中国人不但懂得烟熏肉类，还发明了鼎和甗，鼎用于煮制肉类，甗用于蒸制谷物，食物加热保证了健康安全。

5　公元前2600年—前1700年

古埃及人懂得在太阳下晾晒干燥，懂得用盐腌制处理来防止鱼肉和禽肉的腐败。古埃及中王国时期（The Middle Kingdom）已经设置了专门的屠宰场，人们已懂得及时将屠宰分割后的牛肉悬挂到房梁上，晾干，防止腐败。

5.1　公元前2000年

作者简介：张子平（1967—　），男，汉族，北京二商集团高级工程师，中国肉类协会专家委员，长期从事肉类食品研究工作。现就职于北京二商集团有限责任公司，曾任中国肉类食品研究中心高级工程师、中国食品杂志社副社长、《肉类研究》杂志主编，发表学术论文40余篇。

古希腊人开始掌握葡萄酒酿造技术，并有规模的酿制生产，进行海外易货贸易。葡萄酒酿造实质上是葡萄的保藏手段。

5.2 公元前1792年—前1750年

美索不达米亚的古巴比伦国王汉谟拉比在位，颁布法典。法典管理着葡萄酒贸易和酒馆经营，酒馆主人通常是女人，如果在葡萄酒中掺水，她将被淹死。

6 公元前 1000年

中国人懂得砸碎冰并用它来冷却（refrigerate）食物防止腐败，也懂得干燥和腌渍（pickling）以及发酵来保藏食物。

7 公元前 540年—前400年

《论语》问世，告诫人们腐败变质的食物不能吃。

8 公元前 500年

地中海地区的人们掌握了海水浸淹方法（marinating）防止食物腐败。他们将鱼的内脏浸泡在盐水中，放在太阳下照晒，使其发酵加工出气味强烈的液体。同时，欧洲大陆的人们广泛掌握了食盐腌制（salting）包括干腌和湿盐防腐技术。

9 公元前 312年

罗马工程师建造了引水渠，为罗马城提供了干净的饮用水。

10 公元前234年—前149年

古罗马时期老加图（M. P. Cato，前234年—前149年）在《农业志》（On Agriculture）中记述了高卢人用猪后腿和肩肉制作火腿的方法，主要加工步骤包括盐腌、叠放、通风晾晒、涂油保藏等。

11 500年—1500年

中世纪每年到秋季，欧洲人将庄园放牧的猪集中起来宰杀掉，用烟熏过再用盐腌制，猪肉的保藏期足以供整个冬季食用。

11.1 652年

中国《唐律》编订发布，规定了处理腐败变质食物的法律准则，腌腊肉已腐败变质，使人生病了，剩余的必须迅速焚毁，不得再食用或出售。

11.2 700年

公元7世纪，茶饮在中国流行普及开来。一个可能的原因是茶需要热饮，而热饮要比直接饮水安全多了。

11.3 约800年

盎格鲁–撒克逊人已懂得将大蒜、苦草（bitter herbs）、韭葱、茴香和黄油混合均匀后包裹在羊脂肪外可以防止羊脂肪腐败。

11.4 857年

首次记录发生在莱茵河谷的麦角中毒（ergotism）事件，事件中数千人死亡。主要原因是人们食用了被真菌（Claviceps purpurea）污染的裸麦面粉焙烤的面包，面粉中含有麦角胺，后者在焙烤过程形成致幻剂（hallucinogen）导致人迷幻、痉挛甚至死亡。这种致病机理到17世纪才被认识。

11.5 943年

法兰西再次发生麦角中毒事件，4万人死亡，罪魁祸首仍然是被真菌（*Claviceps purpurea*）污染的裸麦面包。

11.6 1100年

12世纪中期，法国开始试行对畜禽肉类进行兽医卫生检疫。

11.7 1200年

13世纪开始，欧洲人普遍认识到食用变质的畜禽肉会导致生病，比如寄生虫病，所以许多地方行会都颁布法令，规定屠宰畜禽时需要进行正规的肉类检验。

11.8 1266年

英格兰通过面包和啤酒评判法令，禁止在两种食品中掺杂便宜的配料（ingredients）。

11.9 1300年

14世纪早期，英格兰开始对畜禽肉类进行兽医卫生检疫。

12 16世纪初

食物发酵技术出现，先将食物酸化，然后调味、加盐，如酸泡菜（sauerkraut）和酸乳（yogurt）就是在这一时期涌现。

12.1 1587年

麦角中毒又一次成为德国、法国和西班牙某些地区特有的怪病，导致数千人精神失常和死亡。

12.2 1597年

在德国和法国找到医治麦角中毒的有效药物。

12.3 1641年

美国马萨诸塞州制定《肉类和鱼类检验法规》（*Meat and Fish Inspection Law*），以保证从殖民地运往欧洲的肉类保持高质量水平，防止掺假。

12.4 1668年

意大利医生弗朗切斯科·雷迪（Francesco Redi，1626—1697）通过实验证明肉类腐烂生出的蝇蛆不是肉类自身带的，而是外界污染的。

12.5 1679年

法兰西物理学家帕潘（Denis Papin，1647—1712）研制出一个蒸汽煮罐（steam digester）。由于煮罐顶部严密紧实的盖子使得聚集的蒸汽产生压力，罐内的温度则超过水的沸点，这是现代压力蒸煮技术的前身。

12.6 1692年

发生塞勒姆审巫案发生。一些妇女被控是女巫，她们施魔法造成有人精神错乱、产生幻觉。这个案件一度造成有学者怀疑"被施魔法"与麦角中毒有联系。

13 1709年

日耳曼物理学家华伦海特（Daniel Gabriel Fahrenheit，1686—1736）发明华氏温度计，人们在蒸煮加热食物时更加准确而不仅仅依靠经验。

14 1735年

人类记载的第一起肉毒梭菌食物中毒事件在日尔曼发生，是由香肠引起的。

15 1768年

意大利生物学家斯帕兰佐尼（Lazzaro Spallanzani，1729—1799）证明微生物天生论是错误的。

16 1774年

英国航海家库克船长（James Cook，1720—1779）带领船队在航海探险路经日本时，船员偶然尝到河豚美味，险些中毒丧命。

河豚毒素（tetrodotoxin）的致死力是氰化物的275倍，而且加热不会被破坏。

17 1785年

在美国，马萨诸塞州颁布第一个通用食品法规用以惩罚出售掺假、腐坏、不健康、有传染病的食品商贩。

18 1794年

拿破仑（Napoleon Bonaparte，1769—1821）设立12000法郎奖金，征集保质期长、有利于长途行军的食品加工方法。

19 1810年

一位法国糕点糖果师傅尼古拉·阿佩尔（Nicolas Appert，1749—1841）发明气密式食物加工保藏法，获得拿破仑奖。人们称阿佩尔为罐藏"食品之父"（father of canning）。那一时期认为可以用SO_2作为肉的防腐剂。

20 1823年

英国化学家和物理学家法拉第（Michael Faladay，1791—1867）发现某些气体在保持恒定压力下会浓缩变冷，这成为机械制冷原理的基础。世界上第一台机械制冷机于1862年售出。

21 1835年

英国外科医生帕杰特（James Paget，1814—1899）和生物学家欧文（Richard Owen，1804—1892）第一次发现并详细描述了寄生虫——旋毛虫（*Trichinella spiralis*）。

22 1848年

斯诺博士（Dr. John Snow，1813—1858）证明在伦敦城肆虐的霍乱病原来自一口抽水井。

23 1851年

非致病性埃希氏大肠杆菌（*Escherichia coli*）被发现，随后这种细菌成为生物技术的研究工具。

24 1857年

英国人发现牛奶能够传播伤寒热（typhoid fever）。

25 1860年

德国病理学家冯·曾柯（Friedrich Albert von Zenker，1825—1898）和菲尔绍（Rudolph Virchow，1821—1902）首次记录下旋毛虫病（trichinosis）的临床症状。19世纪中期，德国全面实行严格的肉类兽医卫生检疫制度，检验方法很快推广到整个欧洲。

26 1862年

美国成立联邦农业部（U.S. Department of Agriculture，USDA），食品安全由专门的政府职能部门负责。

27 1863年

法国化学家和微生物学家路易·巴斯德（Louis Pasteur，1822—1895）介绍了葡萄酒加热技术防止酸败，随后又选用较低加热温度达到了近似效果。以此为研究基础，巴斯德发明了巴氏杀菌（pasteurization）用于牛奶灭菌。

28 1870年

巴斯德严格建立起腐败、疾病和微生物之间的联系，发表微生物发酵的经典论文。

29 1872年

德国科学家孔恩（Ferdinand Julius Cohn，1828—1898）建立细菌学理论基础。

30 1875年

英国议会通过英国第一部食品法《食品与药品销售办法》（*Sale of Food and Drugs Act*），主要目的是防止销售掺假或冒牌的食品。

31 1877年

紫外线（ultraviolet rays）杀菌技术在英国首次出现。

32 1878年

首次出现专业术语"微生物"（*microbe*）。

冻肉首次被成功从澳大利亚运输到英国，1882年首次被成功从新西兰运输到英国。

33 1880年

德国开始对牛乳进行巴氏杀菌。

34 1885年

美国农业部兽医师沙门（Daniel Elmer Salmon）在工作中发现一种食源性病源细菌，后来这种细菌被命名为沙门菌（*Salmonella*）。

35 1888年

一位德国科学家第一次从食物中毒事件样本分离出致病菌——*Bacillus enteritidis*。

36 1891年

美国通过《肉类检验办法》（*Meat Inspection Act*）用于管理出口肉类的质量。屠宰场出现了流水线作业，方便了兽医卫生检疫。

19世纪后期，美国开始推广商业化冷却技术在肉类上应用，大幅度延长肉类的保质期。

37 1895年

比利时细菌学家埃门格（Emile van Ermengem，1851—1932）在腌制肉制品中分离出肉毒梭菌（*Clostridium botulinum*）。

38 1900年

英国人在饮用啤酒后有6000人生病，70人死亡，原因是啤酒中污染了少量的砷，砷是当时杀虫剂的重要配料。

39 1906年

美国第一版《食品与药品管理办法》（*Food and Drugs Act*）获得国会批准，该办法禁止错贴标签和掺杂使假的食品、饮料和药品在州际贸易。《肉类检验办法》（*Meat Inspection Act*）也在同一天获得通过，以保证肉与肉制品的安全健康，不得掺假，标签和包装适合。

40 1907年

第一个色素使用规定发布，规定在食品中可以使用的色素有7种。

41 1908年

芝加哥成为美国第一个要求必须销售巴氏杀菌牛奶的城市。人们已经认识到未经过巴氏杀菌的牛奶可以传播肺结核、布氏杆菌病、痢疾和伤寒热等传染病。到1920年，美国所有城市都要求销售巴氏杀菌牛奶。

42 1914年

金黄色葡萄球菌（*Staphyloccus aureus*）被证明可以引起食物中毒。

43 1916年

世界第一台家用冰箱进入美国家庭，当时的售价约为900美元，相当于一台轿车，很少有家庭能够负担。

瑞典开始试验研究草莓的辐射保鲜方法。

44 1919年

一位匈牙利农业师首次使用"生物技术"（*biotechnology*）术语。

45 1926年

麦角中毒造成苏联数千人中毒死亡。

46 1929年

法国注册食品巴氏杀菌专利。

47 1930年

冰箱的成本大幅降低，家庭有经济能力使用。

48 1934年

在美国，《海产品检验办法》（*Seafod Inspection Act*）通过。

49 1939年

第一部食品鉴别标准出版，用于判定西红柿罐头、西红柿酱的质量水平。

50 1940年

美国工程师斯帕塞（Percy Lebaron Spencer，1894—1970）发明微波炉。微波可以使食物分子振动、摩擦、生热，直至熟化。

51 1941年

丹麦微生物学家朱斯特（A. Jost）第一次使用"基因工程"（*genetic enginering*）术语。

52 1945年

产气荚膜梭菌（*Clostridium perfringens*）被首次表明是食源性致病菌，发布者是联合国粮农组织（Food and Agriculture Organization，FAO）。

53 1948年

世界卫生组织（World Health Organization，WHO）成立。

54 1950—1980年

陆续发现N-亚硝基化合物、真菌毒素、多环芳烃、杂环胺等食品中的致癌物。

54.1 1951年

麦角中毒再次在法国爆发，300多人发病。日本学者藤原恒三郎发现副溶血弧菌（*Vibrio parahaemolyticus*）。

54.2 1957年

美国国会通过《禽类产品检验办法》（*Poultry Products Inspection Act*），要求禽类在宰前宰后必须进行检验。

54.3 1958年

美国食品药品监督管理局发布第一个食品添加剂目录清单，清单包括近200种物质。

54.4 1960年

美国航空航天局、美国耐迪克军队实验室和匹斯波瑞公司开始研发100%安全的太空食品。这一研发计划催生了后来的危害分析关键控制点系统管理方法的发布。

54.5 1963年

国际食品法典委员会（Codex Alimentarius Commission，CAC）成立，负责制定国际食品标准。美国食品药品监督管理局批准在小麦面粉上使用辐射技术。

54.6 1967年

美国颁布《健康肉类管理办法》（*Wholesome Meat Act*）以完善修订1906年颁布的《肉类检验办法》（*Meat Inspection Act*）。

54.7 1970年

美国农业部颁布《蛋制品检验办法》（*Egg Products Inspection Act*）。

54.8 1974年

美国国会颁布《安全饮用水管理办法》（*Safe Drinking Water Act*）。

55 1975—1985年

这期间人们认识了几种新的食源性致病菌：*Campylbacter jejuni*，*Yersinia enterolitica*，*Escherichia coli O157：H7*，*Vibro cholera*，*Listeria monocytogenes*。

55.1 1975年

世界卫生组织颁布良好生产规范（good manufacturing practice，GMP），用于指导食品、药品生产。

55.2 1978年

美国首次报道由诺沃克病毒（*Norwalk virus*）引起的食源性疾病。

55.3 1982年

美国首次报道由*E. coli* O157：H7引起的食源性疾病。

56 1986年

英国出现疯牛病（mad cow disease）临床症状。英国正式确诊此疫病并对外宣布为牛海绵状脑病（bovine spongiform encephalopathy，BSE）是在10年后的1996年。

57 1987年

国际标准化组织[15]颁布第一版ISO9000标准族。

58 1993年6月

美国威斯康辛州一家快餐厅出售的未加热彻底的汉堡饼导致*E.coli* O157：H7食源性疾病，有700人发病，4名儿童死亡。

59 1996年7月

美国农业部颁布HACCP应用指南。

60 1997 年8月

美国科罗拉多州*E. coli* O157：H7食源性疾病突发，有20人发病，随后有2500万磅可疑汉堡肉饼召回，这是世界上最早最大的可以食品召回事件。

61 1999年3月

美国有22个州爆发由于热狗污染造成的食源性疾病，发病100例，死亡21例，致病菌是单核增生性李斯特菌（*Listeria monocytogenes*）。

美国农业部宣布，在肉类及禽肉加工业实施HACCP计划后的1年，鸡肉的沙门氏菌（*Salmonella*）污染下降一半，碎牛肉的沙门氏菌污染下降三分之一。

62 2000年2月

美国农业部最终定型在红肉保藏中使用的辐射技术规范。最初在红肉使用辐射处理技术是1997年由食品药品监督管理局批准的。

63 2005年9月

国际标准化组织发布食品安全管理体系即ISO22000，该体系有机整合ISO9000，HACCP，GMP，从工作策略到作业流程为食品安全保证做出程序性规则。

参考文献

[1] 赵荣光著. 中国饮食文化史. 上海：上海人民出版社，2006.

[2] 俞为洁著. 中国食料史. 上海：上海古籍出版社，2011.

[3] 姚伟钧等著. 中国饮食典籍史. 上海：上海古籍出版社，2011.

[4]【美】斯塔夫里阿诺斯著. 董书慧等译. 全球通史：从史前史到21世纪：第7版. 北京：北京大学出版社，2005.

[5]【美】杰里·本特利著. 魏凤莲等译. 新全球史——文明的传承与交流. 第三版. 北京：北京大学出版社，2007.

[6]【美】杰弗里·M. 皮尔彻著. 张旭鹏译. 世界历史上的食物. 北京：商务印书馆，2006.

[7]【美】马克·B. 淘格著. 刘健译. 世界历史上的农业. 北京：商务印书馆，2006.

[8]【古罗马】M.P. 加图著. 农业志. 北京: 商务印书馆, 1986.

[9]【古罗马】M.T. 瓦罗著. 论农业. 北京: 商务印书馆, 1981.

[10]【德】贡特尔·希施费尔德著, 吴裕康译. 欧洲饮食文化史. 南京: 广西师范大学出版社, 2006.

[11]【美】Bibek Ray著. 江汉湖著. 基础微生物学. 第4版. 北京: 中国轻工业出版社, 2014.

[12] 孙长颢编著. 营养与食品卫生学. 第7版. 北京: 人民卫生出版社, 2012.

[13] Maguelonne Toussaini-Samat.*A History of Food*.Wiley-Blackwell. 2009.

[14] Linda Civitello.*Cuisine & Culture.A History of Food and People* 3th.Wiley & Sons,Inc.New Jersey.2011.

[15] Reay Tannahill.*Food in History*.Three Rivers Press.New York.1989.

[16] Cynthia A.Roberts.*The Food Safety Information Handbook*.Oryx Press.2001.

[17] Steven C.Ricke.*Food Safety.Emerging Issues,Technologies and Systems*.Elsevier.2015.

[18] Martin R.Adams.*Food Microbiology* 4th.Royal Society of Chemistry.2013.

スシ（sushi）体现出的日本民族的才智及魂魄

王瑞林

（北京联合大学，北京　100000）

摘　要："スシ（sushi）"是日本料理的代表作之一，其日文汉字书写有"鲊""鮨""寿司"，各有各的侧重；考究起来，其远古故乡在中国；口味变化可谓沧海桑田；如今的种类极其庞杂；米其林三级。这一美味的历史演变过程显现了日本人不俗的才智和宝贵的匠心精神。

关键词：スシ（sushi）、鲊、鮨、寿司、中国、臭味、改善、江户时代、松本善甫、种类庞杂、大阪寿司、江户前寿司、小野二郎、米其林三级、匠心精神

前言

　　日语里的"スシ（sushi）"就是大家所熟知的日本料理之一"寿司"，在国际上广泛流传，在中国也早已家喻户晓、妇孺皆知。不过，在日文里，"スシ（sushi）"的汉字除"寿司"之外，另外尚有两个，即："鲊"（中文读zha）和"鮨"（中文读yi）。为了方便表述，我们姑且采用日语"スシ（sushi）"称之，暂且放弃熟悉的"寿司"二字。我家住在北京西直门凯德大厦附近，该大厦一层就有两家"スシ（sushi）店，并且相距不到30米远。尽管近在咫尺，但开店多年，两家的生意却都一直兴隆不衰，足见其受人欢迎的程度。可以相信，不仅在北京，而且在中国和世界各地还有许许多多这样的"スシ（sushi）店。但是，如果跟好吃这一口儿的人说，其实这一美味源自中国，并且，最早并非美味，而是一只臭得令人掩鼻的"丑小鸭"，估计就知者寥寥，疑者众多了。至于称赞其演变体现了日本民族的才智与魂魄，笔者担心某些人士兴许会不以为然，甚至予以贬斥。不过笔者却以为，认真端详历史老人的面颊，仔细揣摩每条皱纹的内含，这是充实自己头脑，提升自身品位的"君子之道"。"行远自迩，登高自卑"（《礼记·中庸》）。理性客观才是严肃认真的治学态度，其他情绪和念头则应予以排除。

1 "スシ（sushi）"的日文汉字的演变

　　如前所述，"スシ（sushi）"的日文汉字书写有"寿司""鲊""鮨"三种。于是有人会问，既然如此，可是为什么现在常见的只是"寿司"二字，而很少见到"鲊"和"鮨"了呢？要说清楚这个问题首先要说清楚这三种汉字书写被使用的先后顺序。最先使用的是"鲊"，之后是"鮨"，再后才是"寿司"。为何如此呢？这正是体现日本人的聪明才智之处。

　　在日文中，"醋"最初写做"酢"（中文读cu），是随同造酒技术一起从中国传入日本的，因此以"酉"字作偏旁。这个偏旁在被用于"スシ（sushi）"时，改成了"鱼"字旁，表示"スシ（sushi）"是

作者简介：王瑞林，男，北京联合大学旅游学院日语系教授。

用鱼制作的有着和醋一样的酸味。这就是"スシ（sushi）"的第一汉字："鲊"。

那么，后来"鲊"字为什么被"鮨"字取代了呢？

如前所述，"鲊"字代表了制作"スシ（sushi）"所用的主要食材和口味，而"鮨"字的右偏旁是个"旨"字，日语读作"うまい（umai）"，有"好吃"，"美味"的意思。因此，由"鱼"和"旨"合二为一的"鮨"字，就具有了"美美地吃鱼"的意思。也就是说，"鲊"字告诉人们的仅仅是制作"スシ（sushi）"所用的主要食材和口感，而"鮨"字则生动地显示了人们吃"スシ（sushi）"时的神态。

再之后，到了江户时代，"スシ（sushi）"写成"寿司"二字则更体现了日本人的聪明才智。因为从表音来说，"寿司"两个字很适合表达"スシ（sushi）"的日语发音；从表意来说，"司"这个字日语读作"つかさどる"，有"主宰""掌控"的意思，也就是说，"寿司"两个汉字所要表达的意思是，"スシ（sushi）"这种食品能够决定人的寿命。因此，把"スシ（sushi）"写成"寿司"两字，就等于把强调的重点从制作"スシ（sushi）"所用的主要食材和吃"スシ（sushi）"时人们的神态，转移到了明确指出"スシ（sushi）"这种食品的营养价值及其效果。并且，当代食品科学研究证实"スシ（sushi）"确实具有热量低、富含多种矿物质、钙质、纤维质和氨基酸，对人体心脑血管极有好处，且是主副食有机结合的美食之一。

综上所述，"スシ（sushi）"所使用的汉字从仅仅表达所用食材和食者的口感，到表达所用食材和食者的神态，再到忽略这些非本质因素，而突出寿司最本质的因素，即营养价值和实际效果。很明显，这绝不是一个简单的文字游戏似的变化，而是一个从表象到本质的层层推进、逐步深化的演变过程。

不过，必须强调的是，除了人类政权的更替之外，许多事物的各个发展阶段之间很难如刀切一般整齐划一，新旧交替往往呈现犬牙交错的状态。新的逐步扩散，旧的渐渐淡出才是常态。"スシ（sushi）"的三个不同汉字书写的变化也有这样一个被社会逐渐认可的自然而然的过程。据日本史料记载，江户时代初期，在江户即现在的东京，98%的"スシ（sushi）"店用的字号是"鮨"，而以"寿司"为字号的仅占2%。可是，如今这个比例已经逆转。在东京能够找到"回転寿司"，却找不到"回転鮨"。在日本之外的使用汉字的地区或国家就更是如此。至于日本国内的"スシ（sushi）"店用"鮨屋"做招牌，那是经营者为了彰显自己的制作手艺或者标榜自己是百年老店的一种手法，也正是出于这个原因，以"鮨屋"做招牌的"スシ（sushi）"店的价格一般都比较贵。

2 "スシ（sushi）"是从中国传入日本的

根据石毛直道教授的研究，"スシ（sushi）"早在春秋战国时代就已经存在于中国长江以南了，因此，在《齐民要术》等多部古籍中都有记载，使用的汉字是"鲊"。唐宋两代是鼎盛期，进入元代以后全面衰落，原因是因为蒙族、满族等民族不喜欢，或者说不习惯其气味和口味。所以，虽然明代有所复兴，但清代以来又一次衰落，在中国多数地区几乎绝迹，仅存于沿海及西南少数民族地区。

石毛直道教授的研究成果完全符合我国实际，这一点除《齐民要术》等古籍可以证实之外，我国的古代诗词等文学作品也能提供重要的力证。例如唐代诗人王维曾写过一首题为《赠吴官》的诗，其中有这么一句："江乡鲭鲊不寄来，秦人汤饼哪堪许？"意思是说："江南老家不寄来用鲭鱼和米饭做的'鲊'，每天光吃北方的汤饼，这叫人怎么能受得了呢？"。

关于"スシ（sushi）"从中国传到日本的时期，据笔者所知，在中国似乎存在两种说法，一说是在唐代，一说是在汉代。说在汉代者认为"スシ（sushi）"是由一些来往于中日之间的商人带到日本的，说在唐代者则认为是遣唐使、遣唐僧这些从事中日两国外交往来或文化交流的朝廷官员或学问僧侣们所为。

石毛直道教授认为是在中国的秦代，即日本的弥生文化时代随同种植水稻的技术一起传入日本的。

笔者坚信，石毛直道教授的观点合情合理，似更加符合史实。

我之今人于"スシ（sushi）"，徒品其味者众多，了解其经历者稀少，深究其学问者罕见。但唯有一点举国一致，即上下皆称"スシ（sushi）"日本料理是也。这般现状怎不令有识之士慨然叹息"少小离家老大回，'国人'相见不相识"，怎不令有识之士怡然谢曰："石毛直道教授真大方之家者也。"

3 "スシ（sushi）"口味的改善

关于"スシ（sushi）"最早的口味，《日本を知る事典》（《知日事典》）一书有如下一段文字：

"由于在制作时，食材会腐烂，并且石头一旦压得轻了，便会因米饭与空气混合而伴随出现酪酸发酵。所以，日本人过去吃的"スシ（sushi）"曾有过极其难闻的气味。"

当代人也许会问，最早的"スシ（sushi）"的气味到底曾经难闻到什么程度呢？日本有一本题为《今昔物语集》的书，对此有一段极为生动形象的描述：

"一个挑担沿街叫卖'スシ（sushi）'的小贩，因为喝醉了，一不小心把吃喝到肚子里的饭菜和酒水全都吐到了自己肩挑的'スシ（sushi）'里边，他赶紧找到一个没人的地方搅和了几下，然后接着沿街叫卖。人们买了他挑的'スシ（sushi）'竟然毫无察觉，依然吃得津津有味。"

这本出版于1108年的日文书籍所讲述的故事，不但生动形象地回答了前述问题，而且证实最早的"スシ（sushi）"臭味难闻乃是不争的史实。

其实，食有奇臭本不足为奇，因为希望在"酸甘苦辛咸"五种口味之外加上"臭"的气味应属正常。不然怎么会在许多国家和民族的日常饮食品中，普遍存在着把"臭味"当"美味"的现象呢？请看，中国人吃的臭豆腐、瑞典人吃的臭鲱鱼，加拿大人吃的臭海豹，法国人吃的臭奶酪等。其中，堪称世界之最者是韩国人吃的臭鳐鱼，其阿摩尼亚气味之甚，令食者竟疑身临厕所，在该物临近鼻孔放入口中那一瞬竟需屏住呼吸待到开始咀嚼才能转而享用其美。据说，韩国这一佳肴因食后仍有"余臭不尽"之感而令部分敏感者，尤其许多女士大为困惑。尽管如此，在韩国，这种臭到极致的食物却是红白喜事、重大节日不可或缺的"美味"。

这些实例告诉我们，放眼全球，世界各地食品均各有其臭，世界各地人们都各好其臭。区别仅在于制臭用料就地取材，各行其是。以鱼制臭者有之，以肉制臭者有之，以豆制臭者有之。可以这样说："天南地北的臭食存之甚多，争相品尝的欲望并无贵贱"。散发着阿摩尼亚味的臭鳐鱼曾进入韩国的皇宫，鲫鱼制作的"鲊"曾是日本皇室和豪门贵族餐桌上的美餐，中国的慈禧太后更曾把王致和的臭豆腐列入宫廷御膳。不嫌其臭，唯品其香，家家这般，如出一辙。

但是，不得不承认的是，尽管普天之"食"皆有其臭，但是，能够完全像"スシ（sushi）"这样彻底转臭为香，走向世界者却是为数不多。仅此一点，人们也不能不对使"スシ（sushi）"实现华丽转身的日本先贤心生敬意，不禁追问，使"スシ（sushi）""旧貌换新颜"一跃而成美味，并且誉满全球、闻名遐迩的"功臣"到底是谁呢？据日本史料记载，他是江户时代一位名叫松本善甫的医生。此人在1673年至1680年之间发明了用醋制作"スシ（sushi）"的工艺。这项发明不但完全除去了"スシ（sushi）"自然发酵法所产生的恶臭，而且大大缩短了制作过程所耗费的人手和时间，使"スシ（sushi）"具备了可以规模生产的条件，为其走向世界创造了可能，同时使寿司更加易于消化吸收。

至此，我们就可以不必再使用"スシ（sushi）"这个日语发音称之，而改为使用大家所习以为常的"寿司"二字了。

4 种类庞杂的当代"寿司"

自江户时代以来，"寿司"种类不断增多，如今日本各地"寿司"名目繁多，以恰似天上繁星一般来形容也不为过。日本人对"寿司"的归类方法，可谓五花八门。其中最为形象易记的是，将其大致分成"自然发酵银河系"和"速成银河系"两大类别。

具体而言，"自然发酵银河系"指的是"关西式上方寿司"，又叫"大阪寿司"、"箱鮨"或"押鮨"，其制作方法是把加了醋的米饭放在一个方形的木箱内，在米饭上面放上鱼肉等调料，然后加上木头盖子，并在木头盖子上压上沉重的石头，短则经过一天，长则经过两三天即可从木箱内将米饭取出来，切成扁的长方块儿，凉着吃。"大阪寿司"之中又包含许多种，比如鲫鱼寿司、香鱼寿司、鲥鱼寿司，等等，多如星云。

"速成银河系"指的是"关东式江户前寿司"，又叫"江户前寿司"，其制作时间相比"大阪寿司"要短得多，并且特别讲究食材的鲜度，强调滋味的鲜美。为了使饭团的温度接近人体温度，制作时要将米饭放入掌中握成饭团儿，然后才把配料放在饭团儿上面。最好是现吃现做。所用食材多为从东京湾打上来的新鲜鱼虾。"江户前寿司"的种类同样名目繁多，极其丰富，例如麻雀寿司、茶巾寿司、工艺寿司、散寿司、蒸寿司、握寿司、卷寿司，等等。由于"江湖前寿司"制作时间短，所以日本人又称之为"快餐寿司"，或"即时寿司"。

在中国开的寿司店所制作的"寿司"几乎都是这种"快餐寿司"，也就是"江户前寿司"。

5 寿司凝聚着日本民族的魂魄

寿司能够登上世界美食的大舞台，绝非仅靠前文提到的江户时代的松本善甫一人完成的。它作为健康美食得到举世公认的地位，靠的是一代又一代日本人的精心调理，仔细琢磨，凝聚了整个日本民族的匠心！在松本善甫之后，岁月的长河如今已经流淌了一百余年，但日本人特有的事无巨细、刻苦钻研、精益求精、力求完美的匠人精神却代代相传，从未中断。正是这种精神使如今的寿司不但发展成为名目繁多，门店遍布，而且口味日臻完美，在此基础上，终于在21世纪进一步大放异彩，一举夺得《米其林美食指南》三星级的殊荣。

《米其林美食指南》（以下简称米其林——作者），是法国米其林轮胎公司于1900年创办的一本具有导游性质的至高无上的权威年鉴，被世人誉为《美食圣经》。书中不仅收录了各地的餐馆，而且对收入其中的餐馆予以极其严格的评级。被其评为一星级的是"值得停车一尝的好餐厅"；二星级的是具有"一流的厨艺，提供极佳的食物，值得绕道前往的好餐厅"；三星级的级别最高，只授予那些具有"完美而登峰造极的厨艺，值得专程前往，可以享用到手艺超绝的美食餐厅"。若到米其林三星级餐厅用餐，必须舍得花费一大笔钱。

主厨为了获得米其林三星级别，必须连续多年接受米其林的认真严格的审查，确认厨艺水平一直保持在不低于规定标准才能获得这项举世无双的最高荣誉。因此，米其林三星级成为全球厨师为之奋斗终身的目标。一名主厨在获得这一称誉之前必须付出艰苦的努力自不必说，在获得这一称誉之后还要继续接受来自米其林的密探式的跟踪调查，为此需要承受巨大的心理压力。1966年，米其林三星主厨得主法国名厨阿兰齐克（Alain Zick）因为从三星降为二星，深感蒙受不了这个奇耻大辱而一死了之；2003年，法国勃艮第地区乡村料理店大厨伯纳德鲁艾索（Bernard Loisseau）当得知米其林对其厨艺连续两年由18分降到16分（满分20），给予退步的评价时，在餐馆厨房里用手枪对准自己的头部开枪自杀。消息登载在当地报刊的头版头条，轰动整个法国，压倒了全球热议的伊拉克战争之报道。

米其林的宝座如此难以攀登，但寿司却于2010年荣登宝座！更出人意料的是，获此殊荣的名叫"数寄屋桥次郎"的寿司店竟位于东京一座办公大厦的地下室里，窄小到只能放八九个人的座位，连洗手间都没有，并且其大厨是一个名叫小野二郎的90岁高龄的老人。这真堪称是奇迹！

但是，知晓以下情况便不得不承认，奇迹乃在情理之中，并非意外，顺理成章，实至名归。

2016年小野二郎91岁，他9岁进入寿司店当学徒之后，一直没有离开过这项工作。为了制作出口味精良的寿司，半个多世纪，他每天都早早起床骑自行车到码头鱼市采购最新鲜的鱼虾，并亲自去粮铺购买上等好米，一直到年逾古稀后，因心脏病发作才不得已让儿子接替食材的外购工作。对买来的鱼虾，他要细细加工，比如为了使章鱼具有柔软的口感，他不厌其烦地给章鱼逐个按摩40分钟之久。为了保证按摩效果，他特别爱惜自己的双手，工作之外的时间，哪怕是夜间入睡之后，都戴着一副白手套。在制作寿司时，小野二郎表情严肃，沉着冷静，举手投足都显示出仪式般的庄重神态。他对顾客也观察细微，除根据顾客性别随时调整寿司的大小之外，还用心记住顾客的座位顺序及取食寿司时用的是左手还是右手，以便把寿司摆放到顾客最方便拿取的位置。这样，使前来品尝他制作的寿司的顾客能够从厨师的手艺到现场的服务，都具体感受到何谓"登峰造极、超绝美味"的米其林三级水准。因此才能吸引世界各地的美食家，不惜花费每人每次3万日元的高额费用，哪怕排队等待一辈子也要前来一品为快。2011年，美国电影制片人大卫·贾柏到日本拍摄了电影纪录片《寿司之神》，对小野二郎及其寿司店做了具体介绍，令其影响进一步扩展到全世界，致使美国总统奥巴马也趁2014年访日之机特意到场品尝。

已经达到这般水平，小野二郎却淡定而认真地说："我只专注于做寿司这件事，唯求精进，朝着顶峰不断地努力向上攀登，可我却不知道到哪里才算是登顶了。"为此，他岁岁年年，脚步不停，永远苛求自己，长期事必躬亲，严控细节，穷尽一生地不断磨练着看似简单枯燥的技艺，几十年如一日，从未松懈，虽非苦行僧胜过苦行僧地工作着、工作着。对他来说，为了使自己的产品达到最佳效果，可以不计工时、不计成本，完全超脱市场与竞争的需求。在他的心里，寿司不再是一件食品而是精美的艺术品；在他的眼里，店铺不再是卖场而是神圣的殿堂。他不是在做生意，而是在请顾客鉴赏自己的艺术精品。他追求的已经不是单纯的经济效益，而是以宗教般的虔诚之心邀请顾客前来领略寿司的精妙，尽享寿司的姣美。以如此的心态，他岂能容得一星半点的差错和任何方式的欺诈与作弊。这样的心境使他觉得，制作寿司已经不再是从事一项劳动，而是在"谈情说爱"，用他的话说，他对制作寿司已经"坠入爱河"。因此，不论自己的职业生涯多么漫长，小野二郎都能始终如一地精益求精，不易分毫。看得出，他内心深处的驱动力不是追求物质的丰厚，而是向往着圣洁的精神家园，那里寄托着他对寿司的崇拜和对制作寿司的愉悦。站在贪得无厌，唯利是图的商家立场观看，对小野二郎不仅无法理解，更是难以接受，他们不知道小野二郎这样的精神状态和工作态度算是什么？但是，我们知道！这就是为世人称道的匠人精神！

极其难能可贵的是，这样的匠人精神不仅表现在小野二郎一人身上，也表现在那些以出售鱼虾或大米为生的商贩身上。卖鱼的说："新鲜的鱼是有限的，我愿意把好鱼卖到好厨师手上，所以我把好鱼虾留给小野二郎，一直等他前来购买。"卖米的说："好米我只愿意卖给小野二郎，因为只有他知道应该怎么煮这样的米"。

在一般商人看来，这些卖鱼的、卖米的简直就是一群傻瓜，鱼虾、大米卖给谁不是赚钱？对生客漫天要价说不定还能赚到一大笔钱。但这些商贩却不这样想，他们惜物识人，显得有些完美主义和理想主义倾向。他们关心的第一要素并非赚钱，而是惦记着自己的货物售出之后的归宿和下场，总想使自家的营销活动最终成就的是一个完美的流程，这纯粹是金钱之外的希冀和准则。从生产到销售，再从销售到加工，加工之后再到销售，人人对待自己的工作都是那么的专注、执着、严谨、诚实，由这些心地朴实、思想纯洁的人，最终组成了一条敬物、敬业、敬人，气质相通，信及豚鱼的链条，而这正是小野二郎赢得米其林三级桂冠的基础。可以毫不夸张地说，来路不明的鱼虾和以次充好的大米未必不会把能工巧匠的小野二郎逼上与阿兰齐克和伯纳德鲁艾索一样的死路。所以，与其说寿司是经小野二郎一人之手举上米其林三级宝座的，不如说是整个日本民族成全了这桩伟业。

当匠心精神表现在一个人身上时，我们称之为"匠人的个性"，但是当这种精神表现在一个民族的身上时，我们就不得不称之为"民族之魂魄"！由此可以断言：盛行拜金主义的国度根本没有培育匠心精神的土壤！只会不断滋生爱钱如命、造假贩毒的黑心"钱愚"！

行文至此，笔者不禁陷入长久的沉思，继而反躬自问：对于我们中国人来说，寿司难道仅仅值得用舌尖去品味吗？！

6 结束语

"寿司"作为一种食品得到如此的改良，品种得到这般的扩大，最终成为日本料理的代表作之一打入世界美食行列，受到各国食客的广泛赞美，并在21世纪一举登上米其林三级宝座。对于日本人在这一历史过程中所表现出的才智和匠人精神，世人表示尊重和赞扬乃是理所当然的。如本文开头所述，目前，在中国，"寿司"已经成为深受群众喜爱的日本料理之一，如何才能让我们的同胞们能够从文化的角度对"寿司"有更加深入的了解，这难道不是担在我们肩上的共同使命吗？

在结束本文之际，我必须强调的是，在写作之前我拜读了石毛直道教授的专著《鱼酱和鱼裹饭的研究》(《魚醤とナレズシの研究》) 和贾蕙萱教授的论文《解析石毛直道成为研究食文化巨擘的历程》，从中受到很大启发，才得以完成拙作。他们的论文和专著使我认识到食文化的研究工作必须避免"单打一"的思维模式，绝对不能仅仅着眼于一个"食"字，就事论事，就吃说吃，那样即使从口味到餐具，从做法到食材，从餐桌到舌尖，把"色香味"说得再怎么周全也缺乏深度。

特别是石毛直道教授的研究，充分发挥了他特有的优势，就是运用了跨学科的研究方法。他一贯主张对食文化的研究必须以开阔的视野，从历史学、营养学、民俗学、文学、语言学、民族学、思想史、人类学、食品科学、渔业生态学等十几门学科的角度进行思路广泛的考察剖析。因此，称赞他的食文化研究成果出类拔萃、非同凡响、不落窠臼、独树一帜，具有划时代意义是毫不夸张，名副其实的。对此，笔者表示由衷的钦佩。

毫无疑问，我们作为一般人很难具备石毛直道教授那样的广博学识，更难以达到他那样的水平。但是，他在为人之道、治学之道方面则为我们树立了可以学习的榜样，我们应该像他那样认真踏实地将中日两国食文化的研究工作持久深入地进行下去。特别是在当前形势下，石毛直道教授矢志不渝地热衷于对中日食文化的深入研究和坚持不懈地开展两国友好交流的宝贵精神，尤显难能可贵，值得我们广泛地大力宣传，努力使更多的中国民众能够认识石毛直道教授，了解石毛直道教授，为中日食文化领域的研究和交流早日结出更加丰硕的果实做出我们的贡献！

参考文献

[1] 大岛建彦等著. 日本を知る事典. 东京: 社会思想社, 1995.

[2] 和歌森太郎等著. 日本民俗事典. 东京: 弘文堂, 1995.

[3] 松村明著. 大辞林. 东京: 三省堂, 1995.

[4] 王瑞林, 王鹤著. 笑侃东瀛——日本文化新视角. 天津: 南开大学出版社, 2007.

谈食文化的汉字

李宗惠

（中国人民大学，北京　100872）

　　文字是记录语言的符号，是语言的书面形式。语言作为表达人类行为的一种手段，它与文化有着密不可分的关系。语言不能脱离文化孤立存在，故谈食文化自然也离不开表现食文化的文字。众所周知，汉字是通过形、音、义结合而产生的一种语言符号，在人类历史上是最生动、最真实、最自然、最深刻、最耐人寻味的文字。

　　有关食的汉字展开一看，每个汉字都让人惊叹。

　　先谈食字，中国人常讲"民以食为天"。天是何意？汉字的天是由"一"字与"大"字组成。显而易见，意为世上第一大乃是天也，所以中国人也常说：再大大不过天。换言之，"民以食为天"，即世界万物对人类最重要的莫过于食。人离不开食。这是千真万确的事实。所以人们常说："人是铁，饭是钢，一顿不吃饿得慌"。如果绝食就意味着死亡。过去名医有"无衣无食者不治"一条。一个人食都跟不上，肯定营养不良，最后发展到骨瘦如柴，疾病缠身，治也治不好。可见食是何等重要！"食"字是由"人"字与"良"字组成。良是好的意思，在此可理解为健康之意。人良是人健康，即食是保证人的健康，人的健康靠食。

　　"食"字既是动词又是名词。动词是吃的含义。吃是"口"与"乞"二字组成，生动地说明食得靠口，得用口，用口去求之，所以与食有关的汉字多带"口"字部，如咬、吐、啃、叼、含、吮、咽、喝、喂、嚼、嚼等。其中咬、含、吐这些字的形体表现最为突出。咬字是"口"字与"交"字的组合，意为上下齿来回相交。汉字中有啮（nie）字与咬字义相同，有一词语"虫吃鼠啮"。啮字是"口"字与"齿"字组合，表示咬的功能是靠齿。含字也很有意思，是"今"字与"口"字相组合。今是现在的意思，现在还在口中，没吃没咽，既没入肚，也没吐出，说明其物尚在嘴里嚼化中，即含之意。另外一个吐字，吐是"口"字与"土"字的组合，让东西从嘴里出来，最后落在地上，地是土也。这是多么生动的描绘与比喻。

　　食字也有名词用法，意为所食之物，指食粮、食物、食品等。其中食粮的粮（糧）字最为典型，是最具有代表性食物。粮字是由"米"字与"良"字组成，非常明确地告诉人们，食物中最好的莫过于米。粮的繁体字是糧，其右半边是"量"字，意思可以理解为一粒两粒米称不上"粮"，达到一定的量后方能称之为"糧"。米最早指的是大米、稻米，后来扩展到发现许多去掉壳或皮后也可以作为粮食用，小米、玉米、高粱米（秫米）、江米，甚至花生、菱角也称为花生米、菱角米，海产物中出现了虾米等。米字字形如实地表现出米（稻穗）的形状与生长之状。米是食物之基，所以凡是可食之物用米字

　　作者简介：李宗惠（1936—　），男，中国人民大学日语教研室教授。

部构成的汉字应时而生。如籼、籽、粃、粒、粟、粥、糜、粱、粽、糊、糕、糖、糟、糠、糯、糰、粪（糞）等。其中，粥（糜）、糠、粪字分析起来可谓乐趣无穷。粥字是将米搞烂熟、熟透，所以古时粥写为糜。糜为烂到难以收拾，有糜烂不堪之语。糠字是"米"字与"康"字的组合，糠是指从稻、麦等子实上脱下来的皮与壳。康是空了、空虚无实之意，人们常说，"萝卜康了"就是说萝卜的心里空了的意思。把稻、麦将米（实）取走，剩下的就成为糠。

另一个"粪"字，粪是屎，是粪便。粮食的生长离不开肥料，粪是粮食生长的肥料。粪也是食物经人食用后而形成的排泄物，所以"粪"字也属于食文化的汉字。繁体字的"糞"字是由"米""田""共"三字组成。其中"共"字与"恭""供"字义同。"恭"是排泄大小便的省称，去厕所可谓"出恭"，盛粪便的器物可谓"恭桶"。"供"是提供奉献的意思，即给需要的使用。总之，粪是从米变成大小便施于田里的肥。简体字"粪"去掉了"田"字，但也保留了由米变成的大小便之意。

随着人类社会的进步，食物的种类也逐渐增多。除了食米之外，其后开始食面。面与粉同义，面字原体为麵。"麵"字是由"麥"字与"面"字组合而成。一目了然面最早是来源于麦子，将麦子磨成了面（粉）。"粉"字说得更清楚。"粉"字是由"米"字与"分"字组成。分是分开、分解，将其物体分成规则细小的粒状物。"粉"就是将米通过捣磨、碾、压等手段变成为面，故有面粉一说。随而出现麦子面、小米面、玉米面、豆面等。面粉的制作成功是食品进步的一大革命。自从面粉制作成功之后，食品种类就颇为丰富。由面粉制作的蒸制品有馒头、窝头，加入馅有了包子、蒸饺，烧烤制品有了大饼、锅贴、烧饼、煎饼、面包，煮的有了饺子、抻成长条的面条，油炸制品有了春卷、炸糕、江米条及抻成条炸制的油条等。

食物的出现与发展如同树有根、水有源一样。食物当然也有根，也有源。我们通常说的就是"种（種）"。种（種）是生物传代繁殖的物质，故称物种。没有种就没有物质的发展。世界万物皆如此，人类也不例外。没有种也就不会有新的物质出现，新的物质出现是靠有了新种。新种是靠配种出现的，配种成功就产生了新的物质。当今许多食品是靠配种的开发产生的。转基因食品的大量出现就是一例。种字的繁体是種，由"禾"字与"重"字组成。过去禾主要指稻。禾苗专指水稻的植株。禾場是专指打稻子或晒稻子的场地。禾也等于米，如籼也可以写成秈，粃可以写成秕，粳可以写成稉，糠可以写成穅等。后来禾的字义扩展到谷，有了禾谷一词。将稻、黍、稷、麦、豆统称为五谷，有了五谷杂粮之说。包括豆之后，食物又广为增多，如黄豆、绿豆、大豆、小豆、豌豆、蚕豆，乃至形状像豆粒的东西也加入了进来，如山药豆、土豆。外形不像豆粒，其色有豆粒状的食物也加入了其中，如扁豆、毛豆等。禾字部的字许多都与食物有关，如稻、黍、稷、秆、秈、秕、种、秝、租、秧、秸、粳、稍、稃、稞、稗、稼、稿、穬、穰等。这里先说两个字，一个是稗，稗是杂生在稻田中，叶子像稻非稻，果实像黍非黍，其果实一般作饲料也可酿酒。在饥荒之年，人们可用以为粮充饥。在禾（米）中是最次品，故叫稗子。稗字是由"米"字与"卑"字组成，表明在禾（米）中是最低劣之意。另一个是秀字，秀字是由"禾"字与"乃"字组成的，如同动物的雌性、人类的女性身怀有孕，乳房渐大最后产生奶，奶字是"女"字与"乃"字的组成一样。植物特别是农作植物抽穗开花，等于有了奶叫秀（穗）。奶指动物，秀指植物。农作物的生长与收获是有季节性的。人们常说春华秋实。秋天是收获的季节，称之为黄金季节。春、夏、秋、冬每个季节都有农作物的生长与收获，但是粮食作物的主要收获季节是秋季，即秋收。秋天也称大秋。春、夏、秋、冬四个字也只有秋字是禾字部。秋字是由"禾"字与"火"字组成。火是旺盛之意，粮食收获最多。火也有夥之意，表示果实累累颇多。其实秋季还是播种季节。凡是能越冬的作物，如冬小麦、油菜、蚕豆、豌豆等多是秋播，故有"秋播""秋耕"一类词语。

人在什么状态下最需要进食、最想进食呢？不言而喻是人在空腹，甚至最后到饥不择食。用汉字表达是"饿"。饿字是"我"字与"食"字相结合而成，即我要食，我想食。相反，人吃到什么情况下就不继续进食、不想进食呢？不言而喻是满足饱腹，再也吃不下了。用汉字表达是"饱"。饱字是由"食"字与"包"字组成。肚子吃得有了满腹感，当然不想再吃，不必再吃了。

人类自从使用火将生食变为熟食大大地改变了人类的生活方式，使人类从野生人类步入到了现代人类，人类从此走向文明。火诞生之后，人类很快就把火应用到了食上。最早与火相伴的人指的是做饭的人，俗称伙夫。伙字是由"人"字与"火"字组成，即掌管火的人。伙夫是掌管火做饭的人，旧时称从事某种劳役的人为夫，如从事农业为农夫，从事渔业为渔夫，从事养马或管马的为马夫等。不在一起用餐吃饭了，可以用"另起伙了"一语。从伙字的组成及其义来看，火与食文化的历史久远且关系十分密切。所以，以火字旁组成的汉字很多是与饮食有关。一般我们将烧火做饭称之为炊。常言"巧妇难为无米之炊"。料理用的工具叫"炊具"，做饭人员叫"炊事员"。冰水触及是冻的，如果触及到经过火烧过的热水感觉疼痛，汉字用"烫"来表达。烫字是由"汤"字与"火"字组成，即火把水烧开为汤，故有"赴汤蹈火"一语。食品料理制作烹、煎、炒、烧、烤、炖、煮、蒸、熬、焯、炝、炸、熏、烩、烙、煸、煨、煲、熘、爆、烂（爛）等无一不带火字。

食文化说白了是吃的文化。吃等于喫。吃不仅只限于粮食作物，也包括蔬菜水果，也包括饮，饮也带有食字旁。吃（喫）水，吃（喫）茶，甚至也用于吃（喫）烟。既包括喝，也包括吸。因为食离不开饮。饮字是"食"字与"欠"字组成，欠为不足、不够之意。只有食还不够，即离不开水。万物离不开水。没有水，人同样无法生存。米、麦、粟、谷等的生长离不开水，制成各类食品也离不开水。人如果没有水喝比没有食吃将变得更为痛苦、更为难以生存。水的重要性从汉字中以水为部首的字比其他部首的字都要多，这点就可以得到证明。我们说食文化其实可称饮食文化。饮在食之前比食还重要。中国人常说，开门七件事：柴、米、油、盐、酱、醋、茶。茶是作为饮料的代表，其实七件事情哪件都不能缺少水。论食文化的汉字还有许多许多，这里就不一一列举了。

总之，食文化的汉字不仅限于是记录食物的符号，通过对食文化汉字的研究，帮助我们解读食文化的重要性，从中可以寻觅出食文化的起源与发展，甚至具体到告诉我们饮食的制作与食用方法等。研究食文化一定不要忘记对有关食文化汉字的讲究。

汉字有声有色，博大精深，魅力无穷。

部构成的汉字应时而生。如籼、籽、粃、粒、粟、粥、糜、粱、粽、糊、糕、糖、糟、糠、糯、糲、粪（糞）等。其中，粥（糜）、糠、粪字分析起来可谓乐趣无穷。粥字是将米搞烂熟、熟透，所以古时粥写为糜。糜为烂到难以收拾，有糜烂不堪之语。糠字是"米"字与"康"字的组合，糠是指从稻、麦等子实上脱下来的皮与壳。康是空了、空虚无实之意，人们常说，"萝卜康了"就是说萝卜的心里空了的意思。把稻、麦将米（实）取走，剩下的就成为糠。

另一个"粪"字，粪是屎，是粪便。粮食的生长离不开肥料，粪是粮食生长的肥料。粪也是食物经人食用后而形成的排泄物，所以"粪"字也属于食文化的汉字。繁体字的"糞"字是由"米""田""共"三字组成。其中"共"字与"恭""供"字义同。"恭"是排泄大小便的省称，去厕所可谓"出恭"，盛粪便的器物可谓"恭桶"。"供"是提供奉献的意思，即给需要的使用。总之，粪是从米变成大小便施于田里的肥。简体字"粪"去掉了"田"字，但也保留了由米变成的大小便之意。

随着人类社会的进步，食物的种类也逐渐增多。除了食米之外，其后开始食面。面与粉同义，面字原体为麺。"麺"字是由"麥"字与"面"字组合而成。一目了然面最早是来源于麦子，将麦子磨成了面（粉）。"粉"字说得更清楚。"粉"字是由"米"字与"分"字组成。分是分开、分解，将其物体分成规则细小的粒状物。"粉"就是将米通过捣磨、碾、压等手段变成为面，故有面粉一说。随而出现麦子面、小米面、玉米面、豆面等。面粉的制作成功是食品进步的一大革命。自从面粉制作成功之后，食品种类就颇为丰富。由面粉制作的蒸制品有馒头、窝头，加入馅有了包子、蒸饺，烧烤制品有了大饼、锅贴、烧饼、煎饼、面包，煮的有了饺子、抻成长条的面条，油炸制品有了春卷、炸糕、江米条及抻成条炸制的油条等。

食物的出现与发展如同树有根、水有源一样。食物当然也有根，也有源。我们通常说的就是"种（種）"。种（種）是生物传代繁殖的物质，故称物种。没有种就没有物质的发展。世界万物皆如此，人类也不例外。没有种也就不会有新的物质出现，新的物质出现是靠有了新种。新种是靠配种出现的，配种成功就产生了新的物质。当今许多食品是靠配种的开发产生的。转基因食品的大量出现就是一例。种字的繁体是種，由"禾"字与"重"字组成。过去禾主要指稻。禾苗专指水稻的植株。禾场是专指打稻子或晒稻子的场地。禾也等于米，如籼也可以写成秈，粃可以写成秕，粳可以写成秔，糠可以写成秅等。后来禾的字义扩展到谷，有了禾谷一词。将稻、黍、稷、麦、豆统称为五谷，有了五谷杂粮之说。包括豆之后，食物又广为增多，如黄豆、绿豆、大豆、小豆、豌豆、蚕豆，乃至形状像豆粒的东西也加入了进来，如山药豆、土豆。外形不像豆粒，其色有豆粒状的食物也加入了其中，如扁豆、毛豆等。禾字部的字许多都与食物有关，如稻、黍、稷、秆、秈、秕、种、秫、租、秧、秸、粳、稍、稃、稞、稗、稼、穑、糠、穰等。这里先说两个字，一个是稗，稗是杂生在稻田中，叶子像稻非稻，果实像黍非黍，其果实一般作饲料也可酿酒。在饥荒之年，人们可用以为粮充饥。在禾（米）中是最次品，故叫稗子。稗字是由"禾"字与"卑"字组成，表明在禾（米）中是最低劣之意。另一个是秀字，秀字是由"禾"字与"乃"字组成的，如同动物的雌性、人类的女性身怀有孕，乳房渐大最后产生奶，奶字是"女"字与"乃"字的组成一样。植物特别是农作植物抽穗开花，等于有了奶叫秀（穗）。奶指动物，秀指植物。农作物的生长与收获是有季节性的。人们常说春华秋实。秋天是收获的季节，称之为黄金季节。春、夏、秋、冬每个季节都有农作物的生长与收获，但是粮食作物的主要收获季节是秋季，即秋收。秋天也称大秋。春、夏、秋、冬四个字也只有秋字是禾字部。秋字是由"禾"字与"火"字组成。火是旺盛之意，粮食收获最多。火也有夥之意，表示果实累累颇多。其实秋季还是播种季节。凡是能越冬的作物，如冬小麦、油菜、蚕豆、豌豆等多是秋播，故有"秋播""秋耕"一类词语。

人在什么状态下最需要进食、最想进食呢？不言而喻是人在空腹，甚至最后到饥不择食。用汉字表达是"饿"。饿字是"我"字与"食"字相结合而成，即我要食，我想食。相反，人吃到什么情况下就不继续进食、不想进食呢？不言而喻是满足饱腹，再也吃不下了。用汉字表达是"饱"。饱字是由"食"字与"包"字组成。肚子吃得有了满腹感，当然不想再吃，不必再吃了。

人类自从使用火将生食变为熟食大大地改变了人类的生活方式，使人类从野生人类步入到了现代人类，人类从此走向文明。火诞生之后，人类很快就把火应用到了食上。最早与火相伴的人指的是做饭的人，俗称伙夫。伙字是由"人"字与"火"字组成，即掌管火的人。伙夫是掌管火做饭的人，旧时称从事某种劳役的人为夫，如从事农业为农夫，从事渔业为渔夫，从事养马或管马的为马夫等。不在一起用餐吃饭了，可以用"另起伙了"一语。从伙字的组成及其义来看，火与食文化的历史久远且关系十分密切。所以，以火字旁组成的汉字很多是与饮食有关。一般我们将烧火做饭称之为炊。常言"巧妇难为无米之炊"。料理用的工具叫"炊具"，做饭人员叫"炊事员"。冰水触及是冻的，如果触及到经过火烧过的热水感觉疼痛，汉字用"烫"来表达。烫字是由"汤"字与"火"字组成，即火把水烧开为汤，故有"赴汤蹈火"一语。食品料理制作烹、煎、炒、烧、烤、炖、煮、蒸、熬、焯、炝、炸、熏、烩、烙、煸、煨、煲、熘、爆、烂（爛）等无一不带火字。

食文化说白了是吃的文化。吃等于喫。吃不仅只限于粮食作物，也包括蔬菜水果，也包括饮，饮也带有食字旁。吃（喫）水，吃（喫）茶，甚至也用于吃（喫）烟。既包括喝，也包括吸。因为食离不开饮。饮字是"食"字与"欠"字组成，欠为不足、不够之意。只有食还不够，即离不开水。万物离不开水。没有水，人同样无法生存。米、麦、粟、谷等的生长离不开水，制成各类食品也离不开水。人如果没有水喝比没有食吃将变得更为痛苦、更为难以生存。水的重要性从汉字中以水为部首的字比其他部首的字都要多，这点就可以得到证明。我们说食文化其实可称饮食文化。饮在食之前比食还重要。中国人常说，开门七件事：柴、米、油、盐、酱、醋、茶。茶是作为饮料的代表，其实七件事情哪件都不能缺少水。论食文化的汉字还有许多许多，这里就不一一列举了。

总之，食文化的汉字不仅限于是记录食物的符号，通过对食文化汉字的研究，帮助我们解读食文化的重要性，从中可以寻觅出食文化的起源与发展，甚至具体到告诉我们饮食的制作与食用方法等。研究食文化一定不要忘记对有关食文化汉字的讲究。

汉字有声有色，博大精深，魅力无穷。

中华灵芝文化·现代研究与应用

马传贵

（中国医学科学院药用植物研究所食药用菌课题组，北京　100193）

摘　要：中国是灵芝的故乡，灵芝在中国文化中拥有崇高的地位，文章介绍了灵芝文化的悠久历史与传承：灵芝与神话、灵芝典籍与古代咏芝佳作、灵芝——中华民族吉祥物、现代灵芝诗颂、灵芝礼品馈赠和收藏佳品、灵芝文化的世界影响、灵芝文化馆及产业园；灵芝现代研究、开发及应用现状。作者认为在国家战略"推动文化产业成为国民经济支柱性产业"和"培育大健康产业、新型健康产品开发"的发展目标下，灵芝文化及产品备受广大消费者青睐，市场潜力巨大。

关键词：灵芝；灵芝文化；艺术；现代研究；开发；健康

自古以来，在浩瀚的中医药宝库中，有这么一颗璀璨的明珠——灵芝，既是神奇的中药，又是中华民族的"吉祥物"，有着"瑞芝""神芝""仙草"之称，并被视为祥瑞、天意、富贵和长寿的征兆，也被西方人称之为"神奇的东方蘑菇"。文化传统性是大众性的灵魂。灵芝文化已成为中国文化的组成部分，通过物质实践和意识形态的发展变化，推动经济发展和社会进步。集优美造型和神奇药效于一身的灵芝，自古以来就是人们心目中最理想和完美的形象，其展现的核心价值观是吉祥如意。

灵芝符号在数千年的历史长河里，在儒释道传统文化滋润下已成为中华民族吉祥观念和民俗活动的载体，成为中华文化核心要素之一。象征着"吉祥如意""赐福嘉祥""长寿福禄""国泰民安"的灵芝在炎黄子孙心目中有着崇高的地位。以致品出更高的境界，已成为中国精神、中国形象、中国文化、中国表达的象征和图腾，是华人的第二个图腾。远远超出物质层面上升至精神文化领域，推动了经济发展，社会进步，社会和谐和幸福指数的提高。

灵芝文化的形成具有传奇色彩。大约萌生于史前，经奴隶社会而发展，充实于漫长的封建社会时期，鼎盛于唐、宋、元、明时期。由于较多地受西方科学文化的影响，到了清代，灵芝的神圣地位有所下降，然而灵芝的圣名却深入民众，并从美学、艺术、建筑装饰等多个角度被广泛应用并发展到一定的阶段。随着真菌学的发展，灵芝进入了现代生物学研究和现代医药学研究、开发与应用阶段。

作者简介：马传贵（1985—　），男，现为中国医学科学院药用植物研究所食药用菌课题组科研人员，兼任北京京诚生物科技有限公司技术经理，为中国食用菌协会会员、中国菌物学会会员、营养师、健康管理师、高级菌类园艺工，从事灵芝等药用真菌的科研与开发工作。

注：文章中的图片1、2、3来自网络。

1 悠久的灵芝文化历史

1.1 神话传说中的灵芝

"灵芝"在中国古代已从生物学意义上的灵芝升华到文化概念中的灵芝，不仅展现了它的自然属性，更侧重于表达它的社会属性，是人与自然交流的人文产物，所追求的是神似和形似，大多充满了神秘色彩，在数千年的历史沿革中，其近乎玄妙的种种神奇传说绵延不绝，影响极为深远和广泛。灵芝的神秘色彩、环绕它的扑朔迷离的光环，仅从其诸多的近乎玄秘的称谓中可见一斑。

灵芝的神话最早见于战国时期的《山海经》中，有炎帝之女瑶姬不幸夭折化为瑶草的故事。楚国诗人宋玉在《高唐赋》中更将其夸张为人神相恋的爱情故事，其中的"巫山神女"即为瑶姬。以至后人有"帝之季女，名曰瑶姬。未行而亡，封于巫山之台。精魂为草，实曰灵芝"之说。对于灵芝生成的说法具神奇色彩，传说中灵芝的生成是千年灵精集天地间之正气，集日月之精华，藏龙卧虎之地灵，集九星之星光点，历经数亿万年后灵芝精的现身，从而成为"不死仙草"。

家喻户晓的神话故事《白蛇传》是我国四大民间传说之一，又名《许仙与白娘子》，传说发生在宋朝时的杭州、苏州及镇江一带，述说的是人蛇相恋的神话故事，女主人公白娘子只身前往峨眉山盗仙草，以救夫君许仙。历经艰辛、危险，终于感动了南极仙翁，取回了能"起死回生"的仙草灵芝。

传说中养生鼻祖彭祖食灵芝而寿及八百：貌似童颜，不见衰老，只是因为他服食了灵芝仙草的缘故，史称他的养生之道是"茹芝饮瀑，遁迹养生"。因彭祖寿八百岁，历代帝王对灵芝也推崇备至，如"秦始皇蓬莱寻灵芝不老药""汉武帝降职献芝进瑞""武则天服灵芝养颜永葆青春"等记载，形成独特的帝王灵芝崇拜文化，如意是灵芝文化的一个象征符号。

关于灵芝的传说不胜枚举。说它能起死回生，使人长生不老，固然不是事实，但是这些传说也从一个侧面反映出灵芝神奇的食药用价值。

1.2 典史说灵芝

我国是四大文明古国之一，在漫长的历史长河中，曾创造出内容丰富的具有中国特色的食药用文化。古代医学对灵芝推崇备至，在古籍中曾有对灵芝的详细的论述。现今，大量有关灵芝的著作已失传。我们只能从尚存的文献中，窥见其一斑。我国认识和利用灵芝的历史可追溯到两千多年前的春秋战国时期。《列子·汤问》中就有"朽壤之上，有菌芝者"的论述，这是世界上对菇类也包括灵芝的最早记载。

《尔雅翼》（公元290年）记载有："芝，瑞草元前，一岁三华，无根而生。"上古时期称为"瑶草"，《楚词九歌山鬼》称为"三秀"，《尔雅》称为"瑞草"，《神农本草经》称为"神芝"，秦始皇时代称为"还阳草"，东汉张衡的《西京赋》称为"灵草"。

最早论及灵芝的药学著作是《神农本草经》：灵芝有"益心气""安精魂""补肝益气""好颜色""久食可轻身不老，延年益寿"的功效。此书收载365种药材，并将所载药品分为上、中、下三品，上药一百二十品目，中药一百二十品目，下药一百二十五品目。上药"主养命以应天，无毒，多服、久服不伤人"，皆为有效、无毒者。灵芝（赤芝、青芝、黄芝、白芝、黑芝、紫芝）则位列上药中之最高品目，居十大名药之首，其地位更高于人参。上、中、下药的主要不同在于：中、下药是用来治一般疾病，且不宜多服或常服，而上药的主要目的在于强身养命，能轻身、滋补元气、防止老化。因此平时可以防治百病，对于一般药物不易奏效的恶疾，又有极佳效果。更可贵的，是其多服不但无害，反有益身体健康、精神旺盛。因此，上药乃不老延年之药。《神农本草经》中对灵芝的这些论述，被其后的历代医学家尊为经典并引证，沿用至今。

唐代开元年间的《道藏》把："铁皮石斛、天山雪莲、三两重的人参、百二十年的首乌、花甲之茯苓、苁蓉、深山灵芝、海底珍珠、冬虫夏草"并称为中华九大仙草。九大仙草菌类占3种：灵芝、冬虫夏草、茯苓。

明朝李时珍《本草纲目》对按"五色""五行"区分灵芝的气味提出了不同见解，认为"五色之芝，配以五行之味，盖亦据理，未必其味便随五色也"。更为重要的是，李时珍在其著作中批判了古代对灵芝的迷信观点，指出"芝乃腐朽余气所生，正如人生瘤赘。而古今皆为瑞草，又云服食可仙，诚为迂谬"。此外，《本草纲目》中菜部芝栭类诸芝的附图则更为形象、准确。

1.3 灵芝——中华民族的吉祥物

世界各地或各民族都有属于自己的吉祥物，我国也有多种，以灵芝、葫芦、松、竹、梅、兰、菊代等表的植物；以蝙蝠、鲤鱼、喜鹊、鹤、麒麟、凤凰、龟和龙等代表存在或传说中灵性的动物；然而流行最广，应用最普遍的当数灵芝如意。反映了我国特有的灵芝文化以及灵芝是中国最有影响力的吉祥物。在凡是有龙凤呈祥的图中必然有灵

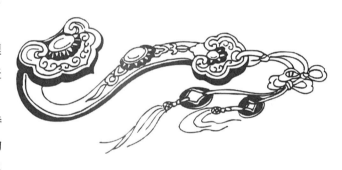

芝形状的"如意"或"祥云"。在我国传统的节日庆典活动中，其装饰也少不了灵芝如意图，只是因为应用极其普遍而往往习以为常了。

公元自汉代以来，古代儒家学者把灵芝称为"瑞草"或"瑞芝"，把灵芝菌盖表面的许多环形轮纹，称作"瑞征"或"庆云"，视其为吉祥如意的象征。

《汉书·武帝本纪》载："元封二年六月，宫中产芝，九茎连叶，为庆祥瑞，赦天下，并作芝房之歌以记其事"。《郊祀歌·齐房（芝房歌）》中则写道："齐房产草，九茎连叶，宫童效异，披图案牒，元气之精，回复此都，蔓蔓日茂，芝成灵华"。其实是汉武帝的行宫甘泉宫年久失修，梁木腐朽而长出灵芝，大臣便借机献媚，歌颂皇帝的政绩，说灵芝降生宫廷是天意，乃"祥瑞"征兆。皇帝高兴，便大赦天下，并降旨要求地方向朝廷进贡灵芝。

宋代王安石在《芝阁赋》中描述了官吏逼迫民众搜寻灵芝的情景，"大臣穷搜远采，山农野老攀援狙杙，以上至不测之所，下通溪涧壑谷……人迹之所不通，往往求焉。"说明当时举国上下到处搜寻灵芝瑞草，出现了"四方以芝来告者万数"。据《宋史·五行志》记载，宋贞宗在位25年间，各地进献灵

芝116次。明世宗时，将各地进献的灵芝在宫中堆积成山，称为"万岁芝山"。在交通不发达的古代，要收集如此之多的野生灵芝，是极不容易的。

明代山西芮城永乐宫三清殿道教巨幅壁画《朝元图》中，诸神头顶、脚踏灵芝状祥云，宫女手捧灵芝进献的部分真实地反映了进献灵芝的场景，《朝元图》是一幅描绘灵芝瑞应的珍贵艺术作品。

在全国许多宫殿、寺庙、古建筑、服饰、刺绣、绘画、雕刻、瓷器以及出土的大量文物中，都能发现有关灵芝和从灵芝演化来的"灵芝祥云"的形象。如北京天安门城楼前华表上的"蟠龙腾驾灵芝祥云"；天安门城楼上悬挂有八个大型宫灯，灯的两端均有灵芝如意样的图案；天坛祈年殿宝顶上的"环绕九龙的灵芝祥云"的浮雕；紫禁城大殿前雕有蟠龙和灵芝祥云的御路；紫禁城、国子监和孔庙的围栏上雕刻的灵芝盆栽；孔庙中"进士题名碑"基座上雕刻的灵芝图案；雍和宫释迦牟尼佛像前的木雕灵芝盆景；苏州博物馆陈列的白玉如意，灵芝祥云玉雕；台北故宫博物院珍藏的清代缂丝《乾隆御笔新韶如意图》，图中的花瓶中插松枝、山茶与梅花，旁置柿子、百合以及灵芝。寓意"事事如意，百事祥瑞"，是典型的岁朝图。凡此种种，均成为我国古代灵芝崇拜和灵芝文化的见证。

以灵芝作为传统的吉祥图或工艺美术品被广泛应用，往往也用于重大的庆典活动，显示尊严、庄重、神圣、权力与嘉和祥瑞。例见：

1995年《国务院批准经金瓶掣签认定的坚赞诺布继任为第十一世班禅额尔德尼的请示》金瓶掣签制度确认了班禅转世灵童的产生，所用金瓶是1792年由清朝皇帝颁赐给西藏的吉祥瓶，金瓶全部用灵芝如意图装饰得雍容典雅。

1999年澳门回归祖国前夕，福建茶商孙康荣以"全球华人庆祝澳门回归中华如意奉赠会"的名义，向澳门特区捐赠了一柄长1999毫米，宽66厘米，由天山白云玉制成的"世界之最"玉如意，整体图案由柄端、柄身、柄尾三部分组成，柄端呈祥云状，柄身微曲成弧形，柄尾呈灵芝状。

2006年胡锦涛总书记出席在上海大剧院举行的上合组织五周年文艺晚会，开幕式舞台中间横卧一支约一米长的灵芝如意，十四国艺术家围绕如意载歌载舞；2006年温家宝总理在中国-东盟建立对话关系15周年纪念峰会上，向东盟国家领导人赠送型取灵芝如意的国礼德化瓷《国花集瑞》；2008北京奥运会祥云火炬充分体现了文化的历史和科技的有机结合，其灵感来自于"渊源共生，和谐共融"的"祥云"图案，这个祥云图案的前身，就是灵芝文化，是极具代表性的中国文化符号。祥云图案呈现出华美、古典的感觉，加之立体浮雕式的工艺设计使整个火炬高雅华丽、内涵厚重、深受人们喜爱。2012年海南博鳌亚洲论坛，时任国务院副总理的李克强赠台湾吴敦义的礼物是海南花梨木灵芝如意；2013年6月成功发射神舟十号，女航天员王亚平在天宫一号的睡袋唯一装饰图案是灵芝祥云。

1.4 现代诗人颂灵芝

1958年，一杨姓药农在黄山采到一株鹿角状灵芝，我国著名现代作家、诗人郭沫若先生闻知后赋诗"咏黄山灵芝草"赞颂：

> 狮子峰头灵芝草，离地六十多丈高。
>
> 采芝仙人究为谁？黄山药农杨姓老。
>
> 芝高四十九公分，枝茎处处有斑纹。
>
> 根部如漆光夺目，乳白青绿间紫金。

赤如珊瑚有光辉，定为肉芝最珍贵。

视为祥瑞不足奇，如今遍地皆祥瑞。

出现灵芝实草因，兽中早已出麒麟。

草木虫鱼同解放，社会主义庆长春。

诗中描述了老农采药地点、所采灵芝的形态、大小、颜色、种类。诗中对灵芝的描述可能出自葛洪《抱朴子》："肉芝状如肉，附于大石，头尾具有，乃生物也。赤者如珊瑚，白者如截肪，黑者如泽漆，青者如翠羽，黄者如紫金，皆光明洞彻如坚冰也"，反映了诗人对灵芝的崇拜。同样，诗人也视灵芝为祥瑞之兆，以此颂扬社会主义祖国繁荣昌盛。

陈毅元帅1958年12月28日见嵩山灵芝喜不自禁，即赋诗《看灵芝草赠药农》：

岳庙灵芝草，全身如朱红。

光彩夺人目，塑造不能同。

不必言祥瑞，得自采药农。

药农干劲足，踏遍嵩山咙。

神农采芝嵩山令嵩山灵芝圣名千古流传。东晋时佛教图澄法师建寺嵩山取名"灵芝"，借灵芝的神奇光环传播佛教；隋朝文学家侯白据此而写的小品文《灵芝寺》描写一批飞跃腾挪、瞬息千里的僧人，融入道家神仙人物的神奇身影，成为激发后代少林僧人习武强身的精神榜样，由此衍化、发展为今日扬名世界的少林武术文化。嵩山的灵芝故事是佛、道两教互相交融的生动例证，少林武术文化是佛、道两教以灵芝为桥梁交融碰撞产生的丰硕成果。

著名作家，时任中国食用菌协会会长，国际蘑菇学会副主席张祥茂编著的《百菌百诗》灵芝篇：

自古皆道仙且灵，神草回春死复生。

小愁理调身心健，大病辅佐肺腑清。

冰霜酿就天地色，风雪汲来日月精。

嗟叹坚贞白娘子，扶摇昆仑万里行。

该诗把灵芝在国人心身中的地位，历史的久远，芝草的神奇，现代医学的价值连同《白蛇传》神话传说凝练在一首诗中，可谓淋漓尽致。

1.5 以灵芝为主题的优秀文化馆

灵芝不仅有着"神奇瑞草""养生瑰宝"的美誉，也具有较高的艺术价值和收藏价值，已成一种重要的文化产业。国家"十三五"规划纲要提出"公共文化服务体系基本建成，文化产业成为国民经济支柱性产业"的发展目标。明确提出"扶持优秀文化作品创作生产，推出更多传播当代中国价值观念、体现中华文化精神、反映中国人审美追求的精品力作"。这将有力助推灵芝文化再现新的辉煌。

中华灵芝文化馆是位于江苏南通安惠生物科技园内一座独具特色的文化馆，世界上第一座以菌物类灵芝为主题的文化馆，该馆面积达800多平方米。在2005年4月5-7日"中国菌物学会首届药用真菌产业发展暨学术研讨会"在南通召开期间正式开馆，该馆以着眼于"弘扬中华传统文化，普及科学知识，保护物种资源以及创新灵芝文化产业等方面"为主题，共分五大部分：

第一部分以大量珍贵图片和文献资料，展示了古代博大恢宏的灵芝文化，包括古医药学及养生学、美轮美奂的芝类艺术品，文人墨客赞颂灵芝的诗文图画。

第二部分图文并茂地介绍了40多种国产灵芝，展示了灵芝物种资源及分布规律。

第三部分以大量文字及图表介绍我国目前在灵芝研究应用方面取得的成就和新进展。

第四部分从生态学的角度，展示了热带、亚热带、温带及寒温带四个不同林带生态环境的灵芝种类。

第五部分介绍安惠公司应用生物技术提取灵芝等食药用菌的有效成分，并运用中医"君臣佐使"复方配伍理论深加工的产品，同时展示了多种灵芝实物标本。

中华灵芝文化馆开馆以来一直得到国家、省、市、区相关领导的关心和支持，共接待来自国内外各界参观者50多万人次，其中包括许多国内外政要、著名学者、企业界知名人士以及南通大中小学学生等。它所发挥的作用，不仅得到领导、业内专家、学者的肯定和社会公众的好评，也留给人们许多启示。值得关注的是文化馆内"四圣园"的雕塑——葛洪、陶弘景、孙思邈、李时珍既是中国古代杰出的医药学家，又是药用真菌灵芝等药物研究应用的开拓者和奠基者。他们的医药学理念及所撰典籍至今仍在国内外产生重大影响，并已成为中华灵芝文化重要的组成部分，人们尊称他们为"灵芝四圣"。

笔者曾于2015年年底感受过灵芝文化馆的魅力，深深的被美丽动人的灵芝传说、意境唯美的灵芝诗赋、祥瑞美好的灵芝象征所折服。走进灵芝文化馆就像走进了玄妙而神奇的灵芝世界，任时光流溯，灵芝赋予给我们的吉祥如意、长寿健康的美好寓意亘古不变。

庐山灵芝文化馆位于美丽的江西九江仙客来生物园内，占地面积500余平方米。包括序厅和四大展区、六个展示主题，以文献资料、文字图片、场景还原及雕塑等形式为主，辅之以现代声、光、化、电技术手段，全面展示灵芝的历史、文学、艺术、医学等文化内涵；生动再现了人类对灵芝的认识和探索过程；详尽介绍灵芝的科学研究、科技应用及应用前景。内容丰富，涵容博大。

上海菇菌科普馆位于上海奉贤现代农业园内，场馆总展示面积近3000平方米。内设有三个分馆，分别是菇菌科学馆、菇菌历史馆以及菇菌民俗艺术馆。主要以展示菇菌的科学知识为主。走进科学馆，观众可以通过水墨动画屏、多媒体沙盘等展项，了解到菇菌出现的地质年代、生长环境、地理分布、种类、药用价值等内容。民俗馆内展示着镇馆之宝——一株非常罕见的直径达76厘米的巨型灵芝。

山东冠县灵芝文化产业园为弘扬灵芝特色文化，创意灵芝特色产品，进一步做大做强灵芝产业，新建一处灵芝产业科普示范基地。2016年1月被国家农业部评为特色菌业标准示范园。

中华菌文化博览中心位于"中国食用菌之乡"河北平泉，总面积4000多平方米，是集传统文化与现代文明于一体的现代文化体验中心，集中展现了中华7000年食用菌文化及食用菌现代发展成果和文明，成为融历史文化、艺术观赏、旅游观光、休闲度假、美食品尝、食治疗养、科普教育、学术交流、商务商贸于一体的综合性旅游景区。

深圳宝安区灵芝公园有一幅二十多平米的画像砖《灵芝乐园图》，画面以流畅的线条、浪漫的手法，构造一组组优美的人物、灵芝造型，表现古人种植灵芝、辛勤耕耘、丰收喜乐、祈求平安、羽化升天的生动情景。

三峡灵芝文化产业园位于湖北宜昌远安，总体框架为"跨三产，连三园"：即灵芝谷生物科技园，灵芝生态农业观光园，灵芝古镇文化创意产业园。该园建成后是一座以"灵芝"为核心的涵盖观光农业、生物科技（灵芝有机茶、灵芝保健品、灵芝医药、灵芝护肤品等）、生态旅游、养生度假、文化创意等综合性现代化产业园。

海南野生灵芝科技馆位于海口市，总面积1600平方米。目前藏有各类野生灵芝药用标本100多种，价值2000多万元，是目前中国规模最大、品种最多、功能最齐全的野生灵芝科技馆。

另外各地政府也大力扶持灵芝种植专业户建设集生产、销售、观光、养生、休闲于一体的生态园；北京陈康林、广州周仕伦、湖北周伯良、广西梁卫华等开办个人野生灵芝展览馆，吸引游人参观，既有助于保护面临灭绝的野生灵芝，又能弘扬灵芝文化，反响很好。

1.6 灵芝文化在世界

灵芝信仰，不仅仅在我国封建王朝中根深蒂固，还伴随佛教传到日本、朝鲜半岛及东南亚诸国，后来又经西方旅行家、传教士等，将灵芝有关的文化、文物传至西欧和美洲。

在日本、韩国，灵芝有幸茸、福草、神芝、玉米、吉祥草、万年茸、幸福菇、仙草、不死草等名称。现在尚不能肯定中国的灵芝文化何时或由何人传入日本和韩国，但可以确定的是，灵芝在日本、韩国、朝鲜有很大影响，从日本保留"灵芝"汉字更说明来源于中国。在日本民间，晒干的灵芝会被作为辟邪物挂在家中或大门入口处。结婚时，日本妇女将灵芝视为吉祥物带入家中，以免任何鬼邪接近新婚夫妻。平时特别是节日庆典也将珍藏的灵芝馈赠亲朋好友。我们今天在日本、韩国都可以发现灵芝文化与佛教相联系的文物或古典建筑。

香港中文大学崇基学院教堂有一幅刺绣精致的圣经挂图，其中也绣了两枚形态逼真的灵芝，可能认为奉基督教的人只有融会了灵芝、如意，才会达到完美、理想的精神境界。这也应该说是灵芝文化与西方宗教文化典型结合的实例了。

英国1979年出版的《蘑菇百科全书》，以巨幅彩色版面刊载了选自我国晋代葛洪《抱朴子》中的一幅图画，画中是一位腰间佩戴灵芝瑞草的艺人形象。现藏美国旧金山亚洲艺术博物馆的宋代"灵芝孩子枕"瓷塑，日本广岛王舍城宝物馆的"瑶池献寿"扬州年画，显然还有很多有关灵芝文化方面的文物流传于国外。可以说中华民族所创造的灵芝文化，在世界上影响面之广泛，内容之丰富，历史之悠远，与社会及经济发展关系之紧密，是其他国家或地区无法比拟的。

2 灵芝的现代研究与应用

世界大约有灵芝类真菌200多种，中国已知100多种。中国是世界上最早认识、研究灵芝、信仰灵芝和崇敬灵芝的国家，也是世界上研究成果最多的国家。灵芝仙草承袭三千年历代的经验和智慧，加上迄今超过五十年的当代科学研究，灵芝于传统、生化、医药、食用、学术上的超优地位已十分明确。研究成果刊载于各大学、医疗、研究机构等所出版的相关书籍、科学及医学等之各类学术期刊和论文。

灵芝的现代研究始于20世纪50年代末，随着人工栽培灵芝子实体和灵芝深层发酵培养菌丝体及发酵液的技术成功，使得灵芝子实体、菌丝体和孢子粉能大量生产。灵芝的药理、药化和生物学研究逐步深入，研究、开发和利用也进入了新阶段。被神化了数千年的灵芝，已从神秘传说走向科学应用，逐步成为人类理想的保健养生食材。目前研究、栽培及应用的灵芝以赤芝和紫芝居多。

2.1 灵芝的分布及形态特征

灵芝的含义，在广义上包括灵芝属真菌及其中的任何一种；在狭义上，是灵芝属的一个特定种的专

用名称。通常我们所指的灵芝是赤芝，它是灵芝的代表，普遍认为其质量最好，作用广泛，研究最多。在不特定指明的情况下，狭义的灵芝就是赤芝。

灵芝是一种坚硬、多孢子和微带苦涩的真菌，一般生长在高温阴暗潮湿的山林里，多生于柞、栎等阔叶树倒木或伐桩上，也偶见于针叶树倒木、伐桩上。我国分布在河北、山西、山东、江苏、安徽、浙江、江西、福建、台湾、湖南、海南、广西、贵州、四川、吉林及云南等地。

通常所称灵芝实指灵芝的子实体而言。灵芝的子实体形态特征：一年生，木栓质，有柄。菌盖肾形、半圆形或近圆形、12cm×12cm，厚可达2cm；盖面黄褐色至红褐色，有时向外渐淡，盖缘为淡黄褐色，有同心环带和环沟，并有纵皱纹，表面有油漆状光泽；盖缘钝或锐，有时内卷。菌肉淡白色，近菌管部分常呈淡褐色或近褐色，木栓质，厚约1cm。菌管淡白色、淡褐色至褐色，菌管长约1cm；管口面初期呈白色，每毫米间有4~5个。菌柄侧生或偏生，罕近中生，近圆柱形或扁圆柱形，粗2~4cm，长10~19cm，表面与盖面同色，或呈紫红色至紫褐色，有油漆状光泽。

灵芝孢子粉的形态特征：灵芝到了成熟期会从腹部弹射释放出灵芝精华——繁殖细胞的担孢子（相当于农作物的种子），携带了灵芝全部的遗传物质，收集起来就是灵芝孢子粉。孢子粉褐色或灰褐色；肉眼无法识别单体，高倍显微镜下可观察到全部形态：孢子呈淡褐色至黄褐色、内含一油滴，就是人们所说的孢子油，直径[8.5~11.2（12.1）]μm×（5.2~6.9）μm，卵形，顶端常平截，双层壁、内孢壁淡褐色至黄褐色，有突起的小刺，外孢壁平滑，无色。在食用时为了便于吸收孢子成分，经常要加工成破壁灵芝孢子粉。

2.2 灵芝的活性成分

化学工作研究最多的是赤芝，目前已报道从中分到二百余种化学成分，共有多糖类、三萜类、核苷类等九类近300余种化合物以及20多种人体必需或有益的常量及微量元素，各种成分都有特殊的生理功能。

2.3 灵芝的功效作用与评价

国家卫生部批准灵芝作为食品新资源，无毒副作用，可以药食两用。2015年《中华人民共和国药典》记载灵芝性甘味平，归心、肺、肝、肾经。功能主治：补气安神，止咳平喘，用于心神不宁，失眠心悸，肺虚咳喘，虚劳短气，不思饮食。2000年《美国草药药典和治疗概要》也收载了灵芝。

现代研究证实：灵芝可调整身体不协调部位，从根本辅助调理，这与西药只注重局部治疗，却忽视了疾病的根源治疗方法不同。灵芝虽然不是万灵丹，但在促进身体功能正常之余，亦同时可发挥治疗疾病的作用。它是以全部成分的效果，来调整人体的机能、成分的种类和比率，彻底改善体质，延年益寿。可以概括三大特点：一是无毒性，无副作用；二是不特定对某一器官有效；三是能够促使全部器官功能正常化。这三大特点确定了它在防病治病中的重要地位。食用"大数据"也证实：灵芝无任何毒副作用，久服可以延年益寿，是一种既可以药用的，又可以食用的健康产品。国际灵芝研究会主席、北京大学医学部林志彬教授指出：灵芝既不能被神化，也不能贬低其药用价值，作为一个高档健康产品绰绰有余。中国科学院院士、中国中西医结合学会会长陈可冀教授说"灵芝是我国传统医学中最负盛名的补益药物之一。"日本东京大学直井幸雄教授说：灵芝像个自动相机（傻瓜相机），即使并不了解其药理、病理，但只要按下快门，就能对准适当的焦点。灵芝也能顺应个人体质，将代谢机能作最适当的调整。

2.4 灵芝的人工栽培

经过几十年的探索，灵芝的科学栽培已全面获得成功，古代神话中的芝田已变成现实，目前商品化的灵芝98%来自人工。全国灵芝主产区主要集中在安徽、浙江、福建、湖北、山东、吉林。广西田林、安徽旌德、金寨沙河乡、山东冠县、浙江龙泉等被国家有关部门评为"灵芝之乡"。据各大产区初步统计，我国年产灵芝超过5000吨，灵芝孢子粉也有千余吨。中国目前已成为世界上最大的灵芝栽培生产和出口大国。

2.5 灵芝产品的开发与应用

灵芝用途有三类：药用、食用和观赏。国内近年开发的产品有灵芝切片、灵芝粉、灵芝茶、灵芝胶囊、破壁灵芝孢子粉、灵芝孢子油、灵芝浸膏、灵芝多糖、灵芝菌丝、灵芝酒、多种灵芝制剂、灵芝美容产品和灵芝观赏盆景。各类灵芝产品各具特色，受到海内外消费者普遍喜欢。据不完全统计，目前国内有100多家科研单位从事灵芝研究，国内至少有200多家以上企业从事灵芝产品，有100多种不同的灵芝食品。国外主要灵芝产品：活性灵芝咖啡、灵芝啤酒、灵芝袋泡茶、灵芝牙膏、灵芝化妆品、灵芝胶囊。在全球范围内，灵芝产品的年产值已超过20亿美元。

2.6 国内外灵芝食用现状

日本京都大学食粮科学研究所农学博士葛西善三郎在所著的《灵芝的科学观》中写道："第二次世界大战后，日本人因为吃灵芝而普遍地延长了寿命。"原来日本人并不只是喝牛奶强国的，而且吃灵芝。日本国会议员藤帮吉代在国会议案中曾正式提出"灵芝有助日本国民健康"的议案，从而达到快食、快眠、快便、快动的健康新标准。日本人对灵芝的热爱是非常痴迷的，当然，他们对灵芝的质量要求也非常苛刻，我国相当多的优质灵芝子实体大都出口到日本，日本每年消耗约1500吨左右的灵芝。其中有一个深加工产品叫作"锗灵源"，卖价很高。

韩国人是灵芝的忠诚拥护者，全国人口有5039万，有半数以上人经常食用灵芝。灵芝在韩国被广泛用于神经、免疫、心脑血管系统之食疗佳品，每年消耗的灵芝高达4500吨，是全球人均消费灵芝最多的国家。灵芝也被列入到韩国的药典，每年都从我国进口大量灵芝。

中国台湾地区对灵芝的研究应用已有40多年历史，台湾当局和学者提倡要长期食用灵芝保健康，目前已有几百万台湾人经常食用灵芝。

目前我国的灵芝产业生产规模虽已居世界首位，但相当量的优质灵芝是用于出口。国内人均灵芝消费量仅仅只有日韩等国的数十分之一，实属灵芝生产大国，消费小国。

2.7 灵芝专题学术交流研讨会

近年来我国多次举办以弘扬中华灵芝文化，加强灵芝产学研的交流与合作，推广宣传灵芝栽培新技术、新产品、研究新成果，解决灵芝产业发展中遇到的问题，促进灵芝产业的健康发展为主题灵芝专题会议，推动了我国灵芝产业又好又快发展。

3 灵芝行业发展面临的若干问题与思考

随着人们生活水平的提高，对健康产品的需求与日俱增。灵芝正以其强大的生命力成为当下健康行业新宠。我国灵芝行业虽经近几年迅猛发展，但该行业仍属小众朝阳产业。发展中存在亟待解决的一些问题：

正确评价灵芝：消费者虽然都知道灵芝，但对灵芝的确切功效知之甚少，并不知道灵芝具体有哪些方面的作用。迫切需要国家卫生部门、科技工作者和营销人员多普及知识，民众也要多参与多体验。消费者服用灵芝要有一定的耐心，要坚持服用段时间（一般3个月一个周期），而且要达到一定的量。不能因为暂时效果不佳或者没有达到预期，就妄自菲薄全盘否定灵芝的功效。

产品标准不统一：产品质量参差不齐，存在以假充真，以次充好的现象。生产经营者要自律，严格执行国家规定的质量标准；消费者也要掌握基本的辨别常识；监管部门全方位监管生产流通流域。

产品的功效宣传有待规范：部分商家宣传"浮夸风"的影响，这也是保健行业通病。消费者对灵芝功效持怀疑不信任态度，损害整个行业。

灵芝复配产品短缺：目前灵芝食用主流产品以"孢子粉"为主，相当单一，迫切需要科技工作者、研发人员复方配伍成"1+1>2""1+1+1>3"的产品。

观赏灵芝前景广阔：将芝形优美的灵芝制成艺术盆景，配以假山、花石来提高其观赏性，十分符合人们对营养、保健、观赏等各方面的需求。推广灵芝文化艺术产业，通过建立灵芝产业园、灵芝生态园、开办灵芝文化旅游节等活动，从以体悟、观赏为主发展到集"赏、食、体、购"等于一体的综合模式，来增加游客的参与和体验，寻觅生活乐趣。将备受消费者青睐，市场潜力巨大。

树立灵芝品牌标杆：为了真正做强做大灵芝产业，造福百姓。迫切需要国内实力企业多在产品研发、品质把控等方面狠下功夫，寻求突破，树立中国灵芝品牌，铸就灵芝健康产业。

4 总结

当今的中国老龄化严重，富贵病普遍，亚健康蔓延，2011年11月，国务院发布《医学科技十二五规划》，明确提出"培育大健康产业、新型健康产品开发"的发展目标。在五千年中华灵芝文化的影响下加之现代科学研究，灵芝作为一种健康产品，在中国有极普遍的影响力和认同力，近年来的以灵芝食材为主的健康产品已深入人心，极大的推动其所形成的灵芝产业，蓬勃发展的灵芝产业反过来又促使了灵芝进一步从神话走进普通百姓，两者良性循环，共同造福中华民族，造福全人类。灵芝的现代研究和应用，也把灵芝文化的内涵推向了一个崭新的发展阶段。

参考文献

[1] 陈士瑜, 陈启武. 真菌人类学和灵芝文化. 湖北农学报, 2003, 23(6).

[2] 温鲁. 灵芝的历史文化与现代研究. 时珍国医国药, 2005, 16(8):777-779.

[3] 林志彬. 灵芝从神奇到科学. 第2版. 北京: 北京大学医学出版社, 2013.

[4] 卯晓岚. 中国灵芝文化题要. 中国食用菌, 1999, 18(4):3-5.

[5] 华敏. 中国灵芝饮食的历史变迁与发展展望. 南宁职业技术学院, 2009年第14卷第6期.

[6] 李延龙. 用文化"收拾"散落的灵芝. 医药经济报, 2008年8月18日第011版.

[7] 张祥茂. 百菌百诗. 北京: 中国农业科学技术出版社, 2014.

[8] 何传俊, 周祖法. 中国蕈菌文化. 杭州: 浙江科技技术出版社, 2013.

[9] 郭天希. 蕈菌文化. 全国食用菌信息2014年第6期总第306期.